高等数学（上）

季红蕾　主编
黄素珍　卞小霞　副主编

清华大学出版社
北京

内容简介

本书分上、下两册,共12章.上册6章,主要内容有:函数、极限、导数与微分、微分中值定理及其导数的应用、不定积分、定积分及其应用;下册6章,主要内容有:常微分方程、无穷级数、空间解析几何、多元函数的微分学、重积分、曲线积分与曲面积分.本书依据教育部新制定的非数学专业本科数学课程教学的基本要求,结合普通本科院校学生的数学基础和学习能力编写而成.在编写中重视数学基础,突出思想方法,强调实际应用.本书的特点是内容丰富,结构清晰,叙述明了,利于自学.

本书可作为应用型本科院校非数学专业本科生教材,特别适用于高等院校管理、金融、环境、纺织等相关专业以及同等学历、专升本的学生,也可作为相关专业的工程技术人员和经济管理人员的参考书.

版权所有,侵权必究.举报:010-62782989,beiqinquan@tup.tsinghua.edu.cn。

图书在版编目(CIP)数据

高等数学. 上/季红蕾主编. --北京:清华大学出版社,2015(2023.8重印)
ISBN 978-7-302-41093-5

Ⅰ. ①高… Ⅱ. ①季… Ⅲ. ①高等数学-高等学校-教材 Ⅳ. ①O13

中国版本图书馆 CIP 数据核字(2015)第 168994 号

责任编辑:冯 昕 赵从棉
封面设计:张京京
责任校对:赵丽敏
责任印制:宋 林

出版发行:清华大学出版社
网 址:http://www.tup.com.cn, http://www.wqbook.com
地 址:北京清华大学学研大厦 A 座　　邮 编:100084
社 总 机:010-83470000　　邮 购:010-62786544
投稿与读者服务:010-62776969,c-service@tup.tsinghua.edu.cn
质量反馈:010-62772015,zhiliang@tup.tsinghua.edu.cn

印 装 者:三河市铭诚印务有限公司
经 销:全国新华书店
开 本:185mm×260mm　　印 张:17　　字 数:410 千字
版 次:2015 年 9 月第 1 版　　印 次:2023 年 8 月第 10 次印刷
定 价:48.00 元

产品编号:066085-05

面对高等教育大众化的现实,本科应用型人才的培养已成为高等教育关注的热点.教材是人才培养的重要载体,需服务于人才培养目标.本教材立足于普通高等院校应用型人才培养目标,以数学教育理论为指导,按照教育部有关数学内容和课程体系方面的要求,博采众家之长,在多年努力探索和实践的基础上,由从事高等数学教学与研究的一线教师精心编写而成.

微积分是高等数学的主要内容,它的诞生堪称人类智慧最伟大的成就之一.它处理连续量的基本理论以及所拥有的科学思维方法,在自然科学和社会科学中都呈现出巨大的应用威力.因此,本教材在保持微积分理论体系完整性和科学性的基础上,极力发挥微积分培养理性思维的作用,展示微积分在解决实际问题中的魅力,满足人的成长与发展的需要.为此,本教材力求:

(1) 追求直观自然.教材中,在阐述概念、性质、定理的过程中,追本溯源,从具体问题、引例或故事出发,自然地引入数学基本概念.在解决问题的过程中,结合图形或数据,逐步演示寻找答案路径,并对全过程进行分析或严格证明,从而让抽象变得直观,推理变得自然.

(2) 融入数学思想.微积分蕴涵丰富的数学思想,如果抛弃其思想精髓,而将其作为概念、定理、公式、习题等内容的堆砌,这样的教材将成为一堆僵死的教条,难以激发学生的学习热情.因此,本教材着力于揭示基本概念的本质和渗透在知识体系中的数学思想.例如,无论是在一元函数还是多元函数微积分中,教材始终贯穿微积分的基本思想,即利用"局部线性化"和极限思想处理非均匀变化问题;在积分学中,突出利用微元法解决问题的辩证思维过程:化整为微——局部以直代曲(以均匀代不均匀)——积微为整;在无穷级数中,强调函数展开成级数中"简单表示复杂"、"有限认识无限"的数学思想等.运用这些数学思想分析问题、解决问题,有利于良好认知结构的形成,有利于思维品质的提升.

(3) 渗透数学文化.结合教材内容,适当穿插介绍相关知识背景和数学史实,让学生从微积分创立、发展到完善的艰难曲折过程中,从数学家努力探索到获得成就的过程中接受数学文化的感染,这不仅体现了数学的人文精神,更多的是在潜移默化中培养学生的综合素质.另外,每章附设的"扩展阅读"以及相关知识点中的"想一想",延伸和拓展学生的视野,引导学生主动思考与积极探索.

(4) 展示应用价值.数学来源于生活,数学的应用理应回归生活.本教材中几乎每章都列举了一些具有应用背景的实例,这些例子除了涉及经典的几何、物理方面的应用外,还涉及现代经济和生活方面的应用,让学生在广泛运用数学思想方法解决实际问题的过程中,体会数学的实用价值,增强数学的应用意识.

在内容的编排上,本书基本保持了经典教材的框架结构,并根据相关专业的需要对有关章节进行了调整.将定积分与定积分的应用合并在一章中讲述;根据管理类专业的要求,在第7章中增加了差分方程;为了与电子信息类各专业的专业课程教学相衔接,将常微分方程与无穷级数分别调至第7章与第8章;为了适用现代信息技术的要求,在附录中增设数学软件在高等数学中的应用.

本书由季红蕾编写第1章至第4章、第6章和第11章,刘桂兰编写第5章,黄素珍编写第7章、第8章和附录(MATLAB在高等数学中的应用),卞小霞编写第9章和第10章,王振编写第12章.全书由季红蕾负责统稿.

本书从酝酿编写到正式出版得到了许多帮助和支持.盐城工学院数理学院陈万勇院长、薛长峰教授为本书编写提供了宝贵的建议,王振博士对本书图文校对付出了辛勤的劳动,盐城工学院数理学院各位同事为本书面世给予了大力的支持,清华大学出版社冯昕老师和赵从棉老师为本书出版给予了有力的帮助,盐城工学院教材出版基金提供了资助.在此一并表示由衷的感谢.此外,本书参考了许多同类教材和相关文献,恕不一一标明出处,在此谨向所有相关作者表示深深的谢意!

由于编者水平有限,书中缺点和错误在所难免,恳请广大同仁、读者批评指正.

编者

2015 年 7 月

| 第1章 | 函数——微积分的研究对象 | 1 |

1.1 预备知识 ………………………………………………………………………… 1
    1.1.1 集合 …………………………………………………………………… 1
    1.1.2 实数 …………………………………………………………………… 2
    1.1.3 区间与邻域 …………………………………………………………… 2
    习题 1.1 …………………………………………………………………… 4
1.2 函数 ……………………………………………………………………………… 5
    1.2.1 函数概念 ……………………………………………………………… 5
    1.2.2 函数的表示方法 ……………………………………………………… 8
    习题 1.2 …………………………………………………………………… 9
1.3 函数的几种特性 ………………………………………………………………… 10
    习题 1.3 …………………………………………………………………… 13
1.4 反函数与复合函数 ……………………………………………………………… 13
    1.4.1 反函数 ………………………………………………………………… 13
    1.4.2 复合函数 ……………………………………………………………… 15
    习题 1.4 …………………………………………………………………… 16
1.5 初等函数 ………………………………………………………………………… 17
    1.5.1 基本初等函数 ………………………………………………………… 17
    1.5.2 常见的初等函数 ……………………………………………………… 21
    习题 1.5 …………………………………………………………………… 22
1.6 数学模型 ………………………………………………………………………… 22
    1.6.1 数学模型的建立 ……………………………………………………… 22
    1.6.2 常用的经济函数 ……………………………………………………… 23
    1.6.3 经济应用举例 ………………………………………………………… 24
    习题 1.6 …………………………………………………………………… 26
总习题 1 …………………………………………………………………………… 28

第 2 章 极限——微积分的灵魂 …………………………………………………… 31
2.1 数列的极限 ……………………………………………………………………… 31

　　　　习题 2.1 ………………………………………………………………… 37
　2.2　函数的极限 …………………………………………………………… 37
　　　2.2.1　自变量趋向于无穷大时函数的极限 ………………………… 37
　　　2.2.2　自变量趋向于有限值时函数的极限 ………………………… 40
　　　2.2.3　单侧极限 ……………………………………………………… 43
　　　　习题 2.2 ………………………………………………………………… 44
　2.3　极限的性质 …………………………………………………………… 45
　　　　习题 2.3 ………………………………………………………………… 47
　2.4　无穷小量与无穷大量 ………………………………………………… 48
　　　2.4.1　无穷小量 ……………………………………………………… 48
　　　2.4.2　无穷小量的运算性质 ………………………………………… 49
　　　2.4.3　无穷大量 ……………………………………………………… 51
　　　　习题 2.4 ………………………………………………………………… 52
　2.5　极限的运算法则 ……………………………………………………… 53
　　　　习题 2.5 ………………………………………………………………… 56
　2.6　极限存在准则　两个重要极限 ……………………………………… 57
　　　2.6.1　极限存在准则 ………………………………………………… 57
　　　2.6.2　两个重要极限 ………………………………………………… 58
　　　2.6.3　重要极限应用举例 …………………………………………… 64
　　　　习题 2.6 ………………………………………………………………… 65
　2.7　无穷小的比较 ………………………………………………………… 66
　　　　习题 2.7 ………………………………………………………………… 69
　2.8　连续函数——变量连续变化的数学模型 …………………………… 69
　　　2.8.1　函数的连续性 ………………………………………………… 69
　　　2.8.2　函数的间断点 ………………………………………………… 72
　　　　习题 2.8 ………………………………………………………………… 74
　2.9　连续函数的运算与初等函数的连续性 ……………………………… 75
　　　2.9.1　连续函数的运算 ……………………………………………… 75
　　　2.9.2　初等函数的连续性 …………………………………………… 76
　　　　习题 2.9 ………………………………………………………………… 77
　2.10　闭区间上连续函数的性质 …………………………………………… 78
　　　　习题 2.10 ……………………………………………………………… 79
　总习题 2 …………………………………………………………………… 81

第 3 章　导数与微分——函数的变化率与函数增量的估计 …………… 85
　3.1　导数 …………………………………………………………………… 85
　　　3.1.1　导数的两个现实原型 ………………………………………… 86
　　　3.1.2　导数的定义 …………………………………………………… 87
　　　3.1.3　左导数与右导数 ……………………………………………… 89

        3.1.4　可导与连续的关系 ··· 90
        3.1.5　几个基本初等函数的导数 ·· 92
        习题 3.1 ··· 93
    3.2　函数的求导法则 ··· 94
        3.2.1　导数的四则运算法则 ·· 94
        3.2.2　反函数的导数 ·· 96
        3.2.3　复合函数的导数 ·· 96
        习题 3.2 ··· 98
    3.3　高阶导数 ··· 99
        习题 3.3 ··· 102
    3.4　隐函数及由参数方程所确定函数的导数 ··································· 102
        3.4.1　隐函数的导数 ·· 102
        3.4.2　参数方程所确定的函数的导数 ···································· 105
        习题 3.4 ··· 107
    3.5　函数的微分 ·· 108
        3.5.1　微分概念 ··· 108
        3.5.2　基本初等函数的微分公式与微分运算法则 ···················· 111
        3.5.3　微分在近似计算中的应用 ·· 112
        习题 3.5 ··· 114
    3.6　物理与经济学中的导数问题 ·· 114
        3.6.1　导数的物理含义 ·· 114
        3.6.2　导数的经济含义 ·· 116
        习题 3.6 ··· 118

    总习题 3 ··· 119

第 4 章　微分中值定理与导数的应用 ··· 121

    4.1　微分中值定理——联结局部与整体的纽带 ······························· 121
        习题 4.1 ··· 127
    4.2　洛必达法则 ·· 128
        4.2.1　$\frac{0}{0}$ 型不定型 ··· 128
        4.2.2　$\frac{\infty}{\infty}$ 型不定型 ··· 130
        4.2.3　其他类型的不定型 ·· 131
        习题 4.2 ··· 133
    4.3　泰勒公式 ··· 133
        4.3.1　泰勒公式 ··· 133
        4.3.2　常用的泰勒公式 ·· 137
        习题 4.3 ··· 139
    4.4　函数的单调性与曲线的凹凸性 ··· 140

  4.4.1 函数的单调性 ·· 140
  4.4.2 曲线的凹凸性 ·· 142
  习题 4.4 ··· 144
 4.5 函数的极值与最值 ·· 145
  4.5.1 函数的极值 ·· 145
  4.5.2 函数的最值 ·· 148
  习题 4.5 ··· 151
 4.6 函数图像的描绘 ··· 152
  习题 4.6 ··· 154
 总习题 4 ··· 156

第 5 章 不定积分——求导运算的逆运算 ·································· 158

 5.1 不定积分的概念与性质 ······································· 158
  5.1.1 原函数与不定积分的概念 ······························ 158
  5.1.2 不定积分的性质 ·· 162
  习题 5.1 ··· 163
 5.2 不定积分的基本公式 ··· 163
  习题 5.2 ··· 165
 5.3 换元积分法 ·· 166
  5.3.1 第一类换元积分法(凑微分法) ························ 166
  5.3.2 第二类换元积分法 ····································· 172
  习题 5.3 ··· 177
 5.4 分部积分法 ·· 178
  习题 5.4 ··· 182
 总习题 5 ··· 183

第 6 章 定积分——连续对象的无穷求和问题 ···························· 185

 6.1 定积分的概念和性质 ··· 185
  6.1.1 定积分的两个现实原型 ································· 185
  6.1.2 定积分的定义 ·· 188
  6.1.3 定积分的几何意义 ····································· 191
  习题 6.1 ··· 192
 6.2 定积分的基本性质 ·· 193
  习题 6.2 ··· 196
 6.3 微积分基本公式 ··· 196
  6.3.1 积分上限函数及其导数 ································· 197
  6.3.2 牛顿-莱布尼茨公式 ···································· 199
  习题 6.3 ··· 202
 6.4 定积分的换元积分法与分部积分法 ·························· 203
  6.4.1 定积分的换元积分法 ··································· 203

  6.4.2 定积分的分部积分法 ……………………………………… 205
  习题 6.4 …………………………………………………………… 207
 6.5 广义积分 …………………………………………………………… 208
  6.5.1 无穷区间上的广义积分 …………………………………… 208
  6.5.2 无界函数的广义积分 ……………………………………… 211
  习题 6.5 …………………………………………………………… 213
 6.6 定积分的应用 ……………………………………………………… 214
  6.6.1 定积分的微元法 …………………………………………… 214
  6.6.2 定积分在几何学上的应用 ………………………………… 215
  6.6.3 定积分在物理与经济中的应用 …………………………… 223
  习题 6.6 …………………………………………………………… 225
 总习题 6 ………………………………………………………………… 228
附录 1 常用的曲线及其方程 …………………………………………… 230
附录 2 积分表 …………………………………………………………… 233
习题答案 …………………………………………………………………… 242
参考文献 …………………………………………………………………… 260

第 1 章

函数——微积分的研究对象

世间万物,始终在运动和变化着,变是绝对的,不变是相对的,因此,"变"就成为人类研究的主题. 自从 17 世纪初笛卡儿(Descartes,法国,1596—1650)创建解析几何之后,变量就渗透到数学之中,人们就可以利用数学关注变量的变化、体现变量的变化规律,从而达到利用数学反映客观运动现象的目的. 特别是在 17 世纪下半叶,牛顿(Newton,英国,1642—1727)和莱布尼茨(Leibniz,德国,1646—1716)在前人对变量的研究基础上,各自独立创立了高等数学中最重要的组成部分——微积分学,从而使微积分学成为研究极限、微分学、积分学的一个数学分支,并成为现代数学很多分支的基础,更重要的是其数学思想和处理连续量的方法活跃在解决各个领域的实际问题中. 因此,微积分不仅是一种数学工具,也是认识世界的一种数学模型,人们正是在这模型的帮助下解决了许许多多初等数学无法解决的工程和技术问题,从而推动着社会的发展. 在中学阶段,我们已学习了集合、实数和简单的极限等知识,这是微积分的理论基础. 下面将对中学学过的这些理论作一些回顾与引申.

1.1 预备知识

1.1.1 集合

1. 集合概念

"集合"是现代数学中一个重要的基本概念. **集合**是指具有某种特定性质的事物的全体. 组成这个集合的事物称为这个集合的**元素**. 我们常用大写字母 $A,B,C,\cdots$ 表示集合,用小写字母 $a,b,c,\cdots$ 表示集合中的元素. 如果 a 是集合 A 中的元素,则称 a **属于** A,记作 $a\in A$,反之就称 a **不属于** A,记作 $a\notin A$.

如果集合 A 中的元素都是集合 B 中的元素,则称 A 是 B 的**子集**,记作 $B\supset A$ 或 $A\subset B$,读作 B 包含 A 或 A 包含于 B. 如果集合 A 与集合 B 中的元素相同,即 $A\supset B$ 且 $B\supset A$,则称 **A 与 B 相等**,记作 $A=B$.

不含任何元素的集合称为**空集**,记作 $\varnothing$. 规定空集是任何集合的子集.

如,集合 $A=\{x\mid x^2+1=0,x$ 为实数$\}$ 是空集;集合 $A=\{x\mid x^2-3x+2=0\}$ 与集合 $B=\{1,2\}$ 相等.

2. 集合的运算

设 A、B 是两个集合，由所有属于 A 或者属于 B 的元素组成的集合称为 A 与 B 的**并集**，记作 $A\cup B$，即 $A\cup B=\{x\mid x\in A \text{ 或 } x\in B\}$；由所有既属于 A 又属于 B 的元素组成的集合称为 A 与 B 的**交集**，记作 $A\cap B$，即 $A\cap B=\{x\mid x\in A \text{ 且 } x\in B\}$；由所有属于 A 而不属于 B 的元素组成的集合称为 A 与 B 的**差集**，记作 $A\backslash B$，即 $A\backslash B=\{x\mid x\in A \text{ 且 } x\notin B\}$。假设我们研究某个问题时所考虑的对象都限定在一个大的集合 I 中进行，所研究的其他集合 A 都是 I 的子集，则称集合 I 为**全集**，记作 I；称 $I\backslash A$ 为 A 的**余集**，记作 A^c。

集合的并、交、余运算满足下列法则．

设 A、B、C 为任意三个集合，则

(1) 交换律　$A\cup B=B\cup A$，$A\cap B=B\cap A$；

(2) 结合律　$(A\cup B)\cup C=A\cup(B\cup C)$，$(A\cap B)\cap C=A\cap(B\cap C)$；

(3) 分配律　$(A\cup B)\cap C=(A\cap C)\cup(B\cap C)$，$(A\cap B)\cup C=(A\cup C)\cap(B\cup C)$；

(4) 对偶律　$(A\cup B)^c=A^c\cap B^c$，$(A\cap B)^c=A^c\cup B^c$．

1.1.2 实数

历史上，人类对数的认识是逐步发展起来的．公元前三千年以前，人类祖先最先认识的数是自然数 $0,1,2,3,\cdots$（其中对数 0 的认识要晚一些），全体自然数的集合叫做**自然数集**．此后，随着人类文明的发展，数的范围也在不断地扩展．如，记账时为了表示收入和支出，用到正数和负数；计量时用到小数或分数；计算时用到无理数，如边长为 1 米的正方形其对角线长为 $\sqrt{2}$ 米，$\sqrt{2}$ 是无理数；解方程时用到复数，如 $x^2+1=0$ 的解为 $\pm i$，$\pm i$ 是复数等，这样人们对数的认识从自然数集扩展到整数集，又从整数集扩展到有理数集，从有理数集扩展到实数集，从实数集扩展到复数集，这种关于数的概念的逐步拓展，一方面是出于实践的需要，另一方面也完善了关于数的理论．

实数包括有理数和无理数两大类．**有理数**是能表示为两个整数相除（分母不为零）的形式的数，或者说，有理数就是有限小数或无限循环小数．不能表示成两个整数相除（分母不为零）的形式的数称为**无理数**，或者说，无理数就是无限不循环小数．如，$\sqrt{2}=1.4142\cdots$，$\pi=3.14159\cdots$，$e=2.71828\cdots$，都是无理数．

有理数具有**稠密性**，反映在数轴上就是任意两个有理点之间总可以找到无穷多个有理点，这是整数所不具备的性质．可尽管有理点在数轴上是处处稠密的，却留有空隙，空隙处所对应的数就是无理数（如 $\sqrt{2}$，π）．

实数具有**连续性**，反映在数轴上就是实数点能够铺满整个数轴，而且不留任何空隙．这样就可以建立起实数的全体（实数集）和数轴上的点之间的一一对应关系．这是有理数所不具备的性质．由于高等数学主要是研究客观世界中连续变化的事物在数量方面的相互依存关系，因而需要采用具有连续性的实数系统来刻画事物连续变化的特性，故高等数学中所涉及的数一般是指实数．

1.1.3 区间与邻域

高等数学中常用的数集有：自然数集 $\mathbf{N}$，整数集 $\mathbf{Z}$，有理数集 $\mathbf{Q}$，实数集 $\mathbf{R}$．高等数学中

还常用到各种类型的区间. 区间可分为两类：有限区间和无限区间.

有限区间是指介于两个实数之间的一切实数所组成的数集,这两个实数叫做区间的端点.

设 a,b 为两个实数, 且 $a<b$, 数集 $\{x|a<x<b\}$ 称为**开区间**, 记为 (a,b), 即 $(a,b)=\{x|a<x<b\}$ (图 1-1-1).

图 1-1-1   图 1-1-2

类似有

闭区间: $[a,b]=\{x|a\leqslant x\leqslant b\}$ (图 1-1-2).

左闭右开区间: $[a,b)=\{x|a\leqslant x<b\}$.

左开右闭区间: $(a,b]=\{x|a<x\leqslant b\}$.

无限区间表示大于或小于,不大于或不小于某个实数所组成的数集或者全体实数所组成的数集.

$(-\infty,a)=\{x|-\infty<x<a\}$ (图 1-1-3), $[b,+\infty)=\{x|b\leqslant x<+\infty\}$ (图 1-1-4),

类似有

$(-\infty,a]=\{x|-\infty<x\leqslant a\}$;

$(b,+\infty)=\{x|b<x<+\infty\}$;

$(-\infty,+\infty)=\{x|-\infty<x<+\infty\}$.

这里 $-\infty$ 和 $+\infty$ 分别读作"负无穷大"和"正无穷大",它们不表示任何实数,是为了便于以后讨论极限而引进的记号. 因此,对它们不能进行任何的运算. 我们可设想为 $-\infty$ 小于任何实数 a,记作 $-\infty<a$; $+\infty$ 大于任何实数 a, 记作 $+\infty>a$. $-\infty$ 和 $+\infty$ 分别对应于数轴负向和正向的无穷远点.

邻域是高等数学中一个重要的数集概念.

定义 设 a 与 δ 是两个实数, 且 $\delta>0$, 数集 $\{x|a-\delta<x<a+\delta\}$ 称为点 a 的 δ **邻域**, 记为 $U(a,\delta)$, 点 a 叫做 $U(a,\delta)$ 的**中心**, δ 叫做 $U(a,\delta)$ 的**半径**. 即

$$U(a,\delta)=(a-\delta,a+\delta)=\{x\mid |x-a|<\delta\}.$$

如图 1-1-5 所示, 点 a 的 δ 邻域表示以点 a 为中心, 长度为 2δ 的开区间.

图 1-1-5   图 1-1-6

若把邻域 $U(a,\delta)$ 的中心 a 去掉,所得到的数集称为**点 a 的去心的 δ 邻域**(图 1-1-6),记作 $\overset{\circ}{U}(a,\delta)$. 即

$$\overset{\circ}{U}(a,\delta)=\{x\mid 0<|x-a|<\delta\}.$$

这里邻域的半径 δ 虽然没有规定其大小,但通常认为 δ 是很小的正数. 并且大多数情形下并不一定要指明 δ 的大小,这时我们往往把 a 的邻域和 a 的去心邻域分别简记为 $U(a)$ 和 $\overset{\circ}{U}(a)$.

例 1 用区间记号表示点 -2 的 $\dfrac{1}{3}$ 邻域.

解 因为点 -2 的 $\dfrac{1}{3}$ 邻域表示满足 $|x-(-2)|<\dfrac{1}{3}$,即

$$-\frac{7}{3}<x<-\frac{5}{3},$$

所以点 -2 的 $\dfrac{1}{3}$ 邻域可表示成区间 $\left(-\dfrac{7}{3},-\dfrac{5}{3}\right)$.

例 2 用邻域和区间记号表示点集 $\{x\mid 0<|2x+1|<\varepsilon,\varepsilon>0\}$.

解 因为集合 $\{x\mid 0<|2x+1|<\varepsilon\}$ 即为集合 $\left\{x\;\middle|\;0<\left|x-\left(-\dfrac{1}{2}\right)\right|<\dfrac{\varepsilon}{2}\right\}$,所以,点集 $\{x\mid 0<|2x+1|<\varepsilon\}$ 表示以点 $-\dfrac{1}{2}$ 为中心,以 $\dfrac{\varepsilon}{2}$ 为半径的去心邻域,用邻域记号表示为

$$\overset{\circ}{U}\left(-\frac{1}{2},\frac{\varepsilon}{2}\right).$$

另由于 $0<\left|x+\dfrac{1}{2}\right|<\dfrac{\varepsilon}{2}$,所以,$-\dfrac{1}{2}-\dfrac{\varepsilon}{2}<x<-\dfrac{1}{2}+\dfrac{\varepsilon}{2}$ 且 $x\neq-\dfrac{1}{2}$,因此,点集 $\{x\mid 0<|2x+1|<\varepsilon\}$ 用区间记号表示为

$$\left(-\frac{1}{2}-\frac{\varepsilon}{2},-\frac{1}{2}\right)\cup\left(-\frac{1}{2},-\frac{1}{2}+\frac{\varepsilon}{2}\right).$$

习题 1.1

填空题:

1. 集合"不大于 2 的所有实数"的区间表示为_____.
2. 集合"不小于 1 而小于 π 的所有实数"的区间表示为_____.
3. 集合 $A=\{x\mid |x+1|\geqslant 3\}$ 和 $B=\{x\mid 0<|x-1|<3\}$ 的区间表示为_____.
4. 在数轴上分别描绘出邻域 $U\left(1,\dfrac{1}{2}\right)$ 和 $\overset{\circ}{U}\left(-1,\dfrac{1}{2}\right)$_____.
5. $\dfrac{1}{2},\dfrac{1}{3},\sqrt{2},\sqrt{4},\sqrt{6},\sqrt{8},\sqrt{9}$ 中的无理数为_____.

1.2 函数

笛卡儿开创的解析几何,其重要意义有两个方面:一方面,解析几何使对立的"数"和"形"得到了统一;另一方面,解析几何为产生变量和函数等概念创造了条件.早在函数概念尚未明确提出之前,数学家已经接触并研究了许多具体的函数,如对数函数、三角函数等.1673年前后,笛卡儿在他的解析几何中已经注意到变量,并注意到一个变量对另一个变量的依赖关系,这是函数思想的萌芽.函数概念的建立,走过了300多年的历程,经历了笛卡儿、牛顿、莱布尼茨、欧拉(Euler,瑞士,1707—1783)、狄利克雷(Dirichlet,德国,1805—1859)等众多数学家的提炼,从几何、代数、对应、集合等不同角度不断地挖掘、丰富和刻画函数的内涵,并赋予函数概念新的思想,从而推动了整个数学的发展.自从德国数学家康托尔的集合论被大家接受后,用集合对应关系来定义函数概念是现行常见的.随着人们认识的深化,函数这一概念仍在不断地得到改进和拓展.

1.2.1 函数概念

在观察自然现象与科学研究中,常常会遇到各种不同的量,如长度、时间、价格、销售量等.这些量一般可分为两种:一种是在过程进行中一直保持不变的量,这种量称为**常量**;另一种是在过程进行中不断变化着的量,这种量称为**变量**.如,火车在两站台之间的行驶过程中,乘车的人数是不变的,是常量;而火车与两站的距离、燃料的储存量是变化的,是变量;银行存款,选择不同的存款方式(活期、零存整取、二年定期等)对应的存款利率不同,利率是个变量;一块金属圆形薄片受温度变化的影响,其半径与面积都发生变化,是变量,但在整个过程中,面积与半径的平方之比,即圆周率 π 始终不变,是一个常量.研究变量的变化状态和变量间的依赖关系,是高等数学研究的主要内容,函数就是描述这种变量之间依赖关系的一个数学模型.

通常用字母 $a,b,c,\cdots$ 表示常量,用字母 $x,y,z,\cdots$ 表示变量.常量在数轴上表示一个定点,而变量在数轴上则表示动点.

例1 伽利略(Galileo Galilei,意大利,1564—1642)发现,落体在初速为零的自由落体运动中,其下落的距离 s(米)与下落的时间 t(秒)是两个变量,若忽略空气阻力等其他外力的影响,变量 s 与 t 之间有如下的依赖关系

$$s=\frac{1}{2}gt^2, \tag{1-2-1}$$

其中 g 为重力加速度(在地面附近它近似于常数,通常取 $g=9.8$ 米/秒^2).

如果落体从开始到着地所需的时间为 T,则变量 t 的变化范围为 $0 \leqslant t \leqslant T$.

当 t 在 $[0,T]$ 内任取一值时,由式(1-2-1)可求出 s 的对应值.如

$$t=1 \text{ 时}, s=\frac{1}{2}\times 9.8 \times 1^2 = 4.9(\text{米});$$

$$t=2 \text{ 时}, s=\frac{1}{2}\times 9.8 \times 2^2 = 19.6(\text{米}).$$

例 2 某河流,与排放源不同距离处取样测定得到污染物酚的浓度数据如表 1-2-1 所示.

表 1-2-1

x/km	0	0.2	0.9	1.4	1.8	2.2	3.0	4.2	5.2
y/(mg/L)	0.036	0.032	0.031	0.024	0.019	0.017	0.018	0.017	0.013

从表 1-2-1 中可以看出,距排放源的距离 x 与污染物酚的浓度 y 之间有着确定的对应关系. 当距离 x 在上述给定的 9 个数据中任取一数值时,从表中便可查出污染物酚的浓度 y 的对应值.

从数量关系的角度上看,上述例子具有共同的特征:两个变量之间存在相互依赖关系,当一个变量在它的变域中取定一值后,另一个变量按一定法则就有一个确定的值与之对应. 变量之间的这种依赖关系就是函数概念的实质.

定义 1 设 D、W 是两个非空实数集,如果存在一个对应法则 f,使得对于 D 中任一个实数 x,在 W 中都有唯一确定的实数 y 与 x 对应,则称对应法则 f 是 D 上的**函数**. 记为

$$f:x \to y \quad \text{或} \quad f:D \to W,$$

y 称为与 x 对应的**函数值**,记为

$$y = f(x), \quad x \in D,$$

其中 x 叫做**自变量**,y 叫做**因变量**.

实数集 D 称为函数 f 的**定义域**. 全体函数值构成的集合 $\{y \mid y = f(x), x \in D\}$ 称为函数 f 的**值域**,记作 R_f,即 $R_f = \{y \mid y = f(x), x \in D\}$.

关于函数概念,应着重理解以下几点:

(1) 函数是由定义域、对应法则和值域三个要素组成. 其中定义域和对应法则是主导要素,值域是派生要素. 这就是说,如果两个函数的定义域相同,并且对应法则也相同,从而值域相同,则它们就是同一个函数.

(2) 函数 f 与函数值 $f(x)$ 是两个截然不同的概念. 函数表达了自变量 x 与因变量 y 之间的一个对应法则,这个对应法则用字母"f"表示,因此 f 是一个函数符号;而 $y = f(x)$ 表示自变量取值为 x 时,因变量 y 的取值为 $f(x)$. 显然 f 与 $f(x)$ 表示的数学内涵完全不同. 但为了突出表现函数的两个主导要素,我们仍习惯用

$$y = f(x), \quad x \in D$$

来表示一个函数,这时应理解为由它确定的函数 f. 函数这种表示的优点是:变量 x 与 y 之间的对应关系简明,运算方便. 熟悉之后也不致引起这两个概念的混淆.

(3) 函数定义域的确定:一种是有实际背景的函数,此时根据背景中变量的实际意义确定其定义域. 另一种是没有实际背景,而用解析式表示的函数,这种函数的定义域通常约定是使得解析式有意义的一切实数组成的集合,这种定义域称为函数的**自然定义域**. 在此约定之下,一般用解析式表达的函数可直接用 $y = f(x)$ 表达,而不必再写出此函数的定义域. 例如,函数 $y = \sqrt{1-x^2}$ 的(自然)定义域就是闭区间 $[-1, 1]$;函数 $y = x^2$ 的定义域是区间 $(-\infty, +\infty)$;若 x 表示正方形的边长,y 表示正方形的面积,则函数 $y = x^2$ 的定义域是 $(0, +\infty)$.

例3 判断下列每组的两个函数是否表示同一个函数.

(1) $y=\dfrac{x^2-1}{x-1}$ 与 $y=x+1$;　　(2) $y=\ln x^2$ 与 $s=2\ln|t|$.

解 (1) 函数 $y=\dfrac{x^2-1}{x-1}$ 的定义域是 $(-\infty,1)\cup(1,+\infty)$;而函数 $y=x+1$ 的定义域是 $(-\infty,+\infty)$,两个函数的定义域不同;尽管 $y=\dfrac{x^2-1}{x-1}=x+1$,两个函数的对应法则相同,但不是同一个函数.

(2) 函数 $y=\ln x^2$ 的定义域是 $(-\infty,0)\cup(0,+\infty)$,函数 $s=2\ln|t|$ 的定义域是 $(-\infty,0)\cup(0,+\infty)$,所以两个函数的定义域相同,又 $s=2\ln|t|=\ln t^2$,所以这两个函数的对应法则也相同.尽管这两个函数的自变量与因变量所用的字母不同,但这两个函数仍为同一个函数.

例4 求函数 $y=\dfrac{1}{x}-\sqrt{x^2-4}$ 的定义域.

解 要使函数 $y=\dfrac{1}{x}-\sqrt{x^2-4}$ 有意义,必须 $x\neq 0$,且 $x^2-4\geqslant 0$. 解不等式得 $|x|\geqslant 2$,所以,函数的定义域为 $D=\{x\mid |x|\geqslant 2\}$.

例5 把一根长为 l 的铁丝围成长方形,试将此长方形的面积 A 表示成该长方形一边长 x 的函数.

解 设该长方形的另一边长为 y(图 1-2-1),据题意有 $A=xy$,$2(x+y)=l$,于是有 $A=x\left(\dfrac{l}{2}-x\right)$. 如果仅从函数的数学表达式来看,其定义域为 $(-\infty,+\infty)$,但此函数是有实际背景的,x 表示此长方形的边长,故此函数的定义域应为 $\left(0,\dfrac{l}{2}\right)$.

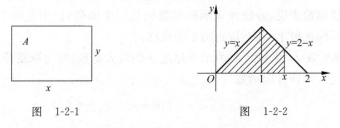

图 1-2-1　　　　　　　　　图 1-2-2

例6 由直线 $y=x$,$y=2-x$ 及 x 轴所围成的平面图形为等腰三角形(如图 1-2-2 所示),在此三角形底边上任取一点 $x\in[0,2]$,过点 x 作垂直 x 轴的直线,试将图上阴影部分的面积表示成 x 的函数.

解 设阴影部分的面积为 A,当 $x\in[0,1)$ 时,$A=\dfrac{1}{2}x^2$;当 $x\in[1,2]$ 时,$A=1-\dfrac{1}{2}(2-x)^2$,所以

$$A=\begin{cases}\dfrac{1}{2}x^2, & x\in[0,1),\\ 2x-\dfrac{1}{2}x^2-1, & x\in[1,2].\end{cases}$$

根据函数的定义,对于定义域 D 中的任一 x 值,函数 $y=f(x)$ 仅有一个确定的值与之对应.如果给定一个对应法则,按这个法则,允许同一个 x 值,可以有多个确定的 y 值与之相对应,那么这样的对应法则不符合函数的定义,但习惯上我们称这种法则确定了一个**多值函数**.而把仅有一个确定值与之对应的函数称为**单值函数**.例如函数 $y=2x^2$ 是一个单值函数,而函数 $y=\pm\sqrt{1-x^2}$ 则是多值函数.

在一定条件下,多值函数可以分成若干个单值函数.例如多值函数 $y=\pm\sqrt{1-x^2}$ 就可以分成两个单值函数:$y=\sqrt{1-x^2}$ 和 $y=-\sqrt{1-x^2}$,从而把对多值函数的讨论转化为讨论它的各个单值函数.今后凡未作特别说明时,所讨论的函数都是指单值函数.

1.2.2 函数的表示方法

函数的表示方法不是唯一的,通常函数有下列三种表示法.

(1) **列表法** 将自变量的值与对应的函数值列成表格的方法.如例 2.这种表示方法在各种财务报表、学生考试成绩单、数学用表中很常见.其优点是可以直接由自变量查到相应的函数值,但表中所列数据往往不全面.

(2) **图像法** 在坐标系中用图形来表示函数关系的方法.如体检时的心电图所显示的心率模式,某气象站气温记录仪绘出的某地某日气温-时间曲线图等,这种表示法的优势在于函数的变化规律一目了然.用这种方法表示函数是基于函数**图形** $y=f(x), x\in D$ 的概念,即坐标平面上的点集 $W=\{(x,y)|y=f(x), x\in D\}$.

(3) **解析法** 将变量之间的关系用数学解析式来表示的方法.如 $y=2x^2$.解析法形式简明,便于定量和定性分析,有利于理论研究.因此,解析法是表示函数的主要形式.

分段函数可以用解析法来表示,此函数在其定义域的不同范围内,具有不同的解析表达式.因此,对于分段函数来说,分段所表示的函数仍是一个函数,而不是两个或几个函数,只是在其定义域的不同区段上,其对应法则不同而已.

例 7 对任意实数 x,用 $y=[x]$ 表示不超过 x 的最大整数,称为**取整函数**(图 1-2-3),其定义域为 $(-\infty,+\infty)$,即分段函数

$$[x]=n \quad (n\leqslant x<n+1, n=0,\pm 1,\pm 2,\cdots).$$

一般地,对于任一实数 x,总可以把它表示为一个整数 $[x]$ 和一个非负小数 (x) 之和,即

$$x=[x]+(x),$$

其中 $0\leqslant (x)<1$.如 $x=\dfrac{5}{2}$ 时,$[x]=2, (x)=0.5$;$x=-3.25$ 时,$[x]=-4, (x)=0.75$.

取整函数具有的性质:对于任一实数 x,有 (1) $[x]\leqslant x<[x]+1$;(2) $[x]=x \rightleftharpoons x$ 为整数.

例 8 符号函数(图 1-2-4):

$$\mathrm{sgn}\, x=\begin{cases}-1, & x<0,\\ 0, & x=0,\\ 1, & x>0,\end{cases} \quad \text{其定义域为}(-\infty,+\infty).$$

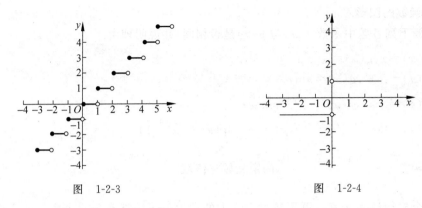

图 1-2-3　　　　　　　　　图 1-2-4

例9　设 $f(x)=\begin{cases}1, & 0\leqslant x\leqslant 1,\\ -2, & 1<x\leqslant 2,\end{cases}$ 求函数 $f(x+3)$ 的定义域.

解　因为 $f(x)=\begin{cases}1, & 0\leqslant x\leqslant 1,\\ -2, & 1<x\leqslant 2,\end{cases}$ 则

$$f(x+3)=\begin{cases}1, & 0\leqslant x+3\leqslant 1\\ -2, & 1<x+3\leqslant 2\end{cases}=\begin{cases}1, & -3\leqslant x\leqslant -2,\\ -2, & -2<x\leqslant -1,\end{cases}$$

所以函数 $f(x+3)$ 的定义域为 $[-3,-1]$.

例10　狄利克雷(Dirichlet)函数

$$y=D(x)=\begin{cases}1, & x\text{ 是有理数},\\ 0, & x\text{ 是无理数}.\end{cases}$$

该函数定义在整个数轴上，x 取有理数时的函数值为 1，x 取无理数时的函数值为 0. 如 $D(23)=1, D(\sqrt{2})=0$. 这是德国数学家狄利克雷于 1829 年定义的函数，这是个无法画出其图像的古怪函数. 但数学家喜欢这个函数，常用来举反例.

习题 1.2

1. 求下列函数的定义域：

   (1) $y=\sqrt{x-2}$；

   (2) $y=\dfrac{1}{\ln(3-x)}$；

   (3) $y=\dfrac{1}{1-x^2}+\sqrt{9-x^2}$；

   (4) $y=\dfrac{1}{\sqrt{x+4}}+\dfrac{\ln(x+5)}{1+x^2}$；

   (5) $f(x)=\begin{cases}\sin x, & x\leqslant 0,\\ e^x, & 0<x\leqslant 2;\end{cases}$

   (6) $f(x)=\begin{cases}e^x+1, & |x|<1,\\ x^3, & 1\leqslant |x|<3.\end{cases}$

2. 已知 $f(x)=\begin{cases}1, & 0\leqslant x\leqslant 1,\\ -1, & 1<x\leqslant 2,\end{cases}$ 求 $f(2x), f(2x-3)$ 的定义域.

3. 已知函数 $f\left(\dfrac{1}{t}\right)=\dfrac{5}{t}+2t^2$，求：(1) 函数 $f(t)$ 的解析表达式；(2) 函数 $f(t^2+1)$ 的解析表达式.

4. 设 $\varphi(x)=\begin{cases}1, & |x|\leqslant \dfrac{\pi}{3},\\ |\sin x|, & |x|>\dfrac{\pi}{3},\end{cases}$ 求 $\varphi\left(\dfrac{\pi}{6}\right), \varphi\left(\dfrac{\pi}{3}\right), \varphi\left(-\dfrac{\pi}{2}\right)$，并指出函数的定义域、值

域,画出此函数的图形.

5. 判断下列各题中函数 $f(x)$ 与 $g(x)$ 是否相同,并说明理由.

(1) $f(x)=x, g(x)=\sqrt{x^2}$;

(2) $f(x)=\ln x^3, g(x)=3\ln x$

(3) $f(x)=\cos x, g(x)=\sqrt{1-\sin^2 x}$;

(4) $f(x)=\lg(x+\sqrt{x^2-1}), g(x)=-\lg(x-\sqrt{x^2-1})$.

6. 求函数 $y=\begin{cases} \sin\dfrac{1}{x}, & x\neq 0, \\ 0, & 0 \end{cases}$ 的定义域与值域.

7. 一个旅行社为北京一群不超过 300 人的学生订了一架有 300 个座位的飞机去上海旅行,每人所需交旅行社的费用是 300 元,另外需交附加费用.附加费用的算法是与空位数成正比,多空出一个座位,每人附加费用多加 4.5 元.试写出旅行社的收益函数(设空座位数为 x).

8. 某网吧上网计费规定:若每天上网不超过 2 个小时,每小时收费 2 元;若每天上网 2 小时(不含)至 4 小时,超过 2 小时部分按每小时 1.5 元收费;若每天上网超过 4 个小时,超过部分每小时收费 1 元;全天最高收费 15 元封顶.

(1) 试给出小王每天上网费用与上网时间的函数关系;

(2) 画出函数图像.

1.3 函数的几种特性

1. 函数的有界性

设函数 $y=f(x)$ 的定义域为 D,数集 $X\subset D$,如果存在一个正数 M,使得对任一个 $x\in X$,恒有 $|f(x)|\leqslant M$,则称函数 $f(x)$ 在 X 上**有界**.否则称 $f(x)$ 在 X 上**无界**.

函数 $f(x)$ 在 X 上有界,就称 $f(x)$ 为 x 上的**有界函数**.否则称 $f(x)$ 为 x 上的**无界函数**.

粗略地说,函数的有界性是指当自变量发生变化时,与之相对应的因变量的值是可以控制在一定范围内的.即函数 $y=f(x)$ 的图形夹在直线 $y=-M$ 和 $y=M$ 之间.

例如 $f(x)=\sin x$ 在 $(-\infty,+\infty)$ 内是有界的.这是因为恒有 $|\sin x|\leqslant 1$ 成立(图 1-3-1).

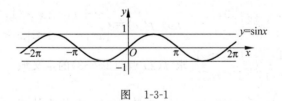

图 1-3-1

函数的有界性与函数所定义的数集 X 有关.例如 $f(x)=\dfrac{1}{x}$ 在区间 $[1,+\infty)$ 上有界(图 1-3-2),因为存在 $M=1$,使对一切 $x\in[1,+\infty)$ 有 $\left|\dfrac{1}{x}\right|\leqslant 1$.但它在 $(0,1)$ 内却是无界的,

因为对任给的正数 $M>1$,总存在 $x_1=\dfrac{1}{2M}\in(0,1)$,使 $|f(x_1)|=\left|\dfrac{1}{x_1}\right|=2M>M$.

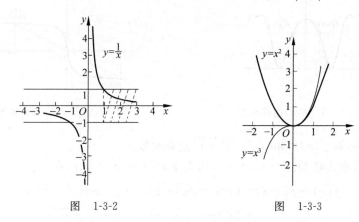

图 1-3-2　　　　　　　　图 1-3-3

函数 $y=x^3$ 与 $y=x^2$ 在区间 $(-\infty,+\infty)$ 上都是无界函数(图 1-3-3).

2. 函数的单调性

设函数 $y=f(x)$ 的定义域为 D,区间 $I\subset D$,如果对于区间 I 上任意两点 x_1 及 x_2,当 $x_1<x_2$ 时,总有 $f(x_1)\leqslant f(x_2)(f(x_1)\geqslant f(x_2))$,则称函数 $f(x)$ 在区间 I 上是**单调增加(单调减少)**.特别地,当 $x_1<x_2$ 时,总有严格不等式 $f(x_1)<f(x_2)(f(x_1)>f(x_2))$,则称函数 $f(x)$ 在区间 I 上是**严格单调增加(严格单调减少)**.

(严格)单调增加与(严格)单调减少的函数统称为**(严格)单调函数**.

例 1　证明函数 $f(x)=x^3$ 在 $(-\infty,+\infty)$ 内是单调增加的.

证　因为对任意 $x_1,x_2\in(-\infty,+\infty)$,有
$$f(x_1)-f(x_2)=x_1^3-x_2^3=(x_1-x_2)(x_1^2+x_1x_2+x_2^2),$$
当 $x_1<x_2$ 时,由于 $x_1-x_2<0$,且
$$x_1^2+x_1x_2+x_2^2=\left(x_1+\dfrac{x_2}{2}\right)^2+\dfrac{3}{4}x_2^2>0,$$
所以
$$f(x_1)-f(x_2)<0,$$
即
$$f(x_1)<f(x_2).$$
所以,函数 $f(x)=x^3$ 在 $(-\infty,+\infty)$ 内是单调增加的.

函数的单调性亦与数集 D 有关.如,函数 $y=x^2$ 在区间 $(-\infty,0]$ 上是单调减少的,在区间 $[0,+\infty)$ 上是单调增加的;在 $(-\infty,+\infty)$ 上却不具有单调性.

一般情况下,商品的供给量是价格的递增函数,而商品的需求量是价格的递减函数.

3. 函数的奇偶性

设函数 $f(x)$ 的定义域为 D,且 D 关于原点对称(即若 $x\in D$,则 $-x\in D$).若对于任一 $-x\in D$,有 $f(-x)=f(x)$,则称 $f(x)$ 为**偶函数**.若对任一 $x\in D$,有 $f(-x)=-f(x)$,则称 $f(x)$ 为**奇函数**.偶函数的图形关于 y 轴对称,奇函数的图形关于原点对称(图 1-3-4 和图 1-3-5).

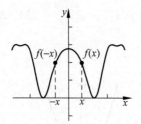

图 1-3-4 $f(x)$ 为偶函数

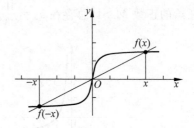

图 1-3-5 $f(x)$ 为奇函数

例 2 证明函数 $f(x)=\ln(x+\sqrt{x^2+1})$ 是奇函数.

证 $f(x)$ 的定义域 $D:(-\infty,+\infty)$. 因为 $\forall x\in(-\infty,+\infty)$，有

$$f(x)+f(-x)=\ln(x+\sqrt{x^2+1})+\ln(-x+\sqrt{x^2+1})$$
$$=\ln[(x+\sqrt{x^2+1})(-x+\sqrt{x^2+1})]$$
$$=\ln 1=0,$$

所以 $f(x)=\ln(x+\sqrt{x^2+1})$ 是奇函数.

并不是任一函数都具有奇偶性，例如 $y=\sin x+\cos x$ 是非奇非偶函数.

4. 函数的周期性

设函数 $f(x)$ 的定义域为 D. 若存在正数 l，使得对于任一 $x\in D$，都有 $x\pm l\in D$，且 $f(x\pm l)=f(x)$，则称 $f(x)$ 为**周期函数**，l 称为 $f(x)$ 的**周期**. 显然，若 l 为 $f(x)$ 的一个周期，则 $kl(k=\pm 1,\pm 2,\cdots)$ 也都是它的周期. 所以一个周期函数一定有无穷多个周期. 通常所说周期函数的周期是指最小正周期.

例如，$y=\tan x$ 的周期为 π；$y=x-[x]$ 的周期为 1（图 1-3-6）.

并非任何周期函数都有最小正周期. 例如常数函数 $f(x)=C$ 是周期函数，任何实数都是它的周期，因而不存在最小正周期. 又如狄利克雷函数

$$D(x)=\begin{cases}1, & x \text{ 是有理数},\\ 0, & x \text{ 是无理数}\end{cases}$$

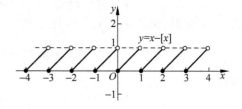

图 1-3-6

是周期函数，但不存在最小正周期. 因为，设 T 为任一非零有理数，任给 $x\in\mathbb{R}$，

(1) 当 x 是有理数时，$x+T$ 也是有理数，则 $D(x)=D(x+T)=1$；

(2) 当 x 是无理数时，$x+T$ 也是无理数，则 $D(x)=D(x+T)=0$.

所以，任给 $x\in\mathbb{R}$，有 $D(x)=D(x+T)$，故任一非零有理数 T 都是 $D(x)$ 的周期. 而所有正有理数中不存在最小的正数，所以函数 $D(x)$ 无最小正周期.

周期函数的图形呈周期状. 很多的自然现象都呈现周期性，如正常人的心跳、脑电波、家用的电压和电流、用于加热食物的微波炉中的电磁场、海潮的涨落、季节的交替，等等.

了解函数的特性，对于研究实际问题和构造函数模型具有重要意义. 首先，建立变量之间的函数关系（数学模型），常常需要从实验中采集数据，整理与分析数据的奇偶性、周期性、单调性、有界性，进而决定用哪一类函数来描述它们所反映的运动规律. 如由经验可知，市场上羽绒服的销售量随季节发生周期性的变化. 因此羽绒服的销售量是随时间变化的函数，应

选用某种周期函数.其次,实验中采集到的数据往往是有限的、不完整的,甚至是不完全真实的,因此构建数学模型还必须有坚实的理论基础,即用有关专业理论进行分析,论证那些反映物体运动规律的函数应具有哪些基本特征.例如,在建立教育投资的合理比例计量模型时,按照教育经济学的理论,教育投资比例 y 与人均国民收入 x 之间的关系应满足:(1)只有在满足最低生活需要时,才能投资教育,因此 y 的定义域的下限应为 $x=x_0(x_0>0)$.(2)当人们生活相当富有后,教育投资占国民收入的比例应有一个较为稳定的最佳比例值,因此 y 与 x 之间存在某种比例关系.(3)教育投资占国民收入的比例应存在一个比例上限,因此 $y(x)$ 是一个有界函数.正是这种理论指导着建模工作的进行.

习题 1.3

1. 讨论下列函数的单调性:

   (1) $y=\lg x$; (2) $y=2-\sqrt{x}$; (3) $y=3^{-x}$.

2. 讨论下列函数的奇偶性:

   (1) $y=a^x+a^{-x}$; (2) $y=\cos x+x$; (3) $y=\ln\dfrac{1-x}{1+x}$.

3. 判断下列函数是否为周期函数,若是,写出函数的周期.

   (1) $y=2\sin^2 x$; (2) $y=|\cos x|$; (3) $y=5+\cos 2\pi x$.

4. 试说明:

   (1) $y=\sin\dfrac{1}{x}$ 是有界函数;

   (2) $y=x\sin x$ 在 $(0,+\infty)$ 内是无界函数.

5. 设 $f(x)$ 定义在 $(-\infty,+\infty)$ 内,证明:

   (1) $f(x)+f(-x)$ 为偶函数;

   (2) $f(x)-f(-x)$ 为奇函数.

6. 证明:任一定义在区间 $(-a,a)(a>0)$ 内的函数都可表示为一个奇函数与一个偶函数的和.

1.4 反函数与复合函数

1.4.1 反函数

对于给定的两个变量 x 和 y,认定谁作为自变量,通常视所研究的问题来决定.如,有时我们想知道从甲地到乙地需要多长时间;但有时,我们也想知道在给定的时间内能走多远.这是现实中两个变量角色的转换问题,是一个逆向思维的过程.换句话说,函数 $y=f(x)$ 所要反映的是 y 怎样随着 x 而定的法则,自然我们也可以考察 x 怎样随 y 而定的法则.这就是在中学已经学过的反函数,其定义为:

定义 1 函数 $y=f(x)$ 的定义域为 D,值域为 R_f.如果对于 R_f 中任一 y,在 D 上都有唯一确定的 x 与之对应,使得 $y=f(x)$,则在 R_f 上确定了一个函数,这个函数称为函数 $y=f(x)$ 的**反函数**,记作 $f^{-1}:R_f\to D$ 或 $x=f^{-1}(y),y\in R_f$.函数 $y=f(x)$ 称为**直接函数**.

由定义可知,反函数 $x=f^{-1}(y)$ 的定义域和值域分别是它的直接函数 $y=f(x)$ 的值域和定义域.因此也可以说两者互为反函数.

例如,函数 $y=f(x)=x^3$ 有反函数 $x=f^{-1}(y)=y^{\frac{1}{3}}$.按照习惯,用 x 表示自变量,用 y 表示因变量,于是 $y=x^3$ 的反函数为 $y=x^{\frac{1}{3}}$.

要注意的是这里的 $f^{-1}(x)\neq\dfrac{1}{f(x)}$,而 $\dfrac{1}{f(x)}=[f(x)]^{-1}$.

因为我们所讨论的函数往往指单值函数,在这个意义上,并不是任何一个函数都有反函数的.

例 1 函数 $y=x^2$ 有反函数吗?为什么?

解 函数 $y=x^2$ 的定义域是 $(-\infty,+\infty)$,值域是 $[0,+\infty)$,对于任意 $y\in(0,+\infty)$,存在 $x=\sqrt{y}$ 与 $x=-\sqrt{y}$(图 1-4-1)都满足 $y=x^2$,因此,函数 $y=x^2$ 没有反函数.但是,函数 $y=x^2$ 的定义域可以分成两个单调区间,即 $(-\infty,0)$ 和 $[0,+\infty)$,在 $(-\infty,0)$ 上函数单调减少,在 $[0,+\infty)$ 上函数单调增加.因此若将 x 限制在 $[0,+\infty)$ 上,$y=x^2$ 有反函数 $y=\sqrt{x}$;若将 x 限制在 $(-\infty,0)$ 上,$y=x^2$ 有反函数 $y=-\sqrt{x}$.

由此我们可联想到,如果任一平行于 x 轴的直线与曲线 $y=f(x)$ 只有一个(或没有)交点,则函数 $y=f(x)$ 有(单值的)反函数.严格单调函数就具有这种特性.

定理 如果函数 $y=f(x)$ 在区间 D 上是严格单调的,则 $y=f(x)$ 必存在反函数,且直接函数与其反函数单调性相同.

证 设 $y=f(x),x\in D$ 是严格单调增加函数,值域为 R_f.于是对 R_f 中任一值 y_0,有 $x_0\in D$,使 $f(x_0)=y_0$.

根据 $f(x)$ 在 D 上严格单调增加的性质,对 D 中任一 $x_1\neq x_0$,当 $x_1<x_0$ 时,有 $f(x_1)<f(x_0)$.当 $x_1>x_0$ 时,有 $f(x_1)>f(x_0)$,因此只有一个 $x_0\in D$,使 $f(x_0)=y_0$,从而证得 $y=f(x)$ 的确存在(单值的)反函数 $x=f^{-1}(y),y\in R_f$.

任取 $y_1,y_2\in R_f$,且设 $y_1<y_2$.记 $x_1=f^{-1}(y_1),x_2=f^{-1}(y_2)$,就有 $y_1=f(x_1),y_2=f(x_2)$,且 $f(x_1)<f(x_2)$.于是又由 $f(x)$ 的严格单调增加性,推出必有 $x_1<x_2$.所以反函数 $x=f^{-1}(y),y\in R_f$ 也是严格单调增加的.

严格单调减少函数的情形可以类似证明.

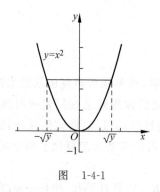

图 1-4-1

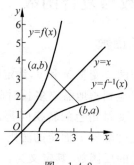

图 1-4-2

由于 $y=f(x)$ 与 $x=f^{-1}(y)$ 是同一条曲线,而 $y=f^{-1}(x)$ 的图像可以由 $x=f^{-1}(y)$ 的图像上的所有的点调换横坐标与纵坐标的位置得到,所以曲线 $y=f(x)$ 与 $y=f^{-1}(x)$ 的图像是关于直线 $y=x$ 对称的(因点 (a,b) 与点 (b,a) 关于直线 $y=x$ 对称),如图 1-4-2 所示.这样的反函数

$y = f^{-1}(x)$ 也称为**矫形反函数**. 求一个函数的反函数通常是指求出它的矫形反函数.

例 2 求函数 $y = \dfrac{1 - \sqrt{1+4x}}{1 + \sqrt{1+4x}}$ 的反函数.

解 令 $z = \sqrt{1+4x}$,则 $y = \dfrac{1-z}{1+z}$,$z = \dfrac{1-y}{1+y}$,解得 $x = \dfrac{1}{4}\left[\left(\dfrac{1-y}{1+y}\right)^2 - 1\right] = -\dfrac{y}{(1+y)^2}$.

改变变量的记号,即得所求反函数 $y = -\dfrac{x}{(1+x)^2}$.

1.4.2 复合函数

在揭示自然现象变化规律时,变量间的关系有时是错综复杂的,表现之一是锁链式的依赖关系,即 y 依赖于 u,u 依赖于 x,$\cdots$,这种关系在数学上就抽象为复合函数的概念. 如,在物理学中,质量为 m 的物体,自由下落时的动能 $E = \dfrac{1}{2}mv^2$,而 $v = gt$,因此动能 E 关于时间 t 的函数则为 $E = \dfrac{1}{2}m(gt)^2$,像这样得到的函数 $E = \dfrac{1}{2}m(gt)^2$ 就是由函数 $E = \dfrac{1}{2}mv^2$ 和 $v = gt$ 构成的复合函数.

定义 2 设函数 $y = f(u)$ 的定义域为 D_f,函数 $u = g(x)$ 的定义域为 D_g,且其值域为 R_g,若 $R_g \subset D_f$,则由 $y = f[g(x)]$ ($x \in D_g$) 所确定的函数称为由函数 $u = g(x)$ 与函数 $y = f(u)$ 构成的**复合函数**. 记作 $f \circ g$,即

$$(f \circ g)(x) = f[g(x)] \quad (x \in D_g),$$

其中 x 称为自变量,y 称为因变量,变量 u 称为**中间变量**. 有时也把 $y = f(u)$ 称为**外函数**,$u = g(x)$ 称为**内函数**.

注 在复合函数的定义中,条件"$R_g \subset D_f$"可放宽到"$D_f \cap R_g \neq \varnothing$",此时复合函数 $y = f[g(x)]$ 的定义域是 D_g 的子集. 粗略地讲,外函数的定义域与内函数的值域的交集非空时,这两个函数才能复合;否则,不能构成复合函数.

例如:函数 $y = \sqrt{u}$ 与 $u = 1 - x^2$ ($|x| \leqslant 1$) 可以构成复合函数 $y = \sqrt{1-x^2}$;函数 $y = \ln u$ 和 $u = -x^2$ 不能构成复合函数,这是因为对任意 $x \in (-\infty, +\infty)$,$u = -x^2$ 均不在 $y = \ln u$ 的定义域 $(0, +\infty)$ 内.

由此可见,函数除可进行加、减、乘、除四则运算此外,还可以进行复合运算.

例 3 设 $y = f(u) = \sin u$,$u = g(x) = x^2 + 1$,求 $f[g(x)]$.

解 $f[g(x)] = \sin[g(x)] = \sin(x^2 + 1)$.

例 4 设 $f(x) = \begin{cases} 1+x, & x < 0, \\ 1, & x \geqslant 0, \end{cases}$ 求 $f[f(x)]$.

解 因为 $f(x) = \begin{cases} 1+x, & x < 0, \\ 1, & x \geqslant 0, \end{cases}$ 所以

$$f[f(x)] = \begin{cases} 1 + f(x), & f(x) < 0, \\ 1, & f(x) \geqslant 0, \end{cases}$$

由条件知当 $x < -1$ 时,$f(x) = 1 + x < 0$,有

$$f[f(x)] = 1 + f(x) = 1 + (1+x) = 2+x;$$

当 $x \geqslant -1$ 时,无论 $-1 \leqslant x < 0$ 及 $x \geqslant 0$,均有 $f(x) \geqslant 0$,从而 $f[f(x)] = 1$. 所以

$$f[f(x)] = \begin{cases} 2+x, & x < -1, \\ 1, & x \geqslant -1. \end{cases}$$

复合思想在分析问题的过程中也是常用的. 如,商品的需求量是价格的函数,而价格又是生产这种商品的成本函数,所以最终商品的需求量也是成本的函数. 一般地,当原材料价格上涨时,生产商为了保持一定的利润空间,总希望提高商品的价格,从而产品的需求量会有所下降.

函数的复合是产生新函数的重要手段,有时为了便于计算,也将复合函数看成由几个简单函数复合而成. 把一个复合函数分解成不同层次函数的过程,称为**复合函数的分解**. 通常分解过程是由外向里,层层分解,往往分解到各层函数为幂函数、指数函数、对数函数等较为简单函数为止.

如,函数 $y = \tan 2^{\sqrt{x}}$ 分解的各层函数依次为

$$y = \tan u, \quad u = 2^v, \quad v = \sqrt{x},$$

各层函数分别为三角函数、指数函数和幂函数.

例 5 分解下列函数.

(1) $y = \sqrt{\ln \sin^2 x}$;   (2) $y = e^{\tan x^2}$;   (3) $y = \cos^2 \ln(2 + \sqrt{1+x^2})$.

解

(1) $y = \sqrt{\ln \sin^2 x}$ 是由 $y = \sqrt{u}, u = \ln v, v = w^2, w = \sin x$ 四个函数复合而成;

(2) $y = e^{\tan x^2}$ 是由 $y = e^u, u = \tan v, v = x^2$ 三个函数复合而成;

(3) $y = \cos^2 \ln(2 + \sqrt{1+x^2})$ 是由 $y = u^2, u = \cos v, v = \ln w, w = 2+t, t = \sqrt{h}, h = 1+x^2$ 六个函数复合而成.

习题 1.4

1. 求下列函数的反函数及反函数的定义域:

(1) $y = \dfrac{1-x}{1+x}$;   (2) $y = \lg x^3$;

(3) $y = \dfrac{2^x}{2^x + 1}$;   (4) $y = \begin{cases} x-1, & x < 0, \\ x^2, & x \geqslant 0. \end{cases}$

2. 已知 $f(\sin x) = \cos 2x + 1$,求 $f(\cos x)$.

3. 已知 $f(x)$ 满足等式 $f(2^x + 1) = x$,求 $f(x)$.

4. 分解下列函数:

(1) $y = \sin 3x$;   (2) $y = a^{\sin^2 x}$;

(3) $y = \ln[\ln(\ln x)]$;   (4) $y = x^2 \cos e^{\sqrt{x}}$.

5. 证明:函数 $y = \dfrac{ax-b}{cx-a}$ 的反函数是其本身.

1.5 初等函数

1.5.1 基本初等函数

在初等数学中已学过下面几类函数：

幂函数：$y=x^\mu(\mu\in\mathbb{R}$ 是常数$)$；

指数函数：$y=a^x(a>0,a\neq1)$；

对数函数：$y=\log_a x(a>0,a\neq1)$；

三角函数：$y=\sin x,y=\cos x,y=\tan x,y=\cot x$.

这些函数是构成初等函数的基础，本节再予以适当回顾，并对它们的性质略加补充.

1. 幂函数 $y=x^\mu(\mu\in\mathbb{R})$

当 μ 是正整数时，$y=x^\mu$ 的定义域为 $(-\infty,+\infty)$；

当 μ 是负整数时，$y=x^\mu$ 的定义域为 $(-\infty,0)\cup(0,+\infty)$.

总之，$y=x^\mu(\mu\in\mathbb{R})$ 的定义域要根据 μ 的情况而定. 但不论 μ 为何值，幂函数在 $(0,+\infty)$ 内总有定义，它的图形都经过点 $(1,1)$，见图 1-5-1.

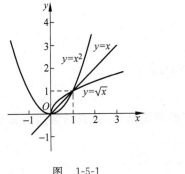

图 1-5-1

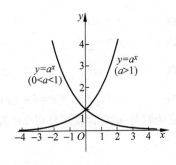

图 1-5-2

2. 指数函数 $y=a^x(a>0,a\neq1)$

指数函数的定义域为 $(-\infty,+\infty)$，对任意 $x\in(-\infty,+\infty)$，总有 $a^x>0$，且 $a^0=1$. 所以指数函数的图形位于 x 轴的上方，且通过点 $(0,1)$，值域为 $(0,+\infty)$，如图 1-5-2 所示.

当 $a>1$ 时，$y=a^x$ 在 $(-\infty,+\infty)$ 上为严格单调增加函数；当 $0<a<1$ 时，$y=a^x$ 在 $(-\infty,+\infty)$ 上为严格单调减少函数.

常用的指数函数是 $y=\mathrm{e}^x$，其中 $\mathrm{e}=2.7182818284\cdots$ 为无理数.

指数函数具有下列运算法则 $(a>0,b>0)$：

(1) $a^0=1, a^{-x}=\dfrac{1}{a^x}$；　　　(2) $a^x\cdot b^x=(ab)^x$；　　　(3) $a^x\cdot a^y=a^{x+y}$；

(4) $\dfrac{a^x}{a^y}=a^{x-y}$；　　　(5) $(a^x)^y=(a^y)^x=a^{xy}$；　　　(6) $\dfrac{a^x}{b^x}=\left(\dfrac{a}{b}\right)^x$.

3. 对数函数 $y=\log_a x\ (a>0,a\neq1)$

对数函数是指数函数 $y=a^x$ 的反函数. 所以它的定义域为 $(0,+\infty)$，值域为 $(-\infty,+\infty)$.

当 $a>1$ 时,$y=\log_a x$ 在 $(0,+\infty)$ 上为严格单调增加函数;当 $0<a<1$ 时,$y=\log_a x$ 在 $(0,+\infty)$ 上为严格单调减少函数. 对数函数的图形位于 y 轴的右方,且都通过点 $(1,0)$,如图 1-5-3 所示.

特别地,以 e 为底的对数函数 $y=\log_e x$,称为**自然对数**,并简记为 $y=\ln x$.

对数函数具有下列运算法则(a,b,x,y 都是正数,且 a,b 不等于 1):

(1) $\log_a a=1, \log_a 1=0$;

(2) $\log_a x^k = k\log_a x$;

(3) $\log_a (xy) = \log_a x + \log_a y$;

(4) $\log_a \dfrac{x}{y} = \log_a x - \log_a y$;

(5) $\log_a x = \dfrac{\log_b x}{\log_b a}$.

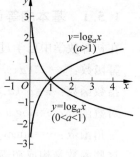

图 1-5-3

指数函数 $y=a^x$ 与对数函数 $y=\log_a x$ 互为反函数,因此有如下性质:
$$a^{\log_a x}=x, \quad \log_a a^x=x, \quad 其中 a>0, a\neq 1, x>0.$$

4. 三角函数

正弦函数 $\quad y=\sin x \quad (-\infty<x<+\infty)$;

余弦函数 $\quad y=\cos x \quad (-\infty<x<+\infty)$;

正切函数 $\quad y=\tan x \quad \left(x\neq (2k+1)\dfrac{\pi}{2}\ (k\in\mathbb{Z})\right)$;

余切函数 $\quad y=\cot x \quad (x\neq k\pi\ (k\in\mathbb{Z}))$.

(1) 正弦函数与余弦函数都是以 2π 为周期的周期函数. 正弦函数为奇函数,余弦函数为偶函数. 由于
$$|\sin x|\leqslant 1, \quad |\cos x|\leqslant 1,$$
所以它们都是有界函数,其图形位于两条平行直线 $y=1$ 与 $y=-1$ 之间(图 1-5-4).

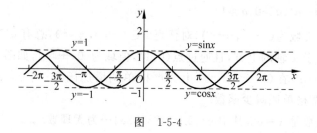

图 1-5-4

(2) 正切函数 $y=\tan x$ 的定义域为除去 $x=(2k+1)\dfrac{\pi}{2}(k\in\mathbb{Z})$ 以外的全体实数,正切函数在区间 $\left(-\dfrac{\pi}{2},\dfrac{\pi}{2}\right)$ 内严格单调增加(图 1-5-5);余切函数 $y=\cot x$ 的定义域为除去 $x=k\pi$ ($k\in\mathbb{Z}$)以外的全体实数,余切函数在区间 $(0,\pi)$ 内严格单调减少(图 1-5-6);正切函数与余切函数都是以 π 为周期的函数,它们都是奇函数且在其定义域内都是无界函数,其图形都对称于原点.

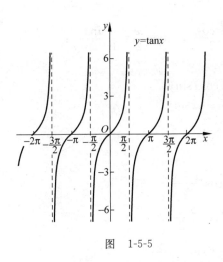
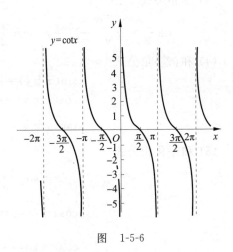

图 1-5-5 图 1-5-6

(3) 三角函数还包括**正割函数** $y=\sec x$(图 1-5-7),**余割函数** $y=\csc x$(图 1-5-8),其中

$$\sec x=\frac{1}{\cos x}, \quad x\neq(2k+1)\frac{\pi}{2}(k\in\mathbb{Z});$$

$$\csc x=\frac{1}{\sin x}, \quad x\neq k\pi(k\in\mathbb{Z}).$$

由于 $\sec x=\dfrac{1}{\cos x}$,$\csc x=\dfrac{1}{\sin x}$,故可以将它们分别转化为对余弦函数和正弦函数的讨论. 显然正割函数与余割函数都是以 2π 为周期的周期函数,正割函数为偶函数,余割函数为奇函数,在开区间 $\left(0,\dfrac{\pi}{2}\right)$ 内都是无界函数.

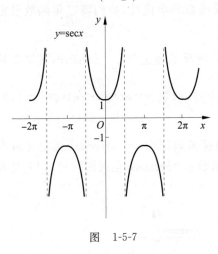
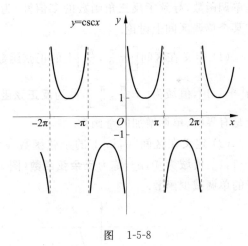

图 1-5-7 图 1-5-8

常用的一些三角函数之间的基本关系:
(1) 平方公式
$$\sin^2 x+\cos^2 x=1, \quad \sec^2 x=1+\tan^2 x, \quad \csc^2 x=1+\cot^2 x;$$
(2) 倍角公式
$$\sin 2x=2\sin x\cos x, \quad \cos 2x=\cos^2 x-\sin^2 x, \quad \tan 2x=\frac{2\tan x}{1-\tan^2 x};$$

(3) 半角公式

$$\sin\frac{x}{2}=\pm\sqrt{\frac{1-\cos x}{2}}, \quad \cos\frac{x}{2}=\pm\sqrt{\frac{1+\cos x}{2}}, \quad \tan\frac{x}{2}=\frac{\sin x}{1+\cos x};$$

(4) 和(差)角公式

$$\sin(x\pm y)=\sin x\cos y\pm\cos x\sin y,$$
$$\cos(x\pm y)=\cos x\cos y\mp\sin x\sin y,$$
$$\tan(x\pm y)=\frac{\tan x\pm\tan y}{1\mp\tan x\tan y};$$

(5) 和差化积公式

$$\sin x\pm\sin y=2\sin\frac{x\pm y}{2}\cos\frac{x\mp y}{2},$$
$$\cos x+\cos y=2\cos\frac{x+y}{2}\cos\frac{x-y}{2},$$
$$\cos x-\cos y=-2\sin\frac{x+y}{2}\sin\frac{x-y}{2};$$

(6) 积化和差公式

$$\sin x\sin y=-\frac{1}{2}[\cos(x+y)-\cos(x-y)],$$
$$\cos x\cos y=\frac{1}{2}[\cos(x+y)+\cos(x-y)],$$
$$\sin x\cos y=\frac{1}{2}[\sin(x+y)+\sin(x-y)].$$

5. 反三角函数

三角函数的反函数称为**反三角函数**. 由于三角函数的周期性,它们在各自的定义域上不是单调函数,导致了反三角函数的多值性,为了保证反函数的单值性,我们将三角函数限定在某个单调区间上讨论.

(1) 定义在区间 $\left[-\frac{\pi}{2},\frac{\pi}{2}\right]$ 上的正弦函数 $y=\sin x$ 的反函数记作 $y=\arcsin x$,其定义域为 $[-1,1]$,值域为 $\left[-\frac{\pi}{2},\frac{\pi}{2}\right]$,称为**反正弦函数**(图 1-5-9). 函数 $y=\arcsin x$ 在区间 $[-1,1]$ 上是有界的、单调增加的奇函数.

(2) 定义在区间 $[0,\pi]$ 上的余弦函数 $y=\cos x$ 的反函数记作 $y=\arccos x$,其定义域为 $[-1,1]$,值域为 $[0,\pi]$,称为**反余弦函数**(图 1-5-10). 函数 $y=\arccos x$ 在区间 $[-1,1]$ 上是有界的单调减少函数.

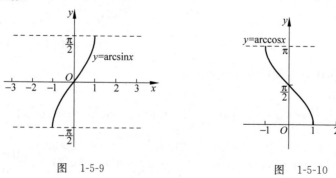

图 1-5-9　　　　　　　　图 1-5-10

(3) 定义在区间 $\left(-\frac{\pi}{2}, \frac{\pi}{2}\right)$ 上正切函数 $y=\tan x$ 的反函数记作 $y=\arctan x$,其定义域为 $(-\infty,+\infty)$,值域为 $\left(-\frac{\pi}{2}, \frac{\pi}{2}\right)$,称为**反正切函数**(图 1-5-11). 函数 $y=\arctan x$ 在区间 $(-\infty,+\infty)$ 上是有界的、单调增的奇函数.

(4) 定义在区间 $(0,\pi)$ 上余切函数 $y=\cot x$ 的反函数记作 $y=\mathrm{arccot}\, x$,其定义域为 $(-\infty,+\infty)$,值域为 $(0,\pi)$,称为**反余切函数**(图 1-5-12). 函数 $y=\mathrm{arccot}\, x$ 在区间 $(-\infty,+\infty)$ 上是有界的单调减函数.

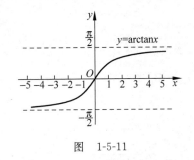

图 1-5-11

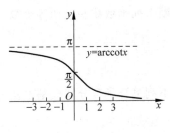

图 1-5-12

由定义知:

$$\sin(\arcsin x)=x, \quad \arcsin(-x)=-\arcsin x;$$
$$\cos(\arccos x)=x, \quad \arccos(-x)=\pi-\arccos x;$$
$$\tan(\arctan x)=x, \quad \arctan(-x)=-\arctan x;$$
$$\cot(\mathrm{arccot}\, x)=x, \quad \mathrm{arccot}(-x)=\pi-\mathrm{arccot}\, x.$$

幂函数、指数函数、对数函数、三角函数和反三角函数统称为**基本初等函数**.

1.5.2 常见的初等函数

由常数和基本初等函数经过有限次四则运算或有限次的函数复合步骤所构成的并可用一个式子表示的函数,称为**初等函数**.

如:$y=\sqrt{1-x^2}$,$y=x^2+x+2$,$y=2^{\arctan x}$,$y=x^{\sin x}$ $(x>0,x\neq 1)$ 等都是初等函数. 特别地,因为 $|x|=\sqrt{x^2}$,所以 $|x|$ 是初等函数;而取整函数 $y=[x]$,符号函数 $y=\mathrm{sgn}\, x$ 等都是非初等函数.

常见的初等函数有下列四类:

(1) 有理整函数(多项式函数):$P_n(x)=a_0 x^n+a_1 x^{n-1}+\cdots+a_{n-1}x+a_n$ $(a_0\neq 0)$.

(2) 有理分式函数(分式函数):由两个多项式的商构成的函数,即 $\dfrac{P_n(x)}{Q_m(x)}$,其中 $Q_m(x)$ 含义与 $P_n(x)$ 相同,且 $Q_m(x)\neq 0$.

(3) 无理函数:含有根式的函数,如 $y=\sqrt{1-x^2}$.

(4) 超越函数:由三角函数、反三角函数、指数函数、对数函数构成的函数. 如 $y=2^{\arctan x}$.

微积分研究的主要对象是初等函数.

函数的分类：

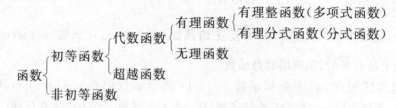

习题 1.5

1. 判断下列函数哪些是初等函数.

(1) $y=\dfrac{x-2}{x^2+2x-1}$；

(2) $y=x-[x]$；

(3) $y=|\sin x|+1$；

(4) $y=3^{\arcsin \ln x}$.

2. 将下列复合函数分解成基本初等函数：

(1) $y=\arcsin\dfrac{1}{x}$；

(2) $y=e^{\arctan\frac{1}{x}}$；

(3) $y=(\arccos\sqrt{x})^2$；

(4) $y=\sqrt{\ln(\tan x)^2}$.

3. 已知 $f(x)=\sin x$, $f[\varphi(x)]=1-x^2$, 求 $\varphi(x)$ 及其定义域.

4. 已知 $y=f(u)=\arctan u$, $u=\varphi(t)=\dfrac{1}{\sqrt{t}}$, $t=\psi(x)=x^2-1$, 求 $f\{\varphi[\psi(x)]\}$ 及其定义域.

1.6 数学模型

数学模型(mathematical model)是指对于现实世界的一特定对象,为了某个特定的目的,做出一些重要的简化和假设,运用适当的数学工具得到的一个数学结构,这个数学结构可以是数学公式、算法、表格或图示.它或能解释某些客观现象,或能预测未来的发展规律,或能为控制某一现象的发展提供某种意义下的最优策略.数学模型一般并非现实问题的直接翻版,它的建立需要人们对现实问题进行深入的观察和分析,还需要人们灵活地利用数学知识.这种应用数学知识从实际问题中抽象、提炼出数学模型的过程就称为**数学建模**.

函数就是体现变量相依关系的数学模型,函数关系的建立就是一种简单的数学建模.

1.6.1 数学模型的建立

(1) 建模准备　明确建模目的,判别问题所属系统,如力学系统、市场供销系统、生态系统、心理学系统等,分析主要矛盾,确定变量.

(2) 建立函数关系　一是根据现象遵循的规律来建立,如天体运动遵循牛顿定律,经济市场遵循经济规律等.二是根据采集到的数据来建立,通过数据描点,得到函数的图像表示.

(3) 模型求解　对已建立的数学模型进行分析、运算、证明、图解,求得结果.

(4) 模型检验　将模型求解结果返回到实际问题中进行检验,看是否与实际总的本质相吻合.如果一个模型不仅能解释某种客观现象,还能对未来作出较为准确的预测,这就是一个成功的模型.

例1 测量圆环形物件的内径 在机械加工中,会遇到测量圆柱形中空工件内径的问题,你会怎么做？直接用直尺量显然是测不准的.一种可行的方法是：将半径为 R 的钢球放在工件内孔上用直角拐尺量出钢球顶点到工件上端的距离,就可以算出工件内孔的半径(图 1-6-1).试给出计算公式.

解 已知钢球的半径为 R,是个常量；变量有两个：一个是待测工件内孔的半径 y,另一个是钢球顶点到工件上端面的距离 x,结合图 1-6-1,知

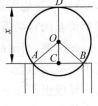

图 1-6-1

$$OA=R, \quad OC=DC-DO=x-R.$$

由勾股定理得
$$y=\sqrt{R^2-(x-R)^2}$$
$$=\sqrt{2Rx-x^2} \quad x\in(R,2R),$$

这就是要求的计算公式.在实际应用中,只要量出 x 的值,根据上述公式就可算出工件的内径.

注 $y=\sqrt{2Rx-x^2}$ 的自然定义域是 $[0,2R]$,但这不是该实际问题的定义域.

例2 空投物资 一飞机向某灾区投放救灾物资.投放区域是一狭长地带,可安全投放的区域长度为 290m,如果投放时飞机沿水平方向行驶,且飞行速度为 50m/s,若不考虑气流阻力的影响,试问飞机投放物资时的高度为多少时,才能保证物资落在安全区域内？

解 设飞机在投放时的高度为 $h(\text{m})$.

被空投的物资,一方面沿投放瞬间的飞行方向作匀速直线运动,此速度为 50m/s；另一方面作自由落体运动,二者叠加的结果是物资作曲线运动.

如图 1-6-2 所示,建立直角坐标系,则在时刻 t 质点的坐标 (x,y) 满足：

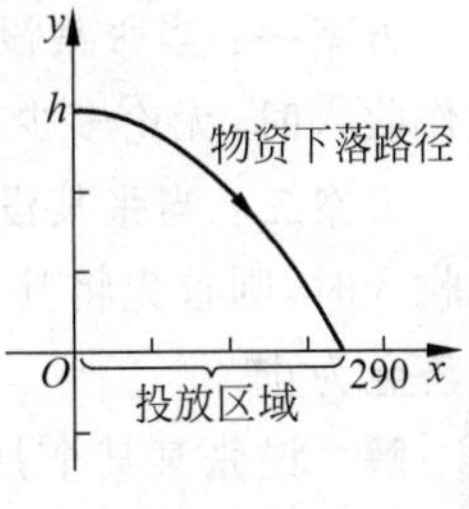

$$x=50t, \quad y=-\frac{1}{2}gt^2+h=-4.9t^2+h;$$

若被投物资落地时横坐标为 x_0,所用时间为 t_0,则

$$x_0\leqslant 290, \quad t_0=\frac{x_0}{50}\leqslant 5.8.$$

图 1-6-2

令 $y=0$,得 $h=4.9t_0^2\leqslant 4.9\times(5.8)^2=164.836(\text{m})$.

因此,飞机在投放时的高度不能高于 164.836m.

1.6.2 常用的经济函数

1. 成本函数

成本是生产(或销售)一定数量产品所需要各种费用的总和.成本分为**固定成本**和**变动成本**.总成本等于固定成本与变动成本的和.一般地,总成本 C 是产量 x 的函数,即 $C=C(x)$ $(x\geqslant 0)$.当产量 $x=0$ 时,对应的成本函数值 $C(0)$ 就是产品的固定成本值.$\overline{C}(x)=\frac{C(x)}{x}(x>0)$ 称为**平均成本函数**.

显然成本函数是单调增加函数.

2. 需求函数

产品的市场需求量 Q 不仅与产品的销售价格 p 密切相关,此外还涉及消费者的数量、收入、偏好等其他因素,假定这些因素对需求量 Q 的影响可以忽略不计(这种假定是建立数学模型的基础),则需求量 Q 为销售价格 p 的函数,这个函数称为**需求函数**,记作 $Q=Q(p)$.

一般地,当商品提价时,需求量会减少;当商品降价时,需求量就会增加,因此需求函数是单调减少函数.

设理想状态下,商品的生产既满足市场需求又不积压.这时需求多少就销售多少,销售多少就生产多少,即产量等于销售量,也等于需求量.本课程仅讨论这种理想状态下的经济函数.

3. 收益函数与利润函数

销售商品后获得的收入称为收益.产品全部销售后总收益 R 等于产量 x 与销售价格 p 的乘积,即 $R=px$,称其为**收益函数**(或**收入函数**).扣除全部成本后的收益就是利润.则利润 L 等于收益 R 减去成本 C,即 $L=R-C$,称 L 为**利润函数**.

当 $L=R-C>0$ 时,生产者盈利;当 $L=R-C<0$ 时,生产者亏损.

当 $L=R-C=0$ 时,生产者盈亏平衡.使 $L(x)=0$ 的点 x_0 称为**盈亏平衡点**(或**保本点**).

1.6.3 经济应用举例

例3 救济方案问题 假设某地方政府决定对经济困难居民张某按每月 500 元的数额发放救济金.如果张某每月工作时长为 $t(0 \leqslant t \leqslant 120)$ 小时,工资标准 20 元/小时,试对以下两种不同的救济方案进行分析.

方案一:当张某没有任何工作收入时,张某可获得当月的 500 元救济金;但当张某获得工作收入时,无论多少都停止救济金的支持.

方案二:当张某没有任何工作收入时,张某可获得当月的 500 元救济金;当张某获得工作收入时,则首先将其工作收入的一半用于偿还当月的政府救济金,直到偿还全部 500 元的救济金为止.

解 设张某某个月的工作收入为 y 元.

方案一:$y = \begin{cases} 500, & t=0, \\ 20t, & 0<t \leqslant 120, \end{cases}$ 如图 1-6-3 所示.

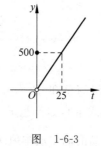

图 1-6-3

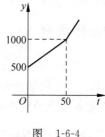

图 1-6-4

方案二:$y = \begin{cases} 500+10t, & 0 \leqslant t \leqslant 50, \\ 20t, & 50<t \leqslant 120, \end{cases}$ 如图 1-6-4 所示.

方案一的特点：按这个计划执行，张某要么得到全部救济金，要么得不到任何救济金．图 1-6-3 显示：在点 $t=0$ 处的函数值大于函数在 $0<t<25$ 上的函数值．因此如果张某每月工作不到 25 小时就不如不工作．因此这种方案的执行会削弱张某的工作积极性．

方案二的特点：图 1-6-4 显示，月收入 y 是关于工作时间 t 的单调递增函数，因此收入随着工作时间的增加而增加．努力工作的结果是在改善张某经济状况的同时降低了政府援助计划的成本．

例 4 盈亏预测 某服装有限公司每年的固定成本为 10000 元，生产每套这种服装的变动成本为 40 元，若销售 x 套服装所获得的总收入按每套 100 元计算，试预测盈亏平衡点．

解 对于一种商品而言，如果市场需求量等于商品供应量，则这种商品就达到了市场均衡．

设收入函数为 $R(x)$，成本函数为 $C(x)$，则

$$R(x)=100x, \quad C(x)=40x+10000,$$

$$L(x)=R(x)-C(x)=100x-(40x+10000)=60x-10000,$$

显然，当 $L(x)>0$ 时，公司有盈利；$L(x)<0$ 时，公司亏损；$L(x)=0$ 时，盈亏平衡．

图 1-6-5 中，利润函数 $L(x)$ 的图形是用虚线表示的．x 轴下方的虚线表示亏损，x 轴上方的虚线表示盈利．

令 $L(x)=0$，解方程

$$R(x)=C(x), \quad 即 \quad 100x=40x+10000,$$

解之得 $x=166\dfrac{2}{3}$．所以盈亏平衡点约为 167 套．

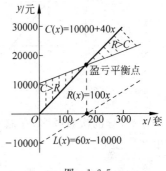

图 1-6-5

例 5 存储问题 为了供应明年市场的需要，某工厂计划生产 1600 个某种电器产品．假设该种电器产品以均匀的速率出售给顾客，并且生产一批产品所需时间与销售时间相比非常短以至可以忽略不计．生产该种电器产品总的成本由三个部分构成：

(1) 开办费 该费用与生产该种电器产品的数量是无关的，如少量样品的制造费等．假设该厂组织一次该种电器产品生产的开办费都是 1000 元．

(2) 存储费 该费用包括储藏、保管、产品所占用的资金等．假设该费用是由下列公式所决定的：

存储费 $=20$ 元 $\times$ 明年储藏在仓库中的该种电器产品的存货平均数．

(3) 制造费 该费用包括材料费、人工费、电力费等．假设生产一个该种电器产品的制造费为 30 元．问该厂应分几次生产，每次生产多少个该种电器产品，才能使总的成本达到最小值．

为了探求解题规律，先考察一些特殊情况：

方案一：假设厂长决定在年底一次性生产 1600 个该种电器产品，由于明年出售的速率是均匀的且明年年底全部售完，因此仓库中存货的平均数为 800 个（图 1-6-6），则生产该种电器产品的总成本

$$C=开办费+存储费+制造费$$
$$=1000+20\times 800+30\times 1600$$
$$=65000(元)$$

方案二:假设厂长决定分两批生产,即年底立刻先生产 800 个该种电器产品,过 6 个月后再立该生产 800 个,用这种方式进行生产,总的生产成本会发生什么变化呢?由于明年上半年与下半年存货的平均数都为 400 个(图 1-6-7),这时总的成本

$$C = 开办费 + 存储费 + 制造费$$
$$= 1000 \times 2 + 20 \times 400 + 30 \times 1600$$
$$= 58000(元)$$

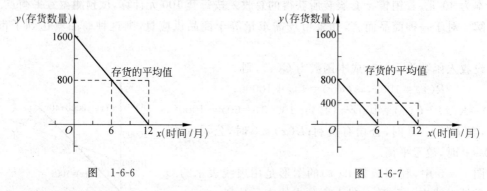

图 1-6-6 　　　　　　　　　　图 1-6-7

显然,分的次数越多,存储费则下降.但随着分的次数增多,开办费则在上升,那么分几次生产最佳呢?

若设每次生产 x 个,则分 $\dfrac{1600}{x}$ 次生产,这时总的成本

$$C = 开办费 + 存储费 + 制造费$$
$$= 1000 \times \dfrac{1600}{x} + 20 \times \dfrac{x}{2} + 30 \times 1600$$
$$= \dfrac{1600000}{x} + 10x + 48000$$
$$\geqslant 2\sqrt{16000000} + 48000$$
$$= 8000 + 48000$$

其中 48000 是固定成本,是不能控制的,而能控制的成本不少于 8000 元.因此,当

$$\dfrac{1600000}{x} = 10x,$$

即 $x^2 = 160000$,$x = 400$,此时分 $\dfrac{1600}{400} = 4$ 次生产.

也就是说,最优组织生产方式是全年生产 4 次,每次生产 400 个,生产成本最低,最低总成本为 56000 元.

习题 1.6

1. 火车站行李收费标准是:当行李重量不超过 50kg 时,按每千克 0.15 元收费,当行李重量超出 50kg 时,超重部分按每千克 0.25 元收费.试建立行李收费 $f(x)$(元)与行李重量

x(kg)之间的函数关系.

2. 试将内接于抛物弓形阴影部分的面积 A 表示为 x 的函数.

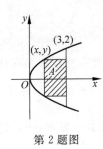

第 2 题图

3. 拟建一个容积为 V 的长方体水池,设它的底为正方形,如果池底所用材料单位面积的造价是四周单位面积造价的 2 倍,试将总造价 y 表示成底边长 x 的函数,并确定此函数的定义域.

4. 某企业生产某种产品 $1000t$,每吨定价为 130 元,销售量在 $700t$ 以内时,按原价出售,超过 $700t$ 时,超过的部分需打 9 折出售,试将销售总收益与总销售量的函数关系用数学解析式表示.

5. 某纺织厂计划明年生产和销售 12000m 某种毛料,该毛料以均匀的速率提供给顾客,并且生产一批毛料所需时间与销售所用时间相比非常短以致可忽略. 若生产该种产品总的成本由三个部分构成:

(1) 开办费 $=3000$ 元.

(2) 存储费 $=8$ 元 $\times$ 明年储藏在仓库中的该种产品的存货平均数.

(3) 制造费为每米 30 元.

问如何合理组织生产批次,使总成本最少.

不可理喻的数

人类很早就对有理数有了一定的了解,但在很长一段时间里无法理解无理数. 历史上,古希腊的毕达哥拉斯(Pythagoras,约公元前 580—前 500)学派发现单位正方形的对角线的长度 $\sqrt{2}$ 是无理数,正是这个无理数的出现,在当时引起了数学界的极大困惑,史称"第一次数学危机". 这个困惑一直延续到 19 世纪下半叶,1872 年,德国数学家戴德金(Julius Wilhelm Richard Dedekind,1831—1916)从连续性的要求出发,用有理数的"分割"来定义无理数,并把实数理论建立在严格的科学基础上,才把无理数从"无理"中拯救出来,使得无理数有了合法的地位. 如今我们知道,实数和直线上的点构成一一对应关系,任意两个有理数之间一定有无理数,任意两个无理数之间也一定有有理数,有理数和无理数都是无穷多个. 那么,有理数与无理数是一样多吗? 如果在每个有理数上安装一个红灯泡,在每个无理数上安装一个绿灯泡. 设想接通电源后,会出现什么景象呢?

正确答案是:眼前是一条绿色,红色根本看不见. 也就是有理数在直线上不占有一丁点长度. 为什么呢? 下面给出一个简单解释.

不妨考虑区间[0,1]上的有理数. 因为有理数是分数, 所以依分母从小到大的顺序, 可将它们排成一列, 即

$$0, 1, \frac{1}{2}, \frac{1}{3}, \frac{2}{3}, \frac{1}{4}, \frac{3}{4}, \cdots$$

其中去掉了重复的数. 显然[0,1]上的所有有理数都在这个数列里. 我们知道, 点是没有长度的, 所以对于任意给定的 $\delta > 0$, 可用一个长度为 $\frac{\delta}{2}$ 的区间将数 0 包住, 用一个长度为 $\frac{\delta}{4}$ 的区间将数 1 包住, 一个长度为 $\frac{\delta}{8}$ 的区间将数 $\frac{1}{2}$ 包住, $\cdots$, 这些区间的长度之和是

$$\frac{\delta}{2} + \frac{\delta}{4} + \frac{\delta}{8} + \cdots = \delta.$$

因此, [0,1]上所有有理数占据的长度小于 δ. 又 δ 是任意的, 所以眼前是一条绿色. 这里, 直观显得十分苍白无力! 当人们进入到"无限"这个领域中时, 会发现有许多和"有限"领域内的现象相矛盾的事情, 这些矛盾不是仅仅靠直观就能解决的, 而是需要严格的逻辑推导. 数学需要理性思维, 必须以理服人.

总 习 题 1

1. 选择题:

(1) 函数 $f(x) = \ln(3x+1) + \sqrt{5-2x} + \arcsin x$ 的定义域是(　　).

A. $\left(-\frac{1}{3}, \frac{5}{2}\right)$ 　　B. $\left(-1, \frac{5}{2}\right)$

C. $\left(-\frac{1}{3}, 1\right]$ 　　D. $(-1, 1)$

(2) $f(x) = x + \frac{1}{x}$ 在区间(　　)上有界.

A. $(0, 2)$ 　　B. $(2, +\infty)$

C. $(1, 2)$ 　　D. $(0, +\infty)$

(3) 在区间 $(0, +\infty)$ 内严格单调增加的函数是(　　).

A. $\tan x$ 　　B. $\arctan x$

C. $\frac{1}{x}$ 　　D. $\left(\frac{1}{2}\right)^x$

(4) 设函数 $g(x) = 1 - 2x, f[g(x)] = \frac{1-x^2}{x^2}$, 则 $f\left(\frac{1}{2}\right)$ 为(　　).

A. 30 　　B. 15

C. 3 　　D. 1

(5) 下列函数 $f(x)$ 与 $g(x)$ 相等的是(　　).

A. $f(x) = x^2, g(x) = \sqrt{x^4}$ 　　B. $f(x) = x, g(x) = (\sqrt{x})^2$

C. $f(x) = \frac{\sqrt{x-1}}{\sqrt{x+1}}, g(x) = \sqrt{\frac{x-1}{x+1}}$ 　　D. $f(x) = \frac{x^2-1}{x+1}, g(x) = x - 1$

(6) 函数 $y=10^{x-1}-2$ 的反函数是（   ）.

A. $y=\lg\dfrac{x}{x-2}$ B. $y=\log_x 2$

C. $y=\log_2\dfrac{1}{x}$ D. $y=1+\lg(x+2)$

2. 填空题：

(1) 设 $f(x)=x-x^3$，若 $f(x)=0$，则 $x=$ _____；若 $f(x)>0$，则 $x\in$ _____；若 $f(x)<0$，则 $x\in$ _____.

(2) 已知函数 $y=f(x)$ 的定义域是 $[0,1]$，则 $f(x^2)$ 的定义域是 _____.

(3) 函数 $y=\sin(\pi x)$ 的最小正周期 $T=$ _____.

(4) 若 $f(x)=\dfrac{1}{1-x}$，则 $f[f(x)]=$ _____，$f\{f[f(x)]\}=$ _____.

(5) 设 $f(x)=\begin{cases}2x,&x<0,\\x,&x\geqslant 0,\end{cases}$ $g(x)=\begin{cases}5x,&x<0,\\-3x,&x\geqslant 0,\end{cases}$ 则 $f[g(x)]=$ _____.

3. 求下列函数的反函数：

(1) $f(x)=\dfrac{e^x-e^{-x}}{e^x+e^{-x}}$;

(2) $y=1+2\sin\dfrac{x-1}{x+1}$.

4. 若 $f(t)=2t^2+\dfrac{2}{t^2}+\dfrac{5}{t}+5t$，证明 $f(t)=f\left(\dfrac{1}{t}\right)$.

5. 分解下列复合函数：

(1) $y=\dfrac{1}{\cos(x-1)}$; (2) $y=\ln\ln(x+2)$;

(3) $y=\sin\dfrac{1}{x-1}$; (4) $y=2^{\arctan\sqrt{x}}$.

6. 某商品的需求量 Q 是价格 p 的线性函数：$Q=a+bp$，已知该商品的最大需求量为 40000（价格为零时的需求量），最高价格为 40 元/件（需求量为零时的价格），求该商品的需求函数与收益函数.

7. 商品的成本函数和收益函数分别为 $C(q)=7+2q+q^2$，$R(q)=10q$，

(1) 求该商品的利润函数；

(2) 求销量为 4 时的总利润及平均利润；

(3) 销量为 10 时盈利还是亏损？

8. 把半径为 R 的一圆形铁片，自中心处剪去一扇形，将剩余部分（中心角为 θ 弧度）围成一无底圆锥.试将这圆锥的体积表示为 θ 的函数.

9. 科学家将某种异体单细胞注入一只白鼠体内做实验，发现一天之后，白鼠体内该种细胞有 4 个，两天之后，有 16 个，如下表所示：

天数	现在	1	2	3	4	5	6	7
细胞个数	1	4	16	64	256	1024	4096	16384

假设白鼠体内的该种细胞超过 1000000 个将死亡,而注射某种药物可杀死白鼠体内 96% 的该种细胞. 问:

(1) 为了维持白鼠的生命,最迟什么时候必须注射该种药物?

(2) 如果白鼠体内的该种细胞达到 1000000 个,第 1 次注射该种药物,使白鼠体内还剩该种细胞 40000 个,那么最迟什么时候必须进行第 2 次注射.

第 2 章

极限——微积分的灵魂

在实际工作中,常常要讨论事物的发展趋势,如人口发展趋势、生产发展趋势、某种疾病随时间的发展趋势等,微积分中的极限就是描述事物发展趋势的基本工具,极限方法就是研究变量变化的一种基本方法,并且微积分中函数的连续、导数、定积分等重要概念都是通过极限实现的.因此,极限是微积分的理论基础,是微积分的灵魂.极限的英文写法是 limit.本章将依次学习极限的概念、性质及运算,并建立连续函数的概念.

2.1 数列的极限

为了便于理解极限,我们先来感知故事中的一列数:

例1 有一个聪明人流落到荒岛上,他身上仅有一块饼,为了不至于饿死,他每天只吃剩下的一半,这样,每天都有食物可吃,但他还是饿死了,为什么呢? 原因是他只关心有没有食物,而没有注意到食物量的变化.事实上,每天的食物量组成了一列数:$\frac{1}{2},\frac{1}{2^2},\frac{1}{2^3},\cdots,\frac{1}{2^n},\cdots$ 从这一列数中可知,随着天数 n 的增加,食物量越来越少,当 n 无限增大时,食物量无限趋近于 0.所以,这个人一定会饿死.

例2 割圆术是我国古代数学家刘徽(公元 3 世纪)创造的一种求面积的方法:利用圆内接正多边形割圆(图 2-1-1),随着正多边形边数的增加,正多边形的面积越来越接近圆的面积,"割之弥细,所失弥少,割之又割,以至于不可割,则与圆周合体而无所失矣".若用 S_n 表示半径为 R 的圆内接正 $3 \cdot 2^n$ 边形的面积,可得到一列数:$S_1,S_2,S_3,\cdots,S_n,\cdots$,从这一列数中可知,随着 n 的增大,圆内接正多边形与圆就越接近,从而 S_n 就越接近于圆的面积,当 n 无限增大时,S_n 就无限趋近于圆的面积$\left(\text{其中 } S_n = \frac{n}{2}R^2\sin\frac{2\pi}{n}\right)$.

图 2-1-1

这是极限思想在几何上的应用.

定义1 按一定顺序排列的无穷多个数

$$x_1,x_2,x_3,\cdots,x_n,\cdots$$

称为**无穷数列**,简称为**数列**.记作$\{x_n\}_{n=1}^{\infty}$或简记作$\{x_n\}$.其中每个数称为数列的项,x_1称为**首项**,x_n称为**通项**或**一般项**.微积分中的数列泛指无穷数列.

实际上,数列可理解为定义在正整数集$\{1,2,3,\cdots\}$上的函数,因此
$$x_n = f(n), \quad n = 1, 2, \cdots,$$
这时称$f(n)$为**整标函数**.

那么,当n无限增大时,数列的通项x_n有怎样的变化趋势呢?

例3 图2-1-2显示,数列$-1,\dfrac{1}{2},-\dfrac{1}{3},\cdots,(-1)^n\dfrac{1}{n},\cdots$的通项$(-1)^n\dfrac{1}{n}$随着$n$的无限增大而无限地接近于数0.

例4 图2-1-3显示,数列$2,\dfrac{3}{2},\dfrac{4}{3},\cdots,\dfrac{1+n}{n},\cdots$的通项$\dfrac{1+n}{n}$随着$n$的无限增大而无限地接近于数1.

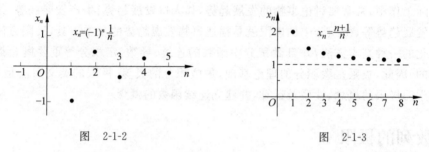

图 2-1-2　　　　　　　　图 2-1-3

显然,这一类数列$\{x_n\}$具有某种共同特性:存在某一常数a,当n无限增大时,x_n无限地接近于一个常数a.我们称这类数列是**收敛**的,称常数a为数列$\{x_n\}$的**极限**.因此,数列$\left\{(-1)^n\dfrac{1}{n}\right\}$的极限为0;数列$\left\{\dfrac{1+n}{n}\right\}$的极限为1.

是否任一数列$\{x_n\}$的通项都是随着n的无限增大而无限地接近于某一个常数a呢?答案是否定的!如:

例5 图2-1-4显示,数列$\{(-1)^{n-1}\}:1,-1,1,\cdots,(-1)^{n-1},\cdots$的通项$(-1)^{n-1}$随着$n$的无限增大在$-1$和1两个数值上跳跃,因此不能与某一个常数$a$无限地接近.

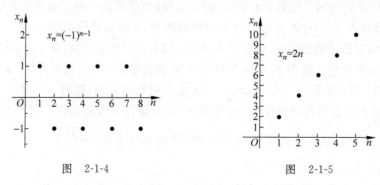

图 2-1-4　　　　　　　　图 2-1-5

例6 图2-1-5显示,数列$\{2n\}:2,4,6,\cdots,2n,\cdots$的通项$2n$随着$n$的无限增大而越来越大,因此也不能与某一个常数$a$无限地接近.

从上述例子中可看到,数列可分成两类:一类是收敛的(如例1~例4);另一类是数列

$\{x_n\}$ 的通项随着 n 的无限增大而不能无限地接近于某一个常数 a,我们称这类数列是**发散**的(如例 5 和例 6).

收敛的数列有许多好的性质,因此很重要,但仅靠直观或定性描述其极限是不严密的.因为由观察得到的极限明显有两个缺陷:第一,"无限接近"这样的描述是模糊的.诗人说"夕阳无限好,只是近黄昏".夕阳是好,好到什么程度,无法说清,只能说无限好.因此在诗人心中无限是一种意境,而在数学家心中这种"无限好",仅仅是一种形象表述,没有说清"无限"的标准,不符合数学的严密性.如对医生而言两个细胞接近意味着仅相差万分之一厘米,而对于研究银河系的天文学家来说接近可能意味着在几光年之内,因此这种"无限接近"的表述就无法用于严格的逻辑推理.在微积分的发展史上,曾经因为极限概念的含糊不清引发第二次数学危机.第二,特别是当数列的极限为无理数时,人们是无法通过观察得到数列极限值.例如考察数列 $\left\{\left(1+\dfrac{1}{n}\right)^n\right\}$,计算列表如下(表 2-1-1):

表 2-1-1

n	1	10	50	100	1000	10000	100000	1000000	…
$\left(1+\dfrac{1}{n}\right)^n$	2	2.59	2.69	2.70	2.717	2.7181	2.71827	2.71828	…

从表 2-1-1 中给出的数据来看,当 n 无限增大时,$\left(1+\dfrac{1}{n}\right)^n$ 貌似无限接近于数值 3,而事实上,在 2.6 节中我们将知道 $\left(1+\dfrac{1}{n}\right)^n$ 却是无限接近于无理数 e.因此,对于数列的极限,仅凭直观或定性描述是不可信的,必须从量的角度给出极限的数学定义.那么,从量的角度如何刻画"数列 $\{x_n\}$ 以常数 a 为极限"呢?也就是如何理解"n 无限增大时,x_n 无限接近于常数 a"呢?

如果在数轴上把 x_n 与 a 表示出来,那么所谓的"x_n 无限接近于常数 a",就是指 x_n 与 a 的距离 $|x_n-a|$ 可以无限小,即当 n 无限增大时,$|x_n-a|$ 无限小.问题是如何从数学量的角度体现"无限大"与"无限小"呢?为此,我们来寻求能表示 n 大的时刻 N 和能表示 $|x_n-a|$ 小到何种程度的基准 ε.

以数列 $\left\{1+\dfrac{(-1)^n}{n}\right\}$ 为例:显然随着 n 的增大,$x_n=1+\dfrac{(-1)^n}{n}$ 越来越接近于常数 1,并且与常数 1 可以任意接近.换句话说,x_n 与常数 1 的距离可以任意小,要多小就多小!

比如,(1) 若要使 $|x_n-1|=\left|\dfrac{(-1)^n}{n}\right|=\dfrac{1}{n}$ 小于 $\dfrac{1}{10}=\varepsilon_1$,只要 $n>10$ 就可以实现,这时我们取的时刻 $N_1=10$,对于第 10 项以后的所有项:$\dfrac{10}{11},\dfrac{13}{12},\dfrac{12}{13},\cdots$ 与 1 差的绝对值都小于 $\dfrac{1}{10}$.即:当 $n>N_1$ 时,有 $|x_n-1|=\dfrac{1}{n}<\varepsilon_1$ 成立.

(2) 若要使 $|x_n-1|=\left|\dfrac{(-1)^n}{n}\right|=\dfrac{1}{n}$ 小于 $\dfrac{1}{100}=\varepsilon_2$,只要 $n>100$ 就可以实现,这时我们取的时刻 $N_2=100$,对于第 100 项以后的所有项:$\dfrac{100}{101},\dfrac{103}{102},\dfrac{102}{103},\cdots$ 与 1 差的绝对值都小于

$\frac{1}{100}$. 即:当 $n>N_2$ 时,有 $|x_n-1|=\frac{1}{n}<\varepsilon_2$ 成立.

(3) 若要使 $|x_n-1|=\left|\frac{(-1)^n}{n}\right|=\frac{1}{n}$ 小于 $\frac{1}{1000}=\varepsilon_3$,只要 $n>1000$ 就可以实现,这时我们取的时刻 $N_3=1000$,对于第 1000 项以后的所有项:$\frac{1000}{1001},\frac{1003}{1002},\frac{1002}{1003},\cdots$ 与 1 差的绝对值都小于 $\frac{1}{1000}$. 即:当 $n>N_3$ 时,有 $|x_n-1|=\frac{1}{n}<\varepsilon_3$ 成立.

类似的,依次取 $\varepsilon_4,\varepsilon_5,\cdots$,都能找到相应的时刻 $N_4,N_5,\cdots$,使得当 $n>N_i$ 时,有 $|x_n-1|<\varepsilon_i$ 成立($i=1,2,\cdots$).

显然,体现接近的 ε_i 是没有限制的,这样的过程也是无休止的. 我们不可能把所有的情形全部罗列出来,需要一个一般性的抽象结果来准确反映在 n 无限增大的过程中,$1+\frac{(-1)^n}{n}$ 无限地接近于常数 1 的变化趋势. 总结其过程的共同特点,将其中事先具体给定的小正数 ε_i 抽象表示为"任意给定的小正数 ε",将找到的相应时刻 N_i 抽象表示为"存在正整数 N". 这样上述过程可归纳为(表 2-1-2).

表 2-1-2

$\varepsilon_1=\frac{1}{10}$	$N_1=10$	第 10 项以后的所有项 $\frac{10}{11},\frac{13}{12},\frac{12}{13},\cdots$	$\left\|\left(1+\frac{(-1)^n}{n}\right)-1\right\|<\varepsilon_1$
$\varepsilon_2=\frac{1}{100}$	$N_2=100$	第 100 项以后的所有项 $\frac{100}{101},\frac{103}{102},\frac{102}{103},\cdots$	$\left\|\left(1+\frac{(-1)^n}{n}\right)-1\right\|<\varepsilon_2$
$\varepsilon_3=\frac{1}{1000}$	$N_3=1000$	第 1000 项以后的所有项 $\frac{1000}{1001},\frac{1003}{1002},\frac{1002}{1003},\cdots$	$\left\|\left(1+\frac{(-1)^n}{n}\right)-1\right\|<\varepsilon_3$
$\cdots$	$\cdots$	$\cdots$	$\cdots$
任意给定的小正数 ε	存在正整数(时刻)N	当 $n>N$ 时	$\left\|\left(1+\frac{(-1)^n}{n}\right)-1\right\|<\varepsilon$ 成立

即数列 $\left\{1+\frac{(-1)^n}{n}\right\}$ 具有这样的特性:对于事先任意给定的 $\varepsilon>0$,都存在正整数 N,当 $n>N$ 时,有 $\left|\left(1+\frac{(-1)^n}{n}\right)-1\right|<\varepsilon$ 恒成立.

定义 2 设 $\{x_n\}$ 是一数列,如果存在常数 a,对于任意给定的正数 ε(无论它有多小),总存在正整数 N,使得当 $n>N$ 时,恒有

$$|x_n-a|<\varepsilon$$

成立,则称常数 a 为数列 $\{x_n\}$ 的**极限**,或称数列 $\{x_n\}$ **收敛**于 a,记作

$$\lim_{n\to\infty}x_n=a \quad \text{或} \quad x_n\to a(n\to\infty).$$

如果不存在这样的常数 a,则称数列 $\{x_n\}$ 是**发散**的.

为了表达方便,引入两个逻辑量词. $\forall$:表示任意一个(它是英文 Any 中的第一个字母的倒写),$\exists$:表示存在(它是英文 Exist 中的第一个字母的反写).这样 $\lim\limits_{n\to\infty}x_n=a$ 可表示为 "$\forall \varepsilon>0, \exists N>0,$ 当 $n>N$ 时,恒有 $|x_n-a|<\varepsilon$ 成立".定义 2 常称为柯西(ε-N)定义,简称 "ε-N"定义.

在几何上,$\lim\limits_{n\to\infty}x_n=a$ 反映了无论给定的正数 ε 多么小,在数列中总存在某一项 x_N,其后的所有项 $x_{N+1},x_{N+2},x_{N+3},\cdots$,无一例外地落在点 a 的 ε 邻域 $U(a,\varepsilon)$ 内.显然,这无穷多项 $x_{N+1},x_{N+2},x_{N+3},\cdots$ 与 a 的距离最多相距 ε,也最多只有前面有限的 N 项在邻域 $U(a,\varepsilon)$ 之外(图 2-1-6).由于 ε 可以任意取,所以可取 $\varepsilon=0.1,0.01,0.001,\cdots$,不管 ε 多么小,都能找到相应的 x_N,且其后的所有项 $x_{N+1},x_{N+2},x_{N+3},\cdots$,全部落在点 a 的 ε 邻域 $U(a,\varepsilon)$ 内.这样,当 ε 越取越小时,即邻域 $U(a,\varepsilon)$ 的半径越来越小,当 ε 无限接近 0 时,$U(a,\varepsilon)$ 就会无限地收缩到一点 a,自然,包含于此邻域序列里的数列 $\{x_n\}$ 也就无限接近 a.简单概括就是:邻域体现接近,任意体现无限.

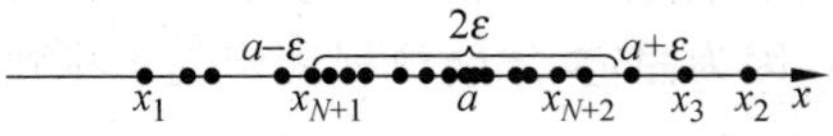

图 2-1-6

由此可得下列推论:

推论 数列 $\{x_n\}$ 收敛于 a 的充分必要条件:对于点 a 的任一 ε 邻域 $U(a,\varepsilon)$,只有有限多项 $x_n \notin U(a,\varepsilon)$.

由此看出,"ε-N"定义就是用形式化的数学语言定量地刻画了无限接近.因此,要验证 $\lim\limits_{n\to\infty}x_n=a$,就只需对任意的 $\varepsilon>0$,找到 N,当 $n>N$ 时,使 $|x_n-a|<\varepsilon$ 成立.也就是对任意的 $\varepsilon>0$,要从 $|x_n-a|<\varepsilon$ 中能解出 n,从而找出 N.若找不到 N,则不能说明 a 是数列 $\{x_n\}$ 的极限.

例 7 证明 $\lim\limits_{n\to\infty}\dfrac{n+1}{n}=1$.

证 由于 $|x_n-a|=\left|\dfrac{n+1}{n}-1\right|=\dfrac{1}{n}$,因此要使 $|x_n-a|<\varepsilon$,只要 $n>\dfrac{1}{\varepsilon}$,即取 N 为大于 $\dfrac{1}{\varepsilon}$ 的自然数即可.所以,对于任给 $\varepsilon>0$,取 $N=\left[\dfrac{1}{\varepsilon}\right]$,则当 $n>N$ 时,有

$$|x_n-a|=\left|\dfrac{n+1}{n}-1\right|=\dfrac{1}{n}<\dfrac{1}{1/\varepsilon}=\varepsilon,$$

即 $\lim\limits_{n\to\infty}\dfrac{n+1}{n}=1$.

例 8 证明等比数列 $1,\dfrac{1}{2},\dfrac{1}{2^2},\cdots,\dfrac{1}{2^{n-1}},\cdots$ 的极限是零.

证 任意给定 $\varepsilon>0$(不妨设 $0<\varepsilon<1$),因为

$$|x_n-0|=\left|\dfrac{1}{2^{n-1}}-0\right|=\dfrac{1}{2^{n-1}},$$

要使 $|x_n-0|<\varepsilon$，只要 $\dfrac{1}{2^{n-1}}<\varepsilon$，取自然对数得

$$-(n-1)\ln 2<\ln\varepsilon, \quad 故\ n>1-\dfrac{\ln\varepsilon}{\ln 2},$$

取 $N=\left[1-\dfrac{\ln\varepsilon}{\ln 2}\right]$，则当 $n>N$ 时，就有 $\left|\dfrac{1}{2^{n-1}}-0\right|<\varepsilon$，

即

$$\lim_{n\to\infty}\dfrac{1}{2^{n-1}}=0.$$

一般地，对于等比数列 $\{q^n\}$，类似可证得：当 $|q|<1$ 时，$\lim\limits_{n\to\infty}q^n=0$，即数列 $\{q^n\}$ 收敛；当 $|q|>1$ 时，极限 $\lim\limits_{n\to\infty}q^n$ 不存在，即数列 $\{q^n\}$ 发散。

想一想 当 $|q|=1$ 时，等比数列 $\{q^n\}$ 的敛散性？

对数列极限定义的几点说明：

(1) 极限定义模型主要是由 ε、N 构建的.

(2) 定义中的 ε 具有二重性：随意性和相对固定性. 因为随意，ε 可任意小，这样 $|x_n-a|<\varepsilon$ 才能反映出 x_n 无限接近于 a. 因为固定，才能根据固定的 ε 找到相应的时刻 N，从而说明数列 $\{x_n\}$ 无限趋近于 a 的不同阶段. 既然 ε 是任意的，那么 $2\varepsilon,\sqrt{\varepsilon},\varepsilon^2$ 等也是任意的，因此定义中不等式右边的 ε 也可用 $2\varepsilon,\sqrt{\varepsilon},\varepsilon^2$ 等来代替.

(3) 定义中的 N 不是唯一的.

对给定的 ε，若 N 是一个能满足要求的正整数，则任何一个大于 N 的正整数 $N+1$，$N+2$，$N+3$ 等自然也都能满足要求 $\left(\text{如例 }7\text{ 中可取 }N=1+\left[\dfrac{1}{\varepsilon}\right],\text{也可取 }N=2+\left[\dfrac{1}{\varepsilon}\right]\text{等}\right)$. 定义中的正整数 N 不一定要求是最小的一个，关键是它的存在性. 因此，当解不等式 $|x_n-a|<\varepsilon$ 求 N 有困难时，可以考虑适当放大 $|x_n-a|$，使得放大后的式子仍能随 n 的无限增大而任意地小，并且可以从放大后的式子中很容易求出 N.

几种特殊的数列 $\{x_n\}$：

(1) 若 $x_1<x_2<\cdots<x_n<x_{n+1}<\cdots$，则称数列 $\{x_n\}$ 为**单调增加数列**，如 $\{2n\}$；

若 $x_1>x_2>\cdots>x_n>x_{n+1}>\cdots$，则称数列 $\{x_n\}$ 为**单调减少数列**，如 $\left\{\dfrac{1}{n}\right\}$.

单调增加数列与单调减少数列统称为**单调数列**.

(2) **有界数列** $\{x_n\}$ 是指存在一个与 n 无关的常数 $M>0$，使得 $|x_n|\leqslant M$ $(n\in\mathbf{N})$.

例如，数列 $\left\{-\dfrac{1}{5^n}\right\}$ 有界，因为 $\left|-\dfrac{1}{5^n}\right|\leqslant\dfrac{1}{5}$；数列 $\{2^n\}$ 无界，因为对于任一正数 M，都存在某一 n，使得 $2^n>M$.

(3) **子数列**

设

$$x_1,x_2,\cdots,x_n,x_{n+1},\cdots$$

为一数列，如果从中选出无穷多项，并按下标从小到大排成一列，记作

$$x_{n_1},x_{n_2},\cdots,x_{n_k},\cdots,$$

则称此数列 $\{x_{n_k}\}$ 为数列 $\{x_n\}$ 的子数列.

子数列的一般项 x_{n_k} 的下标 n_k 表示该项为原数列的第 n_k 项,而 k 则表示该项为子数列的第 k 项.显然对所有的 $k, n_k \geqslant k$,且当 $k \to \infty$ 时,$n_k \to \infty$.

如数列 $\left\{\dfrac{1}{n}\right\}$ 的一般项为 $x_n = \dfrac{1}{n}$,则它的偶数项组成的子数列的第 k 项:

$$x_{n_k} = x_{2k} = \frac{1}{2k}, \quad k = 1, 2, \cdots;$$

它的奇数项组成的子数列的第 k 项:

$$x_{m_k} = x_{2k-1} = \frac{1}{2k-1}, \quad k = 1, 2, \cdots.$$

习题 2.1

1. 观察下列数列的变化趋势,若有极限,写出它的极限.

(1) $x_n = \dfrac{n}{n+2}$;

(2) $x_n = (-1)^n n$;

(3) $x_n = \dfrac{2^n - 1}{3^n}$;

(4) $x_n = \left(-\dfrac{1}{2}\right)^n$.

2. 写出下列数列的极限 a,并求出正整数 $N(\varepsilon)$,使得对于给定的 ε,当 $n > N(\varepsilon)$ 时,有 $|x_n - a| < \varepsilon$ 成立.

(1) $x_n = \dfrac{1}{n} \sin \dfrac{n\pi}{2}, \varepsilon = 0.001$;

(2) $x_n = \sqrt{n+2} - \sqrt{n}, \varepsilon = 0.0001$.

3. 根据数列极限的定义证明:

(1) $\lim\limits_{n \to \infty} \dfrac{1}{n^2} = 0$;

(2) $\lim\limits_{n \to \infty} \dfrac{3n+1}{n-1} = 3$;

(3) $\lim\limits_{n \to \infty} 0.999\cdots 9 = 1$.

2.2 函数的极限

数列作为定义在正整数集上的函数,它的自变量在数轴上不是连续变动的,因此,数列往往反映的是一种"离散性"的无限变化过程.本节要讨论的是自变量 x 连续变化中函数值的变化趋势,即函数的极限.

2.2.1 自变量趋向于无穷大时函数的极限

自变量趋向于无穷大有下面三种情形:
(1) x 取正值且无限增大,记为 $x \to +\infty$;
(2) x 取负值而 $|x|$ 无限增大,记为 $x \to -\infty$;
(3) x 既可取正值也可取负值,且 $|x|$ 无限增大,记为 $x \to \infty$.

函数的极限是描述在自变量的某个变化过程中,对应函数值的变化趋势.而数列可看作自变量为整数 n 的函数,所以可从数列的极限类比出函数的极限.这样可粗略地认为:

如果在 $x\to+\infty$ 的过程中，对应的函数值 $f(x)$ 无限接近于某个确定的数值 A，那么 A 叫做函数 $f(x)$ 当 $x\to+\infty$ 时的极限。

上述极限定义也是不精确的，"无限接近"这样的描述是模糊的。仿照数列的"ε-N"定义，给出 $x\to+\infty$ 时函数极限的精确定义。

定义 1 设 $f(x)$ 是定义在 $x\geqslant a$ 上的函数，如果存在常数 A，对于任意给定的正数 ε（不论它多么小），总存在着正数 X，使得当 $x>X$ 时，对应的函数值 $f(x)$ 都满足不等式
$$|f(x)-A|<\varepsilon,$$
则称常数 A 为函数 $f(x)$ 当 $x\to+\infty$ 时的**极限**，记作
$$\lim_{x\to+\infty}f(x)=A \quad 或 \quad f(x)\to A（当 x\to+\infty 时）.$$

从几何上来说，$\lim\limits_{x\to+\infty}f(x)=A$ 的意义是：

作直线 $y=A-\varepsilon$ 和 $y=A+\varepsilon$，则总存在正数 X，使得当 $x>X$ 时，函数 $y=f(x)$ 的图形位于这两条直线之间（图 2-2-1）。

类似地，定义函数 $f(x)$ 当 $x\to-\infty$ 时的极限，只要把上述定义 1 中的 $x\geqslant a$ 改为 $x\leqslant a$，把 $x>X$ 改为 $x<-X$，就可得到 $\lim\limits_{x\to-\infty}f(x)=A$ 的定义。

定义函数 $f(x)$ 当 $x\to\infty$ 时的极限，只要把上述定义 1 中的 $x\geqslant a$ 改为 $|x|\geqslant a$，把 $x>X$ 改为 $|x|>X$，就可得到 $\lim\limits_{x\to\infty}f(x)=A$ 的定义。

从几何上来说，$\lim\limits_{x\to\infty}f(x)=A$ 的意义是：

作直线 $y=A-\varepsilon$ 和 $y=A+\varepsilon$，则总存在正数 X，使得当 $|x|>X$ 时，函数 $y=f(x)$ 的图形位于这两条直线之间（图 2-2-2）。

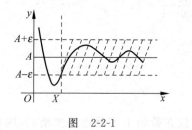

图 2-2-1 　　　　　　　　图 2-2-2

由定义可得

定理 1 $\lim\limits_{x\to\infty}f(x)$ 存在当且仅当 $\lim\limits_{x\to-\infty}f(x)$ 与 $\lim\limits_{x\to+\infty}f(x)$ 存在且相等。即
$$\lim_{x\to\infty}f(x)=A\Leftrightarrow\lim_{x\to+\infty}f(x)=\lim_{x\to-\infty}f(x)=A.$$

例 1 证明 $\lim\limits_{x\to\infty}\dfrac{1}{x^2}=0$。

证 由于 $|f(x)-A|=\left|\dfrac{1}{x^2}-0\right|=\dfrac{1}{x^2}$，要使 $|f(x)-A|<\varepsilon$，只要 $\dfrac{1}{x^2}<\varepsilon$，即
$$|x|>\dfrac{1}{\sqrt{\varepsilon}}.$$

因此，对于任给正数 ε，取 $X=\dfrac{1}{\sqrt{\varepsilon}}$，当 $|x|>X$ 时，有 $\left|\dfrac{1}{x^2}-0\right|<\varepsilon$ 成立，

即
$$\lim_{x \to \infty} \frac{1}{x^2} = 0.$$

例 2 证明：$\lim\limits_{x \to -\infty} 2^x = 0$.

证 由于 $|f(x) - A| = |2^x - 0| = 2^x$，要使 $|f(x) - A| < \varepsilon$，只要 $2^x < \varepsilon$，即
$$x < \log_2 \varepsilon.$$
因此，对于任给正数 $0 < \varepsilon < 1$，取 $X = \log_2 \varepsilon$，当 $x < X$ 时，就有 $|2^x - 0| < \varepsilon$，即
$$\lim_{x \to -\infty} 2^x = 0.$$

如果 $\lim\limits_{x \to +\infty} f(x) = c$，$\lim\limits_{x \to -\infty} f(x) = c$ 或 $\lim\limits_{x \to \infty} f(x) = c$，则直线 $y = c$ 是曲线 $y = f(x)$ 的**水平渐近线**.

显然 $y = 0$ 是曲线 $y = \frac{1}{x^2}$ 和 $y = 2^x$ 的水平渐近线.

极限概念的严格定义是建立极限理论的基础，主要用于验证极限或证明与极限有关的命题，而一些很简单的求极限问题可通过直观考察来判断极限是否存在.

例 3 利用下列函数图像（图 2-2-3～图 2-2-5），直观说明当 $x \to \infty$ 时相应函数的极限.

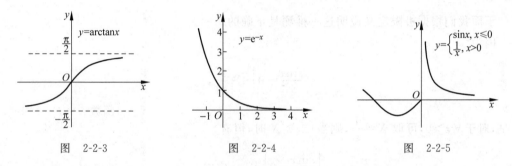

图 2-2-3　　　　　　　图 2-2-4　　　　　　　图 2-2-5

(1) 从图 2-2-3 中看到，当 $x \to +\infty$ 时，曲线 $y = \arctan x$ 无限地逼近于直线 $y = \frac{\pi}{2}$. 即当曲线 $y = \arctan x$ 上点的横坐标 x 取正值且无限增大时，曲线上点的纵坐标 y 无限地逼近于常数 $\frac{\pi}{2}$. 说明 $\lim\limits_{x \to +\infty} \arctan x = \frac{\pi}{2}$.

从图 2-2-3 中也能看到，当 $x \to -\infty$ 时，曲线 $y = \arctan x$ 无限地逼近于水平直线 $y = -\frac{\pi}{2}$. 即当曲线 $y = \arctan x$ 上点的横坐标 x 取负值且绝对值无限增大时，曲线上点的纵坐标 y 无限地逼近于常数 $-\frac{\pi}{2}$. 说明 $\lim\limits_{x \to -\infty} \arctan x = -\frac{\pi}{2}$.

由于 $\lim\limits_{x \to -\infty} \arctan x \neq \lim\limits_{x \to +\infty} \arctan x$，所以极限 $\lim\limits_{x \to \infty} \arctan x$ 不存在.

(2) 从图 2-2-4 中看到，当 $x \to +\infty$ 时，曲线 $y = e^{-x}$ 无限地逼近于水平直线 $y = 0$. 即当曲线 $y = e^{-x}$ 上点的横坐标 x 取正值且无限增大时，曲线上点的纵坐标 y 无限地逼近于常数 0. 说明 $\lim\limits_{x \to +\infty} e^{-x} = 0$.

而当 $x \to -\infty$ 时，曲线 $y = e^{-x}$ 自右向左无限地向上延伸. 即当曲线 $y = e^{-x}$ 上点的横坐标 x 取负值且绝对值无限增大时，曲线上点的纵坐标 y 的绝对值变得越来越大，因此其极限是不存在的.

由于极限 $\lim\limits_{x\to-\infty}e^{-x}$ 不存在,所以极限 $\lim\limits_{x\to\infty}e^{-x}$ 不存在.

(3) 从图 2-2-5 中看到,当 $x\to+\infty$ 时,曲线 $y=f(x)$ 无限地逼近于水平直线 $y=0$,说明 $\lim\limits_{x\to+\infty}f(x)=0$.

而当 $x\to-\infty$ 时,曲线 $y=f(x)$ 上点的纵坐标 y 不能趋向于一个确定的值,而是在 -1 与 $+1$ 之间周期性的取值.说明极限 $\lim\limits_{x\to-\infty}f(x)$ 不存在.

由于极限 $\lim\limits_{x\to-\infty}f(x)$ 不存在,所以极限 $\lim\limits_{x\to\infty}f(x)$ 不存在.

例 4 根据函数 $y=\dfrac{\sin x}{x}$ 的图形(图 2-2-6),说明当 $x\to\infty$ 时,函数 $y=\dfrac{\sin x}{x}$ 的变化趋势.

解 由函数 $y=\dfrac{\sin x}{x}$ 的图形易见,当曲线 $y=\dfrac{\sin x}{x}$ 上点的横坐标 x 的绝对值无限增大时,曲线上点的纵坐标 y 无限地逼近于常数 0.因此,直观推测 $\lim\limits_{x\to\infty}\dfrac{\sin x}{x}=0$.

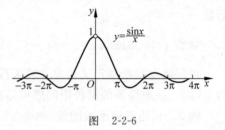

图 2-2-6

下面我们根据极限定义说明这一推测是正确的.

因为

$$\left|\dfrac{\sin x}{x}-0\right|\leqslant\dfrac{1}{|x|},$$

于是,对于 $\forall\varepsilon>0$,可取 $X=\dfrac{1}{\varepsilon}$,则当 $|x|>X$ 时,恒有

$$\left|\dfrac{\sin x}{x}-0\right|<\varepsilon\quad 成立.$$

故

$$\lim_{x\to\infty}\dfrac{\sin x}{x}=0.$$

2.2.2 自变量趋向于有限值时函数的极限

观察当自变量 x 无限接近某一点 x_0 时,函数 $f(x)$ 的变化趋势.先看两个例子:

首先考察表 2-2-1.函数 $f(x)=\dfrac{x^2-1}{x-1}$ 在 $x=1$ 处没有定义,但 $x\neq 1$ 时,$f(x)=x+1$.

表 2-2-1

x	0.75	0.9	0.99	0.999	...	1.00001	1.01
$x^2-1/x-1$	1.75	1.9	1.99	1.999	...	2.00001	2.01

从表 2-2-1 中可以看到:当 x 从点 $x=1$ 的左右两侧无限接近 1 时,函数 $f(x)$ 的值无限地接近于常数 2.另从函数 $f(x)=\dfrac{x^2-1}{x-1}$ 的图形(图 2-2-7)中也验证了这一事实.

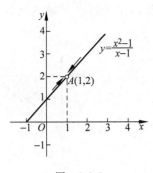
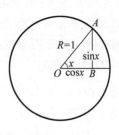

图 2-2-7   图 2-2-8

其次考察图 2-2-8. 有一单位圆, $\angle AOB=x$ 弧度. 直观地, $BA=\sin x$, $OB=\cos x$, 且当 $x\to 0$ 时, BA 无限接近于 0, 即当 $x\to 0$ 时, 函数 $y=\sin x$ 无限接近于常数 0; 当 $x\to 0$ 时, OB 无限接近于 1, 即当 $x\to 0$ 时, 函数 $y=\cos x$ 无限接近于常数 1.

不难看出,这两个例子有着共同的特性:当 $x\to x_0$ 时, $f(x)\to A$(常数).

一般地,设函数 $f(x)$ 在点 x_0 的某个去心邻域内有定义,如果当 x 无限接近于 x_0 时,对应的函数值 $f(x)$ 无限接近于某个确定的常数 A,则称 A 是当 $x\to x_0$ 时**函数 $f(x)$ 的极限**,记为

$$\lim_{x\to x_0} f(x)=A \quad \text{或} \quad f(x)\to A(\text{当 } x\to x_0 \text{ 时}).$$

注意到当 x 无限接近于 x_0 时,对应的函数值 $f(x)$ 无限接近于某个确定的常数 A 的数学含义是: 当 x 与 x_0 充分接近, 即 $|x-x_0|$ 充分小时, $|f(x)-A|$ 也充分的小(可小于预先给定的任意小的正数). 这样类似于"ε-N"定义,得到当 $x\to x_0$ 时函数极限的精确定义.

定义 2 设函数 $f(x)$ 在点 x_0 的某一去心邻域内有定义. 如果存在常数 A, 对于任意给定的正数 ε(不论它多么小),总存在正数 δ,使得当 $0<|x-x_0|<δ$ 时,恒有不等式

$$|f(x)-A|<\varepsilon$$

成立,则称常数 A 为函数 $f(x)$ 当 $x\to x_0$ **时的极限**,记作

$$\lim_{x\to x_0} f(x)=A \quad \text{或} \quad f(x)\to A(\text{当 } x\to x_0 \text{ 时}).$$

该定义又称为"ε-δ"定义.

注意

(1) $\lim\limits_{x\to x_0} f(x)$ 与 $f(x_0)$ 是两个不同的概念. 求 $\lim\limits_{x\to x_0} f(x)$, 要考虑的是当 $x\to x_0$ 时, $f(x)$ 的变化趋势, 而这个变化趋势与函数值 $f(x_0)$ 没有联系. 即函数 $f(x)$ 在点 x_0 处的极限是否存在与函数 $f(x)$ 在点 x_0 处是否有定义无关.

(2) ε 的二重性:随意性和固定性. 因其随意, ε 就可以任意的小, $|f(x)-A|<\varepsilon$ 就能刻画出 $f(x)$ 无限接近于 A; 因其固定性, 可通过 $|f(x)-A|<\varepsilon$ 求出相应的时刻 δ, 再由 $0<|x-x_0|<δ$ 刻画出自变量 x 与定数 x_0 的接近程度.

(3) δ 的存在性: ε 是预先给的, δ 通常是由 ε 确定的, 有时记作 δ(ε). δ 是用来衡量自变量 x 与定数 x_0 的接近程度的, 应要求它足够小. 一般说来, ε 越小, δ 也相应地小. 但 δ 也不是由 ε 唯一确定. 如果对给定的 ε 已找到某个相应的 $\delta=\delta_0$, 那么取 $\delta=\dfrac{\delta_0}{2}, \dfrac{\delta_0}{3}, \cdots$, 当然也都符合要求, 重要的是 δ 的存在性.

$\lim\limits_{x \to x_0} f(x) = A$ 的几何意义：对于任意给定的正数 ε，作平行于 x 轴的两条直线 $y = A + \varepsilon$ 和 $y = A - \varepsilon$，总存在着点 x_0 的去心的 δ 邻域，在此邻域内函数 $y = f(x)$ 的图形全部落在这两条直线之间（图 2-2-9）.

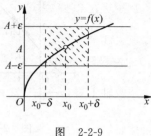

图 2-2-9

例 5 利用极限定义证明下列结论.

(1) $\lim\limits_{x \to x_0} c = c$ (c 为常数)；   (2) $\lim\limits_{x \to x_0} x = x_0$.

证 (1) 因为 $|f(x) - c| = |c - c| = 0$，所以对任给 $\varepsilon > 0$，可取任意正数为 δ，当 $0 < |x - x_0| < \delta$ 时，总有
$$|f(x) - c| = |c - c| = 0 < \varepsilon,$$
即
$$\lim\limits_{x \to x_0} c = c.$$

(2) 任给 $\varepsilon > 0$，取 $\delta = \varepsilon$，当 $0 < |x - x_0| < \delta$ 时，总有
$$|f(x) - x_0| = |x - x_0| < \delta = \varepsilon,$$
即
$$\lim\limits_{x \to x_0} x = x_0.$$

例 6 利用极限定义证明：$\lim\limits_{x \to 1} \dfrac{x^2 - 1}{x - 1} = 2$.

证 对于任意给定的 $\varepsilon > 0$，要使
$$\left| \dfrac{x^2 - 1}{x - 1} - 2 \right| < \varepsilon,$$
只要
$$|x + 1 - 2| = |x - 1| < \varepsilon,$$
取 $\delta = \varepsilon$，则当 $0 < |x - 1| < \delta$ 时，就有
$$\left| \dfrac{x^2 - 1}{x - 1} - 2 \right| < \varepsilon,$$
即
$$\lim\limits_{x \to 1} \dfrac{x^2 - 1}{x - 1} = 2.$$

例 7 考察极限 $\lim\limits_{x \to 0} \sin \dfrac{1}{x}$ 的存在性.

解 从几何图形（图 2-2-10）上来看，当曲线 $y = \sin \dfrac{1}{x}$ 上点的横坐标 x 无限逼近坐标原点时，曲线上点的纵坐标 y 在 -1 与 $+1$ 之间振荡无限多次；且 x 越接近于 0 时，y 的这种振荡越频繁. 这就是说，当 $x \to 0$ 时，函数值 $\sin \dfrac{1}{x}$ 不可能有一个确定的变化趋势. 因此，推测极限 $\lim\limits_{x \to 0} \sin \dfrac{1}{x}$ 不存在.

事实上，这一推测是正确的. 因为根据极限定义，如果此极限存在，意味着在点 $x = 0$ 的足够小的邻域 $\mathring{U}(0, \delta)$ 内的所有函数值与某一常数任意接近，可这是不可能的. 因为不管 δ 取多小，当 $0 < |x| < \delta$ 时，函数 $f(x) = \sin \dfrac{1}{x}$ 的图形总在直线 $y = -1$ 与 $y = 1$ 之间振荡；如，取 $\varepsilon = \dfrac{1}{10}$，对于任一

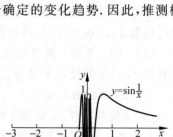

图 2-2-10

数 A,在 $\overset{\circ}{U}(0,\delta)$ 内都不能把曲线 $f(x)=\sin\dfrac{1}{x}$ 限制在直线 $y=A-\dfrac{1}{10}$ 与 $y=A+\dfrac{1}{10}$ 之间.

2.2.3 单侧极限

定义 3 当 x 从 x_0 的左侧($x<x_0$)趋于 x_0 时,$f(x)$ 以 A 为极限,则称 A 为当 $x\to x_0$ 时 $f(x)$ 的**左极限**. 记作 $\lim\limits_{x\to x_0^-}f(x)=A$ 或 $f(x_0^-)=A$.

从数轴上看,$x\to x_0^-$ 表示 x 在 x_0 的左侧无限趋于 x_0(图 2-2-11).

当 x 从 x_0 的右侧($x>x_0$)趋于 x_0 时,$f(x)$ 以 A 为极限,则称 A 为当 $x\to x_0$ 时 $f(x)$ 的**右极限**. 记作 $\lim\limits_{x\to x_0^+}f(x)=A$ 或 $f(x_0^+)=A$.

从数轴上看,$x\to x_0^+$ 表示 x 在 x_0 的右侧无限趋于 x_0(图 2-2-12).

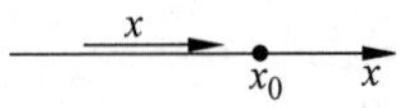

图 2-2-11 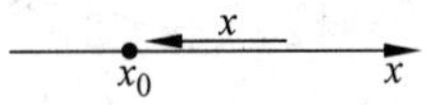   图 2-2-12

左极限与右极限统称为**单侧极限**.

根据左、右极限及极限的定义,一个几乎显然的事实是:

定理 2 函数 $f(x)$ 当 $x\to x_0$ 时极限存在的充要条件是左极限与右极限都存在并相等. 即

$$\lim_{x\to x_0}f(x)=A \Leftrightarrow \lim_{x\to x_0^+}f(x)=\lim_{x\to x_0^-}f(x)=A. \tag{2-2-1}$$

证 必要性

设 $\lim\limits_{x\to x_0}f(x)=A$,则任给 $\varepsilon>0$,存在 $\delta>0$,使得当 $0<|x-x_0|<\delta$ 时,有

$$|f(x)-A|<\varepsilon,$$

即当 $x_0-\delta<x<x_0$ 或 $x_0<x<x_0+\delta$ 时,都有

$$|f(x)-A|<\varepsilon,$$

所以

$$\lim_{x\to x_0^+}f(x)=\lim_{x\to x_0^-}f(x)=A.$$

充分性

设 $\lim\limits_{x\to x_0^+}f(x)=\lim\limits_{x\to x_0^-}f(x)=A$.

根据单侧极限的定义,对于任给 $\varepsilon>0$,应分别存在正数 δ_1 和 δ_2,当 $x_0-\delta_1<x<x_0$ 时,有 $|f(x)-A|<\varepsilon$;当 $x_0<x<x_0+\delta_2$ 时,也有 $|f(x)-A|<\varepsilon$.

取 $\delta=\min\{\delta_1,\delta_2\}$,则当 $0<|x-x_0|<\delta$ 时,从而总有

$$|f(x)-A|<\varepsilon.$$

所以

$$\lim_{x\to x_0}f(x)=A.$$

由定理 2 可知,左、右极限只要有一个不存在,或两个都存在但不相等,那么函数极限就不存在.因此定理 2 中式(2-2-1)常用于讨论分段函数在分界点处的极限.

例 8 证明极限 $\lim\limits_{x\to 0}\dfrac{|x|}{x}$ 是不存在的.

解 令 $f(x)=\dfrac{|x|}{x}=\begin{cases}1,&x>0,\\-1,&x<0.\end{cases}$ 当 $x>0$ 时,$f(x)\equiv 1$,故 $\lim\limits_{x\to 0^+}f(x)=1$;当 $x<0$ 时,$f(x)\equiv -1$,故 $\lim\limits_{x\to 0^-}f(x)=-1$.因此,$\lim\limits_{x\to 0^-}f(x)\neq \lim\limits_{x\to 0^+}f(x)$,故 $\lim\limits_{x\to 0}\dfrac{|x|}{x}$ 不存在(图 2-2-13).

类似可证,极限 $\lim\limits_{x\to 0}\mathrm{sgn}\,x$ 也是不存在的.

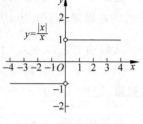

图 2-2-13

例 9 已知 $f(x)=\begin{cases}x,&x\geqslant 2,\\2,&x<2,\end{cases}$ 求极限 $\lim\limits_{x\to 2}f(x)$.

解 因为 $\lim\limits_{x\to 2^+}f(x)=\lim\limits_{x\to 2^+}x=2$,$\lim\limits_{x\to 2^-}f(x)=\lim\limits_{x\to 2^-}2=2$,

$$\lim\limits_{x\to 2^+}f(x)=\lim\limits_{x\to 2^-}f(x)=2,$$

所以 $\lim\limits_{x\to 2}f(x)=2$.

例 10 讨论极限 $\lim\limits_{x\to 0}\mathrm{e}^{\frac{1}{x}}$ 与 $\lim\limits_{x\to\infty}\mathrm{e}^{\frac{1}{x}}$ 的存在性.

解 考察图 2-2-14.

(1) 当 $x<0$ 且趋向于 0 时,$\mathrm{e}^{\frac{1}{x}}\to 0$,所以 $\lim\limits_{x\to 0^-}\mathrm{e}^{\frac{1}{x}}=0$;

当 $x>0$ 且趋向于 0 时,$\mathrm{e}^{\frac{1}{x}}\to +\infty$,所以 $\lim\limits_{x\to 0^+}\mathrm{e}^{\frac{1}{x}}=+\infty$;

因此,由定理 2 得结论:极限 $\lim\limits_{x\to 0}\mathrm{e}^{\frac{1}{x}}$ 不存在.

(2) 无论 $x\to +\infty$,还是 $x\to -\infty$,$\dfrac{1}{x}$ 都趋向于 0,即 $\lim\limits_{x\to\infty}\dfrac{1}{x}=0$,

所以 $\lim\limits_{x\to\infty}\mathrm{e}^{\frac{1}{x}}=1$.

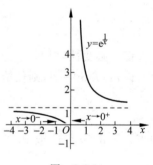

图 2-2-14

习题 2.2

1. 根据图示函数 $f(x)$,求下列极限,若极限不存在,说明理由.

(1) $\lim\limits_{x\to -2}f(x)$; (2) $\lim\limits_{x\to -1}f(x)$; (3) $\lim\limits_{x\to 0}f(x)$.

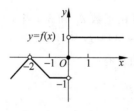

第 1 题图

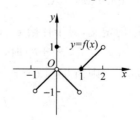

第 2 题图

2. 根据图示函数 $f(x)$,下列陈述中哪些是正确的,哪些是错误的?

(1) $\lim\limits_{x\to 0}f(x)$ 不存在;   (2) $\lim\limits_{x\to 0}f(x)=0$;

(3) $\lim\limits_{x\to 0}f(x)=1$;   (4) $\lim\limits_{x\to 1}f(x)=0$;

(5) $\lim\limits_{x\to 1}f(x)$ 不存在;   (6) 对于每个 $x_0\in(-1,1)$, $\lim\limits_{x\to x_0}f(x)$ 存在.

3. 试从函数图像上分别讨论 $f(x)=\dfrac{x}{x}$, $g(x)=\dfrac{|x|}{x}$ 当 $x\to 0$ 时的极限.

4. 设函数 $f(x)=\begin{cases}-\dfrac{1}{x-1}, & x<0,\\ 0, & x=0,\\ x, & x>0,\end{cases}$ 求 $f(x)$ 在 $x=0$ 处的左、右极限,并说明 $f(x)$ 在 $x=0$ 处的极限是否存在.

5. 观察并写出下列各极限值:

(1) $\lim\limits_{x\to 3}\dfrac{x^2-9}{x-3}$;   (2) $\lim\limits_{x\to\infty}\dfrac{1}{x-3}$;

(3) $\lim\limits_{x\to 0^+}3^{\frac{1}{x}}$;   (4) $\lim\limits_{x\to 1}\ln x$.

6. 设函数 $f(x)=\begin{cases}x+a, & x\leqslant 1,\\ \dfrac{x-1}{x^2-1}, & x>1,\end{cases}$ 问 $\lim\limits_{x\to 1}f(x)$ 是否存在?

7. 利用函数极限定义证明:

(1) $\lim\limits_{x\to 1}(3x-1)=2$;   (2) $\lim\limits_{x\to 5}\dfrac{x^2-6x+5}{x-5}=4$.

2.3 极限的性质

函数极限的定义按自变量的变化过程不同有各种不同的形式,我们已经定义了六种类型的函数极限: $\lim\limits_{x\to+\infty}f(x)$, $\lim\limits_{x\to-\infty}f(x)$, $\lim\limits_{x\to\infty}f(x)$, $\lim\limits_{x\to x_0}f(x)$, $\lim\limits_{x\to x_0^+}f(x)$, $\lim\limits_{x\to x_0^-}f(x)$. 下面仅以 $\lim\limits_{x\to x_0}f(x)$ 这种形式为代表给出关于函数极限性质的一些定理. 至于其他形式的极限的性质,只要相应地做一些修改即可得出. 由于数列的极限可看作是一种特殊的函数的极限,也就是 $\lim\limits_{n\to\infty}f(n)$,因此,在不作特别说明的情况下,对数列也适用,为了便于学习,我们也将数列极限的有关性质归纳在本小节的最后.

定理 1(极限的唯一性) 若极限 $\lim\limits_{x\to x_0}f(x)$ 存在,那么其极限唯一.

证 用反证法.

假设极限 $\lim\limits_{x\to x_0}f(x)$ 有两个不同的极限,分别为 A,B,且 $A<B$.

根据极限定义,对于 $\varepsilon=\dfrac{B-A}{2}$,应分别存在正数 δ_1 及 δ_2,使得当 $0<|x-x_0|<\delta_1$ 时,有

$$|f(x)-A|<\dfrac{B-A}{2};$$

当 $0<|x-x_0|<\delta_2$ 时,有

$$|f(x)-B|<\frac{B-A}{2}.$$

取 $\delta=\min\{\delta_1,\delta_2\}$,则当 $0<|x-x_0|<\delta$ 时,

$$|f(x)-A|<\frac{B-A}{2} \text{ 与 } |f(x)-B|<\frac{B-A}{2} \text{ 两式应同时成立}.$$

但由 $|f(x)-A|<\frac{B-A}{2}$ 有 $f(x)<\frac{A+B}{2}$;而由 $|f(x)-B|<\frac{B-A}{2}$ 有 $f(x)>\frac{A+B}{2}$;这是一对矛盾,从而证得极限唯一.

定理 2(局部有界性) 若极限 $\lim\limits_{x\to x_0}f(x)$ 存在,则存在点 x_0 的一个去心邻域 $\mathring{U}(x_0,\delta)$,使得函数 $f(x)$ 在 $\mathring{U}(x_0,\delta)$ 内有界.

证 设 $\lim\limits_{x\to x_0}f(x)=A$,由极限定义,当取 $\varepsilon=1$ 时,存在相应的 $\delta>0$,使得对于一切 $0<|x-x_0|<\delta$,总有

$$|f(x)-A|<1,$$

从而

$$|f(x)|=|f(x)-A+A|\leqslant|f(x)-A|+|A|<1+|A|.$$

令 $M=1+|A|$,得到 $|f(x)|<M$. 从而证得函数 $f(x)$ 在 $\mathring{U}(x_0,\delta)$ 内有界.

定理 3(局部保号性) 若 $\lim\limits_{x\to x_0}f(x)=A>0$(或 $A<0$),则存在常数 $\delta>0$,使得当 $0<|x-x_0|<\delta$ 时,有 $f(x)>0$(或 $f(x)<0$).

推论 1 若在点 x_0 的某个去心邻域内 $f(x)\geqslant 0$(或 $f(x)\leqslant 0$),且 $\lim\limits_{x\to x_0}f(x)=A$,则 $A\geqslant 0$(或 $A\leqslant 0$).

定理 4(极限的归并性) 若极限 $\lim\limits_{x\to x_0}f(x)$ 存在,且 $\{x_n\}$ 是函数 $f(x)$ 的定义域中的这样一个数列,满足:$x_n\neq x_0(n=1,2,\cdots)$,$\lim\limits_{n\to\infty}x_n=x_0$,那么相应的函数值数列 $\{f(x_n)\}$ 收敛,且 $\lim\limits_{n\to\infty}f(x_n)=\lim\limits_{x\to x_0}f(x)$.

证 因极限 $\lim\limits_{x\to x_0}f(x)$ 存在,所以可设 $\lim\limits_{x\to x_0}f(x)=A$,则对于 A 的任一邻域 $U(A,\varepsilon)$,必存在 x_0 的某一去心邻域 $\mathring{U}(x_0,\delta)$,使得当 $x\in\mathring{U}(x_0,\delta)$ 时,总有 $f(x)\in U(A,\varepsilon)$.

由于 $\lim\limits_{n\to\infty}x_n=x_0$,故在 $\mathring{U}(x_0,\delta)$ 外,只有有限多项 x_n,从而在 $U(A,\varepsilon)$ 外也只有有限多项 $f(x_n)$,于是由数列极限定义的推论可知:

$$\lim_{n\to\infty}f(x_n)=\lim_{x\to x_0}f(x)=A.$$

定理 4 也称为**海涅(Heine)定理**.

由 2.2 节例 4 已知 $\lim\limits_{x\to\infty}\dfrac{\sin x}{x}=0$,所以根据定理 4 可得:$\lim\limits_{n\to\infty}\dfrac{1}{n}\sin n=0$,$\lim\limits_{n\to\infty}\dfrac{1}{\sqrt{n}}\sin\sqrt{n}=0$,$\lim\limits_{n\to\infty}\dfrac{n+1}{n^2}\sin\dfrac{n^2}{n+1}=0$.

收敛数列的性质归纳:

定理 $1'$(收敛数列极限的唯一性) 若数列 $\{x_n\}$ 收敛,则极限唯一.

定理 2′(收敛数列的有界性) 若数列 $\{x_n\}$ 收敛,则该数列有界.即存在常数 $M>0$,使得对于一切的 x_n,都有 $|x_n|\leqslant M$.

定理 3′(收敛数列的保号性) 若 $\lim\limits_{n\to\infty}x_n=A$,且 $A>0$(或 $A<0$),那么存在正整数 N,当 $n>N$ 时,都有 $x_n>0$(或 $x_n<0$).

定理 4′(收敛数列极限的归并性) 如果数列收敛,则它的任一子数列也收敛且收敛于同一值.

由定理 4 与定理 4′推出两个很有用的结论:

推论 2 如果一个数列存在发散的子数列或存在两个收敛于不同极限的子数列,则该数列发散.

推论 3 如果存在两个都趋于 x_0 且各项均异于 x_0 的数列 $\{x_n\}$ 和 $\{x_n'\}$,使得对应的函数值数列 $\{f(x_n)\}$ 或 $\{f(x_n')\}$ 发散,或者两者都收敛但极限不等,则 $\lim\limits_{x\to x_0}f(x)$ 不存在.

例 1 数列 $1,-1,1,-1,\cdots$ 是发散的.因它的奇数项构成的子数列是 $1,1,1,1,\cdots$,它的偶数项构成的子数列是 $-1,-1,-1,-1,\cdots$,各自分别收敛于 1 和 -1.

在第 2.2 节例 7 中,我们曾利用函数图形说明极限 $\lim\limits_{x\to 0}\sin\dfrac{1}{x}$ 是不存在的,下面我们利用推论 3 给予证明.

例 2 证明:当 $x\to 0$ 时,函数 $\sin\dfrac{1}{x}$ 极限不存在.

证 设数列 $\{x_n\}$ 和数列 $\{x_n'\}$,其中 $x_n=\dfrac{1}{n\pi}$, $x_n'=\dfrac{1}{\left(2n+\dfrac{1}{2}\right)\pi}$,则所对应的函数值数列分别为 $\{\sin n\pi\}$ 和 $\left\{\sin\left(2n+\dfrac{1}{2}\right)\pi\right\}$.

显然 $\lim\limits_{n\to\infty}x_n=\lim\limits_{n\to\infty}\dfrac{1}{n\pi}=0$, $\lim\limits_{n\to\infty}x_n'=\lim\limits_{n\to\infty}\dfrac{1}{\left(2n+\dfrac{1}{2}\right)\pi}=0$,而 $\lim\limits_{n\to\infty}\sin\dfrac{1}{x_n}=\lim\limits_{n\to\infty}\sin n\pi=0$, $\lim\limits_{n\to\infty}\sin\dfrac{1}{x_n'}=\lim\limits_{n\to\infty}\sin\left(2n+\dfrac{1}{2}\right)\pi=1$.

所以,由推论 3 知:当 $x\to 0$ 时,函数 $\sin\dfrac{1}{x}$ 极限不存在(图 2-2-10).

习题 2.3

1. 函数 $f(x)$ 在点 $x=x_0$ 处有定义是当 $x\to x_0$ 时函数 $f(x)$ 有极限的( ).
   A. 必要条件　　B. 充分条件　　C. 充分必要条件　　D. 无关条件

2. 试说明:函数 $\cos\dfrac{1}{x}$ 在点 $x=0$ 的某一邻域 $U(0,\delta)$ 内有界,但 $\lim\limits_{x\to 0}\cos\dfrac{1}{x}$ 极限不存在.

3. 若 $f(x)$ 在区间 $(a,+\infty)$ 内有界,则 $\lim\limits_{x\to+\infty}f(x)$ 是否一定存在?若 $\lim\limits_{x\to+\infty}f(x)$ 存在,是否一定存在实数 a,使得 $f(x)$ 在区间 $(a,+\infty)$ 内有界?为什么?

4. 若 $f(x)>0$,且 $\lim\limits_{x\to+\infty}f(x)=A$,必有 $A>0$ 吗?试举例说明.

5. 证明:(1) 当 $x\to 0$ 时,函数 $f(x)=\sin\dfrac{2\pi}{x}$ 极限不存在;

(2) 当 $x\to 0$ 时,函数 $f(x)=\sin x$ 极限存在且为零.

2.4 无穷小量与无穷大量

2.4.1 无穷小量

在社会实践活动中,我们会碰到一类变量,它们的绝对值会变得越来越小,并且想多小就会有多小.如汽车到达目的地的距离;一杯开水与室温之温差;单摆离开竖直位置摆动时,由于空气阻力与摩擦力的作用,它的振幅随着时间的增加而逐渐减小,并趋近于零等都有这样的特点.数学中把以零为极限的变量称为无穷小量.

定义 1 若 $\lim f(x)=0$,则称变量 $f(x)$ 为该极限过程中的**无穷小量**(简称**无穷小**).

例如,

(1) $\lim\limits_{n\to\infty}\dfrac{1}{n}=0$,所以函数 $\dfrac{1}{n}$ 是当 $n\to\infty$ 时的无穷小量;

(2) $\lim\limits_{x\to+\infty}\dfrac{1}{\sqrt{x}}=0$,所以函数 $\dfrac{1}{\sqrt{x}}$ 是当 $x\to+\infty$ 时的无穷小量;

(3) $\lim\limits_{x\to 0}\sin x=0$,所以函数 $\sin x$ 是当 $x\to 0$ 时的无穷小量.

根据无穷小的定义,我们可得下列三个结论:

(1)"无穷小量"这个概念本质上就是一个函数,是以 0 为极限的函数.因此所有非零的常量都不是无穷小量,只有常量零(看作是恒取零的变量)为无穷小量,是特殊的无穷小量.

(2)"无穷小量"是通过极限来定义的,因此这个函数是否为无穷小与所取极限过程有关,一个函数在这一极限过程中是无穷小量,在另一过程中却未必是无穷小量.

例如:非零常数 0.0001 就不是无穷小量,因 $\lim 0.0001=0.0001\neq 0$;函数 $f(x)=x^2$,当 $x\to 0$ 时是无穷小量;而因为 $\lim\limits_{x\to 1}f(x)=\lim\limits_{x\to 1}x^2=1\neq 0$,所以当 $x\to 1$ 时 $f(x)=x^2$ 不是无穷小量.

(3) $\lim f(x)=0$ 等价于 $\lim |f(x)|=0$,故无穷小量可以看成是绝对值趋于零的变量.

为什么要研究无穷小量呢?

事实上,无穷小量在解决实际问题与微积分的逻辑体系中都有着重要的意义.为了说明原因,我们指出下列一个重要的事实:

定理 1($\lim f(x)=A$ 的充分必要条件) $\lim f(x)=A \Leftrightarrow f(x)=A+\alpha,\alpha$ 是同一极限过程中的无穷小量.

若 $\lim\limits_{x\to x_0}f(x)=A$,则对于任给正数 ε,总存在正数 δ,当 $0<|x-x_0|<\delta$ 时,有
$$|f(x)-A|<\varepsilon,$$
即
$$|[f(x)-A]-0|<\varepsilon,$$
从而说明
$$\lim\limits_{x\to x_0}[f(x)-A]=0,$$
也就是说,$f(x)-A$ 是 $x\to x_0$ 时的无穷小量.

反之,若 $f(x)-A$ 是 $x\to x_0$ 时的无穷小量,即 $\lim\limits_{x\to x_0}[f(x)-A]=0$,则对于任给正数 ε,总存在正数 δ,当 $0<|x-x_0|<\delta$ 时,有
$$|[f(x)-A]-0|<\varepsilon,$$

即
$$|f(x)-A|<\varepsilon,$$
从而说明
$$\lim_{x\to x_0}f(x)=A,$$
因此定理 1 说明了有极限的变量与无穷小量之间的关系.

例如,$\lim\limits_{x\to\infty}\dfrac{3x+1}{x}=3$,函数 $f(x)=\dfrac{3x+1}{x}=3+\dfrac{1}{x}$,其中 $\lim\limits_{x\to\infty}\dfrac{1}{x}=0$,即 $f(x)$ 可表示为 $A=3$ 与无穷小量 $\dfrac{1}{x}(x\to\infty)$ 之和.

由此可见,定理 1 讨论的结果是把函数极限问题转化为无穷小量与常量的代数运算问题,这在微积分的理论证明中有着重要的应用. 无穷小是微积分中的重要概念,历史上,微积分曾被称为"无穷小分析".

2.4.2 无穷小量的运算性质

定理 2 有限个无穷小量的和仍是无穷小量.

定理 3 有界函数与无穷小量的积是无穷小量.

这里仅给出 $x\to x_0$ 时的情形,即若 $h(x)$ 在点 x_0 的某去心邻域 $\mathring{U}(x_0,\delta_1)$ 内有界,$f(x)$ 是当 $x\to x_0$ 时的无穷小量,证明 $f(x)h(x)$ 是当 $x\to x_0$ 时的无穷小量.

证 因 $h(x)$ 在点 x_0 的某去心邻域 $\mathring{U}(x_0,\delta_1)$ 内有界,则存在正数 M,使得对于一切 $x\in\mathring{U}(x_0,\delta_1)$ 都有
$$|h(x)|\leqslant M.$$
从而就有
$$|f(x)h(x)|\leqslant M|f(x)|.$$
又 $f(x)$ 是当 $x\to x_0$ 时的无穷小量,则任给 $\varepsilon>0$,存在 $\delta_2>0$,当 $x\in\mathring{U}(x_0,\delta_2)$ 时,有
$$|f(x)|<\dfrac{\varepsilon}{M}.$$
取 $\delta=\min\{\delta_1,\delta_2\}$,则当 $x\in\mathring{U}(x_0,\delta)$ 时,有 $|h(x)|\leqslant M$ 及 $|f(x)|<\dfrac{\varepsilon}{M}$ 同时成立,从而有
$$|f(x)h(x)|\leqslant M|f(x)|<\varepsilon.$$
所以
$$\lim_{x\to x_0}f(x)h(x)=0.$$
即 $f(x)h(x)$ 是当 $x\to x_0$ 时的无穷小量.

推论 1 常数与无穷小量的积仍是无穷小量.

推论 2 有限个无穷小量的乘积仍是无穷小量.

注意 上述定理所指的"有限个"是一个确定的个数,不能在极限过程中变动.

例如,当 $n\to\infty$ 时,不可将
$$\underbrace{\dfrac{1}{n}+\dfrac{1}{n}+\cdots+\dfrac{1}{n}}_{n\text{个}}$$
看做是有限个无穷小量 $\dfrac{1}{n}$ 之和,否则将会得出其极限为 0 的错误结论. 而事实上,因为

$\underbrace{\frac{1}{n}+\frac{1}{n}+\cdots+\frac{1}{n}}_{n\uparrow}=\frac{n}{n}=1$,所以$\lim_{n\to\infty}\underbrace{\left(\frac{1}{n}+\frac{1}{n}+\cdots+\frac{1}{n}\right)}_{n\uparrow}=1$.

例1 求极限$\lim_{n\to\infty}\left(\frac{1}{n^2}+\frac{2}{n^2}+\cdots+\frac{n}{n^2}\right)$.

解 $n\to\infty$时,$\underbrace{\frac{1}{n^2}+\frac{2}{n^2}+\cdots+\frac{n}{n^2}}_{n\uparrow}$是无穷多个无穷小之和,所以不能用定理2求极限.

正确做法:$\lim_{n\to\infty}\left(\frac{1}{n^2}+\frac{2}{n^2}+\cdots+\frac{n}{n^2}\right)=\lim_{n\to\infty}\frac{1+2+\cdots+n}{n^2}=\lim_{n\to\infty}\frac{\frac{1}{2}n(n+1)}{n^2}$
$=\lim_{n\to\infty}\frac{1}{2}\left(1+\frac{1}{n}\right)=\frac{1}{2}$.

例2 求极限$\lim_{x\to 0}x\sin\frac{1}{x}$.

解 因为当$x\to 0$时,x是无穷小量,$\sin\frac{1}{x}$是有界函数$\left(\left|\sin\frac{1}{x}\right|\leqslant 1\right)$,所以,由定理3得:$\lim_{x\to 0}x\sin\frac{1}{x}=0$.

函数$y=x\sin\frac{1}{x}$的图形(图2-4-1(a))也清楚地显示了这一结果.同时我们注意到:

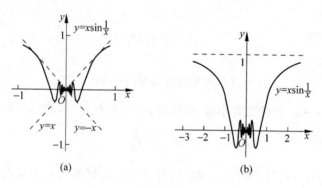

图 2-4-1

(1) 由于$-1\leqslant\sin\frac{1}{x}\leqslant 1$,所以函数$y=x\sin\frac{1}{x}$的图像始终夹在两直线$y=\pm x$之间,虽然曲线$y=x\sin\frac{1}{x}$在$x=0$附近也是无限次振荡,但它被直线$y=\pm x$束缚,曲曲折折地走向0.可见,无穷小不一定是绝对值越变越小的变量.

(2) 由函数$y=x\sin\frac{1}{x}$的图形(图2-4-1(b))可以看到,当$x\to+\infty$或$x\to-\infty$时,曲线$y=x\sin\frac{1}{x}$无限逼近于直线$y=1$,直观说明$\lim_{x\to\infty}x\sin\frac{1}{x}=1$.

(3) 比较两个函数$y=x\sin\frac{1}{x}$与$y=\sin\frac{1}{x}$(图2-2-10)的图像,可归纳出:

$\lim_{x\to 0}x\sin\frac{1}{x}=0$, $\lim_{x\to\infty}x\sin\frac{1}{x}=1$; 极限$\lim_{x\to 0}\sin\frac{1}{x}$不存在, $\lim_{x\to\infty}\sin\frac{1}{x}=0$.

2.4.3 无穷大量

如果当 $x \to x_0$(或 $x \to \infty$)时,函数 $f(x)$ 的绝对值 $|f(x)|$ 无限增大(即大于预先给定的任意正数),则称函数 $f(x)$ 为当 $x \to x_0$(或 $x \to \infty$)时的**无穷大量**(简称为**无穷大**).其量化定义为:

定义 2 设函数 $f(x)$ 在点 x_0 的某去心邻域内有定义.如果对任给的正数 M,相应地存在正数 δ,使得当 $0 < |x - x_0| < \delta$ 时,总有
$$|f(x)| > M,$$
则称 $f(x)$ 为当 $x \to x_0$ 时的**无穷大量**,简称**无穷大**,记作
$$\lim_{x \to x_0} f(x) = \infty.$$

类似地,可以给出 x 的其他变化过程中的无穷大量(正无穷大量、负无穷大量)以及当 $n \to \infty$ 时,数列 $\{a_n\}$ 为无穷大量(也称为无穷大数列)的定义.

注意

(1) $\lim f(x) = \infty$,表明 $f(x)$ 极限不存在,只是借用了极限符号说明变化形态,为了便于叙述函数的这一性态,我们仍然叙述成"函数的极限是无穷大".

(2) 无穷大量是变量,并不是非常大的有限数,不可与很大的数(如一千万、一亿等)混为一谈.

(3) 无穷大量与无界量是不同的,如数列 $1, 0, 2, 0, \cdots, n, 0, \cdots$ 是无界的,但不是 $n \to \infty$ 时的无穷大,即无穷大量是一种特殊的无界变量,但是无界变量未必是无穷大量.

例 3 证明 $\lim\limits_{x \to 0} \dfrac{1}{x} = \infty$.

证 任给 $M > 0$,要使 $\left|\dfrac{1}{x}\right| > M$ 成立,只要 $|x| < \dfrac{1}{M}$,于是可取 $\delta = \dfrac{1}{M}$,则当 $0 < |x| < \delta$ 时,就有 $\left|\dfrac{1}{x}\right| > M$ 成立.所以
$$\lim_{x \to 0} \frac{1}{x} = \infty.$$

依据定义来验证无穷大量比较复杂,以下的定理建立了无穷小量与无穷大量的关系,可以用来判定无穷大量.

定理 4 若 $f(x) \neq 0$,则 $f(x)$ 是无穷小量 $\Leftrightarrow \dfrac{1}{f(x)}$ 是无穷大量.

如,由于变量 $\dfrac{1}{n^2}(n \to \infty)$,$\sin x(x \to 0)$,$x(x \to 0)$,$1-x(x \to 1)$ 是无穷小量,因此变量 $n^2(n \to \infty)$,$\dfrac{1}{\sin x}(x \to 0)$,$\dfrac{1}{x}(x \to 0)$,$\dfrac{1}{1-x}(x \to 1)$ 均为无穷大量.

例 4 求极限 $\lim\limits_{x \to 1} \dfrac{1}{x^2 + 2x - 3}$.

解 因为 $\lim\limits_{x \to 1}(x^2 + 2x - 3) = 0$,所以函数 $x^2 + 2x - 3$ 是 $x \to 1$ 时的无穷小量,由定理 4 得
$$\lim_{x \to 1} \frac{1}{x^2 + 2x - 3} = \infty.$$

如果 $\lim\limits_{x \to x_0^+} f(x) = \infty$，$\lim\limits_{x \to x_0^-} f(x) = \infty$ 或 $\lim\limits_{x \to x_0} f(x) = \infty$，则直线 $x = x_0$ 是曲线 $y = f(x)$ 的**铅直渐近线**.

显然 $x = 1$ 是曲线 $y = \dfrac{1}{x^2 + 2x - 3}$ 的一条铅直渐近线；又由于 $\lim\limits_{x \to -3} \dfrac{1}{x^2 + 2x - 3} = \infty$，所以 $x = -3$ 是曲线 $y = \dfrac{1}{x^2 + 2x - 3}$ 的另一条铅直渐近线.

还要指出的是，在自变量的同一个变化过程中两个无穷大的和、差、商是没有确定结果的，须针对具体问题进行处理.

想一想 在物理学相对论中，已知速度为 v 的质点的质量是 $m = \dfrac{m_0}{\sqrt{1 - \dfrac{v^2}{c^2}}}$，其中 m_0 是质点的静质量，c 是光速. 当质点运动的速度无限接近于光速 c 时，质点的质量 m 会发生怎样的变化呢？

不难看出，当 $v \to c^-$ 时，$\dfrac{v^2}{c^2} \to 1$，从而 $\sqrt{1 - \dfrac{v^2}{c^2}} \to 0$，因此 $m \to \infty$. 这一结论告诉我们，当质点的运动速度趋于光速时，质点的动质量将趋于无穷大. 因此，不论物体的质量有多么的小，只要赋予它足够快的速度，它就会产生足够大的冲击力. 小鸟能击穿空中的飞机，子弹能穿透坚硬的钢板就是这个道理.

习题 2.4

1. 填空题：

(1) 凡无穷小量皆以_____为极限；

(2) 在_____条件下，直线 $y = c$ 是曲线 $y = f(x)$ 的水平渐近线；

(3) 在_____条件下，直线 $x = c$ 是曲线 $y = f(x)$ 的铅直渐近线；

(4) 在自变量的同一变化过程中，若 $f(x)$ 为无穷大，则 $\dfrac{1}{f(x)}$ 一定为_____.

2. 选择题：

(1) 无穷小量是（　　）.

A. 比零稍大一点的一个数　　B. 一个很小很小的数

C. 以零为极限的一个变量　　D. 数零

(2) 下列函数中，当 $x \to 0^+$ 时（　　）为无穷大.

A. $2^{-x} - 1$　　B. $\dfrac{\sin x}{1 + \sec x}$　　C. e^{-x}　　D. $\dfrac{3x^3 + 4}{x^2 - 2x}$

(3) 使函数 $y = \dfrac{(x-1)\sqrt{x+1}}{x^3 - 1}$ 为无穷小量的 x 的变化趋势是（　　）.

A. $x \to 0$　　B. $x \to 1$

C. $x \to -1$　　D. $x \to +\infty$

(4) 下列函数中为无穷小量的是（　　），为无穷大量的是（　　）.

A. $(-1)^n n \ (n \to \infty)$　　B. $x \sin \dfrac{\pi}{x} \ (x \to 0)$

C. $\ln x \, (x \to 1)$ D. $e^{\frac{1}{x}} \, (x \to 0^+)$

(5) 曲线 $y = \dfrac{1 + e^{-x^2}}{1 - e^{-x^2}}$ ( ).

A. 没有渐近线   B. 仅有水平渐近线

C. 仅有铅直渐近线   D. 既有水平渐近线，又有铅直渐近线

3. 在自变量的同一变化过程中，若 $f(x)$ 为无穷小，$\dfrac{1}{f(x)}$ 是否一定为无穷大？

4. 函数 $f(x) = \dfrac{x+1}{x-1}$ 在什么条件下是无穷大量？什么条件下是无穷小量？为什么？

5. 两个无穷小的商是否一定为无穷小？试举例说明。

6. 求下列极限，并说明理由：

(1) $\lim\limits_{x \to \infty} \dfrac{3x+1}{2x}$；

(2) $\lim\limits_{n \to \infty} \dfrac{(n-1)^2}{n+1}$；

(3) $\lim\limits_{x \to +\infty} \dfrac{\sin x}{\sqrt{x}}$；

(4) $\lim\limits_{n \to \infty} \dfrac{1 + 2 + 3 + \cdots + (n-1)}{n^2}$.

2.5 极限的运算法则

数列极限是一种特殊的函数极限，因此下列法则我们针对函数极限进行讨论. 为了叙述方便，用"lim"表示"$\lim\limits_{x \to x_0}$"，"$\lim\limits_{x \to \infty}$"等七种极限过程，并认为本节定理和推论中所涉及的极限都是存在的.

定理 1   在某一变化过程中，若 $\lim f(x) = A$，$\lim g(x) = B$，则

(1) $\lim [f(x) \pm g(x)] = A \pm B = \lim f(x) \pm \lim g(x)$；

(2) $\lim [f(x) \cdot g(x)] = A \cdot B = \lim f(x) \cdot \lim g(x)$；

(3) $\lim \dfrac{f(x)}{g(x)} = \dfrac{A}{B} = \dfrac{\lim f(x)}{\lim g(x)} \, (B \neq 0)$.

证明   这里我们只给出(2)的证明.

因为 $\lim f(x) = A$，$\lim g(x) = B$，所以

$$f(x) = A + \alpha, \quad g(x) = B + \beta \quad (\alpha \to 0, \beta \to 0).$$

$$[f(x) \cdot g(x)] - (A \cdot B) = (A + \alpha)(B + \beta) - AB = (A\beta + B\alpha) + \alpha\beta \to 0,$$

即

$$\lim [f(x) \cdot g(x)] = A \cdot B.$$

推论 1   常数因子可以提到极限符号外面，即

$$\lim Cf(x) = C \lim f(x).$$

推论 2   如果 n 是正整数，则

$$\lim [f(x)]^n = [\lim f(x)]^n.$$

与乘方相对应的是开方，开方也有类似的性质.

$\lim [f(x)]^{\frac{1}{n}} = [\lim f(x)]^{\frac{1}{n}}$，其中 n 为正整数（当 n 为偶数时，$f(x) \geq 0$，$\lim f(x) = A \geq 0$）.

例 1   求极限 $\lim\limits_{x \to 2} (3x^2 - 2x + 1)$.

解 $\lim\limits_{x\to 2}(3x^2-2x+1)=\lim\limits_{x\to 2}3x^2-\lim\limits_{x\to 2}2x+\lim\limits_{x\to 2}1=3\lim\limits_{x\to 2}x^2-2\lim\limits_{x\to 2}x+1$
$$=3(\lim\limits_{x\to 2}x)^2-4+1=12-4+1=9.$$

设 $P_n(x)=a_0x^n+a_1x^{n-1}+\cdots+a_n$,则有
$$\lim\limits_{x\to x_0}P_n(x)=a_0(\lim\limits_{x\to x_0}x)^n+a_1(\lim\limits_{x\to x_0}x)^{n-1}+\cdots+a_n=a_0x_0^n+a_1x_0^{n-1}+\cdots+a_n=P_n(x_0).$$

即有理整函数(多项式)当 $x\to x_0$ 时的极限等于此函数在 x_0 处的函数值.

设有理分式函数 $f(x)=\dfrac{P_n(x)}{Q_m(x)}$,且 $Q_m(x_0)\neq 0$,则 $\lim\limits_{x\to x_0}f(x)=\dfrac{\lim\limits_{x\to x_0}P_n(x)}{\lim\limits_{x\to x_0}Q_m(x)}=\dfrac{P_n(x_0)}{Q_m(x_0)}.$

例 2 求极限 $\lim\limits_{x\to 1}\dfrac{x^2+x-2}{x^2-1}$.

解 因为 $x\to 1$ 时,分母 $x^2-1\to 0$,故不能直接应用商的极限法则. $x^2+x-2\to 0$,即分子的极限也为零,这类极限称为 $\dfrac{0}{0}$ **型不定式**. 之所以称为不定式,是因为这类极限是否存在?若存在极限是多少?需具体分析,不能一概而论. 求 $\dfrac{0}{0}$ 型不定式极限的一般方法是:首先设法消去使得分母为零的因式,然后再利用极限的运算法则. 由于
$$\dfrac{x^2+x-2}{x^2-1}=\dfrac{(x-1)(x+2)}{(x-1)(x+1)},$$

故可以先约去分子与分母中的共同因式 $x-1$,再应用商的极限法则求极限:
$$\lim\limits_{x\to 1}\dfrac{x^2+x-2}{x^2-1}=\lim\limits_{x\to 1}\dfrac{(x-1)(x+2)}{(x-1)(x+1)}=\lim\limits_{x\to 1}\dfrac{x+2}{x+1}=\dfrac{\lim\limits_{x\to 1}(x+2)}{\lim\limits_{x\to 1}(x+1)}=\dfrac{3}{2}.$$

例 3 求极限 $\lim\limits_{x\to\infty}\dfrac{7x^3-2x+1}{2x^3+x+1}$.

解 因为当 $x\to\infty$ 时,分子与分母都趋于 ∞,极限均不存在,故不能直接应用商的极限运算法则,把这种类型的极限称为 $\dfrac{\infty}{\infty}$ **型不定式**. 当 $x\to\infty$,分子和分母均为多项式函数时,可用分子与分母中 x 的最高次幂除以分子与分母中的各项,再利用极限的运算法则.

由于
$$\dfrac{7x^3-2x+1}{2x^3+x+1}=\dfrac{7-2x^{-2}+x^{-3}}{2+x^{-2}+x^{-3}},$$

所以
$$\lim\limits_{x\to\infty}\dfrac{7x^3-2x+1}{2x^3+x+1}=\lim\limits_{x\to\infty}\dfrac{7-2x^{-2}+x^{-3}}{2+x^{-2}+x^{-3}}=\dfrac{\lim\limits_{x\to\infty}(7-2/x^2-1/x^3)}{\lim\limits_{x\to\infty}(2+x^{-2}+x^{-3})}=\dfrac{7}{2}.$$

例 4 求极限 $\lim\limits_{x\to\infty}\dfrac{\sqrt[5]{x^3+x^2+1}}{x-2}$.

解 因为当 $x\to\infty$ 时,分子与分母的极限均不存在,故不能直接应用商的极限的运算法则. 可用 x 分别除以分式的分子和分母,从而有
$$\lim\limits_{x\to\infty}\dfrac{\sqrt[5]{x^3+x^2+1}}{x-2}=\lim\limits_{x\to\infty}\dfrac{\sqrt[5]{\dfrac{x^3}{x^5}+\dfrac{x^2}{x^5}+\dfrac{1}{x^5}}}{1-\dfrac{2}{x}}=0.$$

例 5 求极限 $\lim\limits_{x\to\infty}\dfrac{x-2}{\sqrt[5]{x^3+x^2+1}}$.

解 应用例 4 的结果并根据 2.4 节定理 4，即得

$$\lim_{x\to\infty}\dfrac{x-2}{\sqrt[5]{x^3+x^2+1}}=\infty.$$

一般地，当 $a_0\neq 0, b_0\neq 0$，且 m, n 都大于 0 时，有

$$\lim_{x\to\infty}\dfrac{a_0 x^m+a_1 x^{m-1}+\cdots+a_m}{b_0 x^n+b_1 x^{n-1}+\cdots+b_n}=\lim_{x\to\infty}\left[\dfrac{x^m}{x^n}\cdot\dfrac{a_0+a_1 x^{-1}+\cdots+a_m x^{-m}}{b_0+b_1 x^{-1}+\cdots+b_n x^{-n}}\right]$$

$$=\begin{cases}\dfrac{a_0}{b_0}, & \text{当 } n=m,\\ 0, & \text{当 } n>m,\\ \infty, & \text{当 } n<m.\end{cases}$$

例 6 求极限 $\lim\limits_{x\to 1}\left(\dfrac{1}{x-1}-\dfrac{2}{x^2-1}\right)$.

解 因为当 $x\to 1$ 时，括号中的两项都趋于 ∞，极限都不存在，故不能直接应用极限的减法运算法则，把这类极限称为 $\infty-\infty$ **型不定式**. 这种类型求极限问题通常首先通分，将其化为 $\dfrac{0}{0}$ 型不定式后，再求极限. 由于

$$\dfrac{1}{x-1}-\dfrac{2}{x^2-1}=\dfrac{x-1}{x^2-1}=\dfrac{1}{x+1},$$

所以有

$$\lim_{x\to 1}\left(\dfrac{1}{x-1}-\dfrac{2}{x^2-1}\right)=\lim_{x\to 1}\dfrac{x-1}{x^2-1}=\lim_{x\to 1}\dfrac{1}{x+1}=\dfrac{1}{2}.$$

一般地，对于复合函数的极限有下列运算法则.

定理 2 设函数 $y=f[g(x)]$ 是由函数 $y=f(u)$ 与函数 $u=g(x)$ 复合而成，$y=f[g(x)]$ 在点 x_0 的某去心邻域内有定义，若 $\lim\limits_{x\to x_0}g(x)=u_0$，$\lim\limits_{u\to u_0}f(u)=A$，且存在 $\delta_0>0$，当 $x\in\overset{\circ}{U}(x_0,\delta_0)$ 时，有 $g(x)\neq u_0$，则 $\lim\limits_{x\to x_0}f[g(x)]=\lim\limits_{u\to u_0}f(u)=A$.

这个定理的格式与苏格拉底论证类似，即：人总是要死的. 苏格拉底是人，所以苏格拉底是要死的. 苏格拉底（公元前 469—公元前 399 年）是著名的古希腊的思想家、哲学家、教育家，他和他的学生柏拉图，以及柏拉图的学生亚里士多德被并称为"古希腊三贤".

$\lim\limits_{u\to u_0}f(u)=A$ 是说：只要自变量趋于（但不等于）u_0，就有 $y=f(u)$ 趋于 A. 而 $\lim\limits_{x\to x_0}g(x)=u_0$ 且 $x\in\overset{\circ}{U}(x_0,\delta_0)(\delta_0>0)$，是说：当 $x\to x_0$ 时，$g(x)$ 趋于（但不等于）u_0，所以有 $\lim\limits_{x\to x_0}f[g(x)]=A$.

注 （1）复合函数的极限运算法则包含多种形式，如 $\lim\limits_{u\to\infty}f(u)=A$，$\lim\limits_{x\to x_0}g(x)=\infty$，则 $\lim\limits_{x\to x_0}f[g(x)]=A$.

（2）定理 2 给出了求极限的一个重要方法——变量替代法，即

$$\lim_{x\to x_0}f[g(x)]\xlongequal[x\to x_0 \text{ 时}, g(x)\to u_0]{\text{令 } u=g(x)}\lim_{u\to u_0}f(u)=A.$$

例 7 求极限 $\lim\limits_{x\to 1}\ln\left[\dfrac{x^2-1}{2(x-1)}\right]$.

解 $\lim\limits_{x\to 1}\ln\left[\dfrac{x^2-1}{2(x-1)}\right]\xlongequal[x\to 1\text{ 时},u\to 1]{\text{令 }u=\frac{x^2-1}{2(x-1)}}\lim\limits_{u\to 1}\ln u=\ln 1=0.$

例 8 求极限 $\lim\limits_{x\to 0}\sqrt[3]{1+x^2-x^3}$.

解 $\lim\limits_{x\to 0}\sqrt[3]{1+x^2-x^3}\xlongequal[x\to 0\text{ 时},u\to 1]{\text{令 }u=1+x^2-x^3}\lim\limits_{u\to 1}\sqrt[3]{u}=1.$

熟练后,变量代换过程可省略.

如例 7, $\lim\limits_{x\to 1}\ln\left[\dfrac{x^2-1}{2(x-1)}\right]=\lim\limits_{x\to 1}\ln\left(\dfrac{x+1}{2}\right)=\ln 1=0.$

例 9 已知
$$f(x)=\begin{cases}x-1, & x<0,\\ \dfrac{x^2+3x-1}{x^3+1}, & x\geqslant 0,\end{cases}$$

求 $\lim\limits_{x\to 0}f(x)$, $\lim\limits_{x\to +\infty}f(x)$, $\lim\limits_{x\to -\infty}f(x)$.

解 因为 $\lim\limits_{x\to 0^-}f(x)=\lim\limits_{x\to 0^-}(x-1)=-1,$

$\lim\limits_{x\to 0^+}f(x)=\lim\limits_{x\to 0^+}\dfrac{x^2+3x-1}{x^3+1}=-1,$

所以 $\lim\limits_{x\to 0}f(x)=-1.$

$\lim\limits_{x\to +\infty}f(x)=\lim\limits_{x\to +\infty}\dfrac{x^2+3x-1}{x^3+1}=0,\quad \lim\limits_{x\to -\infty}f(x)=\lim\limits_{x\to -\infty}(x-1)=-\infty.$

习题 2.5

1. 填空题:

(1) $\lim\limits_{\underline{\qquad}}\dfrac{x^2+2x-1}{(\sqrt{x}+1)^2}=\dfrac{1}{2}$;

(2) $\lim\limits_{\underline{\qquad}}\dfrac{x^2-3x-1}{7+5x-x^2}=-1$;

(3) $\lim\limits_{\underline{\qquad}}\dfrac{\sqrt{x^2+1}}{x}=\infty$;

(4) $\lim\limits_{x\to 2}\dfrac{x^3-3}{x-3}=\underline{\qquad}$;

(5) $\lim\limits_{x\to 1}\dfrac{x-1}{\sqrt[3]{x}-1}=\underline{\qquad}$;

(6) $\lim\limits_{x\to +\infty}\dfrac{\cos x}{e^x+e^{-x}}=\underline{\qquad}$;

(7) $\lim\limits_{x\to +\infty}\dfrac{2^x-1}{4^x+1}=\underline{\qquad}$;

(8) 若 $\lim\limits_{x\to a}g(x)=0$, $\lim\limits_{x\to a}\dfrac{f(x)}{g(x)}=1$, 则 $\lim\limits_{x\to a}f(x)=\underline{\qquad}$.

2. 求下列极限:

(1) $\lim\limits_{x\to 0}\dfrac{x^2-1}{3x^2-x-2}$;

(2) $\lim\limits_{x\to 1}\dfrac{x^n-1}{x^m-1}$ (n,m 为正整数);

(3) $\lim\limits_{x \to +\infty} \dfrac{1+\sqrt{x}}{1-\sqrt{x}}$;

(4) $\lim\limits_{x \to \infty} \dfrac{x-\cos x}{x-7}$;

(5) $\lim\limits_{x \to \infty} \dfrac{(4x-7)^{81}(5x-8)^{19}}{(2x-3)^{100}}$;

(6) $\lim\limits_{x \to +\infty} x(\sqrt{1+x^2}-x)$;

(7) $\lim\limits_{n \to \infty} \left(1+\dfrac{1}{2}+\cdots+\dfrac{1}{2^n}\right)$;

(8) $\lim\limits_{\Delta x \to 0} \dfrac{f(x+\Delta x)-f(x)}{\Delta x}$,其中 $f(x)=\dfrac{1}{x^2}$;

(9) $\lim\limits_{x \to +\infty} \dfrac{\sqrt{x}+\sqrt[3]{x}+\sqrt[4]{x}}{\sqrt{2x+1}}$;

(10) $\lim\limits_{x \to +\infty} \dfrac{e^x-e^{-x}}{e^x+e^{-x}}$;

(11) $\lim\limits_{t \to 2^-} \dfrac{e^t+1}{t}$;

(12) $\lim\limits_{x \to 1} \dfrac{\sqrt{5x-4}-\sqrt{x}}{x-1}$.

3. 函数极限存在时,"有限个函数的和的极限等于极限的和"这一法则能否说成"无限个函数的和的极限等于极限的和"? 若不能请举例说明.

4. 下列陈述中哪些是对的,哪些是错的? 如果是对的,说明理由;如果不对,试给出一个反例.

(1) 如果 $\lim\limits_{x \to x_0} f(x)$ 存在,但 $\lim\limits_{x \to x_0} g(x)$ 不存在,那么 $\lim\limits_{x \to x_0} [f(x)+g(x)]$ 不存在;

(2) 如果 $\lim\limits_{x \to x_0} f(x)$ 和 $\lim\limits_{x \to x_0} g(x)$ 都不存在,那么 $\lim\limits_{x \to x_0} [f(x)+g(x)]$ 不存在.

2.6 极限存在准则 两个重要极限

2.6.1 极限存在准则

准则1(夹逼准则)

如果数列 $\{x_n\},\{y_n\},\{z_n\}$ 满足:

(1) $y_n \leqslant x_n \leqslant z_n \ (n=1,2,3,\cdots)$;

(2) $\lim\limits_{n \to \infty} y_n = \lim\limits_{n \to \infty} z_n = a$;

则数列 $\{x_n\}$ 收敛,且 $\lim\limits_{n \to \infty} x_n = a$.

证 由于 $\lim\limits_{n \to \infty} y_n = \lim\limits_{n \to \infty} z_n = a$,故任给 $\varepsilon > 0$,存在正整数 N_1 及 N_2,当 $n > N_1$ 时,有
$$a-\varepsilon < y_n < a+\varepsilon,$$
而当 $n > N_2$ 时,有
$$a-\varepsilon < z_n < a+\varepsilon,$$
取 $N = \max\{N_1, N_2\}$,则当 $n > N$ 时,有
$$a-\varepsilon < y_n \leqslant x_n \leqslant z_n < a+\varepsilon,$$
即
$$|x_n - a| < \varepsilon,$$
所以
$$\lim\limits_{n \to \infty} x_n = a.$$

类似地,关于函数的夹逼准则为:

设在点 x_0 的某去心邻域上,有 $g_1(x) \leqslant f(x) \leqslant g_2(x)$,且 $\lim\limits_{x \to x_0} g_1(x) = \lim\limits_{x \to x_0} g_2(x) = A$,则 $\lim\limits_{x \to x_0} f(x) = A$,此准则亦适用于 x 的其他变化过程.

例 1 求极限 $\lim\limits_{n\to\infty}\left(\dfrac{1}{\sqrt{n^2+1}}+\dfrac{1}{\sqrt{n^2+2}}+\cdots+\dfrac{1}{\sqrt{n^2+n}}\right)$.

解 因为对任意正整数 n,总有

$$\dfrac{n}{\sqrt{n^2+n}}\leqslant\dfrac{1}{\sqrt{n^2+1}}+\dfrac{1}{\sqrt{n^2+2}}+\cdots+\dfrac{1}{\sqrt{n^2+n}}\leqslant\dfrac{n}{\sqrt{n^2+1}}<\dfrac{n}{n}=1,$$

而且

$$\lim_{n\to\infty}\dfrac{n}{\sqrt{n^2+n}}=\lim_{n\to\infty}\dfrac{1}{\sqrt{1+\dfrac{1}{n}}}=1,\quad \lim_{n\to\infty}1=1,$$

所以由夹逼准则,得

$$\lim_{n\to\infty}\left(\dfrac{1}{\sqrt{n^2+1}}+\dfrac{1}{\sqrt{n^2+2}}+\cdots+\dfrac{1}{\sqrt{n^2+n}}\right)=1.$$

例 2 证明 $\lim\limits_{n\to\infty}\dfrac{n!}{n^n}=0$.

证 因为 $0<\dfrac{n!}{n^n}=\dfrac{1\cdot 2\cdot\cdots\cdot(n-1)\cdot n}{n\cdot n\cdot\cdots\cdot n\cdot n}\leqslant\dfrac{1\cdot n\cdot\cdots\cdot n\cdot n}{n\cdot n\cdot\cdots\cdot n\cdot n}=\dfrac{1}{n}$,而 $\lim\limits_{n\to\infty}\dfrac{1}{n}=0$,

所以 $\lim\limits_{n\to\infty}\dfrac{n!}{n^n}=0$.

准则 2(单调有界准则) 单调有界数列必有极限.

这个定理的正确性借助于几何直观(图 2-6-1)是显然的.若数列是单调增加的,所以它的各项所表示的点在数轴上都朝着 x 轴正方向移动.这种移动只有两种可能,一种是沿着数轴无限远移,另一种是无限地接近一个定点 a.因为数列有界,前一种是不可能的,所以只能是后者.换句话说,数列有极限 a.若数列是单调减少的,同样可以直观说明其极限是存在的.

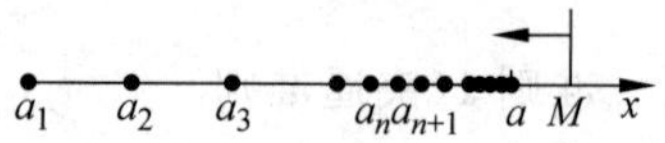

图 2-6-1

2.6.2 两个重要极限

重要极限 1 $\lim\limits_{x\to 0}\dfrac{\sin x}{x}=1$

证 首先注意到,函数 $\dfrac{\sin x}{x}$ 对于一切 $x\neq 0$ 都有定义.

在图 2-6-2 所示的单位圆内作圆心角 $\angle AOB=x\left(0<x<\dfrac{\pi}{2}\right)$,过点 A 作单位圆的切线与 OB 的延长线相交于 D,作线段 BC 垂直于 OA,则

$$\sin x=CB,\quad x=\overset{\frown}{AB},\quad \tan x=AD.$$

因为

$\triangle AOB$ 的面积 $<$ 扇形 AOB 的面积 $<\triangle AOD$ 的面积,

所以

$$\dfrac{1}{2}\sin x<\dfrac{1}{2}x<\dfrac{1}{2}\tan x,$$

即

$$\sin x<x<\tan x,$$

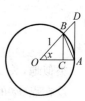

图 2-6-2

不等号各边都除以 $\sin x$, 就有
$$1<\frac{x}{\sin x}<\frac{1}{\cos x},$$
或
$$\cos x<\frac{\sin x}{x}<1.$$
又因为 $\cos x$ 与 $\frac{\sin x}{x}$ 都是偶函数, 故上述不等式对 $-\frac{\pi}{2}<x<0$ 也成立.

于是, 对于 $0<|x|<\frac{\pi}{2}$, 都有
$$\cos x<\frac{\sin x}{x}<1. \tag{2-6-1}$$

下面证明 $\lim\limits_{x\to 0}\cos x=1$.

由于当 $0<|x|<\frac{\pi}{2}$ 时,
$$0<|\cos x-1|=1-\cos x=2\sin^2\frac{x}{2}<2\left(\frac{x}{2}\right)^2=\frac{x^2}{2},$$
即
$$0<1-\cos x<\frac{x^2}{2}.$$

当 $x\to 0$ 时, $\frac{x^2}{2}\to 0$, 由函数极限的夹逼准则有 $\lim\limits_{x\to 0}(1-\cos x)=0$, 所以 $\lim\limits_{x\to 0}\cos x=1$.

由于 $\lim\limits_{x\to 0}\cos x=1$, $\lim\limits_{x\to 0}1=1$, 由不等式(2-6-1)及函数极限的夹逼准则, 即得
$$\lim_{x\to 0}\frac{\sin x}{x}=1.$$

在证明 $\lim\limits_{x\to 0}\frac{\sin x}{x}=1$ 的过程中, 我们得到结论: $\sin x<x$ $\left(0<x<\frac{\pi}{2}\right)$. 实际上, 我们可进一步证明 $|\sin x|\leqslant|x|$ $(x\in\mathbb{R})$, 等号当且仅当 $x=0$ 时成立.

事实上,

当 $x=0$ 时, $|\sin x|=0=|x|$;

当 $0<x<\frac{\pi}{2}$ 时, $|\sin x|=\sin x<x=|x|$;

当 $x\geqslant\frac{\pi}{2}$ 时, $|\sin x|\leqslant 1<\frac{\pi}{2}\leqslant x$;

当 $x<0$ 时, $|\sin x|=|\sin(-x)|\leqslant|-x|=|x|$.

因此,
$$|\sin x|\leqslant|x|.$$

例 3 求极限 $\lim\limits_{x\to 0}\frac{\tan x}{x}$.

解 $\lim\limits_{x\to 0}\frac{\tan x}{x}=\lim\limits_{x\to 0}\left(\frac{\sin x}{x}\cdot\frac{1}{\cos x}\right)=\lim\limits_{x\to 0}\frac{\sin x}{x}\cdot\lim\limits_{x\to 0}\frac{1}{\cos x}=1.$

在极限运算中, 利用复合函数的极限运算法则, 可将极限 $\lim\limits_{x\to 0}\frac{\sin x}{x}=1$ 变形:
$$\lim_{\varphi(x)\to 0}\frac{\sin\varphi(x)}{\varphi(x)}=1.$$

例 4 求极限 $\lim\limits_{x\to 0}\dfrac{1-\cos x}{x^2}$.

解 $\lim\limits_{x\to 0}\dfrac{1-\cos x}{x^2}=\lim\limits_{x\to 0}\dfrac{2\sin^2\dfrac{x}{2}}{x^2}=\dfrac{1}{2}\lim\limits_{x\to 0}\left(\dfrac{\sin\dfrac{x}{2}}{\dfrac{x}{2}}\right)^2\xlongequal[x\to 0\text{时},t\to 0]{\diamondsuit\ t=\dfrac{x}{2}}\dfrac{1}{2}\lim\limits_{t\to 0}\left(\dfrac{\sin t}{t}\right)^2=\dfrac{1}{2}.$

例 5 求极限 $\lim\limits_{n\to\infty}2^n\sin\dfrac{x}{2^n}$.

解 $\lim\limits_{n\to\infty}2^n\sin\dfrac{x}{2^n}=\lim\limits_{n\to\infty}x\cdot\dfrac{\sin\dfrac{x}{2^n}}{\dfrac{x}{2^n}}=x\lim\limits_{\frac{x}{2^n}\to 0}\dfrac{\sin\dfrac{x}{2^n}}{\dfrac{x}{2^n}}=x.$

例 6 求极限 $\lim\limits_{x\to 0}\dfrac{\arcsin x}{x}$.

解 令 $t=\arcsin x$，则 $x=\sin t$；$x\to 0$ 时 $t\to 0$.

所以 $$\lim\limits_{x\to 0}\dfrac{\arcsin x}{x}=\lim\limits_{t\to 0}\dfrac{t}{\sin t}=1.$$

重要极限 $\lim\limits_{x\to 0}\dfrac{\sin x}{x}=1$ 的几何意义：

作如图 2-6-3 所示的单位圆，设圆心角 $\angle B'OB=2x$（弧度）$\left(0<x<\dfrac{\pi}{2}\right)$，显然 $\dfrac{2\sin x}{2x}$ 在单位圆上就是连接点 B 与 B' 的弦长 $|BB'|$ 与相应弧 $\overset{\frown}{BB'}$ 的长度之比. 由于 $\lim\limits_{x\to 0}\dfrac{\sin x}{x}=1$，并且 $\dfrac{\sin x}{x}=\dfrac{2\sin x}{2x}$，所以 $\lim\limits_{x\to 0}\dfrac{|BB'|}{\overset{\frown}{BB'}\text{的弧长}}=\lim\limits_{x\to 0}\dfrac{2\sin x}{2x}=1$，也就是说：圆周上任一弦与其对应弧的长度之比，当弧长趋于 0 时的极限值等于 1. 事实上，这一结论对于任一光滑曲线弧段也是成立的.

图 2-6-3

由此我们能够体会到割圆术中"以直代曲"在极限意义下得以实现的理论根据. 历史上，我国隋代建造的赵州桥，其跨度达 37m 的石拱桥是用一块块长方形条状的石头砌成，一段段直的条状石头砌成了一整条弧形曲线的拱圈，这正是微积分中"以直代曲"的基本思想的真实原形.

再现刘徽割圆术的极限思想：

我们知道，圆周率 π 是圆周长与直径的比值，是无限不循环小数，是无理数. 历史上，求圆周率 π 是古代数学家们研究的热门课题. 我国古代数学家刘徽在论著《九章算术》注文中，提出割圆术作为计算圆周长、圆面积以及圆周率 π 的基础，割圆术的基本思想就是用圆内接正多边形去逼近圆.

如图 2-6-4 所示，刘徽从正六边形出发，利用勾股定理，求得圆内接正 n 边形的边长递推公式：

$$a_{2n}=\sqrt{2R^2-R\sqrt{4R^2-a_n^2}}，\text{ 其中 } R \text{ 为圆半径.}$$

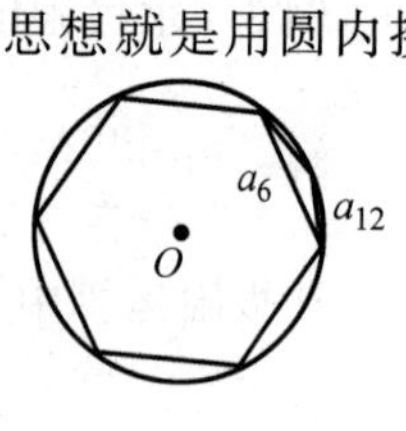

若 $R=1$，则圆内接正六边形的边长 $a_6=1$.

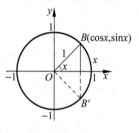

图 2-6-4

根据递推公式,得到

$$a_{12}=\sqrt{2-\sqrt{4-a_6^2}}=0.517638,$$
$$a_{24}=\sqrt{2-\sqrt{4-a_{12}^2}}=0.261052,$$
$$a_{48}=\sqrt{2-\sqrt{4-a_{24}^2}}=0.130806,$$
$$a_{96}=\sqrt{2-\sqrt{4-a_{48}^2}}=0.065438,$$
$$a_{192}=\sqrt{2-\sqrt{4-a_{96}^2}}=0.032723.$$

因此,圆内接正192边形的周长为 $0.032723\times192=6.282816$,将正192边形的周长作为圆周长的近似值,再除以直径,得 $\pi\approx\dfrac{6.282816}{2}=3.141408$. 可见刘徽的割圆术隐含了深刻的极限思想.

下面我们利用重要极限 $\lim\limits_{x\to 0}\dfrac{\sin x}{x}=1$ 证明圆周长公式:

由于半径为 R 的圆内接正 n 边形的周长为 $L_n=n\cdot\left(2\sin\dfrac{2\pi}{2n}\right)R=\left(2n\sin\dfrac{\pi}{n}\right)R$,

$$\lim_{n\to\infty}L_n=\lim_{n\to\infty}\left(2n\sin\dfrac{\pi}{n}\right)R=2R\lim_{n\to\infty}\dfrac{\sin\dfrac{\pi}{n}}{\dfrac{\pi}{n}\cdot\dfrac{1}{\pi}}=2\pi R,$$

所以,圆的周长为 $2\pi R$.

重要极限 2 $\lim\limits_{x\to\infty}\left(1+\dfrac{1}{x}\right)^x=\mathrm{e}.$

我们首先证明 $\lim\limits_{n\to\infty}\left(1+\dfrac{1}{n}\right)^n=\mathrm{e}.$

图 2-6-5 显示,当 $n\to+\infty$ 时,$x_n=\left(1+\dfrac{1}{n}\right)^n$ 无限逼近于直线 $y=\mathrm{e}$. 可以证明,无理数 e 就是此数列 $\left\{\left(1+\dfrac{1}{n}\right)^n\right\}$ 的极限值.

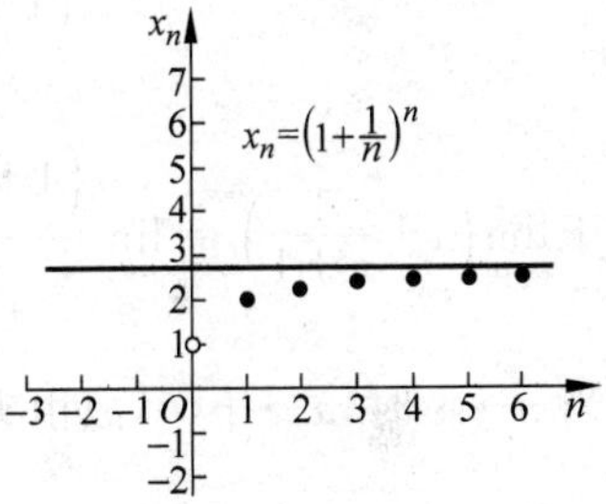

下面考虑 x 取正整数 n,并且趋于 $+\infty$ 的情形.

事实上,因为 $x_n=\left(1+\dfrac{1}{n}\right)^n$

$$=1+\dfrac{n}{1!}\cdot\dfrac{1}{n}+\dfrac{n(n-1)}{2!}\cdot\dfrac{1}{n^2}+\cdots+\dfrac{n(n-1)\cdots(n-n+1)}{n!}\cdot\dfrac{1}{n^n}$$

$$=1+1+\dfrac{1}{2!}\left(1-\dfrac{1}{n}\right)+\cdots+\dfrac{1}{n!}\left(1-\dfrac{1}{n}\right)\left(1-\dfrac{2}{n}\right)\cdots\left(1-\dfrac{n-1}{n}\right),$$

$$x_{n+1}=\left(1+\dfrac{1}{n+1}\right)^{n+1}$$

$$=1+1+\dfrac{1}{2!}\left(1-\dfrac{1}{n+1}\right)+\cdots+\dfrac{1}{(n+1)!}\left(1-\dfrac{1}{n+1}\right)\left(1-\dfrac{2}{n+1}\right)\cdots\left(1-\dfrac{n}{n+1}\right),$$

可见,除了前两项外,x_n 的每一项都小于 x_{n+1} 的对应项,而且 x_{n+1} 还多了最后的一个正项,因此

图 2-6-5

$$x_n < x_{n+1}, \quad n=1,2,3,\cdots,$$

所以,数列 $\left\{\left(1+\dfrac{1}{n}\right)^n\right\}$ 是单调增加的.

又因为

$$x_n = \left(1+\frac{1}{n}\right)^n = 1+1+\frac{1}{2!}\left(1-\frac{1}{n}\right)+\cdots+\frac{1}{n!}\left(1-\frac{1}{n}\right)\left(1-\frac{2}{n}\right)\cdots\left(1-\frac{n-1}{n}\right)$$

$$< 1+1+\frac{1}{2!}+\cdots+\frac{1}{n!} < 1+1+\frac{1}{2}+\frac{1}{2^2}+\cdots+\frac{1}{2^{n-1}}$$

$$= 1+\frac{1-\dfrac{1}{2^n}}{1-\dfrac{1}{2}} = 3-\frac{1}{2^{n-1}} < 3,$$

所以,数列 $\left\{\left(1+\dfrac{1}{n}\right)^n\right\}$ 是有界的.

由准则 2 知,数列 $\left\{\left(1+\dfrac{1}{n}\right)^n\right\}$ 是收敛的.

瑞士著名数学家欧拉(L. Euler)最先用字母 e 表示了这个极限,即

$$\lim_{n\to\infty}\left(1+\frac{1}{n}\right)^n = e.$$

下面证明 $\lim\limits_{x\to+\infty}\left(1+\dfrac{1}{x}\right)^x = e$.

当 $x>0$ 时,设 $n \leqslant x < n+1$,则

$$\left(1+\frac{1}{n+1}\right)^n < \left(1+\frac{1}{x}\right)^x < \left(1+\frac{1}{n}\right)^{n+1},$$

由于 $\lim\limits_{n\to\infty}\left(1+\dfrac{1}{n+1}\right)^n = \lim\limits_{n\to\infty}\dfrac{\left(1+\dfrac{1}{n+1}\right)^{n+1}}{1+\dfrac{1}{n+1}} = e, \lim\limits_{n\to\infty}\left(1+\dfrac{1}{n}\right)^{n+1} = \lim\limits_{n\to\infty}\left(1+\dfrac{1}{n}\right)^n\left(1+\dfrac{1}{n}\right) = e,$

且当 $n\to\infty$ 时,$x\to+\infty$,故由夹逼准则可得

$$\lim_{x\to+\infty}\left(1+\frac{1}{x}\right)^x = e.$$

再令 $x=-y$,则

$$\left(1+\frac{1}{x}\right)^x = \left(1-\frac{1}{y}\right)^{-y} = \left(1+\frac{1}{y-1}\right)^y,$$

且当 $x\to-\infty$ 时 $y\to+\infty$,于是有

$$\lim_{x\to-\infty}\left(1+\frac{1}{x}\right)^x = \lim_{y\to+\infty}\left(1+\frac{1}{y-1}\right)^y = \lim_{y\to+\infty}\left(1+\frac{1}{y-1}\right)^{y-1}\left(1+\frac{1}{y-1}\right) = e,$$

这就证得

$$\lim_{x\to\infty}\left(1+\frac{1}{x}\right)^x = e.$$

所以,$\lim\limits_{x\to\infty}\left(1+\dfrac{1}{x}\right)^x=\mathrm{e}$(图 2-6-6).

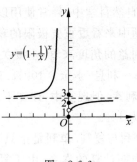

图 2-6-6

在极限运算中,根据复合函数的极限运算法则,可将极限$\lim\limits_{x\to\infty}\left(1+\dfrac{1}{x}\right)^x=\mathrm{e}$变形:

$$\lim_{\varphi(x)\to\infty}\left[1+\dfrac{1}{\varphi(x)}\right]^{\varphi(x)}=\mathrm{e} \quad 或 \quad \lim_{\varphi(x)\to 0}\left[1+\varphi(x)\right]^{\frac{1}{\varphi(x)}}=\mathrm{e}.$$

例 7 求极限$\lim\limits_{x\to 0}(1+2x)^{\frac{1}{x}}$.

解 $\lim\limits_{x\to 0}(1+2x)^{\frac{1}{x}}=\lim\limits_{x\to 0}(1+2x)^{\frac{1}{2x}\times 2}\xrightarrow{令\,\varphi(x)=2x}(\lim\limits_{\varphi(x)\to 0}(1+\varphi(x))^{\frac{1}{\varphi(x)}})^2=\mathrm{e}^2.$

例 8 求极限$\lim\limits_{x\to\infty}\left(1+\dfrac{1}{x}\right)^{x+2}$.

解 $\lim\limits_{x\to\infty}\left(1+\dfrac{1}{x}\right)^{x+2}=\lim\limits_{x\to\infty}\left(1+\dfrac{1}{x}\right)^x\cdot\lim\limits_{x\to\infty}\left(1+\dfrac{1}{x}\right)^2=\mathrm{e}\cdot 1=\mathrm{e}.$

例 9 求极限$\lim\limits_{x\to\infty}\left(1+\dfrac{1}{x+2}\right)^x$.

解 $\lim\limits_{x\to\infty}\left(1+\dfrac{1}{x+2}\right)^x=\lim\limits_{x\to\infty}\left(1+\dfrac{1}{x+2}\right)^{x+2-2}$

$\xrightarrow{令\,\varphi(x)=x+2}\lim\limits_{\varphi(x)\to\infty}\left(1+\dfrac{1}{\varphi(x)}\right)^{\varphi(x)}\left(1+\dfrac{1}{\varphi(x)}\right)^{-2}=\mathrm{e}.$

例 10 求极限$\lim\limits_{x\to\infty}\left(1+\dfrac{1}{x}\right)^{2x}$.

解 $\lim\limits_{x\to\infty}\left(1+\dfrac{1}{x}\right)^{2x}=\left(\lim\limits_{x\to\infty}\left(1+\dfrac{1}{x}\right)^x\right)^2=\mathrm{e}^2.$

例 11 求极限$\lim\limits_{x\to 0}\left(\dfrac{1+x}{1-x}\right)^{\frac{1}{x}}$.

解 $\lim\limits_{x\to 0}\left(\dfrac{1+x}{1-x}\right)^{\frac{1}{x}}=\dfrac{\lim\limits_{x\to 0}(1+x)^{\frac{1}{x}}}{\lim\limits_{x\to 0}(1-x)^{\frac{1}{x}}}=\dfrac{\mathrm{e}}{\mathrm{e}^{-1}}=\mathrm{e}^2.$

例 12 求极限$\lim\limits_{x\to+\infty}(3^x+9^x)^{\frac{1}{x}}$.

解 $\lim\limits_{x\to+\infty}(3^x+9^x)^{\frac{1}{x}}=\lim\limits_{x\to+\infty}(9^x)^{\frac{1}{x}}\left(\dfrac{1}{3^x}+1\right)^{\frac{1}{x}}=9\cdot\lim\limits_{x\to+\infty}\left[\left(1+\dfrac{1}{3^x}\right)^{3^x}\right]^{\frac{1}{3^x\cdot x}}=9\cdot\mathrm{e}^0=9.$

2.6.3 重要极限应用举例

数 e 有很实在的现实背景,在自然科学中,经常使用以 e 为底的指数函数和对数函数. 下面我们仅从存款利息等问题中来看看重要极限的现实意义.

例如,在金融活动中,从获取利益的角度来看,主要关心一定时间内的利息与本金的百分比,即**利率**,其计算公式为:利率=利息/本金×100%.这里的"一定时间"通常是一年,计算所得的利率是**年利率**,也称**名义利率**.但现实中,往往不是一年计算一次利息,如银行按月计息,若年利率为 12%,则月利率为 1%.

利息的计算方法分为两种:单利与复利.**单利**是指只计算原始本金的利息;而**复利**是指以本金与累计利息的和作为下一周期计算的本金.由于复利计息中已有的利息产生新的利息,故俗称"利滚利".

设本金为 A_0,利率为 r,利息周期数为 t,则

单利的期末本息之和,$A = A_0(1+tr)$;

复利的期末本息之和,$A = A_0(1+r)^t$.

当 $t > 1$ 时,$(1+r)^t > 1+tr$,因此在本金相同的情况下,按复利计算可得到更多的利息. 如果每期结算 m 次,t 期本利和 A_m 为

$$A_m = A_0 \left(1 + \frac{r}{m}\right)^{mt}.$$

在现实世界中有许多问题可归结为这种模型,而且是立即产生立即结算,即 $m \to \infty$. 如物体的冷却、镭的衰变、细胞的繁殖、树木的生长等,都需要应用下面的极限:

$$\lim_{m \to \infty} A_0 \left(1 + \frac{r}{m}\right)^{mt}.$$

这个式子反映了现实世界中一些事物生长或消失的数量规律.因此,它是一个不仅在数学理论上,而且在实际应用中都是很有用的极限.

为了使问题简化,在上式中,令 $n = \frac{m}{r}$,则当 $m \to \infty$ 时 $n \to \infty$,可得

$$\lim_{m \to \infty} A_0 \left(1 + \frac{r}{m}\right)^{mt} = A_0 \lim_{n \to \infty} \left(1 + \frac{1}{n}\right)^{nrt} = A_0 \left[\lim_{n \to \infty} \left(1 + \frac{1}{n}\right)^n\right]^{rt} = A_0 e^{rt}.$$

所以,本金为 A_0,按名义年利率 r 不断计算复利,则 t 年后的本利和为 $A = A_0 e^{rt}$.这一极限称为**连续复利公式**,上述公式仅是一个理论公式,在实际应用中并不使用,仅作为存期较长情况下的一种近似估计.

例 13(现值与将来值) 假设你存入银行 100 元,并且将按 6% 的年利率以年复利方式获得利息,于是一年后,你的存款将变为 106 元,所以,今天的 100 元可购得一年后 106 元的东西,我们说 106 元是 100 元的**将来值**,而 100 元是 106 元的**现值**.计算现值的过程称为**贴现**.一般地,一笔 A_0 元的存款的将来值 A 元是指:你把它(A_0 元)今天存入银行账户而将来指定时刻其加上利息正好等于 A 元.若年利率为 r,按连续复利,得

$$A = A_0 e^{rt} \quad \text{或} \quad A_0 = \frac{A}{e^{rt}} = A e^{-rt}.$$

假设你买的彩票中奖 1 百万,你要在两种兑奖方式中进行选择,一种是分四年每年支付 250000 元的分期支付方式,从现在开始支付;另一种为一次性支付总额 920000 元的一次付

清方式,也就是现在支付. 假设银行利率为 6‰,以连续复利方式计息,且假设不交税,那么你选择哪种兑奖方式呢?

解 我们选择时考虑的是要使现在价值(即现值)最大.

设分四年每年支付 250000 元的分期支付方式的总现值为 A_0,则

$$A_0 \approx 250000 + 250000 e^{-0.06} + 250000 e^{-0.06 \times 2} + 250000 e^{-0.06 \times 3}$$
$$\approx 250000 + 235411 + 221730 + 208818$$
$$= 915989 < 920000.$$

因此,最好选择现在一次付清 920000 元这种兑奖方式.

习题 2.6

1. 选择题:

(1) $\lim\limits_{x \to \infty} x \sin \dfrac{1}{x} = ($　　$)$.

A. ∞　　　　　B. 不存在　　　　　C. 1　　　　　D. 0

(2) $\lim\limits_{x \to \infty} \left(1 - \dfrac{1}{x}\right)^{2x} = ($　　$)$.

A. e^{-2}　　　　B. ∞　　　　　C. 0　　　　　D. $\dfrac{1}{2}$

(3) $\lim\limits_{x \to 0} \dfrac{x^2 \sin \dfrac{1}{x}}{\sin x}$ 的值为($　$).

A. 1　　　　　B. ∞　　　　　C. 不存在　　　　　D. 0

(4) $\lim\limits_{x \to 1} \dfrac{\sin^2(1-x)}{(x-1)^2(x+2)} = ($　　$)$.

A. $\dfrac{1}{3}$　　　　B. $-\dfrac{1}{3}$　　　　C. 0　　　　D. $\dfrac{2}{3}$

(5) $\lim\limits_{x \to 1} \left(1 + \dfrac{1}{x}\right)^x = ($　　$)$.

A. e^{-2}　　　　B. ∞　　　　　C. 0　　　　　D. 2

2. 计算下列极限:

(1) $\lim\limits_{x \to 0} \dfrac{\sin mx}{\sin nx}$;

(2) $\lim\limits_{x \to 0} x \cot x$;

(3) $\lim\limits_{x \to 0} \dfrac{1 - \cos 2x}{x \sin x}$;

(4) $\lim\limits_{x \to 0} \dfrac{\tan 5x}{x}$;

(5) $\lim\limits_{x \to \infty} x[\ln(2+x) - \ln x]$;

(6) $\lim\limits_{x \to 0} (1 + 3\tan^2 x)^{\cot^2 x}$;

(7) $\lim\limits_{x \to \infty} \left(\dfrac{x+3}{x-2}\right)^{2x+1}$;

(8) $\lim\limits_{x \to +\infty} \dfrac{\cos x}{e^x + e^{-x}}$;

(9) $\lim\limits_{x \to \infty} \left(1 - \dfrac{1}{x}\right)^{kx}$ (k 为正整数);

(10) $\lim\limits_{n \to \infty} \sqrt[n]{1 + x^n}$ ($0 < x < 1$).

3. 判断下列结论是否正确.

(1) 单调数列必有极限;

(2) 有界数列必有极限;

(3) 若有 $\lim\limits_{n\to\infty}x_n=a$,则有 $\lim\limits_{n\to\infty}x_{3n-1}=a$;   (4) $\lim\limits_{n\to\infty}x_n=\lim\limits_{n\to\infty}x_{2n+1}$.

4. 利用极限存在准则证明:(1) $\lim\limits_{x\to 0}\sqrt[n]{1+x}=1$; (2) $\lim\limits_{x\to 0^+}x\left[\dfrac{1}{x}\right]=1$.

5. 利用极限存在准则证明:$\lim\limits_{n\to\infty}n\left(\dfrac{1}{n^2+\pi}+\dfrac{1}{n^2+2\pi}+\cdots+\dfrac{1}{n^2+n\pi}\right)=1$.

6. 利用极限存在准则证明:数列 $\sqrt{2},\sqrt{2+\sqrt{2}},\sqrt{2+\sqrt{2+\sqrt{2}}},\cdots$ 的极限存在.

7. 设数列的项 $x_1=1,x_n^2=3x_{n-1},n=2,3,\cdots$,证明 $\lim\limits_{n\to\infty}x_n$ 存在,并求其极限.

8. 将 2000 元存入银行,按年利率 6% 的连续复利计算,问 20 年后的本利和为多少?

2.7 无穷小的比较

根据无穷小的运算法则,自变量同一变化过程的两个无穷小的线性组合及乘积仍然是这个过程的无穷小.但是两个无穷小的商却会出现不同的结果.

如 $x,3x,x^2$ 都是当 $x\to 0$ 时的无穷小,而 $\lim\limits_{x\to 0}\dfrac{x^2}{3x}=0$,$\lim\limits_{x\to 0}\dfrac{3x}{x^2}=\infty$,$\lim\limits_{x\to 0}\dfrac{3x}{x}=3$,产生这种不同结果的原因,是因为当 $x\to 0$ 时,三个无穷小趋于 0 的速度是有差别的.

具体计算其函数值如表 2-7-1 所示.

表 2-7-1

x	1	0.5	0.1	0.01	0.001	→0
$3x$	3	1.5	0.3	0.03	0.003	→0
x^2	1	0.25	0.01	0.0001	0.000001	→0

从表 2-7-1 中求得的函数值来看,当 $x\to 0$ 时,x^2 比 $3x$ 更快地趋向零,这种快慢存在档次上的差别;而 $3x$ 与 x 趋向零的快慢虽有差别,但是是相仿的,不存在档次上的差别.

为此,建立如下比较准则:

定义 1 设 α,β 是对应于自变量同一变化趋势的两个无穷小量,且 $\alpha\neq 0$.

(1) 若 $\lim\dfrac{\beta}{\alpha}=0$,就说 β 是比 α **高阶的无穷小**,记作 $\beta=o(\alpha)$;

(2) 若 $\lim\dfrac{\beta}{\alpha}=\infty$,就说 β 是比 α **低阶的无穷小**;

(3) 若 $\lim\dfrac{\beta}{\alpha}=c\neq 0$,就说 β 与 α 是**同阶无穷小**;

(4) 若 $\lim\dfrac{\beta}{\alpha^k}=c\neq 0,k>0$,就说 β 是关于 α 的 **k 阶无穷小**;

(5) 若 $\lim\dfrac{\beta}{\alpha}=1$,就说 β 与 α 是**等价无穷小**,记作 $\alpha\sim\beta$.

显然,等价无穷小是同阶无穷小的特殊情形.

因为 $\lim\limits_{x\to 0}\dfrac{x^2}{x}=0$,$\lim\limits_{x\to 0}\dfrac{2x}{x}=2$,$\lim\limits_{x\to 0}\dfrac{\sin x}{x}=1$,$\lim\limits_{x\to 0}\dfrac{1-\cos x}{\frac{1}{2}x^2}=1$,所以当 $x\to 0$ 时,x^2 是比 x 高阶

的无穷小；$2x$ 与 x 是同阶无穷小；$\sin x$ 与 x 是等价无穷小；$1-\cos x$ 与 $\frac{1}{2}x^2$ 是等价无穷小.

几何上，函数 $y=\sin x$ 与 $y=x$ 的图形（图 2-7-1），函数 $y=1-\cos x$ 与 $y=\frac{1}{2}x^2$ 的图形（图 2-7-2）在 $x=0$ 的邻域内两曲线十分贴近.

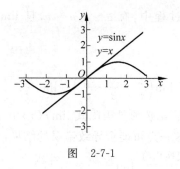

图 2-7-1

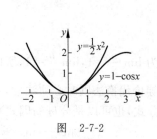

图 2-7-2

例 1 证明：当 $x\to 0$ 时，$\sqrt{1+x}-1\sim\frac{1}{2}x$.

证 因为
$$\lim_{x\to 0}\frac{\sqrt{1+x}-1}{\frac{1}{2}x}=\lim_{x\to 0}\frac{(\sqrt{1+x}-1)(\sqrt{1+x}+1)}{\frac{1}{2}x(\sqrt{1+x}+1)}$$
$$=\lim_{x\to 0}\frac{x}{\frac{1}{2}x(\sqrt{1+x}+1)}=\lim_{x\to 0}\frac{2}{(\sqrt{1+x}+1)}=1,$$

所以
$$\sqrt{1+x}-1\sim\frac{1}{2}x\quad(x\to 0).$$

容易验算下列一些常见的等价无穷小，它们在求极限过程中很有用，应熟记.

当 $x\to 0$ 时，

(1) $\sin x\sim x$；

(2) $\tan x\sim x$；

(3) $\arcsin x\sim x$；

(4) $\arctan x\sim x$；

(5) $e^x-1\sim x$；

(6) $a^x-1\sim x\ln a\,(a>0\text{ 且 }a\neq 1)$；

(7) $\ln(1+x)\sim x$；

(8) $1-\cos x\sim\frac{1}{2}x^2$；

(9) $\sqrt{1+x}-1\sim\frac{1}{2}x$；

(10) $\sqrt[n]{1+x}-1\sim\frac{1}{n}x$.

如，$\lim\limits_{x\to 0}\dfrac{\arctan x}{x}\xlongequal{\text{令 }u=\arctan x}\lim\limits_{u\to 0}\dfrac{u}{\tan u}=1$，故 $\arctan x\sim x$.

定理 1（等价代换法则 1） 设在某一极限过程中，有 $\alpha\sim\beta$，则（当下列等式任一端的极限存在时）有

(1) $\lim\alpha u=\lim\beta u$；

(2) $\lim\dfrac{u}{\alpha}=\lim\dfrac{u}{\beta}$.

证

(1) $\lim \alpha u = \lim \left(\beta u \cdot \dfrac{\alpha}{\beta} \right) = \lim \beta u \cdot \lim \dfrac{\alpha}{\beta} = \lim \beta u$（其中 $\lim \dfrac{\alpha}{\beta} = 1$ 是从条件 $\alpha \sim \beta$ 推出的）;

(2) 与(1)类似，$\lim \dfrac{u}{\alpha} = \lim \left(\dfrac{u}{\beta} \cdot \dfrac{\beta}{\alpha} \right) = \lim \dfrac{u}{\beta} \cdot \lim \dfrac{\beta}{\alpha} = \lim \dfrac{u}{\beta}$.

定理 2（等价代换法则 2） 若在某一极限过程中，有 $\alpha \sim \beta, u \sim v$，且 $\lim \dfrac{v}{\beta}$ 存在，则 $\lim \dfrac{u}{\alpha} = \lim \dfrac{v}{\beta}$.

证 因为 $\lim \dfrac{\alpha}{\beta} = 1, \lim \dfrac{u}{v} = 1$，所以 $\lim \dfrac{u}{\alpha} = \lim \left(\dfrac{u}{v} \cdot \dfrac{v}{\beta} \cdot \dfrac{\beta}{\alpha} \right) = \lim \dfrac{v}{\beta}$.

在使用等价代换法则时必须注意，要代换的量 u 必须是极限式 $\lim f(x)$ 中 $f(x)$ 的因式（若 $f(x)$ 是分式，也可以是分母的因式），不注意这一点可能会导致错误的结果，如以下计算

$$\lim_{x \to 0} \dfrac{\tan x - \sin x}{x^3} \xlongequal{\text{将分子等价代换化简}} \lim_{x \to 0} \dfrac{x - x}{x^3} = 0,$$

是不对的；正确的做法：

$$\lim_{x \to 0} \dfrac{\tan x - \sin x}{x^3} = \lim_{x \to 0} \dfrac{\sin x (1 - \cos x)}{x^3} \cdot \dfrac{1}{\cos x}$$

$$= \lim_{x \to 0} \dfrac{x \cdot \dfrac{x^2}{2}}{x^3} \cdot \lim_{x \to 0} \dfrac{1}{\cos x}$$

$$= \dfrac{1}{2} \cdot 1 = \dfrac{1}{2}.$$

因此，若不定式的分子或分母为若干个因式的乘积，则可对其中的任意一个或几个无穷小因式作等价无穷小代换，而不会改变原式的极限. 也就是说，只可对函数的因式作等价无穷小代换，对于代数和中各无穷小不能代换.

例 2 求极限 $\lim\limits_{x \to 0} \dfrac{\sqrt{1+x^2}-1}{2\sin^2 x}$.

解 当 $x \to 0$ 时，$\sqrt{1+x^2}-1 \sim \dfrac{1}{2}x^2, \sin^2 x \sim x^2$，

所以

$$\lim_{x \to 0} \dfrac{\sqrt{1+x^2}-1}{2\sin^2 x} = \lim_{x \to 0} \dfrac{\dfrac{1}{2}x^2}{2x^2} = \dfrac{1}{4}.$$

例 3 求极限 $\lim\limits_{x \to 0} \dfrac{\sin 3x}{\sin 4x}$.

解 当 $x \to 0$ 时，$\sin 3x \sim 3x, \sin 4x \sim 4x$，

所以

$$\lim_{x \to 0} \dfrac{\sin 3x}{\sin 4x} = \lim_{x \to 0} \dfrac{3x}{4x} = \dfrac{3}{4}.$$

例 4 求极限 $\lim\limits_{x \to 0} \dfrac{1 - \cos x}{x^2 + x}$.

解 当 $x \to 0$ 时，$1 - \cos x \sim \dfrac{1}{2}x^2, x^2 + x \sim x$，

所以

$$\lim_{x \to 0} \dfrac{1 - \cos x}{x^2 + x} = \lim_{x \to 0} \dfrac{\dfrac{1}{2}x^2}{x} = \dfrac{1}{2} \lim_{x \to 0} x = 0.$$

习题 2.7

1. 填空题：

(1) $\lim\limits_{x\to 0}\dfrac{\tan 3x}{\sin 2x}=$ _____；

(2) $\lim\limits_{x\to 0}\dfrac{\arcsin x^n}{(\sin x)^m}$ (m、n 为正整数)= _____；

(3) $\lim\limits_{x\to 0}\dfrac{\ln(1+2x)}{x}=$ _____；

(4) $\lim\limits_{x\to 0}\dfrac{\sqrt{1+x\sin x}-1}{x^2\arctan x}=$ _____；

(5) 当 $x\to 0$ 时，$\sqrt{a+x^3}-\sqrt{a}\,(a>0)$ 与 x^3 是 _____ 阶无穷小；

(6) 当 $x\to 0$ 时，下列与 x 同阶(不等价)的无穷小量是 _____.

A. $\sin x-x$　　　　　B. $\ln(1-x)$　　　　　C. $x^2\sin x$　　　　　D. e^x-1

2. 利用等价无穷小的性质，求下列极限：

(1) $\lim\limits_{x\to 0}\dfrac{\tan 5x}{4x}$；

(2) $\lim\limits_{x\to 0}\dfrac{\tan x-\sin x}{\sin^3 x}$；

(3) $\lim\limits_{\alpha\to\beta}\dfrac{e^\alpha-e^\beta}{\alpha-\beta}$；

(4) $\lim\limits_{x\to 0}\dfrac{\ln(1+e^x\sin^2 x)}{\sqrt{x^2+1}-1}$.

3. 证明无穷小的等价关系具有下列性质：

(1) $\alpha\sim\alpha$；(自反性)

(2) 若 $\alpha\sim\beta$，则 $\beta\sim\alpha$；(对称性)

(3) 若 $\alpha\sim\beta$，$\beta\sim\gamma$，则 $\alpha\sim\gamma$.(传递性)

4. 试说明：当 $x\to+\infty$ 时，$f(x)=\dfrac{1}{x}$ 与 $g(x)=\dfrac{\sin x}{x}$ 都是无穷小量；并说明不是任何两个无穷小都可以比较.

2.8　连续函数——变量连续变化的数学模型

现实世界中许多现象和事物不仅是运动变化的，而且其变化过程往往是连绵不断的，如日月行空、生命延续、物种演化、水的流动等，尤其"抽刀断水水更流"给人以深刻印象的水流连续运动过程. 连续变化过程是个渐变的过程，但仅仅依赖直觉来理解函数的连续性是不够的，早在 20 世纪 20 年代，物理学家就已发现，直觉上认为是连续的光实际上是由离散的光粒子组成的，而且受热的原子是以离散的频率发射光线的，因此，光是不连续的. 在 19 世纪以前，数学家们对连续变量的研究主要限于几何直观，直到 19 世纪中叶，才在极限理论的基础上给出连续函数严格的数学表述. 纯数学中的连续函数，是刻画变量连续变化的数学模型，是微积分的又一重要概念.

2.8.1　函数的连续性

为了讨论函数的连续性，引入增量概念.

设变量 u 从它的一个初值 u_1 变到终值 u_2，终值与初值的差 u_2-u_1 叫做变量 u 的**增量**，记作 Δu，即 $\Delta u=u_2-u_1$(图 2-8-1). Δu 是一个不可分割的整体记号.

设函数 $y=f(x)$ 在 $U(x_0,\delta)$ 内有定义,当自变量 x 在这邻域内从 x_0 变到 $x_0+\Delta x$ 时,函数 y 相应地由 $f(x_0)$ 变到 $f(x_0+\Delta x)$(图 2-8-2),因此函数 $y=f(x)$ 的对应增量为
$$\Delta y=f(x_0+\Delta x)-f(x_0).$$

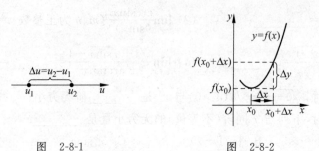

图 2-8-1　　　　　　　　　图 2-8-2

连续函数的背景是连续现象,下面我们以小孩身高的变化为例说明连续现象的本质.我们知道小孩身高的变化是个渐近连续的过程,身高 h 随着时间 t 的变化而变化,若时间间隔较长,身高的变化明显,但若时间间隔短,如 1 小时、半小时,小孩身高的变化就非常小;也就是说,从某一时刻 t_0 算起,当时间 t 的改变量 Δt 很小时,身高的改变量 Δh 也很小,当 $\Delta t \to 0$ 时,$\Delta h \to 0$;可以想象:小孩的身高不会发生"突变"现象,不会在某一 t_0 时刻身高从某一高度突然变到另一高度(如从 1m 窜到 1.5m 高度). 这种现象反映在几何上,就是曲线 $h=h(t)$ 在 $t=t_0$ 处有没有断裂,在 t_0 处渐近连续变化的曲线是不断裂的,如图 2-8-3 所示;而在 $t=t_0$ 处发生"突变"的曲线在 t_0 处是断开的,如图 2-8-4 所示. 针对曲线的这一特性,图 2-8-3 与图 2-8-4 反映了两个函数在连续问题上有着本质上的不同.

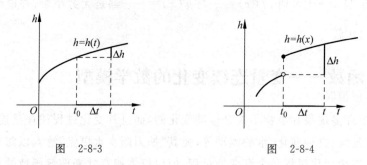

图 2-8-3　　　　　　　　　图 2-8-4

定义 1　设函数 $y=f(x)$ 在点 x_0 的某一邻域内有定义,如果 $\lim\limits_{\Delta x \to 0} \Delta y = 0$,则称函数 $y=f(x)$ 在点 x_0 处**连续**. 否则,称 $y=f(x)$ 在点 x_0 处**间断**.

若设 $x=x_0+\Delta x$,则 $\Delta x \to 0$ 就是 $x \to x_0$. 又由于
$$\Delta y = f(x_0+\Delta x) - f(x_0) = f(x) - f(x_0),$$
所以,函数 $y=f(x)$ 在点 x_0 连续的定义又可叙述如下:

定义 2　设函数 $y=f(x)$ 在点 x_0 的某一邻域内有定义,如果
$$\lim_{x \to x_0} f(x) = f(x_0),$$
则称函数 $f(x)$ 在点 x_0 处连续.

因此,函数 $y=f(x)$ 在点 x_0 处连续,必须满足下列三个条件:

(1) $y=f(x)$ 在点 x_0 处有定义;

(2) 极限 $\lim\limits_{x \to x_0} f(x)$ 存在;

(3) 极限值等于函数值,即 $\lim\limits_{x \to x_0} f(x) = f(x_0)$.

结合左极限、右极限的概念,引进单侧连续定义.

定义 3   若 $f(x)$ 在区间 $(x_0 - \delta, x_0]$ 内有定义,且

$$\lim_{x \to x_0^-} f(x) = f(x_0),$$

则称 $f(x)$ 在点 x_0 处**左连续**;若 $f(x)$ 在区间 $[x_0, x_0 + \delta)$ 内有定义,且

$$\lim_{x \to x_0^+} f(x) = f(x_0),$$

则称 $f(x)$ 在点 x_0 处**右连续**.

定理 1 $f(x)$ 在 x_0 处连续的充分必要条件是 $f(x)$ 在点 x_0 处既左连续又右连续.

图 2-8-4 中曲线所对应的函数 $h = h(t)$ 在 $t = t_0$ 处是间断的,因 $\lim\limits_{t \to t_0^+} f(t) \neq \lim\limits_{t \to t_0^-} f(t)$,尽管 $h = h(t)$ 在 $t = t_0$ 处右连续($\lim\limits_{t \to t_0^+} f(t) = f(t_0)$).

若函数 $f(x)$ 在 (a,b) 内每个点都连续,称**函数在区间 (a,b) 内连续**.

若函数 $f(x)$ 在开区间 (a,b) 内连续,且在左端点 $x = a$ 右连续,在右端点 $x = b$ 左连续,称**函数区间 $[a,b]$ 上连续**.

连续函数的图像在相应的区间上是一条没有断点的连续曲线.

例 1   讨论函数 $f(x) = x^2 + 1$ 在 $x = 2$ 处的连续性.

解   显然函数 $f(x) = x^2 + 1$ 在 $x = 2$ 的某一邻域内有定义.

因为 $f(2) = 5$, $\lim\limits_{x \to 2} f(x) = \lim\limits_{x \to 2} (x^2 + 1) = 5$, $\lim\limits_{x \to 2} f(x) = f(2)$.

所以函数 $f(x) = x^2 + 1$ 在 $x = 2$ 处连续.

例 2 a 为何值时,函数 $f(x) = \begin{cases} x + a, & x \leq 0 \\ \cos x, & x > 0 \end{cases}$ 在点 $x = 0$ 处连续?

解 $f(0) = a$, $\lim\limits_{x \to 0^-} f(x) = \lim\limits_{x \to 0^-} (x + a) = a$, $\lim\limits_{x \to 0^+} f(x) = \lim\limits_{x \to 0^+} \cos x = 1$.

故当三者相等,即 $a = 1$ 时,函数 $f(x)$ 在点 $x = 0$ 处连续.

对于有理整函数 $P_n(x)$,有 $\lim\limits_{x \to x_0} P_n(x) = P_n(x_0)$,所以有理整函数 $P_n(x)$ 在区间 $(-\infty, +\infty)$ 内是连续的.同理可以说明,有理分式函数 $F(x) = \dfrac{P_n(x)}{Q_m(x)}$ 在其定义域内的每一点都是连续的.

例 3   证明 $f(x) = \sin x$ 在 $(-\infty, +\infty)$ 内连续.

证   任给 $x_0 \in (-\infty, +\infty)$,因为

$$0 \leqslant |\sin x - \sin x_0| = 2 \left| \sin \frac{x - x_0}{2} \cos \frac{x + x_0}{2} \right|$$

$$\leqslant 2 \left| \sin \frac{x - x_0}{2} \right| \leqslant 2 \frac{|x - x_0|}{2} = |x - x_0|,$$

令 $x \to x_0$,得 $|\sin x - \sin x_0| \to 0$,也就是 $\lim\limits_{x \to x_0} \sin x = \sin x_0$,这说明 $\sin x$ 在 x_0 处连续,由 x_0 的任意性,知 $f(x)$ 在 $(-\infty, +\infty)$ 内连续.

类似地,可以证明 $f(x) = \cos x$ 在 $(-\infty, +\infty)$ 内连续.

2.8.2 函数的间断点

"连续"与"间断"是一对矛盾. 设函数 $f(x)$ 在点 x_0 的某去心邻域内有定义,在此前提下,若函数 $f(x)$ 有下列三种情形之一:

(1) 在点 x_0 处没有定义;

(2) 在点 x_0 处有定义,但 $\lim\limits_{x \to x_0} f(x)$ 不存在;

(3) 在点 x_0 处有定义,且 $\lim\limits_{x \to x_0} f(x)$ 存在,但 $\lim\limits_{x \to x_0} f(x) \neq f(x_0)$.

则称函数 $f(x)$ 在点 x_0 处**间断**,点 x_0 称为函数 $f(x)$ 的**间断点**.

例 4 (1) 讨论函数 $f(x) = \dfrac{\sin x}{x}$ 在 $x_0 = 0$ 处的连续性;

(2) 讨论函数 $f(x) = \begin{cases} x-1, & x<0, \\ 0, & x=0, \\ x+1, & x>0 \end{cases}$ 在 $x_0 = 0$ 处的连续性.

解 (1) 由于函数 $f(x) = \dfrac{\sin x}{x}$ 在 $x_0 = 0$ 处没有定义,所以 x_0 是 $f(x) = \dfrac{\sin x}{x}$ 的间断点(图 2-8-5).

(2) 因为 $\lim\limits_{x \to 0^-} f(x) = \lim\limits_{x \to 0^-}(x-1) = -1$, $\lim\limits_{x \to 0^+} f(x) = \lim\limits_{x \to 0^+}(x+1) = 1$,则 $\lim\limits_{x \to 0^-} f(x) \neq \lim\limits_{x \to 0^+} f(x)$,所以,$x_0 = 0$ 是函数 $f(x)$ 的间断点(图 2-8-6).

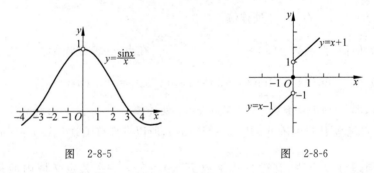

图 2-8-5　　　　　　图 2-8-6

观察图 2-8-5,注意到 $\lim\limits_{x \to 0} \dfrac{\sin x}{x} = 1$,曲线在点 $(0,1)$ 处断开. 直观上,只需要一个点,就可以把断开的曲线"黏结"起来,从而使"黏结"后所得曲线在点 $(0,1)$ 处连续. 此黏结过程在数学上就是补充定义,令 $f(0) = 1$,得到一个新函数

$$F(x) = \begin{cases} \dfrac{\sin x}{x}, & x \neq 0, \\ 1, & x = 0. \end{cases}$$

这个新函数 $F(x)$ 有两个特点:(1) 当 $x \neq 0$ 时,$F(x) = f(x)$;(2) 在 $x_0 = 0$ 处,$F(x)$ 是连续

的. 这样, 新函数 $F(x)$ 就把原来的间断点 $x_0=0$ "去掉"了, 这样的间断点称为**可去间断点**.

而图 2-8-6 所显示的函数, 也在 $x_0=0$ 处间断, 但由于曲线在此处"错位", 因此不可用一个点就把这断开的曲线"黏结"起来; 这种"错位"反映在数学上, 就是左极限与右极限存在但不等, 这样的间断点称为**跳跃间断点**.

根据 $f(x_0^-)$ 与 $f(x_0^+)$ 是否都存在, 函数的间断点分为两大类:

第一类间断点: $f(x_0^-)$ 与 $f(x_0^+)$ 都存在的间断点.

第二类间断点: $f(x_0^-)$ 与 $f(x_0^+)$ 中至少有一个不存在的间断点 (无穷大属于极限不存在之列).

第一类间断点又分为:

(1) **可去间断点**. 这类间断点的特征是: $f(x_0^-)=f(x_0^+)\neq f(x_0)$ 或 $f(x)$ 在 x_0 处无定义, 重新定义 $f(x_0)$ 或补充定义 $f(x_0)$, 使得 $f(x_0)=f(x_0^-)=f(x_0^+)$, 则新函数在点 x_0 处连续. 因此, 这种间断点不是"永恒的", 而是可去的.

(2) **跳跃间断点**. 这类间断点的特征是: 左极限与右极限都存在, 但不相等. 即 $f(x_0^-)\neq f(x_0^+)$.

常见的第二类间断点有:

(1) **无穷间断点**: $\lim\limits_{x\to x_0^-}f(x)=\infty$, 或 $\lim\limits_{x\to x_0^+}f(x)=\infty$, 或 $\lim\limits_{x\to x_0}f(x)=\infty$.

(2) **振荡间断点**: 在 $x\to x_0$ 的过程中, $f(x)$ 的函数值无限振荡, 极限不存在.

可见, 间断点的分类"五花八门", 但根据间断点的情况分类, 都可以"知名思意"了.

例 5 讨论函数 $f(x)=\begin{cases} \sin\dfrac{1}{x}, & x\neq 0 \\ 0, & x=0 \end{cases}$, 在 $x=0$ 处的连续性.

解 当 $x\to 0$ 时, $\dfrac{1}{x}\to\infty$, $\sin\dfrac{1}{x}$ 不趋向任何确定的数, 也不趋向无穷大, 当 x 充分接近 0 时, $\sin\dfrac{1}{x}$ 的值在 -1 与 1 之间无限振荡, 因此 $f(x)$ 在点 $x=0$ 处不连续, 且 $x=0$ 是 $f(x)$ 的第二类间断点 (振荡间断点).

例 6 讨论正切函数 $y=\tan x$ 在 $x=\dfrac{\pi}{2}$ 处的连续性.

解 由于正切函数 $y=\tan x$ 在 $x=\dfrac{\pi}{2}$ 处没有定义, 所以点 $x=\dfrac{\pi}{2}$ 是函数 $\tan x$ 的间断点.

又因为 $\lim\limits_{x\to\frac{\pi}{2}}\tan x=\infty$, 所以 $x=\dfrac{\pi}{2}$ 为函数 $\tan x$ 的第二类间断点 (无穷间断点).

注意, 不要认为函数的间断点只是个别的几个点. 如狄利克雷函数

$$D(x)=\begin{cases} 1, & \text{当 } x \text{ 是有理数时,} \\ 0, & \text{当 } x \text{ 是无理数时,} \end{cases}$$

该函数在其定义域 $\mathbf{R}$ 内的每一点处都间断, 且都是第二类间断点.

例 7 假设某产品销售员的月工资由以下几个部分构成: (1) 基本工资 800 元; (2) 10% 的月销售额提成; (3) 如果月销售额达到 20000 元, 则一次性奖励 500 元. 试画出月工资的函数图形并简单分析.

解 设 y 为月工资,设 s 为月销售额(单位:元),则

$$y = \begin{cases} 800+0.1s, & s<20000, \\ 1300+0.1s, & s\geq 20000. \end{cases}$$

如图 2-8-7 所示,函数在点 $s=20000$ 处的左、右极限分别为 2800 和 3300,20000 是函数的间断点,图形有幅度 500 的向上跃度.这意味着如果某人销售额接近但未达到 20000 元,他需要更加努力工作,以获得一次性奖励 500 元;如果销售额远远未达到 20000 元或超过 20000 元,这种额外的激励就不复存在.

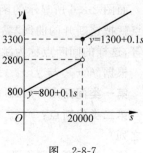

图 2-8-7

习题 2.8

1. 研究函数 $f(x)=\begin{cases} x, & |x|\leq 1, \\ 1, & |x|>1 \end{cases}$ 的连续性,并画出其函数图像.

2. 填空题:

(1) $f(x)=\begin{cases} e^{-\frac{1}{x^2}}, & x\neq 0, \\ a, & x=0, \end{cases}$ 则 $\lim\limits_{x\to 0}f(x)=$ _____ ;若 $f(x)$ 无间断点,则 $a=$ _____ ;

(2) 已知 $f(x)=(1-x)^{\frac{1}{x}}$,为使 $f(x)$ 在 $x=0$ 处连续,应补充定义 $f(0)=$ _____ ;

(3) 函数 $f(x)=\sin\dfrac{1}{x}$ 的间断点是 _____ ,是第 _____ 间断点;

(4) 函数 $f(x)=e^{\frac{1}{x}}$ 的间断点是 _____ ;是第 _____ 类间断点;

(5) 指出 $y=\dfrac{x^2-1}{x^2-3x+2}$ 在 $x=1$ 是 _____ 间断点;在 $x=2$ 是 _____ 间断点.

3. 选择题:

(1) 点 $x=1$ 是函数 $f(x)=\begin{cases} 3x-1, & x<1, \\ 1, & x=1, \\ 3-x, & x>1 \end{cases}$ 的( ).

A. 可去间断点   B. 第一类非可去间断点

C. 连续点   D. 第二类间断点

(2) 设 $f(x)=\begin{cases} \dfrac{1}{x}\sin\dfrac{x}{3}, & x\neq 0, \\ a, & x=0. \end{cases}$ 若 $f(x)$ 在 $(-\infty,+\infty)$ 内是连续函数,则 $a=$ ( ).

A. 0   B. $\dfrac{1}{3}$ C. 1   D. 3

(3) 设 $f(x)=\lim\limits_{n\to\infty}\dfrac{3nx}{1-nx}$,则它的连续区间是( ).

A. $(-\infty,+\infty)$ B. $x\neq\dfrac{1}{n}$ (n 为正整数)处

C. $(-\infty,0)\cup(0,+\infty)$ D. $x\neq 0$ 及 $x\neq\dfrac{1}{n}$ 处

(4) $y=\arccos\sqrt{\ln(x^2-1)}$，则它的连续区间为（   ）.

A. $|x|>1$　　　　　　　　　　　　　　B. $|x|>\sqrt{2}$

C. $[-\sqrt{e+1},-\sqrt{2}]\cup[\sqrt{2},\sqrt{e+1}]$　　　　D. $(-\sqrt{e+1},-\sqrt{2})\cup(\sqrt{2},\sqrt{e+1})$

4．求下列函数的间断点，并判别间断点的类型：

(1) $y=\dfrac{x}{(1+x)^2}$；　　(2) $y=\dfrac{1+x}{2-x^2}$；　　(3) $y=\dfrac{|x|}{x}$；　　(4) $y=[x]$.

5．讨论函数 $f(x)=x\lim\limits_{n\to\infty}\dfrac{1-x^{2n}}{1+x^{2n}}$ 的连续性，若有间断点，判断其类型.

6．已知函数 $f(x)=\dfrac{e^x-b}{(x-a)(x-1)}$，试分别讨论下列情况下 a,b 的值：

(1) 有无穷间断点 $x=0$；(2) 有可去间断点 $x=1$.

2.9　连续函数的运算与初等函数的连续性

2.9.1　连续函数的运算

定理 1（有理运算）　设 $f(x)$ 与 $g(x)$ 在点 x_0 处连续，则 $f(x)\pm g(x)$，$f(x)\cdot g(x)$，$\dfrac{f(x)}{g(x)}(g(x_0)\neq 0)$ 在 x_0 处也连续.

证　由条件知

$$\lim_{x\to x_0}f(x)=f(x_0),\quad \lim_{x\to x_0}g(x)=g(x_0),$$

于是 $\quad\lim\limits_{x\to x_0}(f(x)\pm g(x))=\lim\limits_{x\to x_0}f(x)\pm\lim\limits_{x\to x_0}g(x)=f(x_0)\pm g(x_0).$

即 $f(x)\pm g(x)$ 在 x_0 处连续，类似地可以证明积与商也在 x_0 处连续.

例 1　因为 $\tan x=\dfrac{\sin x}{\cos x}$，$\cot x=\dfrac{\cos x}{\sin x}$，$\sec x=\dfrac{1}{\cos x}$，$\csc x=\dfrac{1}{\sin x}$，且 $\sin x$ 和 $\cos x$ 在区间 $(-\infty,+\infty)$ 内连续，故由定理 1 知 $\tan x$、$\cot x$、$\sec x$ 和 $\csc x$ 在它们的定义域内是连续的.

定理 2（反函数的连续性）　单调连续函数的反函数仍是单调连续函数.

由于 $y=\sin x$ 在区间 $\left[-\dfrac{\pi}{2},\dfrac{\pi}{2}\right]$ 上单调增加且连续，所以它的反函数 $y=\arcsin x$ 在区间 $[-1,1]$ 上也是单调增加且连续的. 同理，$y=\arccos x$ 在区间 $[-1,1]$ 上是单调减少且连续；$y=\arctan x$ 在区间 $(-\infty,+\infty)$ 内单调增加且连续；$y=\text{arccot}\,x$ 在区间 $(-\infty,+\infty)$ 内单调减少且连续.

总之，反三角函数 $\arcsin x$、$\arccos x$、$\arctan x$、$\text{arccot}\,x$ 在它们的定义域内都是单调连续的.

定理 3　若 $\lim\limits_{x\to x_0}\varphi(x)=u_0$，函数 $f(u)$ 在点 u_0 处连续，则有 $\lim\limits_{x\to x_0}f[\varphi(x)]=f(u_0)$.

定理 3 表明，对于复合函数 $f[\varphi(x)]$，在外层 $f(u)$ 连续，内层极限 $\lim\limits_{x\to x_0}\varphi(x)=u_0$ 存在的条件下，有

$$\lim_{x\to x_0}f[\varphi(x)]=f[\lim_{x\to x_0}\varphi(x)].$$

这表明在定理的条件下，函数符号 f 与极限符号可以交换次序．

推论（复合函数的连续性） 设函数 $f[\varphi(x)]$ 是由函数 $u=\varphi(x)$ 与函数 $y=f(u)$ 复合而成．若函数 $u=\varphi(x)$ 在 $x=x_0$ 处连续，且 $u_0=\varphi(x_0)$，而函数 $y=f(u)$ 在点 $u=u_0$ 处连续，则复合函数 $f[\varphi(x)]$ 在点 $x=x_0$ 处连续．即

$$\lim_{x\to x_0} f[\varphi(x)] = f[\lim_{x\to x_0}\varphi(x)] = f[\varphi(x_0)].$$

例 2 讨论函数 $y=\sin\dfrac{1}{x}$ 的连续性．

解 函数 $y=\sin\dfrac{1}{x}$ 是由 $y=\sin u$ 及 $u=\dfrac{1}{x}$ 复合而成的．

$u=\dfrac{1}{x}$ 在 $-\infty<x<0$ 和 $0<x<+\infty$ 内是连续的，而 $y=\sin u$ 当 $-\infty<u<+\infty$ 时是连续的，根据推论，函数 $y=\sin\dfrac{1}{x}$ 在区间 $(-\infty,0)$ 和 $(0,+\infty)$ 内是连续的．

2.9.2 初等函数的连续性

我们已知三角函数及反三角函数在它们的定义域内是连续的．

可以证明，指数函数 $y=a^x(a>0,a\neq 1)$ 在 $(-\infty,+\infty)$ 上严格单调并且连续，所以其反函数即对数函数 $y=\log_a x(a>0,a\neq 1)$ 在 $(0,+\infty)$ 上也单调且连续．

幂函数 $y=x^\mu$ 的定义域随 μ 的值而异，但无论 μ 为何值，在区间 $(0,+\infty)$ 内幂函数总是有定义的．

事实上，若 $x>0$，有 $y=x^\mu=e^{\mu\ln x}$，因此，幂函数 $y=x^\mu$ 可看做是由 $y=e^v,v=\mu\ln x$ 复合而成，因此，据推论知，它在 $(0,+\infty)$ 内连续．如果对于 μ 取各种不同值加以分别讨论，可以证明幂函数在它的定义域内是连续的．

综上所述，**基本初等函数在其定义域内是连续的**．

根据初等函数的定义，由基本初等函数的连续性以及本节中的定理及推论可得下列重要结论：

定理 4 初等函数在其定义区间内是连续的．

所谓定义区间，就是包含在定义域内的区间．

因此，若 $f(x)$ 是连续函数，应用连续函数求极限的法则，就可以把求极限问题转化为求其函数值问题．

例 3 求 $\lim\limits_{x\to 2}\dfrac{e^x}{2x+1}$．

解 因为 $f(x)=\dfrac{e^x}{2x+1}$ 是初等函数，且 $x_0=2$ 是其定义区间内的点，所以 $f(x)=\dfrac{e^x}{2x+1}$ 在点 $x_0=2$ 处连续，于是 $\lim\limits_{x\to 2}\dfrac{e^x}{2x+1}=\dfrac{e^2}{2\times 2+1}=\dfrac{e^2}{5}$．

例 4 求 $\lim\limits_{x\to 0}\dfrac{\ln(1+x)}{x}$．

解 因为 $\lim\limits_{x\to 0}(1+x)^{\frac{1}{x}}=e$，$y=\ln u$ 在点 $u=e$ 处连续，所以由定理 3 可得

$$\lim_{x\to 0}\dfrac{\ln(1+x)}{x}=\lim_{x\to 0}\ln(1+x)^{\frac{1}{x}}=\ln\lim_{x\to 0}(1+x)^{\frac{1}{x}}=\ln e=1.$$

注意 初等函数仅在其定义区间内连续,而在其定义域内不一定连续.

例 5 讨论函数 $y=\sqrt{\cos x-1}$ 的连续性.

解 显然 $y=\sqrt{\cos x-1}$ 是初等函数,其定义域 $D=\{x|x=2k\pi;k=0,\pm1,\pm2,\cdots\}$,且 $y\equiv 0$,其图像是一串完全孤立的点,所以 $y=\sqrt{\cos x-1}$ 在其定义域 D 内是不连续的.

例 6 讨论函数 $y=\sqrt{x^2(x-1)^3}$ 的连续性.

解 $y=\sqrt{x^2(x-1)^3}$ 是初等函数,其定义域为 $D=\{0\}\cup\{x|x\geqslant 1\}$.

因为函数 $y=\sqrt{x^2(x-1)^3}$ 在 $U(0,\delta)(\delta<1)$ 的邻域内没有定义,所以 $y=\sqrt{x^2(x-1)^3}$ 在 $x=0$ 处间断,因此函数在区间 $[1,+\infty)$ 上连续.

由此可见,初等函数在其定义区间内连续是无懈可击的.

习题 2.9

1. 填空题:

(1) $\lim\limits_{x\to\frac{\pi}{4}}\dfrac{\sqrt{2}-2\cos x}{\tan^2 x}=$ _____;

(2) $\lim\limits_{t\to-2}\dfrac{e^t+1}{t}=$ _____;

(3) 设 $f(x)=\begin{cases}e^x, & x<0,\\ a+x, & x\geqslant 0,\end{cases}$ 当 $a=$ _____ 时,$f(x)$ 在 $(-\infty,+\infty)$ 内连续;

(4) 函数 $f(x)=\dfrac{x^2+4x-5}{x^2-1}$ 的连续区间为 _____.

2. 求下列极限:

(1) $\lim\limits_{x\to 1}\sqrt{x^3-2x+1}$;

(2) $\lim\limits_{x\to 0}\dfrac{\sqrt{x+4}-2}{x}$;

(3) $\lim\limits_{x\to\frac{\pi}{3}}(\tan 3x)^3$;

(4) $\lim\limits_{x\to\frac{\pi}{3}}\ln\left(2\sin\dfrac{x}{2}\right)$.

3. 求下列极限:

(1) $\lim\limits_{x\to 0}\ln\dfrac{\tan x}{x}$;

(2) $\lim\limits_{x\to 2}\left(\dfrac{e^x}{1+x}\right)^{2x-3}$;

(3) $\lim\limits_{x\to\frac{\pi}{3}}\left(1+\dfrac{1}{x}\right)^{\frac{x}{3}}$;

(4) $\lim\limits_{x\to 0}\left(\dfrac{3+x}{6+x}\right)^{\frac{x-1}{2}}$.

4. 设 $f(x)=\begin{cases}(1-2x)^{\frac{1}{x}}, & x<0,\\ e^x+a, & x>0,\end{cases}$ 若 $\lim\limits_{x\to 0}f(x)$ 存在,求出 a 的值,并补充定义 $f(0)$ 使 $f(x)$ 在 $x=0$ 连续.

5. 若 $f(x)$ 在点 x_0 处连续,则 $|f(x)|$、$f^2(x)$ 在 x_0 处是否连续?又若 $|f(x)|$、$f^2(x)$ 在点 x_0 处连续,$f(x)$ 在 x_0 处是否连续?

6. 讨论函数 $f(x)=\dfrac{x\arctan\dfrac{1}{x-1}}{\sin\dfrac{\pi}{2}x}$ 的连续性,并判断其间断点的类型.

2.10　闭区间上连续函数的性质

设 $f(x)$ 定义在区间 I 上,如果存在点 $x_0 \in I$,使得对于任一 $x \in I$,都有
$$f(x) \leqslant f(x_0) \quad (f(x) \geqslant f(x_0)),$$
则称 $f(x_0)$ 是函数 $f(x)$ 在区间 I 上的**最大值(最小值)**.

定理 1（有界性与最大值最小值定理） 设 $f(x)$ 是闭区间 $[a,b]$ 上的连续函数,则 $f(x)$ 在 $[a,b]$ 上有界且一定能取得它的最大值和最小值.

如图 2-10-1 所示,定理 1 的直观性是明显的,因为闭区间上的连续函数的图像是包括两端点的一条不间断的曲线,因此它必定有最高点 P 和最低点 Q,P 与 Q 的纵坐标正是函数的最大值和最小值.

注意,若不满足定理中的条件,即若区间是开区间或区间内有间断点,结论不一定成立.

如,函数 $y = \tan x$ 在开区间 $\left(-\dfrac{\pi}{2}, \dfrac{\pi}{2}\right)$ 内是连续的,但这函数在开区间 $\left(-\dfrac{\pi}{2}, \dfrac{\pi}{2}\right)$ 内是无界的,且没有最大值和最小值.又如函数 $y = x$ 在开区间 (a,b) 内是连续的,这函数虽然在开区间 (a,b) 内有界,但它既无最大值,又无最小值(图 2-10-2).

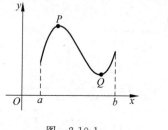

图　2-10-1

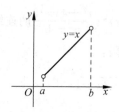

图　2-10-2

定理 2（介值定理） 设 $f(x)$ 是闭区间 $[a,b]$ 上的连续函数,且 $f(a) \neq f(b)$,则对介于 $f(a)$ 与 $f(b)$ 之间任一实数 C,必有 $x_0 \in (a,b)$,使得 $f(x_0) = C$.

定理 2 的直观性也是明显的,因为闭区间上的连续函数的图像是包括两端点的一条不间断的曲线.因此,从端点 A 连续画到端点 B,曲线 $y = f(x)$ 至少与直线 $y = C$ 相交一次(图 2-10-3).

如果 x_0 使得 $f(x_0) = 0$,则称 x_0 为函数 $f(x)$ 的**零点**或方程 $f(x) = 0$ 的**根**.

推论（根的存在定理） 设 $f(x)$ 在 $[a,b]$ 上连续,且 $f(a)f(b) < 0$,则至少存在一点 $x_0 \in (a,b)$,使得 $f(x_0) = 0$.

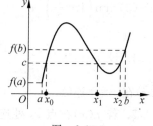

图　2-10-3

根的存在定理表明:若连续函数 $f(x)$ 在 $[a,b]$ 上两个端点处的函数值异号,则方程 $f(x) = 0$ 在开区间 (a,b) 内至少存在一个根 x_0. 此推论为一些方程根的存在性提供了理论保证,它的直接应用是求方程根的近似值.

从几何上看(图 2-10-4),一条连续曲线,若其上的点的纵坐标由负值变到正值或由正值变到负值时,曲线至少要穿过 x 轴一次.

例 1 证明:方程 $x^7-3x^4-6x^3+5x+1=0$ 在区间 $(0,1)$ 内至少有一个实根.

证 令 $f(x)=x^7-3x^4-6x^3+5x+1, x\in[0,1]$. 显然 $f(x)$ 在 $[0,1]$ 上连续,又 $f(0)=1>0, f(1)=-2<0$.

由推论知,在 $(0,1)$ 内至少有一点 x_0,使 $f(x_0)=0$,即 x_0 是方程 $x^7-3x^4-6x^3+5x+1=0$ 在 $(0,1)$ 内的一个实根.

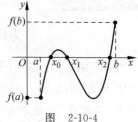

图 2-10-4

我们知道,高次方程一般是无法直接求解的,但我们可以通过每次把 $f(x)$ 的零点所在的小区间收缩一半的方法,使区间的两个端点逐步逼近函数的零点,以求得方程根的近似值,这种求方程根的方法称为**二分法**. 例如上例中,经计算得 $f(0.5)>0$,因此知道在区间 $(0.5,1)$ 内有方程的根;再根据 $f(0.75)$ 的符号可以将有根的范围再缩小一半(也许 0.75 就是方程的根);如此继续下去,可求得方程的一个根的任意精确度的近似值;若已知某区间内方程只有一个根,则利用计算机将很快得到结果.

例 2 设 A 是平面上的一块有界区域,给定角度 θ,证明必有一条倾斜角为 θ 的直线将 A 分成面积相等的两个部分.

证 建立坐标系,不妨设 A 位于第一象限. 过 x 轴上的任一点 x 作倾斜角为 θ 的直线 c, 设 $L(x), R(x)$ 分别表示直线 c 左边和右边部分的面积(如图 2-10-5).

令 $F(x)=L(x)-R(x)$,显然 $F(x)$ 在 $(-\infty,+\infty)$ 内是连续的,且存在 $x_1, x_2\in(-\infty,+\infty)$,使得

$$F(x_1)\cdot F(x_2)<0.$$

图 2-10-5

由根的存在定理知,在 x_1 与 x_2 之间存在 x_0 使得 $F(x_0)=0$,即过 x_0 倾角为 θ 的直线将 A 分成面积相等的两部分. 这是一剪刀将一张纸分成面积相等的两张的理论根据.

习题 2.10

1. 试证:方程 $x\cdot 2^x=1$ 至少有一个小于 1 的正根.
2. 试证:方程 $x=a\sin x+b$ 至少有一个不超过 $a+b$ 的正根,其中 $a>0, b>0$.
3. 设 $f(x)$ 在 $[0,2a]$ 上连续,且 $f(0)=f(2a)$,证明:方程 $f(x)=f(x+a)$ 在 $[0,a]$ 内至少有一根.
4. 设 $f(x)$ 在 $[0,1]$ 上连续,且 $0\leqslant f(x)\leqslant 1$,证明:至少存在一点 $\xi\in[0,1]$,使 $f(\xi)=\xi$.
5. 若 $f(x)$ 在 $[a,b]$ 上连续,$a<x_1<x_2<\cdots<x_n<b$,证明:在 $[x_1,x_n]$ 中必有 ξ,使

$$f(\xi)=\frac{f(x_1)+f(x_2)+\cdots+f(x_n)}{n}.$$

扩展阅读

为什么说"ε-N"定义描述数列极限更精确呢?

"ε-N"定义: $\forall \varepsilon > 0$, $\exists N > 0$, 当 $n > N$ 时, 恒有 $|x_n - a| < \varepsilon$ 成立. 我们看到定义中涉及的数是实数、小正数 ε、正整数 N、变数 x_n、常数 a, 涉及的运算是实数之间的代数运算以及大小关系, 不存在"无限增大"、"无限接近"、"要多小有多小"等模糊概念, 这样的极限概念完全建立在对实数的严密演算推理之上, 从而揭示了极限的数学本质, 这样的定义当然是严密的、科学的、完美的.

对于极限和无穷小量的认识, 人们经历了一个从直观到抽象的渐进认识过程, 是从不变到变认识上的跨越. 早在 17 世纪微积分产生的初期, 数学家们对极限的认识是模糊的, 觉得极限非常玄妙. 直到 18 世纪, 人们对极限概念的表述仍然含糊, 极限困扰着当时整个数学界. 历史上, 对于无穷小的认识, 可远溯到古希腊, 当时阿基米德(公元前 287 年—公元前 212 年)的数学思想中已蕴涵微积分的思想, 在他的《方法论》中已经有对数学上"无穷"的超前研究, 并利用无穷小量方法得到许多数学成果, 但他又认为无穷小量方法存在不合理的地方. 后来牛顿和莱布尼茨发展微积分学时也使用了无穷小量, 牛顿的无穷小量, 有时是零, 有时不是零; 莱布尼茨对无穷小量的认识也是含糊的. 无穷小量究竟是什么? 人们不能给出一个严格明确的定义, 由于过去微积分的一些成功应用, 有人认为严格极限概念与理论是烦琐的. 这样建立在直观上的微积分缺乏必要的理论基础, 从而引发了史上第二次数学危机. 直到 19 世纪, 法国数学家柯西(Cauchy, 1789—1857)在他的《代数分析教程》中开创性地给出了极限定义, 并对无穷小给出了明确的回答, 认为无穷小量是要多小就多小的量, 因此其本质是个变量, 是以零为极限的变量. 现在通用的 ε-δ 定义是由德国数学家魏尔斯特拉斯(Weierstrass, 1815—1897)在柯西的极限定义的基础上改进加工完成的, 魏尔斯特拉斯建立的分析基础的逻辑顺序是: 实数系—极限论—微积分.

欧拉是如何得到数 e 的呢?

历史上, 在研究如何才能使得对数计算比较方便的过程中, 人们遇到了如何求极限 $\lim\limits_{n \to \infty} \left(1 + \dfrac{1}{n}\right)^n$ 的问题. 根据二项式定理, 有

$$\left(1 + \frac{1}{n}\right)^n = 1 + \frac{n}{1!} \cdot \frac{1}{n} + \frac{n(n-1)}{2!} \cdot \frac{1}{n^2} + \cdots + \frac{n(n-1)\cdots(n-n+1)}{n!} \cdot \frac{1}{n^n}$$

$$= 1 + 1 + \frac{1}{2!}\left(1 - \frac{1}{n}\right) + \cdots + \frac{1}{n!}\left(1 - \frac{1}{n}\right)\left(1 - \frac{2}{n}\right)\cdots\left(1 - \frac{n-1}{n}\right), \tag{1}$$

欧拉注意到(1)式右端从第三项起, 以后每一项的具有下列规律:

当 $n \to \infty$ 时,

$$\frac{1}{2!}\left(1 - \frac{1}{n}\right) \to \frac{1}{2!},$$

$$\cdots,$$

$$\frac{1}{n!}\left(1-\frac{1}{n}\right)\left(1-\frac{2}{n}\right)\cdots\left(1-\frac{n-1}{n}\right) \to \frac{1}{n!},$$

于是,
$$\lim_{n\to\infty}\left(1+\frac{1}{n}\right)^n = 1+1+\frac{1}{2!}+\cdots+\frac{1}{n!}+\cdots. \tag{2}$$

欧拉通过笔算得到 $1+1+\frac{1}{2!}+\cdots+\frac{1}{n!}+\cdots \approx 2.71828182845904523536028$,故有 $\lim_{n\to\infty}\left(1+\frac{1}{n}\right)^n \approx 2.71828182845904523536028$. 欧拉特别用自己姓氏的小写字母 e 来表示这一结果,即 e＝2.71828….

当然,现在看来上述的分析过程是不严格的,是我们不能接受的,但结果是正确的,而能够给出严格证明过程那已是 19 世纪的事了. 欧拉对数学公式推演的非凡才能和对正确结论的超乎常人的洞察力是人们十分敬佩的.

总 习 题 2

1. 填空题:

(1) 函数 $y=\sqrt{3-x}+\arcsin\frac{3-2x}{5}$ 的连续区间为_____.

(2) 函数 $y=\frac{x}{1-\ln x^2}$ 的连续区间为_____.

(3) 若 $a_n=\frac{1}{3+1}+\frac{1}{3^2+1}+\cdots+\frac{1}{3^n+1}(n=1,2,\cdots)$,则数列 $\{a_n\}$ 的敛散性为_____.

(4) 若 $\lim_{x\to-2}\frac{f(x)}{x^2}=1$,则 $\lim_{x\to-2}\frac{f(x)}{x}=$ _____.

(5) 若 $\lim_{x\to x_0}\frac{f(x)-f(x_0)}{x-x_0}=A$,则 $\lim_{x\to x_0}f(x)=$ _____.

2. 选择题:

(1) 下列(　　)给出的数列是无界的.

A. $x_n=(-1)^n\frac{n-1}{n}$　　B. $x_n=(-1)^n\frac{1}{n}$　　C. $x_n=\left(\sin\frac{n\pi}{2}\right)^2$　　D. $x_n=n\cos n$

(2) 当 $x\to 0$ 时,下列变量中的无穷小量是(　　).

A. $\sin\frac{1}{x}$　　B. $e^{\frac{1}{x}}$　　C. $\ln(1+x^2)$　　D. e^x

(3) 下列极限正确的有(　　).

A. $\lim_{x\to 0}e^{\frac{1}{x}}=\infty$　　B. $\lim_{x\to 0^-}e^{\frac{1}{x}}=0$　　C. $\lim_{x\to 0^+}e^{\frac{1}{x}}=+\infty$　　D. $\lim_{x\to\infty}e^{\frac{1}{x}}=1$

(4) 若 $\lim_{x\to a}f(x)=\infty$, $\lim_{x\to a}g(x)=\infty$,则必有(　　).

A. $\lim_{x\to a}[f(x)-g(x)]=\infty$　　B. $\lim_{x\to a}[f(x)-g(x)]=0$

C. $\lim_{x\to a}\frac{1}{f(x)+g(x)}=0$　　D. $\lim_{x\to a}kf(x)=\infty$($k$ 为非零常数)

(5) 下列变量在给定变化过程中是无穷大量的有(　　).

A. $\dfrac{x^2}{\sqrt{x^3+1}}(x\to+\infty)$ B. $\lg x(x\to 0^+)$

C. $\lg x(x\to+\infty)$ D. $e^{-\frac{1}{x}}(x\to 0^-)$

(6) 函数 $y=\dfrac{x(x-1)\sqrt{x+1}}{x^3-1}$ 在过程(　　)中为无穷小量.

A. $x\to 0$ B. $x\to 1$

C. $x\to -1^+$ D. $x\to+\infty$

(7) 当 $x\to 0$ 时,(　　)与 x 是等价无穷小量.

A. $\dfrac{\sin x}{\sqrt{x}}$ B. $\ln(1+x)$

C. $\sqrt{1+x}-\sqrt{1-x}$ D. $x^2(x+1)$

(8) 若 $\lim\limits_{x\to 0}\dfrac{x}{f(3x)}=2$, 则 $\lim\limits_{x\to 0}\dfrac{f(2x)}{x}=$(　　).

A. $\dfrac{1}{6}$ B. $\dfrac{1}{2}$ C. $\dfrac{4}{3}$ D. $\dfrac{1}{3}$

(9) 若 $\lim\limits_{n\to\infty}x_n=a>0$, 则(　　).

A. 所有 $x_n>0$ B. n 充分大时, $x_n>0$

C. 所有 $x_n\neq a$ D. 一定有 n 使 $x_n=a$

(10) 当 $x\to\infty$ 时,若 $\dfrac{1}{ax^2+bx+c}=o\left(\dfrac{1}{x+1}\right)$, 则 a,b,c 之值一定为(　　).

A. $a=0,b=1,c=1$ B. $a\neq 0,b=1,c$ 为任意常数

C. $a\neq 0,b,c$ 为任意常数   D. a,b,c 均为任意常数

3. 计算下列极限：

(1) $\lim\limits_{n\to\infty}\left(1+\dfrac{1}{n}\right)^4$;   (2) $\lim\limits_{n\to\infty}\dfrac{2n^2+n-1}{n^2+n+1}$;

(3) $\lim\limits_{n\to\infty}(\sqrt{n+1}-\sqrt{n})$;   (4) $\lim\limits_{n\to\infty}\dfrac{2^{n+1}+3^{n+1}}{2^n+3^n}$;

(5) $\lim\limits_{n\to\infty}\left(\dfrac{1}{2}+\dfrac{1}{4}+\dfrac{1}{8}+\cdots+\dfrac{1}{2^n}\right)$;   (6) $\lim\limits_{n\to\infty}\sqrt{2}\cdot\sqrt[4]{2}\cdot\sqrt[8]{2}\cdots\sqrt[2^n]{2}$.

4. 求极限 $\lim\limits_{n\to\infty}\dfrac{a^n}{1+a^n}(a\geq 0)$.

5. (1) 已知 $x_n=\dfrac{1}{3}+\dfrac{1}{15}+\cdots+\dfrac{1}{4n^2-1}$, 求极限 $\lim\limits_{n\to\infty}x_n$.

(2) 已知 $f(x)=a^x(a>0,a\neq 1)$, 求极限 $\lim\limits_{n\to\infty}\dfrac{1}{n^2}\ln[f(1)f(2)\cdots f(n)]$.

(3) 设 $p(x)$ 为多项式函数,且 $\lim\limits_{x\to\infty}\dfrac{p(x)-x^3}{x^2}=2$, $\lim\limits_{x\to 0}\dfrac{p(x)}{x}=1$, 求 $p(x)$.

6. 证明：若 $\lim\limits_{n\to\infty}x_n=a$, 则 $\lim\limits_{n\to\infty}|x_n|=|a|$, 并举例说明反之未必成立；但当 $a=0$ 时,必有 $\lim\limits_{n\to\infty}x_n=0\Leftrightarrow\lim\limits_{n\to\infty}|x_n|=0$.

7. 计算下列极限：

(1) $\lim\limits_{x\to 0}\dfrac{x^2-1}{2x^2-x-1}$；

(2) $\lim\limits_{x\to 1}\dfrac{x^2-1}{2x^2-x-1}$；

(3) $\lim\limits_{x\to \infty}\dfrac{x^2-1}{2x^2-x-1}$；

(4) $\lim\limits_{x\to -1}\dfrac{x^2-1}{2x^2-x-1}$.

8. 计算下列极限：

(1) $\lim\limits_{x\to 0^+}\dfrac{1-e^{\frac{1}{x}}}{1+e^{\frac{1}{x}}}$；

(2) $\lim\limits_{x\to 0^-}\dfrac{1-e^{\frac{1}{x}}}{1+e^{\frac{1}{x}}}$；

(3) $\lim\limits_{x\to 0}\dfrac{2^x-1}{3^x-1}$；

(4) $\lim\limits_{x\to 1}\dfrac{e^{x^2}-e}{x-1}$.

9. 计算下列极限：

(1) $\lim\limits_{x\to 0}\dfrac{\sin 2x}{x+x^2}$；

(2) $\lim\limits_{x\to 0}\dfrac{\sqrt{1+\sin x}-1}{x}$；

(3) $\lim\limits_{x\to 0^+}\dfrac{1-\sqrt{\cos x}}{(1-\cos\sqrt{x})^2}$；

(4) $\lim\limits_{t\to \infty}\left(1-\dfrac{2}{t}\right)^{3t}$；

(5) $\lim\limits_{x\to \infty}\left(\dfrac{x+a}{x-a}\right)^x$；

(6) $\lim\limits_{x\to \frac{\pi}{2}}(1+\cos x)^{3\sec x}$；

(7) $\lim\limits_{x\to 16}\dfrac{\sqrt[4]{x}-2}{\sqrt{x}-4}$；

(8) $\lim\limits_{x\to +\infty}(\sqrt{x+1}-\sqrt{x})$.

10. 求以下函数的间断点，并指明间断点的类型.

(1) $f(x)=\lim\limits_{n\to\infty}\dfrac{1}{1+x^n}\ (x>0)$；

(2) $f(x)=\dfrac{x}{\tan x}$.

11. 证明方程 $x=e^x-2$ 在区间 $(0,2)$ 内至少有一个根.

12. 证明：$\lim\limits_{n\to\infty}\left[\dfrac{1}{n^2}+\dfrac{1}{(n+1)^2}+\cdots+\dfrac{1}{(2n)^2}\right]=0$.

13. 求下列极限：

(1) $\lim\limits_{x\to -\infty}\dfrac{\ln(1+3^x)}{\ln(1+2^x)}$；

(2) $\lim\limits_{x\to +\infty}\dfrac{\ln(1+3^x)}{\ln(1+2^x)}$；

(3) $\lim\limits_{x\to \infty}x(e^{\frac{1}{x}}-1)$；

(4) $\lim\limits_{x\to 0}\left(\dfrac{a^x+b^x+c^x}{3}\right)^{\frac{1}{x}}\ (a>0,b>0,c>0)$；

(5) $\lim\limits_{n\to\infty}(1+x)(1+x^2)(1+x^4)\cdots(1+x^{2^n})\ (|x|<1)$；

(6) $\lim\limits_{n\to\infty}\left(1+\dfrac{1}{n}+\dfrac{1}{n^2}\right)^n$.

14. 银行甲提供每月支付一次、年利率为 7% 的复利；而银行乙提供每天支付一次、年利率为 6.9% 的复利，问哪种收益好？分别用 100 元投资这两个银行，试写出 t 年后每个银行中所存余额的表达式.

15. 如果一个命题，无论肯定它还是否定它都将导致矛盾的结果，这种命题称为**悖论**. 阿基里斯是古希腊传说中跑得很快的神，而乌龟是爬得很慢的动物. 公元前 400 多年，古希腊哲学家芝诺提出了一个悖论，意思是说，跑得很快的神阿基里斯永远追

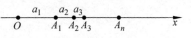

第 15 题图

不上爬得很慢的乌龟.芝诺提出追赶过程为：如图所示,设开始时它们都在原点,乌龟比阿基里斯先行一段距离 a_1,到达 A_1 点后,阿基里斯在原点才开始起跑,当阿基里斯跑到 A_1 点时,乌龟又爬过了一段距离 $a_2=\dfrac{a_1}{2}$,到达 A_2 点,当阿基里斯跑到 A_2 点时,乌龟又爬过了一段距离 $a_3=\dfrac{a_2}{2}$,到达 A_3 点,……,以此类推,以至无穷,这样阿基里斯永远追不上乌龟.按照人们的常识,阿基里斯肯定能在有限的时间内追上这个乌龟的,这其中的问题到底出现在哪儿呢？试求阿基里斯追上乌龟所跑过的距离.

16. 设有一边长为 1 的正三角形,按如下规则作出一系列新图形：第一次将每边三等分,以中间的一段为边,向形外接上去一个正三角形,得到一个六角星,它的边界由 12 个 $\dfrac{1}{3}$ 长的线段围成,此凹多边形记作 K_1；第二次在凹多边形 K_1 中,再将 12 边中的每一边三等分,以中间的一段为边,向形外接上一个更小的正三角形,得到凹多边形 K_2；不断重复,由此得到一系列凹多边形 $K_n(n=1,2,3,\cdots)$,称凹多边形 K_n 的边界曲线为雪花曲线.

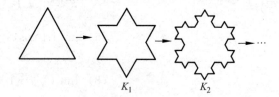

第 16 题图

不要以为雪花曲线仅仅是人们空想出来的一个"变态"曲线,目前科学家们已发现,这类曲线能够应用于研究自然界的许多现象,如地球大陆的海岸线、星球和星系在宇宙中的分布等,这门新兴的数学学科称为**分形**.

设凹多边形 K_n 的周长为 L_n,面积为 A_n,L_0、A_0 分别表示初始三角形的周长和面积,判断数列 $\{L_n\}$ 和 $\{A_n\}$ 的敛散性,若收敛,求出该数列的极限.

导数与微分——函数的变化率与函数增量的估计

数学中研究导数、微分及其应用的部分叫做**微分学**. 研究不定积分、定积分及其应用的部分叫做**积分学**. 微分学与积分学统称为**微积分学**. "微积分学"是高等数学的主体部分,其中丰富的理性思维和处理非均匀变化或非线性函数的重要方法,由近似到精确,从量变到质变的思想精髓,仍是我们今天分析和解决问题的法宝.

微积分的发展历史曲折跌宕,撼人心灵;1400—1600 年的欧洲文艺复兴时期,生产力的极大提高推动着自然科学的发展,此时所面临数学上的困难,使得微积分的基本问题引起人们的广泛关注. 归纳起来主要有四类问题需要解决:第一类是求瞬时速度问题;第二类是求曲线的切线问题;第三类是求函数的最大值和最小值问题,这三类问题属于导数及其应用问题;第四类是求曲线弧长、曲边梯形面积、曲顶柱体的体积、物体重心和引力等问题,这是定积分及其应用问题. 17 世纪上半叶,几乎所有的数学大师都立志于研究描述运动与变化的无限小算法,如德国的开普勒、法国的笛卡儿和费马、英国的沃利斯和巴罗等,为微积分的创立作出了很大的贡献. 直到 17 世纪下半叶,在前人工作的基础上,英国科学家牛顿和德国数学家莱布尼茨分别独自研究并完成了微积分的创立工作,其中特别的功绩是把两个貌似毫不相干的问题联系在一起,一个是切线问题(微分学的中心问题),一个是求积问题(积分学的中心问题). 恩格斯曾指出:"在一切理论成就中,未必再有什么像 17 世纪下半叶微积分的发明那样被看作人类精神的最高胜利了."

微分学的基本概念是导数与微分. 导数是从局部对非均匀变化或非线性函数进行研究的,是研究变量变化率的数学模型,它来源于许多实际问题,如物体运动的速度、电流、线密度、化学反应速度、人口增长速度、感冒的发病率、经济学中的边际函数以及生物繁殖率等,而当物体沿曲线运动时,还需要考虑速度的方向,即曲线的切线问题. 所有这些在数量关系上都可归结为变量的变化率即导数.

3.1 导数

我们知道两个量 $a,b(b\neq 0)$ 之比 $\dfrac{a}{b}=k$,k 是一抽象的数,称之为率. 数学中有很多的率,如圆周率,离心率,斜率等;在生活中也常会遇到很多的率,如出生率、发病率、流动率、变化率、利率等. 显然率给出了两个量 $a,b(b\neq 0)$ 之间的倍数关系,刻画了事物内在的规律与属性. 如椭圆离心率就描述了椭圆的扁圆程度,离心率越大椭圆越扁,离心率越小椭圆越近似于圆. 由此可见,椭圆离心率对认识椭圆的几何形态是有意义的,使得几何性质定量化(以数表性),同样,导数中的率也能够以数表性,且应用更为广泛.

3.1.1 导数的两个现实原型

原型 1 变速直线运动的瞬时速度

设一质点 M 在 x 轴上作变速直线运动,s 表示在时刻 t 该质点所在位置的坐标,则 s 是时间 t 的函数,通常把 $s=s(t)$ 称为质点的**位置函数**(**位移函数**或**运动方程**). 问题是:怎样由 $s=s(t)$ 求出质点在某个特定时刻 t_0 的瞬时速度 $v(t_0)$?

若质点作匀速直线运动,那么按照公式:速度=路程/时间,得到平均速度,此平均速度是一个常数,与时间的改变量 Δt 无关,此平均速度等于瞬时速度 $v(t_0)$;但如果质点作变速直线运动,按照公式:速度=路程/时间,得到平均速度,此平均速度是一个变数,与时间的改变量 Δt 有关,此平均速度不等于瞬时速度 $v(t_0)$;但当时间间隔很小时,速度的变化就很小,可以认为质点在这段时间 $[t_0,t_0+\Delta t]$ 内近似地作匀速直线运动,因此,可以用其平均速度作为质点在时刻 t_0 处的瞬时速度的近似值,显然时间间隔越短,其近似程度越好,当 Δt 越来越小时,其平均速度就越来越接近于在时刻 t_0 处的瞬时速度 $v(t_0)$. 为此我们自然想到了取"极限",基于这样的思想,分三步来解决问题:

(1) 求增量

给时刻 t_0 一个增量 Δt,则质点 M 在 t_0 到 $t_0+\Delta t$ 这段时间内的位移(图 3-1-1)是

$$\Delta s=s(t_0+\Delta t)-s(t_0).$$

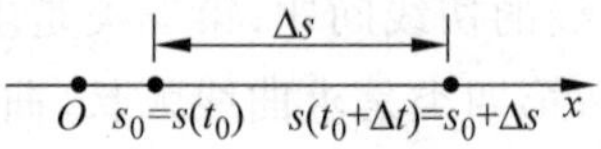

图 3-1-1

(2) 算比值

质点在这段时间 $[t_0,t_0+\Delta t]$ 内的平均速度是

$$\bar{v}=\frac{\Delta s}{\Delta t}=\frac{s(t_0+\Delta t)-s(t_0)}{\Delta t}.$$

(3) 取极限

$$\lim_{\Delta t\to 0}\bar{v}=\lim_{\Delta t\to 0}\frac{\Delta s}{\Delta t}=\lim_{\Delta t\to 0}\frac{s(t_0+\Delta t)-s(t_0)}{\Delta t}.$$

如果此极限存在,则自然地认为此极限值就是质点在 t_0 时刻的瞬时速度 $v(t_0)$,即

$$v(t_0)=\lim_{\Delta t\to 0}\bar{v}=\lim_{\Delta t\to 0}\frac{\Delta s}{\Delta t}=\lim_{\Delta t\to 0}\frac{s(t_0+\Delta t)-s(t_0)}{\Delta t}.$$

原型 2 曲线切线的斜率

已知曲线 $y=f(x)$ 上两点 $A(x_0,y_0)$ 和 $B(x,y)$,作割线 AB(图 3-1-2). 当点 B 沿曲线 $y=f(x)$ 无限趋向于点 A 时,割线绕点 A 转动,无限趋于极限位置 AT,直线 AT 就称为曲线 $y=f(x)$ 在点 A 处的**切线**. 即割线的极限位置是切线. 将过切点 A 且与切线垂直的直线称为曲线在点 A 处的**法线**.

如果 $y=f(x)$ 是直线,直线的斜率:$\dfrac{CB}{AC}=\dfrac{\Delta y}{\Delta x}=$

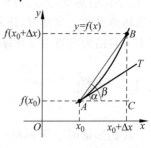

图 3-1-2

$\dfrac{f(x_0+\Delta x)-f(x_0)}{\Delta x}$ 是常量,与 Δx 无关;但如果 $y=f(x)$ 是曲线,比值 $\dfrac{CB}{AC}=\dfrac{\Delta y}{\Delta x}=$ $\dfrac{f(x_0+\Delta x)-f(x_0)}{\Delta x}$ 是割线 AB 的斜率,这个斜率与 Δx 有关,是个变量,此割线 AB 的斜率不等于切线 AT 的斜率;但当曲线 $y=f(x)$ 上的点 B 与点 A 很接近(即 Δx 的绝对值很小)时,割线 AB 的斜率与切线 AT 的斜率就很接近,从而割线 AB 的斜率可近似代替切线 AT 的斜率,显然 Δx 的绝对值越小,其近似程度越好,当 $|\Delta x|$ 越来越小时,也就是动点 B 沿着曲线 $y=f(x)$ 越来越趋向于点 A 时,其相应割线的斜率 $\tan\beta$ 就越来越接近于曲线在 A 处切线 AT 的斜率 $\tan\alpha$,为此我们自然想到了取"极限".基于这样的思想,我们也分三步来解决问题:

(1) 求增量

给 x_0 一个增量 Δx,曲线 $y=f(x)$ 上对应点的纵坐标有相应的增量

$$\Delta y=f(x_0+\Delta x)-f(x_0);$$

(2) 算比值

直线 AB 是曲线 $y=f(x)$ 过点 $A(x_0,y_0)$ 的割线,用 β 表示此割线的倾角(图 3-1-2),割线 AB 的斜率为

$$\tan\beta=\frac{\Delta y}{\Delta x}=\frac{f(x_0+\Delta x)-f(x_0)}{\Delta x};$$

(3) 取极限

$$\lim_{\beta\to\alpha}\tan\beta=\lim_{\Delta x\to 0}\frac{\Delta y}{\Delta x}=\lim_{\Delta x\to 0}\frac{f(x_0+\Delta x)-f(x_0)}{\Delta x},$$

如果此极限存在,我们自然认为此极限值就是曲线 $y=f(x)$ 在点 A 处切线的斜率 k,即

$$k=\tan\alpha=\lim_{\beta\to\alpha}\tan\beta=\lim_{\Delta x\to 0}\frac{\Delta y}{\Delta x}=\lim_{\Delta x\to 0}\frac{f(x_0+\Delta x)-f(x_0)}{\Delta x},$$

其中 $\alpha\left(\alpha\neq\dfrac{\pi}{2}\right)$ 是切线 AT 与 x 轴正向的夹角.

由此我们得到:割线斜率的极限是切线的斜率,割线的极限是切线.

以上两个问题的背景不同,一个是物理背景,一个是几何背景,但仅从数量关系上来看,都归结为因变量的增量与自变量的增量之比的极限,称这个极限为导数.

3.1.2 导数的定义

设函数 $y=f(x)$ 在点 x_0 的某个邻域内有定义,当自变量 x 在 x_0 处取得增量 Δx(点 $x_0+\Delta x$ 仍在该邻域内)时,相应地函数 y 有增量 $\Delta y=f(x_0+\Delta x)-f(x_0)$,如果当 $\Delta x\to 0$ 时,极限

$$\lim_{\Delta x\to 0}\frac{\Delta y}{\Delta x}=\lim_{\Delta x\to 0}\frac{f(x_0+\Delta x)-f(x_0)}{\Delta x}$$

存在,则称函数 $y=f(x)$ 在点 x_0 处**可导**,并称此极限值为函数 $y=f(x)$ 在点 x_0 处的**导数**,记作

$$f'(x_0), \quad y'|_{x=x_0}, \quad \frac{dy}{dx}\bigg|_{x=x_0} \quad \text{或} \quad \frac{df(x)}{dx}\bigg|_{x=x_0}.$$

即

$$f'(x_0) = \lim_{\Delta x \to 0} \frac{\Delta y}{\Delta x} = \lim_{\Delta x \to 0} \frac{f(x_0 + \Delta x) - f(x_0)}{\Delta x}.$$

如果其极限不存在,则称函数 $y=f(x)$ 在点 x_0 处**不可导**. 如果不可导的原因是极限为 ∞ 时,习惯上也称函数 $y=f(x)$ 在点 x_0 处的**导数为无穷大**,并记作 $f'(x_0)=\infty$.

导数的定义也可取其他的形式,常见的有

$$f'(x_0) = \lim_{h \to 0} \frac{f(x_0 + h) - f(x_0)}{h}$$

和

$$f'(x_0) = \lim_{x \to x_0} \frac{f(x) - f(x_0)}{x - x_0}.$$

特别地,

(1) 当 $x_0=0$ 时,$f'(0) = \lim\limits_{x \to 0} \frac{f(x) - f(0)}{x}$;

(2) 当 $x_0=0, f(0)=0$ 时,$f'(0) = \lim\limits_{x \to 0} \frac{f(x)}{x}$.

例 1 求函数 $f(x)=x^2-5x$ 在 $x=1$ 处的导数.

解 当 $x=1$ 时,$f(1)=-4$;

当 $x=1+\Delta x$ 时,$f(1+\Delta x)=(1+\Delta x)^2-5(1+\Delta x)$;

故

$$\Delta y = [(1+\Delta x)^2 - 5(1+\Delta x)] - (-4) = (\Delta x)^2 - 3\Delta x,$$

$$\frac{\Delta y}{\Delta x} = \Delta x - 3,$$

所以

$$f'(1) = \lim_{\Delta x \to 0} \frac{\Delta y}{\Delta x} = \lim_{\Delta x \to 0} (\Delta x - 3) = -3.$$

例 2 讨论 $f(x) = \begin{cases} x^2 \sin \dfrac{1}{x}, & x \neq 0, \\ 0, & x = 0 \end{cases}$ 在 $x=0$ 处的可导性.

解 因为 $f(0)=0$,所以 $f'(0) = \lim\limits_{x \to 0} \dfrac{f(x)}{x} = \lim\limits_{x \to 0} \dfrac{x^2 \sin \dfrac{1}{x}}{x} = \lim\limits_{x \to 0} x \sin \dfrac{1}{x} = 0.$

如果函数 $y=f(x)$ 在开区间 I 内的每一点处都可导,就称函数 $f(x)$ 在**开区间 I 内可导**.

设函数 $y=f(x)$ 在开区间 I 内可导,则对于任意 $x \in I$ 都对应着 $f(x)$ 的一个确定的导数值,这样就构成了一个新的函数,这个函数叫做 $f(x)$ 的**导函数**,简称为**导数**,记作

$$f'(x), \quad y', \quad \frac{dy}{dx} \quad \text{或} \quad \frac{df(x)}{dx}.$$

即
$$f'(x) = \lim_{\Delta x \to 0} \frac{f(x+\Delta x)-f(x)}{\Delta x} \quad \text{或} \quad f'(x) = \lim_{h \to 0} \frac{f(x+h)-f(x)}{h}.$$

显然,函数 $f(x)$ 在点 x_0 处的导数 $f'(x_0)$ 是导函数 $f'(x)$ 在 $x=x_0$ 时的函数值,即 $f'(x_0) = f'(x)|_{x=x_0}$.

因此,由导数定义知:

(1) 位置函数 $s=s(t)$ 对时间 t 的导数就是瞬时速度 $v(t)$,即
$$v(t) = s'(t).$$

(2) 函数 $y=f(x)$ 对 x 的导数就是曲线 $y=f(x)$ 在点 (x,y) 处切线的斜率,即
$$k = f'(x).$$

(3) 曲线 $y=f(x)$ 在点 (x_0, y_0) 处的切线方程:
$$y - y_0 = f'(x_0)(x - x_0).$$

(4) 曲线 $y=f(x)$ 在点 (x_0, y_0) 处法线方程:
$$y - y_0 = -\frac{1}{f'(x_0)}(x - x_0), \text{其中} f'(x_0) \neq 0.$$

特别地,若 $f'(x_0) = 0$,则曲线 $y=f(x)$ 在点 (x_0, y_0) 处的切线方程为 $y=y_0$,法线方程为 $x=x_0$.

例 3 求曲线 $y=x^3+1$ 在点 $(1,2)$ 处的切线方程和法线方程.

解 由导数定义,可知
$$f'(1) = \lim_{x \to 1} \frac{f(x)-f(1)}{x-1} = \lim_{x \to 1} \frac{x^3+1-2}{x-1}$$
$$= \lim_{x \to 1} \frac{(x-1)(x^2+x+1)}{x-1} = \lim_{x \to 1} (x^2+x+1) = 3,$$

所以曲线在点 $(1,2)$ 处的切线方程为
$$y - 2 = 3(x-1), \quad \text{即} \quad y = 3x - 1.$$

法线方程为
$$y - 2 = -\frac{1}{3}(x-1), \quad \text{即} \quad y = \frac{1}{3}(7-x).$$

3.1.3 左导数与右导数

求函数 $y=f(x)$ 在点 x_0 处的导数时,$x \to x_0$ 的方式是任意的. 如果 x 仅从 x_0 的左侧趋于 x_0(记为 $\Delta x \to 0^-$ 或 $x \to x_0^-$)时,极限 $\lim\limits_{\Delta x \to 0^-} \dfrac{f(x_0+\Delta x)-f(x_0)}{\Delta x}$ 或 $\lim\limits_{x \to x_0^-} \dfrac{f(x)-f(x_0)}{x-x_0}$ 存在,则称此极限值为函数 $y=f(x)$ 在点 x_0 处的**左导数**,记作 $f'_-(x_0)$,即

$$f'_-(x_0) = \lim_{\Delta x \to 0^-} \frac{f(x_0+\Delta x)-f(x_0)}{\Delta x} = \lim_{x \to x_0^-} \frac{f(x)-f(x_0)}{x-x_0}.$$

类似地,如果 x 仅从 x_0 的右侧趋于 x_0(记为 $\Delta x \to 0^+$ 或 $x \to x_0^+$)时,极限 $\lim\limits_{\Delta x \to 0^+} \dfrac{f(x_0+\Delta x)-f(x_0)}{\Delta x}$ 或 $\lim\limits_{x \to x_0^+} \dfrac{f(x)-f(x_0)}{x-x_0}$ 存在,则称此极限值为函数 $y=f(x)$ 在点 x_0 处的**右导数**,记作 $f'_+(x_0)$,即

$$f'_+(x_0) = \lim_{\Delta x \to 0^+} \frac{f(x_0 + \Delta x) - f(x_0)}{\Delta x} = \lim_{x \to x_0^+} \frac{f(x) - f(x_0)}{x - x_0}.$$

如果函数 $f(x)$ 在开区间 (a,b) 内可导,且 $f'_+(a)$ 及 $f'_-(b)$ 都存在,则称 $f(x)$ 在闭区间 $[a,b]$ 上可导.

由极限、左极限、右极限的关系,易得

定理 1 函数 $y = f(x)$ 在点 x_0 处可导的充分必要条件是 $f(x)$ 在点 x_0 处的左导数与右导数都存在且相等.

定理 1 常用于判定分段函数在分段点处的可导性.

例 4 讨论函数 $y = |x| = \begin{cases} -x, & x < 0, \\ x, & x \geq 0 \end{cases}$ 在点 $x = 0$ 处的可导性(图 3-1-3).

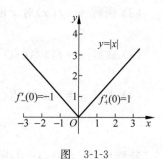

图 3-1-3

解 $y = \begin{cases} -x, & x < 0, \\ x, & x \geq 0 \end{cases}$ 在 $x = 0$ 处有定义,且 $f(0) = 0$.

由于 $f'_-(0) = \lim_{x \to 0^-} \frac{f(x)}{x} = \lim_{x \to 0^-} \frac{-x}{x} = -1$,

$f'_+(0) = \lim_{x \to 0^+} \frac{f(x)}{x} = \lim_{x \to 0^-} \frac{x}{x} = 1$, $f'_-(0) \neq f'_+(0)$,

所以函数在点 $x = 0$ 处不可导.

对于连续函数 $f(x)$,如果它在点 x_0 处的左导数 $f'_-(x)$ 与右导数 $f'_+(x)$ 都存在,但 $f'_-(x) \neq f'_+(x)$,则称点 x_0 为函数 $f(x)$ 的一个**角点**. 显然函数在角点处是不可导的. 点 $x = 0$ 是函数 $y = |x|$ 的角点,实际上,也是 $y = |\sin x|$ 的角点,因此函数 $y = |\sin x|$ 在 $x = 0$ 处也是不可导的.

一般地,如果连续函数 $y = f(x)$ 的图形在点 $(x_0, f(x_0))$ 处出现"尖角",那么函数在点 x_0 处是不可导的.

想一想 点 $x = 0$ 是函数 $y = |x^3|$ 的角点吗?

3.1.4 可导与连续的关系

连续与可导是函数的两个重要概念,两者之间有着怎样的关系呢?

若函数 $f(x)$ 在点 x_0 处可导,则有

$$\lim_{\Delta x \to 0} \frac{\Delta y}{\Delta x} = f'(x_0),$$

由具有极限的函数与无穷小的关系知道

$$\frac{\Delta y}{\Delta x} = f'(x_0) + \alpha(x), \text{其中 } \alpha(x) \text{ 是无穷小量} (\Delta x \to 0),$$

上式两边同时乘以 Δx,得

$$\Delta y = f'(x_0) \cdot \Delta x + \alpha(x) \cdot \Delta x,$$

上式两边同时取极限,得

$$\lim_{\Delta x \to 0} \Delta y = \lim_{\Delta x \to 0} [f'(x_0) \cdot \Delta x + \alpha(x) \cdot \Delta x] = 0,$$

所以函数 $f(x)$ 在点 x_0 处连续.

定理 2　如果函数 $y=f(x)$ 在点 x_0 处可导,则它在 x_0 处连续.

此定理的逆命题不真,如例 4 中的函数 $y=|x|$ 在 $x=0$ 处连续,但在 $x=0$ 处不可导.

推论　如果函数 $y=f(x)$ 在点 x_0 处不连续,则 $y=f(x)$ 在 x_0 处一定不可导.

此推理为判断函数在一点不可导提供了一个简单有效的方法. 如 $y=\operatorname{sgn}x$ 在 $x=0$ 处不连续,所以不可导.

例 5　讨论 $f(x)=\begin{cases}x\sin\dfrac{1}{x}, & x\neq 0,\\ 0, & x=0\end{cases}$ 在 $x=0$ 处的连续性和可导性.

解　因为 $\left|\sin\dfrac{1}{x}\right|\leqslant 1, \lim\limits_{x\to 0}x=0$,所以 $\lim\limits_{x\to 0}f(x)=\lim\limits_{x\to 0}x\sin\dfrac{1}{x}=0=f(0)$,$f(x)$ 在 $x=0$ 处连续.

由于
$$\lim_{\Delta x\to 0}\frac{\Delta y}{\Delta x}=\lim_{\Delta x\to 0}\frac{\Delta x\sin\dfrac{1}{\Delta x}}{\Delta x}=\lim_{\Delta x\to 0}\sin\dfrac{1}{\Delta x},$$

当 $\Delta x\to 0$ 时,$\sin\dfrac{1}{\Delta x}$ 在 -1 和 1 之间振荡,因而极限 $\lim\limits_{\Delta x\to 0}\dfrac{\Delta y}{\Delta x}$ 不存在,所以 $f(x)$ 在 $x=0$ 处不可导.

例 6　讨论 $f(x)=\sqrt[3]{x}$ 在 $x=0$ 处的连续性和可导性.

解　因为 $\lim\limits_{x\to 0}f(x)=\lim\limits_{x\to 0}\sqrt[3]{x}=0, f(0)=0$,所以 $f(x)$ 在 $x=0$ 处连续.

由于
$$f'(0)=\lim_{\Delta x\to 0}\frac{\Delta y}{\Delta x}=\lim_{\Delta x\to 0}\frac{\sqrt[3]{\Delta x}}{\Delta x}=\infty,$$

所以,$f(x)=\sqrt[3]{x}$ 在 $x=0$ 处是不可导的. 实际上,曲线 $f(x)=\sqrt[3]{x}$ 在点 $(0,0)$ 处的切线垂直于 x 轴(如图 3-1-4 所示).

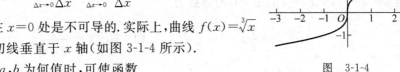

图 3-1-4

例 7　讨论 a,b 为何值时,可使函数
$$f(x)=\begin{cases}x^2+2x+b, & x\leqslant 0,\\ \arctan(ax), & x>0\end{cases}$$

在 $x=0$ 处可导.

解　因为 $f(x)$ 在 $x=0$ 处可导,所以 $f(x)$ 在 $x=0$ 处连续.
$$\lim_{x\to 0^-}f(x)=\lim_{x\to 0^-}(x^2+2x+b)=b=f(0),$$
$$\lim_{x\to 0^+}f(x)=\lim_{x\to 0^+}\arctan(ax)=0=f(0),$$

于是推出 $b=0$.

又因为
$$\lim_{x\to 0^-}\frac{f(x)-f(0)}{x}=\lim_{x\to 0^-}\frac{x^2+2x}{x}=2=f'_-(0),$$

$$\lim_{x\to 0^+}\frac{f(x)-f(0)}{x}=\lim_{x\to 0^+}\frac{\arctan(ax)}{x}=\lim_{x\to 0^+}\frac{ax}{x}=a=f'_+(0),$$

从而由 $f'_-(0)=f'_+(0)$，推出当 $a=2,b=0$ 时，$f(x)$ 在 $x=0$ 处可导.

3.1.5 几个基本初等函数的导数

由导数的定义，可将求导数 $f'(x)$ 的一般步骤归纳为：

(1) 求增量 $\Delta y=f(x+\Delta x)-f(x)$；

(2) 算比值 $\dfrac{f(x+\Delta x)-f(x)}{\Delta x}$；

(3) 取极限 $\lim\limits_{\Delta x\to 0}\dfrac{f(x+\Delta x)-f(x)}{\Delta x}$.

例 8 求函数 $f(x)=C$（C 为常数）的导数.

解 $f'(x)=\lim\limits_{h\to 0}\dfrac{f(x+h)-f(x)}{h}=\lim\limits_{h\to 0}\dfrac{C-C}{h}=0$，

即
$$(C)'=0.$$

例 9 求函数 $f(x)=x^n$（n 为正整数）在 $x=a$ 处的导数.

解 $f'(a)=\lim\limits_{x\to a}\dfrac{f(x)-f(a)}{x-a}=\lim\limits_{x\to a}\dfrac{x^n-a^n}{x-a}=\lim\limits_{x\to a}(x^{n-1}+ax^{n-2}+\cdots+a^{n-1})=na^{n-1}$，

把以上结果中的 a 换成 x 得 $f'(x)=nx^{n-1}$，即
$$(x^n)'=nx^{n-1}.$$

更一般地，在后面我们还将证明：对于幂函数 $y=x^\mu$（μ 为常数），有
$$(x^\mu)'=\mu x^{\mu-1}.$$

这就是幂函数的求导数公式.

当 $\mu=\dfrac{1}{2}$ 时，$y=x^{\frac{1}{2}}=\sqrt{x}$（$x>0$）的导数为

$$(x^{\frac{1}{2}})'=\dfrac{1}{2}x^{\frac{1}{2}-1}=\dfrac{1}{2}x^{-\frac{1}{2}},\quad 即\quad (\sqrt{x})'=\dfrac{1}{2\sqrt{x}};$$

当 $\mu=-1$ 时，$y=x^{-1}=\dfrac{1}{x}$（$x\neq 0$）的导数为

$$(x^{-1})'=(-1)x^{-1-1}=-x^{-2},\quad 即\quad \left(\dfrac{1}{x}\right)'=-\dfrac{1}{x^2}.$$

例 10 求函数 $f(x)=\sin x$ 的导数.

解 $f'(x)=\lim\limits_{h\to 0}\dfrac{f(x+h)-f(x)}{h}=\lim\limits_{h\to 0}\dfrac{\sin(x+h)-\sin x}{h}$

$=\lim\limits_{h\to 0}\dfrac{1}{h}\cdot 2\cos\left(x+\dfrac{h}{2}\right)\cdot\sin\dfrac{h}{2}$

$=\lim\limits_{h\to 0}\cos\left(x+\dfrac{h}{2}\right)\cdot\dfrac{\sin\dfrac{h}{2}}{\dfrac{h}{2}}=\cos x$，

即
$$(\sin x)'=\cos x.$$

这就是说，正弦函数的导数是余弦函数.

用类似的方法，可求得

$$(\cos x)' = -\sin x,$$

即余弦函数的导数是负的正弦函数.

例 11 求函数 $f(x) = a^x (a>0, a \neq 1)$ 的导数.

解 $f'(x) = \lim\limits_{h \to 0} \dfrac{f(x+h) - f(x)}{h} = a^x \lim\limits_{h \to 0} \dfrac{a^h - 1}{h} = a^x \lim\limits_{h \to 0} \dfrac{h \ln a}{h} = a^x \ln a,$

即

$$(a^x)' = a^x \ln a.$$

这就是指数函数的导数公式.

特别地,当 $a = e$ 时,因 $\ln e = 1$,故有

$$(e^x)' = e^x.$$

例 12 求函数 $f(x) = \log_a x (a>0, a \neq 1)$ 的导数.

解 $f'(x) = \lim\limits_{h \to 0} \dfrac{f(x+h) - f(x)}{h} = \lim\limits_{h \to 0} \dfrac{\log_a(x+h) - \log_a x}{h}$

$= \lim\limits_{h \to 0} \dfrac{\log_a\left(1 + \dfrac{h}{x}\right)}{h} = \lim\limits_{h \to 0} \dfrac{\ln\left(1 + \dfrac{h}{x}\right)}{h \ln a} = \lim\limits_{h \to 0} \dfrac{\dfrac{h}{x}}{h \ln a} = \dfrac{1}{x \ln a}.$

即

$$(\log_a x)' = \dfrac{1}{x \ln a}.$$

这是对数函数的求导公式.

特别的,当 $a = e$ 时,$(\ln x)' = \dfrac{1}{x}$.

习题 3.1

1. 填空题:

(1) 设 $f(x)$ 在点 $x = a$ 处可导,则 $\lim\limits_{h \to 0} \dfrac{f(a) - f(a-h)}{h} = $ _____.

(2) 设 $f(x)$ 在 $x = 0$ 的某邻域内有定义,$f(0) = 0$,且当 $x \to 0$ 时,$f(x)$ 与 x 为等价无穷小量,则 $f'(0) = $ _____.

(3) 若 $S = f(t)$ 表示污染扩散过程中污染的面积,S 是时间 t 的函数且可导,则 $f'(t_0)$ 的实际意义是_____.

(4) 若 $Q = f(t)$ 表示某放射性物质衰减的剩余量,Q 是时间 t 的函数且可导,则在时刻 t_0 的衰减率为_____.

(5) 设 $f(x) = x^2$,则 $f[f'(x)] = $ _____;$f'[f(x)] = $ _____.

2. 求双曲线 $y = \dfrac{1}{x}$ 在点 $\left(\dfrac{1}{2}, 2\right)$ 处的切线和法线方程.

3. 求下列函数的导数:

(1) $y = \sqrt[3]{x^2} \cdot \sqrt{x}$;　　　　　　　　(2) $y = \sqrt{x \sqrt{x \sqrt{x}}}$;

(3) $y = 3^x \cdot 2^x$； (4) $y = \dfrac{1}{\sqrt{x}}$．

4. 设函数 $f(x) = \begin{cases} x^2, & x \leqslant 1, \\ ax + b, & x > 1. \end{cases}$ 为了使函数 $f(x)$ 在 $x = 1$ 点处连续且可导，a, b 应取什么值？

5. 设 $f'(1) = 2$，求 $\lim\limits_{x \to 1} \dfrac{f(4 - 3x) - f(1)}{x - 1}$．

6. 设 $f(x) = (x^2 - a^2)g(x)$，其中 $g(x)$ 在 $x = a$ 处连续，求 $f'(a)$．

7. 设 $f(x)$ 对任意的实数 x_1、x_2 有 $f(x_1 + x_2) = f(x_1)f(x_2)$，且 $f'(0) = 1$，试证 $f'(x) = f(x)$．

8. 有一质量分布不均匀的细杆 AB，长 $20\mathrm{cm}$，点 M 为细杆 AB 上的一动点，且 AM 段细杆的质量与从点 A 到点 M 的距离的平方成正比．若 $AM = 2\mathrm{cm}$ 时，AM 的质量为 $8\mathrm{g}$，试求：

(1) $AM = 2\mathrm{cm}$ 一段上的平均密度；

(2) 全杆的平均密度；

(3) AB 上任一点处的线密度；

(4) AB 上中点处的线密度．

9. 证明：若 $f(x)$ 为偶函数且 $f'(0)$ 存在，则 $f'(0) = 0$．

10. 设函数 $f(x)$ 满足 $f(1 + x) = af(x)$，且 $f'(0) = b$，其中 a, b 均为常数，证明 $f(x)$ 在点 $x = 1$ 处可导，且 $f'(1) = ab$．

3.2 函数的求导法则

尽管导数的定义给出了求导数的具体方法，但计算量大．从微积分诞生之日起，牛顿、莱布尼茨等众多数学家在探索简单易行的求导途径上做出了大量的工作，建立了完整的求导法则，特别是德国数学家莱布尼茨（G. W. Leibniz, 1646—1716）认识到数学符号的重要性，早在 1684 年他就在发表的有关论文中采用了微分、积分等符号．他建立起来的一系列符号非常的形象，如导数与差商的符号 $\dfrac{\mathrm{d}y}{\mathrm{d}x}$ 与 $\dfrac{\Delta y}{\Delta x}$，它使人们联想到：前者由后者通过 $\Delta x \to 0$ 演化而来．以后还会看到，$\dfrac{\mathrm{d}y}{\mathrm{d}x}$ 可以看成分数，进行分数的有关运算．目前微积分中的法则、公式所采用的符号大都是莱布尼茨提出的，这对微积分的发展有着极大的影响．

3.2.1 导数的四则运算法则

定理 1 设函数 $u(x), v(x)$ 在点 x 处可导，则它们的和、差、积、商（分母不为零）在点 x 处也可导，且

(1) $[\alpha u(x) \pm \beta v(x)]' = \alpha u'(x) \pm \beta v'(x)$ （α, β 为常数）．

(2) $[u(x)v(x)]' = u'(x)v(x) + u(x)v'(x)$．

推广　$[u(x)v(x)w(x)]' = u'(x)v(x)w(x) + u(x)v'(x)w(x) + u(x)v(x)w'(x)$；

特别地，$[Cu(x)]' = Cu'(x)$ （C 为常数）；

(3) $\left[\dfrac{u(x)}{v(x)}\right]' = \dfrac{v(x)u'(x) - u(x)v'(x)}{v^2(x)}$ （$v(x) \neq 0$）．

特别地，$\left[\dfrac{1}{v(x)}\right]' = -\dfrac{v'(x)}{v^2(x)}$.

这里仅给出(3)的证明.

证 设 $f(x) = \dfrac{u(x)}{v(x)}$ $(v(x) \neq 0)$，则

$$f'(x) = \lim_{h \to 0} \dfrac{f(x+h) - f(x)}{h} = \lim_{h \to 0} \dfrac{\dfrac{u(x+h)}{v(x+h)} - \dfrac{u(x)}{v(x)}}{h}$$

$$= \lim_{h \to 0} \dfrac{u(x+h)v(x) - u(x)v(x+h)}{v(x+h)v(x)h}$$

$$= \lim_{h \to 0} \dfrac{[u(x+h) - u(x)]v(x) - u(x)[v(x+h) - v(x)]}{v(x+h)v(x)h}$$

$$= \lim_{h \to 0} \dfrac{\dfrac{u(x+h)-u(x)}{h}v(x) - u(x)\dfrac{v(x+h)-v(x)}{h}}{v(x+h)v(x)}$$

$$= \dfrac{v(x)u'(x) - u(x)v'(x)}{v^2(x)}.$$

例1 $f(x) = x^3 + 4\cos x - \sin\dfrac{\pi}{2}$，求 $f'(x)$ 及 $f'\left(\dfrac{\pi}{2}\right)$.

解 $f'(x) = (x^3)' + (4\cos x)' - \left(\sin\dfrac{\pi}{2}\right)' = 3x^2 - 4\sin x$，

$$f'\left(\dfrac{\pi}{2}\right) = \dfrac{3}{4}\pi^2 - 4.$$

例2 $y = \dfrac{\ln x}{x}$，求 y'.

解 $y' = \left(\dfrac{\ln x}{x}\right)' = \dfrac{\dfrac{1}{x} \cdot x - \ln x}{x^2} = \dfrac{1 - \ln x}{x^2}$.

例3 $y = \tan x$，求 y'.

解 $y' = (\tan x)' = \left(\dfrac{\sin x}{\cos x}\right)' = \dfrac{(\sin x)'\cos x - \sin x(\cos x)'}{\cos^2 x}$

$$= \dfrac{\cos^2 x + \sin^2 x}{\cos^2 x} = \dfrac{1}{\cos^2 x} = \sec^2 x.$$

即 $(\tan x)' = \sec^2 x$.

例4 $y = \sec x$，求 y'.

解 $y' = (\sec x)' = \left(\dfrac{1}{\cos x}\right)' = \dfrac{(1)'\cos x - 1 \cdot (\cos x)'}{\cos^2 x} = \dfrac{\sin x}{\cos^2 x} = \sec x \tan x.$

即 $(\sec x)' = \sec x \tan x$.

用类似方法，还可求得余切函数及余割函数的导数公式：

$$(\cot x)' = -\csc^2 x, \quad (\csc x)' = -\csc x \cot x.$$

3.2.2 反函数的导数

我们已知,若 $y=f(x)$ 为 $x=\varphi(y)$ 的反函数,函数 $x=\varphi(y)$ 在某区间 I_y 内单调、连续,则它的反函数 $y=f(x)$ 在对应区间 I_x 内也单调、连续. 关于反函数的可导性有以下定理:

定理 2 如果函数 $x=\varphi(y)$ 在某区间 I_y 内单调、可导且 $\varphi'(y)\neq 0$,那么它的反函数 $y=f(x)$ 在对应区间 I_x 内也可导,且有

$$f'(x)=\frac{1}{\varphi'(y)} \quad \text{或} \quad \frac{dy}{dx}=\frac{1}{\frac{dx}{dy}}.$$

证 由于 $x=\varphi(y)$ 在 I_y 内单调、可导且 $\varphi'(y)\neq 0$,所以 $x=\varphi(y)$ 的反函数 $y=f(x)$ 存在,且 $y=f(x)$ 在对应区间 I_x 内也单调、连续.

任取 $x\in I_x$,给 x 以增量 $\Delta x(\Delta x\neq 0, x+\Delta x\in I_x)$,由 $y=f(x)$ 的单调性可知 $\Delta y\neq 0$,于是

$$\frac{\Delta y}{\Delta x}=\frac{1}{\frac{\Delta x}{\Delta y}}.$$

因为 $y=f(x)$ 连续,故 $\lim_{\Delta x\to 0}\Delta y=0$,从而

$$f'(x)=\lim_{\Delta x\to 0}\frac{\Delta y}{\Delta x}=\lim_{\Delta y\to 0}\frac{1}{\frac{\Delta x}{\Delta y}}=\frac{1}{\varphi'(y)}.$$

上述结论可简单地说成:反函数的导数等于直接函数导数的倒数.

例 5 求函数 $y=\arcsin x$ 的导数.

解 因为 $x=\sin y$ 在 $I_y=\left(-\frac{\pi}{2},\frac{\pi}{2}\right)$ 内单调、可导,且 $(\sin y)'=\cos y>0$,所以在 $I_x\in(-1,1)$ 内有 $(\arcsin x)'=\frac{1}{(\sin y)'}=\frac{1}{\cos y}=\frac{1}{\sqrt{1-\sin^2 y}}=\frac{1}{\sqrt{1-x^2}}$.

同理可得

$$(\arccos x)'=-\frac{1}{\sqrt{1-x^2}};$$

$$(\arctan x)'=\frac{1}{1+x^2};$$

$$(\text{arccot}\, x)'=-\frac{1}{1+x^2}.$$

例 6 利用反函数求导法则,求函数 $y=\log_a x(a>0, a\neq 1)$ 的导数.

解 因为 $x=a^y$ 在 $I_y=(-\infty,+\infty)$ 内单调、可导,且 $(a^y)'=a^y\ln a\neq 0$,所以在 $I_x=(0,+\infty)$ 内有 $(\log_a x)'=\frac{1}{(a^y)'}=\frac{1}{a^y\ln a}=\frac{1}{x\ln a}$.

3.2.3 复合函数的导数

定理 3 如果函数 $u=\varphi(x)$ 在点 x 处可导,函数 $y=f(u)$ 在对应点 u 处可导,则复合函数 $y=f[\varphi(x)]$ 在点 x 处可导,且其导数为 $\frac{dy}{dx}=f'(u)\varphi'(x)$ 或 $\frac{dy}{dx}=\frac{dy}{du}\cdot\frac{du}{dx}.$

证 设对应于 x 的增量为 Δx，$\Delta u = \varphi(x+\Delta x) - \varphi(x)$. 以下在 $\Delta u \neq 0$ 的条件下给出一个简洁的证明.

对于上述 Δu，函数 $y = f(u)$ 有增量 $\Delta y = f(u+\Delta u) - f(u)$，

于是
$$\frac{\Delta y}{\Delta x} = \frac{\Delta y}{\Delta u} \cdot \frac{\Delta u}{\Delta x},$$

由于函数 $u = \varphi(x)$ 在点 x 处可导，因而 $u = \varphi(x)$ 在 x 处连续，故当 $\Delta x \to 0$ 时，$\Delta u \to 0$，因此有
$$\lim_{\Delta x \to 0} \frac{\Delta y}{\Delta u} = \lim_{\Delta u \to 0} \frac{\Delta y}{\Delta u} = f'(u),$$

结合条件 $\lim\limits_{\Delta x \to 0} \dfrac{\Delta u}{\Delta x} = \varphi'(x)$，得

$$\frac{\mathrm{d}y}{\mathrm{d}x} = \lim_{\Delta x \to 0} \frac{\Delta y}{\Delta x} = \lim_{\Delta x \to 0} \left(\frac{\Delta y}{\Delta u} \cdot \frac{\Delta u}{\Delta x} \right)$$
$$= \lim_{\Delta u \to 0} \frac{\Delta y}{\Delta u} \cdot \lim_{\Delta x \to 0} \frac{\Delta u}{\Delta x} = f'(u) \cdot \varphi'(x).$$

若 $\Delta u = 0$，可证明公式仍然成立，在此证明从略.

用同样的方法可证，若 $y = f(u)$，$u = \varphi(v)$，$v = \psi(x)$，且 $v = \psi(x)$ 在点 x 处可导，$u = \varphi(v)$ 在对应点 v 处可导，$y = f(u)$ 在对应点 u 处可导，则

$$\frac{\mathrm{d}y}{\mathrm{d}x} = \frac{\mathrm{d}y}{\mathrm{d}u} \cdot \frac{\mathrm{d}u}{\mathrm{d}v} \cdot \frac{\mathrm{d}v}{\mathrm{d}x}.$$

对有限个复合过程的复合函数，都可以同样地推出相应的公式. 复合函数的求导法则也称为 **链式法则**.

例 7 求 $y = (x^2+7)^{11}$ 的导数.

解 函数 $y = (x^2+7)^{11}$ 可以看作由函数 $y = u^{11}$ 和 $u = x^2+7$ 复合而成. 由复合函数求导法则，得
$$y' = (u^{11})' u' = 11u^{10}(x^2+7)' = 11u^{10}(2x) = 22x(x^2+7)^{10}.$$

例 8 求 $y = \ln\ln x$ 的导数.

解 函数 $y = \ln\ln x$ 可以看作由 $y = \ln u$，$u = \ln x$ 复合而成，所以
$$y' = (\ln u)' \cdot (u)' = \frac{1}{u} \cdot \frac{1}{x} = \frac{1}{\ln x} \cdot \frac{1}{x} = \frac{1}{x \ln x}.$$

对复合函数的导数比较熟练后，就不必再写出中间变量，只要认清函数的复合层次，由外向里逐层求导即可.

例 9 求 $y = \cos\sqrt{x^2+1}$ 的导数.

解 $y' = -\sin\sqrt{x^2+1} \cdot (\sqrt{x^2+1})' = -\sin\sqrt{x^2+1} \cdot \dfrac{1}{2}(x^2+1)^{\frac{1}{2}-1} \cdot (x^2+1)'$
$= -\dfrac{\sin\sqrt{x^2+1}}{2\sqrt{x^2+1}} \cdot 2x = -\dfrac{x \cdot \sin\sqrt{x^2+1}}{\sqrt{x^2+1}}.$

例 10 设 $y = x^\mu$ $(x > 0, \mu \in \mathbb{R})$，求 $\dfrac{\mathrm{d}y}{\mathrm{d}x}$.

解 由 $y = x^\mu = \mathrm{e}^{\mu \ln x}$，有
$$y' = \mathrm{e}^{\mu \ln x} (\mu \ln x)' = x^\mu \mu \frac{1}{x} = \mu x^{\mu-1}.$$

已知函数 $y=|x|$ 在点 $x=0$ 处不可导,但当 $x\neq 0$ 时,有

$$(|x|)'=(\sqrt{x^2})'=\frac{1}{2\sqrt{x^2}}(x^2)'=\frac{2x}{2\sqrt{x^2}}=\frac{x}{|x|};$$

由此可得 $(\ln|x|)'=\frac{1}{|x|}(|x|)'=\frac{1}{|x|}\cdot\frac{x}{|x|}=\frac{1}{x}$ $(x\neq 0)$.

到目前为止,我们已经得到了常数与基本初等函数的求导公式,现归纳列表如下,以便备用.

(1) $(C)'=0$;　　　　　　　　　　(2) $(x^\mu)'=\mu x^{\mu-1}$;

(3) $(\sin x)'=\cos x$;　　　　　　　(4) $(\cos x)'=-\sin x$;

(5) $(\tan x)'=\sec^2 x$;　　　　　　(6) $(\cot x)'=-\csc^2 x$;

(7) $(\sec x)'=\sec x\tan x$;　　　　(8) $(\csc x)'=-\csc x\cot x$;

(9) $(a^x)'=a^x\ln a$;　　　　　　(10) $(e^x)'=e^x$;

(11) $(\log_a x)'=\frac{1}{x\ln a}$;　　　　(12) $(\ln x)'=\frac{1}{x}$;

(13) $(\arcsin x)'=\frac{1}{\sqrt{1-x^2}}$;　　(14) $(\arccos x)'=-\frac{1}{\sqrt{1-x^2}}$;

(15) $(\arctan x)'=\frac{1}{1+x^2}$;　　(16) $(\text{arccot}\,x)'=-\frac{1}{1+x^2}$.

习题 3.2

1. 填空题:

(1) $y=x\sin x+\frac{1}{2}\cos x$,则 $\left.\frac{dy}{dx}\right|_{x=\frac{\pi}{4}}=$ _____ ;

(2) $f(x)=\frac{3}{5-x}+\frac{x^2}{5}$,则 $f'(0)=$ _____ ,$f'(2)=$ _____ ;

(3) $f(x)=\begin{cases}5x-4, & x\leqslant 1,\\ 4x^2-3x, & x>1,\end{cases}$ 则 $f'(1)=$ _____ ;

(4) 曲线 $y=\frac{\pi}{2}+\sin x$ 在 $x=0$ 处的切线与 x 轴正向的夹角为 _____ .

2. 求下列函数的导数:

(1) $s=3\ln t+\sin\frac{\pi}{7}$;　　　　　(2) $y=\sqrt{x}\ln x$;

(3) $y=(1-x^2)\cdot\sin x\cdot(1-\sin x)$;　(4) $y=\frac{1-\sin x}{1-\cos x}$;

(5) $y=\tan x+e^\pi$;　　　　　　　(6) $y=\frac{\sec x}{x}-3\sec x$;

(7) $y=\ln x-2\lg x+3\log_2 x$;　　(8) $y=\frac{1}{1+x+x^2}$.

3. 求下列函数的导数:

(1) $y=e^{3x}$;　　　　　　　　　　(2) $y=\arctan x^2$;

(3) $y = e^{\sqrt{2x+1}}$;

(4) $y = \dfrac{(x-2)^3}{\sqrt[3]{x}} + x\ln x^2$;

(5) $y = \dfrac{x\cos x}{1-\sin x}$;

(6) $y = \dfrac{3e^x}{x^2} + \sqrt[3]{x\sqrt[3]{x\sqrt[3]{x}}}$;

(7) $y = \arccos \dfrac{1}{x}$;

(8) $y = \left(\arcsin \dfrac{x}{2}\right)^2$;

(9) $y = \sqrt{1+\ln^2 x}$;

(10) $y = \sin^n x \cdot \cos nx$.

4. 若 $f'\left(\dfrac{\pi}{3}\right) = 1, y = f\left(\arccos \dfrac{1}{x}\right)$, 求 $\dfrac{dy}{dx}\bigg|_{x=2}$.

5. 试求曲线 $y = e^{-x} \cdot \sqrt[3]{x+1}$ 在点 $(0,1)$ 与 $(-1,0)$ 处的切线方程和法线方程.

6. 设 $f(x)$ 与 $g(x)$ 可导,求下列函数 y 的导数 $\dfrac{dy}{dx}$:

(1) $y = f(x^2)$;

(2) $y = f(\sin^2 x) + f(\cos^2 x)$;

(3) $y = \sqrt{f^2(x) + g^2(x)}$ $(f^2(x) + g^2(x) \neq 0)$.

7. 设 $f(x)$ 在 $(-\infty, +\infty)$ 内可导,且 $F(x) = f(x^2-1) + f(1-x^2)$,证明: $F'(1) = F'(-1)$.

8. 设 $y = e^{f^2(x)}$,且 $f(a) \cdot f'(a) = \dfrac{1}{2}$,证明: $y(a) = y'(a)$.

9. 设 $f(x)$ 在 $x=1$ 处有连续的一阶导数,且 $f'(1) = -2$,求 $\lim\limits_{x \to 0^+} \dfrac{d}{dx}(f(\cos\sqrt{x}))$.

10. 设 $f(x)$ 在 $(-\infty, +\infty)$ 内可导,试证明:

(1) 如果 $f(x)$ 为偶函数,则 $f'(x)$ 为奇函数;

(2) 如果 $f(x)$ 为奇函数,则 $f'(x)$ 为偶函数;

(3) 如果 $f(x)$ 为周期函数,则 $f'(x)$ 仍为周期函数.

3.3 高阶导数

定义 设函数 $y = f(x)$ 在区间 I 上可导,若导函数 $y' = f'(x)$ 在区间 I 上仍可导,即对任意的 $x \in I$,

$$(f'(x))' = \lim_{\Delta x \to 0} \dfrac{f'(x+\Delta x) - f'(x)}{\Delta x}$$

存在,则称函数 $y = f(x)$ 在区间 I 上**二阶可导**,称 $(f'(x))'$ 为函数 $y = f(x)$ 的**二阶导数**,记为

$$f''(x), \quad y'', \quad \dfrac{d^2 y}{dx^2} \quad \text{或} \quad \dfrac{d^2 f(x)}{dx^2}.$$

类似地,可定义二阶导数的导数为 $y = f(x)$ 的**三阶导数**,记为

$$f'''(x), \quad y''', \quad \dfrac{d^3 y}{dx^3} \quad \text{或} \quad \dfrac{d^3 f(x)}{dx^3}.$$

一般的,函数 $y = f(x)$ 的 $n-1$ 阶导数的导数称为函数 $y = f(x)$ 的 n **阶导数**,记为

$$y^{(n)}, \quad f^{(n)}(x), \quad \dfrac{d^n y}{dx^n} \quad \text{或} \quad \dfrac{d^n f(x)}{dx^n}.$$

称二阶和二阶以上的导数为**高阶导数**. 一般地,对于四阶和四阶以上的导数不再用"撇记

号",而是记作 $y^{(4)}, y^{(5)}, \cdots, y^{(n)}$. 为统一起见,称 $f'(x)$ 为 $f(x)$ 的**一阶导数**,并约定 $f(x)$ 为 $f(x)$ 的**零阶导数**.

二阶导数有明显的物理背景:假定作变速直线运动物体的位置函数为 $s(t)$,那么,一阶导数 $s'(t)$ 是物体的瞬时速度,而二阶导数 $s''(t)$ 是速度的变化率即瞬时加速度. 牛顿第二运动定律 $F=ma$ 可记为 $F=m\dfrac{d^2s}{dt^2}$.

加速度的突然改变称为"急推". 当人们乘坐汽车时会遇到急推的情景,这不是指速度有多快或加速度有多大,而是指加速度的变化是突然的,急推会导致乘车人身体突然的前倾或后仰. 急推就是加速度关于时间的导数

$$\frac{da}{dt}=\frac{d^3s}{dt^3}.$$

物体在自由落体过程中没有急推.

根据高阶导数的定义,求高阶导数就是多次接连地求导,所以可应用所学过的求导方法计算高阶导数.

例1 求函数 $y=e^x\sin x$ 的二阶导数.

解
$$y'=e^x\sin x+e^x\cos x=e^x(\sin x+\cos x);$$
$$y''=[e^x(\sin x+\cos x)]'$$
$$=e^x(\sin x+\cos x)+e^x(\cos x-\sin x)$$
$$=2e^x\cos x.$$

例2 设 $y=x^\alpha (\alpha \in \mathbb{R})$,求 $y^{(n)}$.

解
$$y'=\alpha x^{\alpha-1},$$
$$y''=\alpha(\alpha-1)x^{\alpha-2},$$
$$y'''=\alpha(\alpha-1)(\alpha-2)x^{\alpha-3},$$
$$\vdots$$
$$y^{(n)}=\alpha(\alpha-1)(\alpha-2)\cdots(\alpha-n+1)x^{\alpha-n} \quad (n\geq 1).$$

若 α 为自然数 n,则
$$y^{(n)}=(x^n)^{(n)}=n!, \quad y^{(n+1)}=(x^n)^{(n+1)}=0.$$

因此,对于多项式函数 $P_n(x)=a_0x^n+a_1x^{n-1}+\cdots+a_{n-1}x+a_n(a_0\neq 0)$,有
$$P_n^{(n)}(x)=a_0n!,$$
$$P_n^{(n+1)}(x)=0.$$

一般地,求 n 阶导数时,不要急于合并,分析结果的规律性,写出 n 阶导数.

例3 设 $y=\ln(1+x)$,求 $y^{(n)}$.

解 $y'=\dfrac{1}{1+x},$

$$y''=-\frac{1}{(1+x)^2},$$
$$y'''=\frac{2!}{(1+x)^3},$$
$$y^{(4)}=-\frac{3!}{(1+x)^4},$$

$$\vdots$$
$$y^{(n)} = (-1)^{n-1}\frac{(n-1)!}{(1+x)^n}.$$

例 4 设 $y = \sin x$,求 $y^{(n)}$.

解 $y' = \cos x = \sin\left(x + \frac{\pi}{2}\right),$

$$y'' = \cos\left(x + \frac{\pi}{2}\right) = \sin\left(x + \frac{\pi}{2} + \frac{\pi}{2}\right) = \sin\left(x + 2\cdot\frac{\pi}{2}\right),$$

$$y''' = \cos\left(x + 2\cdot\frac{\pi}{2}\right) = \sin\left(x + 3\cdot\frac{\pi}{2}\right),$$

$$\vdots$$

一般地,可得
$$y^{(n)} = \sin\left(x + n\cdot\frac{\pi}{2}\right).$$

即
$$(\sin x)^{(n)} = \sin\left(x + n\cdot\frac{\pi}{2}\right).$$

同理可得
$$(\cos x)^{(n)} = \cos\left(x + n\cdot\frac{\pi}{2}\right).$$

几个常用函数的 n 阶求导公式:

(1) $(e^x)^{(n)} = e^x$;

(2) $(\sin x)^{(n)} = \sin\left(x + n\cdot\frac{\pi}{2}\right)$;

(3) $(\cos x)^{(n)} = \cos\left(x + n\cdot\frac{\pi}{2}\right)$;

(4) $[\ln(1+x)]^{(n)} = (-1)^{n-1}\dfrac{(n-1)!}{(1+x)^n}$;

(5) $\left(\dfrac{1}{1+x}\right)^{(n)} = (-1)^n\dfrac{n!}{(1+x)^{n+1}}$.

高阶导数的运算法则:

设函数 $u(x)$ 和 $v(x)$ 都在点 x 处具有 n 阶导数,则

(1) $[u(x) \pm v(x)]^{(n)} = u^{(n)}(x) \pm v^{(n)}(x)$.

(2) $[\lambda u(x)]^{(n)} = \lambda u^{(n)}(x)$ (λ 为常数).

由于 $[u(x)v(x)]' = u'(x)v(x) + u(x)v'(x)$,

$[u(x)v(x)]'' = u''(x)v(x) + 2u'(x)v'(x) + u(x)v''(x)$,

$(u(x)v(x))''' = u'''(x)v(x) + 3u''(x)v'(x) + 3u'(x)v''(x) + u(x)v'''(x)$,

$$\vdots$$

由此可归纳出如下的**莱布尼茨公式**

(3) $[u(x)v(x)]^{(n)} = \sum\limits_{k=0}^{n} C_n^k u^{(n-k)}(x) v^{(k)}(x)$,其中 $C_n^k = \dfrac{n!}{k!(n-k)!}$.

例 5 $y = x^2 e^x$,求 $y^{(20)}$.

解 设 $u(x) = e^x, v(x) = x^2$,利用莱布尼茨公式,得

$$[u(x)v(x)]^{(20)} = \sum_{k=0}^{20} C_{20}^{k} u^{(20-k)}(x) v^{(k)}(x),$$

所以
$$y^{(20)} = C_{20}^{0}(e^x)^{(20)} x^2 + C_{20}^{1}(e^x)^{(19)}(x^2)' + C_{20}^{2}(e^x)^{(18)}(x^2)''$$
$$= e^x x^2 + 20 e^x \cdot 2x + \frac{20 \cdot 19}{2!} e^x \cdot 2$$
$$= e^x (x^2 + 40x + 380).$$

例 6 设 $y = \dfrac{1}{x^2 - 1}$, 求 $y^{(5)}$.

解 因为 $y = \dfrac{1}{x^2 - 1} = \dfrac{1}{2}\left(\dfrac{1}{x-1} - \dfrac{1}{x+1}\right)$,

所以
$$y^{(5)} = \frac{1}{2}\left[\frac{-5!}{(x-1)^6} - \frac{-5!}{(x+1)^6}\right] = 60\left[\frac{1}{(x+1)^6} - \frac{1}{(x-1)^6}\right].$$

习题 3.3

1. 求自由落体运动 $s(t) = \dfrac{1}{2} g t^2$ 的加速度.

2. 求多项式函数 $y = 2x^6 - 2x^4 - 4x^2 - 5x - 6$ 的 6 阶导数.

3. 验证函数 $y = e^x \sin x$ 满足关系式 $y'' - 2y' + 2y = 0$.

4. 求下列函数的二阶导数:

(1) $y = (x^2 + 2x) e^{3x}$;   (2) $y = x \arctan 2x$;

(3) $y = \ln\left(\dfrac{\sin x}{x}\right)^2$;   (4) $y = \cos^2 2x$.

5. 求下列函数在指定点的高阶导数:

(1) $f(x) = e^{2x-1}$, 求 $f''(0), f'''(0)$;

(2) $f(x) = (x+10)^6$, 求 $f^{(5)}(0), f^{(6)}(0)$.

6. 求下列函数的 n 阶导数:

(1) $f(x) = x e^{3x}$;

(2) $f(x) = \ln \sqrt{4 - 9x^2}$;

(3) $f(x) = (x-1)(x-2) \cdots (x-n)$.

7. 已知 $f''(x)$ 存在, 求 $\dfrac{d^2 y}{dx^2}$.

(1) $y = f(x^2)$;

(2) $y = \ln f(x)$.

8. 设 $g'(x)$ 连续, 且 $f(x) = (x-a)^2 g(x)$, 求 $f''(a)$.

3.4 隐函数及由参数方程所确定函数的导数

3.4.1 隐函数的导数

变量 y 与 x 之间对应的函数关系有不同的表达方式. 例如函数 $y = \sin x, y = \ln x + 1$ 直

接给出自变量 x 和因变量 y 的对应关系,用这种方式表达的函数称为**显函数**. 还有另一种表达方式,如 $x^2+y^2=1, y-x-\varepsilon\sin y=0(0<\varepsilon<1)$,其中因变量 y 与自变量 x 之间对应的函数关系由方程 $F(x,y)=0$ 所确定(因变量 y 不一定能用自变量 x 直接表达出来). 这种函数称为由方程 $F(x,y)=0$ 所确定的**隐函数**. 在实际问题中,有时需要计算隐函数的导数.

任意给定一个方程 $F(x,y)=0$,它不一定能够确定一个隐函数. 如 $x^2+y^2+1=0$ 就不能确定一个隐函数. 那么,在什么条件下方程 $F(x,y)=0$ 能够确定一个函数,也就是隐函数存在的条件是什么? 这将在 10.3 节中加以讨论,这里我们仅在隐函数存在且可导的条件下讨论函数的求导问题.

一般地,若 $y=f(x)$ 是由方程 $F(x,y)=0$ 确定的隐函数,则有恒等式
$$F(x,f(x))\equiv 0,$$
这个恒等式的左边 $F(x,f(x))$ 是关于 x 的函数,在方程的两边同时对自变量 x 求导,并注意利用复合函数的求导法则,然后解出 $\dfrac{dy}{dx}$. 这就是**隐函数的求导法**.

下面通过例题来说明隐函数的求导问题.

例 1 求由方程 $y=1+xe^y$ 所确定的隐函数 $y=f(x)$ 的导数 $\dfrac{dy}{dx}$.

解 把 y 看成 x 的函数,e^y 看成 x 的复合函数,在方程 $y=1+xe^y$ 的两端分别对 x 求导数,有
$$y'=(1+xe^y)',\quad y'=0+(xe^y)',\quad y'=e^y+xe^yy',$$
解得 $y'=\dfrac{e^y}{1-xe^y}$.

(上式在分母不为零的条件下成立,以后均不再一一注明.)

例 2 求曲线 $y^3+x^3=2xy$ 上点 $(1,1)$ 处的切线方程.

解 在方程 $y^3+x^3=2xy$ 的两端分别对 x 求导数,得
$$3y^2y'+3x^2=2y+2xy',$$
解出 y',得
$$y'=\dfrac{2y-3x^2}{3y^2-2x},$$
$$y'|_{(1,1)}=-1.$$
则所求切线方程为
$$y-1=(-1)(x-1),$$
即
$$x+y-2=0.$$

例 3 求证:过椭圆 $\dfrac{x^2}{a^2}+\dfrac{y^2}{b^2}=1$ 上任一点 $M(x_0,y_0)$ 的切线方程为 $\dfrac{x_0x}{a^2}+\dfrac{y_0y}{b^2}=1$.

证 在方程 $\dfrac{x^2}{a^2}+\dfrac{y^2}{b^2}=1$ 两端分别对 x 求导数,有
$$\dfrac{2x}{a^2}+\dfrac{2y}{b^2}y'=0,$$
从而 $y'=-\dfrac{b^2x}{a^2y}$,则椭圆上点 $M(x_0,y_0)$ 处切线的斜率为 $k=y'|_{(x_0,y_0)}=-\dfrac{b^2x_0}{a^2y_0}\ (y_0\neq 0)$.

由于点 $M(x_0,y_0)$ 在椭圆 $\dfrac{x^2}{a^2}+\dfrac{y^2}{b^2}=1$ 上,所以 $\dfrac{x_0^2}{a^2}+\dfrac{y_0^2}{b^2}=1$,即 $b^2x_0^2+a^2y_0^2=a^2b^2$.

应用直线的点斜式,得椭圆在点 $M(x_0,y_0)$ 处切线方程为
$$y-y_0=-\frac{b^2x_0}{a^2y_0}(x-x_0),$$
即
$$\frac{x_0x}{a^2}+\frac{y_0y}{b^2}=1.$$

当 $y_0=0$ 时,则在点 $(-a,0)$ 和 $(a,0)$ 处切线方程分别为 $x=-a$ 和 $x=a$,而这两个方程也可统一到方程 $\frac{x_0x}{a^2}+\frac{y_0y}{b^2}=1$ 中.

所以,过椭圆 $\frac{x^2}{a^2}+\frac{y^2}{b^2}=1$ 上任一点 $M(x_0,y_0)$ 的切线方程为 $\frac{x_0x}{a^2}+\frac{y_0y}{b^2}=1$.

例 4 求由方程 $x-y+\frac{1}{2}\sin y=0$ 所确定的隐函数 $y=f(x)$ 的二阶导数.

解 在方程 $x-y+\frac{1}{2}\sin y=0$ 的两端分别对 x 求导,得
$$1-\frac{\mathrm{d}y}{\mathrm{d}x}+\frac{1}{2}\cos y\cdot\frac{\mathrm{d}y}{\mathrm{d}x}=0,$$
于是
$$\frac{\mathrm{d}y}{\mathrm{d}x}=\frac{2}{2-\cos y}.$$
上式两边再对 x 求导,得
$$\frac{\mathrm{d}^2y}{\mathrm{d}x^2}=\frac{-2\sin y\cdot\frac{\mathrm{d}y}{\mathrm{d}x}}{(2-\cos y)^2}=\frac{-4\sin y}{(2-\cos y)^3}.$$

对数求导法是首先在 $y=f(x)$ 的两边取对数,再利用隐函数的求导方法求出 y 的导数. 即若 $y=f(x)$,在其方程的两边取对数,得
$$\ln y=\ln f(x),$$
两边分别对 x 求导,得
$$\frac{1}{y}y'=[\ln f(x)]',\quad 即\quad y'=f(x)[\ln f(x)]'.$$

对数求导法适用于求幂指函数 $y=u(x)^{v(x)}$ 的导数以及多因子之积和商的导数.

例 5 求 $y=x^{\sin x}(x>0)$ 的导数.

解法一 两边取对数,得
$$\ln y=\sin x\ln x,$$
两边对 x 求导,得
$$\frac{1}{y}y'=\cos x\cdot\ln x+\sin x\cdot\frac{1}{x},$$
于是
$$y'=y\left(\cos x\cdot\ln x+\sin x\cdot\frac{1}{x}\right)$$
$$=x^{\sin x}\left(\cos x\cdot\ln x+\frac{\sin x}{x}\right).$$

解法二 幂指函数的导数也可按下面的方法求导:
$$y=x^{\sin x}=\mathrm{e}^{\sin x\ln x},$$
$$y'=\mathrm{e}^{\sin x\cdot\ln x}(\sin x\cdot\ln x)'=x^{\sin x}\left(\cos x\cdot\ln x+\frac{\sin x}{x}\right).$$

例6 设 $y=\left(\dfrac{x}{a}\right)^b\left(\dfrac{a}{b}\right)^x\left(\dfrac{b}{x}\right)^a(a>0,b>0,x>0)$,求 y'.

解 先在方程两边取对数,得
$$\ln y=b(\ln x-\ln a)+x\ln\dfrac{a}{b}+a(\ln b-\ln x),$$
方程两边分别对 x 求导,得
$$\dfrac{1}{y}y'=\dfrac{b}{x}+\ln\dfrac{a}{b}-\dfrac{a}{x},$$
于是
$$y'=\left(\dfrac{x}{a}\right)^b\left(\dfrac{a}{b}\right)^x\left(\dfrac{b}{x}\right)^a\left(\ln\dfrac{a}{b}+\dfrac{b-a}{x}\right).$$

3.4.2 参数方程所确定的函数的导数

若参数方程
$$\begin{cases}x=\varphi(t),\\ y=\psi(t)\end{cases} \tag{3-4-1}$$
确定了变量 y 与 x 之间的函数关系,则称此函数关系所表达的函数为由此参数方程所确定的函数.

在实际问题中,需要计算由参数方程所确定的函数的导数.但从参数方程中消去参数 t 有时会很困难,因此,希望有一种方法能直接由参数方程算出它所确定函数的导数.

定理 设参数方程(3-4-1)中的 $x=\varphi(t)$ 是单调函数,$\varphi(t),\psi(t)$ 都可导,且 $\varphi'(t)\neq 0$,则参数方程(3-4-1)确定 y 是 x 的函数,且
$$\dfrac{\mathrm{d}y}{\mathrm{d}x}=\dfrac{\psi'(t)}{\varphi'(t)} \quad \text{或} \quad \dfrac{\mathrm{d}y}{\mathrm{d}x}=\dfrac{\dfrac{\mathrm{d}y}{\mathrm{d}t}}{\dfrac{\mathrm{d}x}{\mathrm{d}t}}. \tag{3-4-2}$$

证 因为 $x=\varphi(t)$ 是单调可导函数,那么它的反函数 $t=\varphi^{-1}(x)$ 存在,从而参数方程(3-4-1)确定 y 是 x 的函数 $y=\psi[\varphi^{-1}(x)]$.

又因为 $\varphi'(t)\neq 0$,故 $t=\varphi^{-1}(x)$ 也可导,且 $\dfrac{\mathrm{d}t}{\mathrm{d}x}=\dfrac{1}{\varphi'(t)}$.

对复合函数 $y=\psi[\varphi^{-1}(x)]$ 运用链式法则,有
$$\dfrac{\mathrm{d}y}{\mathrm{d}x}=\dfrac{\mathrm{d}y}{\mathrm{d}t}\cdot\dfrac{\mathrm{d}t}{\mathrm{d}x}=\psi'(t)\cdot\dfrac{1}{\varphi'(t)}=\dfrac{\psi'(t)}{\varphi'(t)}.$$

也就是
$$\dfrac{\mathrm{d}y}{\mathrm{d}x}=\dfrac{\psi'(t)}{\varphi'(t)} \quad \text{或} \quad \dfrac{\mathrm{d}y}{\mathrm{d}x}=\dfrac{\dfrac{\mathrm{d}y}{\mathrm{d}t}}{\dfrac{\mathrm{d}x}{\mathrm{d}t}}.$$

若 $\varphi(t),\psi(t)$ 二阶可导,那么从式(3-4-2)又可得到函数的二阶导数公式:
$$\dfrac{\mathrm{d}^2y}{\mathrm{d}x^2}=\dfrac{\mathrm{d}}{\mathrm{d}x}\left(\dfrac{\mathrm{d}y}{\mathrm{d}x}\right)=\dfrac{\mathrm{d}}{\mathrm{d}t}\left(\dfrac{\psi'(t)}{\varphi'(t)}\right)\dfrac{\mathrm{d}t}{\mathrm{d}x}=\dfrac{\psi''(t)\varphi'(t)-\psi'(t)\varphi''(t)}{\varphi'^2(t)}\cdot\dfrac{1}{\varphi'(t)}.$$

即

$$\frac{d^2y}{dx^2}=\frac{\psi''(t)\varphi'(t)-\psi'(t)\varphi''(t)}{\varphi'^3(t)}. \tag{3-4-3}$$

想一想 有人认为由于 $\dfrac{dy}{dx}=\dfrac{\psi'(t)}{\varphi'(t)}$，所以式（3-4-3）应写成 $\dfrac{d^2y}{dx^2}=\dfrac{\psi''(t)}{\varphi''(t)}$；也有人写成 $\dfrac{d^2y}{dx^2}=\left(\dfrac{\psi'(t)}{\varphi'(t)}\right)'_t$，你认为对吗？

例 7 已知圆的参数方程为 $\begin{cases} x=a\cos t, \\ y=a\sin t, \end{cases}$ 求 $\dfrac{dy}{dx},\dfrac{d^2y}{dx^2}$.

解 $\dfrac{dy}{dx}=\dfrac{\dfrac{dy}{dt}}{\dfrac{dx}{dt}}=\dfrac{(a\sin t)'}{(a\cos t)'}=\dfrac{\cos t}{-\sin t}=-\cot t$.

$\dfrac{d^2y}{dx^2}=\dfrac{(-\cot t)'}{(a\cos t)'}=\dfrac{\csc^2 t}{-a\sin t}=-\dfrac{1}{a\sin^3 t}$.

例 8 已知摆线的参数方程为 $\begin{cases} x=a(t-\sin t), \\ y=a(1-\cos t), \end{cases}(0<t<2\pi)$，求 $\dfrac{dy}{dx}$.

解 $\dfrac{dy}{dx}=\dfrac{\dfrac{dy}{dt}}{\dfrac{dx}{dt}}=\dfrac{[a(1-\cos t)]'}{[a(t-\sin t)]'}=\dfrac{\sin t}{1-\cos t}$.

摆线可看做是半径为 a 的圆沿着一直线滚动，其上任意确定点运动的轨迹。如果以该直线为 x 轴，圆沿 x 轴的正向滚动并以要考察的点为原点，将圆滚动过程中该点与圆心的连线（即半径）所转过的角度 t 为参数，即可得 $\begin{cases} x=a(t-\sin t), \\ y=a(1-\cos t), \end{cases}(0<t<2\pi)$，见图 3-4-1.

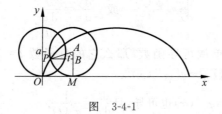

图 3-4-1

在参数方程中，如果 $x=\varphi(t)$ 与 $y=\psi(t)$ 都是可导函数，变量 x 与 y 由于参数 t 产生了某种关系，可以想象，$\dfrac{dx}{dt}$ 与 $\dfrac{dy}{dt}$ 之间也一定存在某种关系。这两个相互依赖的变化率称为**相关变化率**。

例 9 若一气球因受热而膨胀，且其体积以 $100\text{cm}^3/\text{s}$ 的速度增加，问当气球的半径为 25cm 时，气球半径的增加速度为多少？

解 设气球的体积为 v，半径为 r。显然 v 与 r 都是时间 t 的函数，且 $v=\dfrac{4}{3}\pi r^3$。

于是 $\dfrac{dv}{dt}=4\pi r^2 \dfrac{dr}{dt}$。由已知条件知 $\dfrac{dv}{dt}=100$，$r=25$，得 $\dfrac{dr}{dt}=\dfrac{1}{25\pi}$。

所以气球半径的增加速度为 $\dfrac{1}{25\pi}\text{cm/s}$。

例 10 设汽车 A 以每小时 80km 的速度向正西方向行驶,汽车 B 以每小时 90km 的速度向正北方向行驶,它们都朝着两条路的交叉点行驶,当汽车 A 距离交叉路口 300m,汽车 B 距离交叉路口 400m 时,两车以什么速度接近?

解 设汽车 A 到交叉路口的距离为 x,汽车 B 到交叉路口的距离为 y,两辆汽车之间的距离为 z,由于 x 与 y 随着时间 t 的增加而减少,所以导数取负值.

由题意知 $\dfrac{\mathrm{d}x}{\mathrm{d}t}=-80000\mathrm{m/h},\dfrac{\mathrm{d}y}{\mathrm{d}t}=-90000\mathrm{m/h}.$

x,y,z 之间的关系为 $z^2=x^2+y^2.$

在方程 $z^2=x^2+y^2$ 的两边分别对 t 求导,有

$$2z\frac{\mathrm{d}z}{\mathrm{d}t}=2x\frac{\mathrm{d}x}{\mathrm{d}t}+2y\frac{\mathrm{d}y}{\mathrm{d}t},$$

将 $x=300\mathrm{m},y=400\mathrm{m},\dfrac{\mathrm{d}x}{\mathrm{d}t}=-80000\mathrm{m/h},\dfrac{\mathrm{d}y}{\mathrm{d}t}=-90000\mathrm{m/h}$ 代入上式,得

$$\frac{\mathrm{d}z}{\mathrm{d}t}=-120000\mathrm{m/h}.$$

即两辆汽车以每小时 120km 的速度接近. 所以交叉路口一定要慢行!

习题 3.4

1. 设 $x^3-2x^2y+5xy^2-5y+1=0$ 确定了 y 是 x 的函数,求 $\dfrac{\mathrm{d}y}{\mathrm{d}x}\bigg|_{(1,1)}.$

2. 已知 $\begin{cases}x=\mathrm{e}^t\sin t,\\ y=\mathrm{e}^t\cos t,\end{cases}$ 求 $\dfrac{\mathrm{d}y}{\mathrm{d}x}\bigg|_{t=\frac{\pi}{3}}.$

3. 求下列隐函数的导数:

(1) $x^3+y^3-3axy=0$;

(2) $xy=\mathrm{e}^{x+y}$;

(3) $x\mathrm{e}^y-y\mathrm{e}^x=10$;

(4) $\ln(x^2+y^2)=2\arctan\dfrac{y}{x}.$

4. 用对数求导法求下列函数的导数:

(1) $y=\dfrac{\sqrt{x+2}\cdot(3-x)^4}{(x+1)^5}$;

(2) $y=(\sin x)^{\cos x}$;

(3) $y=\dfrac{\mathrm{e}^{2x}(x+3)}{\sqrt{(x+5)(x-4)}}.$

5. 求由下列方程所确定的隐函数 y 的二阶导数 $\dfrac{\mathrm{d}^2y}{\mathrm{d}x^2}.$

(1) $b^2x^2+a^2y^2=a^2b^2$;

(2) $x+y=\mathrm{e}^{xy}.$

6. 求由下列参数方程所确定函数的二阶导数 $\dfrac{\mathrm{d}^2y}{\mathrm{d}x^2}.$

(1) $\begin{cases}x=\ln(1+t^2),\\ y=t+\arctan t;\end{cases}$

(2) 设 $\begin{cases} x = f'(t), \\ y = tf'(t) - f(t), \end{cases}$ 其中 $f(t)$ 具有二阶导数，且 $f''(t) \neq 0$.

7. 设曲线 C 的参数方程是 $\begin{cases} x = e^t - e^{-t}, \\ y = (e^t + e^{-t})^2, \end{cases}$ 求曲线 C 上对应于 $t = \ln 2$ 的点的切线方程.

8. 设曲线 C 的方程是 $x^3 + y^3 = 3xy$，求过曲线 C 上点 $\left(\dfrac{3}{2}, \dfrac{3}{2}\right)$ 的切线方程，并证明曲线 C 在该点的法线通过原点.

9. 设 $f(x)$ 满足 $f(x) + 2f\left(\dfrac{1}{x}\right) = \dfrac{3}{x}$，求 $f'(x)$.

10. 一辆摩托车于 O 点出发，以 60km/h 的速率向东驶去，同时有一辆卡车在 O 点正南 80km 的 A 点处以 50km/h 的速率沿直线驶向 O 点，试求在开始时及开始后 1 小时末两车间距离的增长速率.

3.5 函数的微分

微分概念是在解决直与曲的矛盾中产生的，是微分学中另一基本概念，其几何意义就是在微小局部以"直"代"曲"，它在数学上的直接应用就是将函数局部线性化，它用于估计由于自变量的微小变化而引起函数值变化的大小.

3.5.1 微分概念

在实际问题中，我们经常需要研究当自变量 x 有微小改变时，函数 $y = f(x)$ 相应的改变量

$$\Delta y = f(x + \Delta x) - f(x).$$

然而，当 $y = f(x)$ 比较复杂时，Δy 的表达式就更加复杂. 例如，球体积函数为 $V = \dfrac{4}{3}\pi r^3$，体积的改变量

$$\Delta V = \dfrac{4}{3}\pi(r + \Delta r)^3 - \dfrac{4}{3}\pi r^3$$

$$= 4\pi r^2 \Delta r + 4\pi r (\Delta r)^2 + \dfrac{4}{3}\pi(\Delta r)^3.$$

由于线性关系比非线性关系简单，因此，一个自然的想法：将 Δy 表示成 Δx 的线性函数，即**线性化**，也就是说，用 $\Delta y = a\Delta x$ 这样的线性关系去近似代替 Δy 与 Δx 之间的非线性关系，从而实现复杂问题简单化，微分就是实现这种线性化的一种数学模型.

为了阐明微分的含意，先考察一个简单的例子.

如图 3-5-1 所示，现有一边长为 x_0 的正方形金属薄片，其面积为 x_0^2，受热膨胀后，其边长增加 Δx，这时面积的改变量：

$$\Delta y = (x_0 + \Delta x)^2 - x_0^2$$

$$= 2x_0 \Delta x + (\Delta x)^2.$$

上式包含两个部分,第一个部分 $2x_0\Delta x$,它是 Δx 的线性函数,图 3-5-1 中阴影部分;第二部分 $(\Delta x)^2$ 是图 3-5-1 中小正方形的面积. 显然,当 $\Delta x \to 0$ 时,$(\Delta x)^2 \to 0$,且 $(\Delta x)^2$ 是关于 Δx 的高阶无穷小量. 由此可见,如果边长有微小改变时,第二部分 $(\Delta x)^2$ 所起的作用非常小,可忽略不计;第一个部分 $2x_0\Delta x$ 是关于 Δx 的线性函数,在 Δy 的计算中起主要作用,$2x_0\Delta x$ 可近似代替 Δy,即 $\Delta y \approx 2x_0\Delta x$. 由此抽象出微分概念,我们把 $2x_0\Delta x$ 称为函数 $y=x^2$ 在 x_0 处的微分.

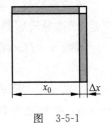

图 3-5-1

定义 设函数 $y=f(x)$ 在区间 I 上有定义,点 x_0、$x_0+\Delta x \in I$,如果函数的增量

$$\Delta y = f(x_0+\Delta x) - f(x_0)$$

可表示为

$$\Delta y = A \cdot \Delta x + o(\Delta x), \tag{3-5-1}$$

其中 A 是不依赖于 Δx 的常数,则称函数 $y=f(x)$ 在点 x_0 处**可微**. 并且称 $A \cdot \Delta x$ 为函数 $y=f(x)$ 在点 x_0 处相应于自变量的改变量 Δx 的**微分**,记作 $\mathrm{d}y$,即

$$\mathrm{d}y = A \cdot \Delta x. \tag{3-5-2}$$

由微分的定义可以说明两点:

(1) 函数 $y=f(x)$ 在点 x_0 处的微分 $\mathrm{d}y$ 是关于 Δx 的线性函数;

(2) 当 $|\Delta x|$ 很小时,$\Delta y \approx \mathrm{d}y$,即当 $|\Delta x|$ 很小时,微分是函数改变量 Δy 的主要部分,因此称 $\mathrm{d}y$ 是 Δy 的**线性主部**.

函数 $y=f(x)$ 满足什么条件,其函数的增量能表示为一个线性函数与一个高阶无穷小的和呢? 这个线性部分结构如何?

若函数 $y=f(x)$ 在点 x_0 处可微,按定义,有 $\Delta y = A\Delta x + o(\Delta x)$,两边同时除以 Δx,得

$$\frac{\Delta y}{\Delta x} = A + \frac{o(\Delta x)}{\Delta x},$$

于是,当 $\Delta x \to 0$ 时

$$\lim_{\Delta x \to 0} \frac{\Delta y}{\Delta x} = A = f'(x_0),$$

因此我们得到,如果函数 $y=f(x)$ 在点 x_0 处可微,那么 $y=f(x)$ 在点 x_0 处一定可导,并且 $A = f'(x_0)$.

反之,若函数 $y=f(x)$ 在点 x_0 处是可导,即 $\lim\limits_{\Delta x \to 0} \frac{\Delta y}{\Delta x} = f'(x_0)$,根据极限与无穷小的关系,有

$$\frac{\Delta y}{\Delta x} = f'(x_0) + \alpha \quad (\text{当}\ \Delta x \to 0\ \text{时},\alpha \to 0).$$

因此

$$\Delta y = f'(x_0)\Delta x + \alpha \cdot \Delta x.$$

由于 $\alpha \cdot \Delta x = o(\Delta x)$,且 $f'(x_0)$ 是个常数,不依赖于 Δx,所以 $y=f(x)$ 在点 x_0 处可微.

由此我们得到,若函数 $y=f(x)$ 在点 x_0 处可微,$y=f(x)$ 在点 x_0 处一定可导;若函数 $y=f(x)$ 在点 x_0 处可导,$y=f(x)$ 在点 x_0 处一定可微. 即可微与可导这两个概念是等价的.

定理 函数 $y=f(x)$ 在点 x_0 处可微的充分必要条件是函数 $y=f(x)$ 在点 x_0 处可导,

且 $A=f'(x_0)$.

该定理给出了函数在点 x_0 处可微的条件,还给出微分定义中"A"的求法:$A=f'(x_0)$,于是,求微分问题归结为求导数问题.

函数 $y=f(x)$ 在任意点 x 处的微分,称为**函数的微分**,记作 $\mathrm{d}y$ 或 $\mathrm{d}f(x)$,则有
$$\mathrm{d}y=f'(x)\Delta x.$$

如果 $y=x$,那么,$\mathrm{d}y=x'\cdot\Delta x=\Delta x=\mathrm{d}x$,所以通常把自变量的改变量 Δx 记为 $\mathrm{d}x$,即 $\mathrm{d}x=\Delta x$,并称之为**自变量的微分**. 于是函数 $y=f(x)$ 的微分可表示为
$$\mathrm{d}y=f'(x)\mathrm{d}x,$$
从而有
$$\frac{\mathrm{d}y}{\mathrm{d}x}=f'(x).$$

即函数的导数等于函数的微分 $\mathrm{d}y$ 与自变量的微分 $\mathrm{d}x$ 之商. 因此导数也叫"**微商**".

由于 $\mathrm{d}y$ 和 $\mathrm{d}x$ 有了各自独立的含义,因此有时用符号 $\dfrac{\mathrm{d}y}{\mathrm{d}x}$ 表示导数其含义更明确. 如反函数的求导公式 $\dfrac{\mathrm{d}y}{\mathrm{d}x}=\dfrac{1}{\dfrac{\mathrm{d}x}{\mathrm{d}y}}$ 可看做商的变形.

微分的几何意义

如图 3-5-2 所示,曲线 $y=f(x)$ 在点 $A(x_0,y_0)$ 处的切线 AT 的方程为
$y-f(x_0)=f'(x_0)(x-x_0)$,即 $y-f(x_0)=f'(x_0)\Delta x$,
该式右端恰为函数在 x_0 处的微分 $\mathrm{d}y$. 因此,微分 $\mathrm{d}y$ 表示当 x 由 x_0 变到 $x_0+\Delta x$ 时,曲线在点 $A(x_0,y_0)$ 处切线 AT 上相应的纵坐标的改变量.

既然可微与可导是等价的,那么,为什么要引进微分概念呢?

(1) 由图 3-5-2 可以看出,可导函数 $y=f(x)$ 的曲线上点 $A(x_0,y_0)$ 附近纵坐标的增量为 Δy 时,$\mathrm{d}y$ 就是曲线在 $A(x_0,y_0)$ 处切线 AT 上相应的纵坐标的改变量,由于

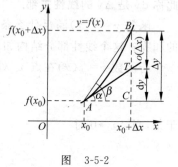

图 3-5-2

$$\frac{\Delta y-\mathrm{d}y}{\Delta x}=\frac{\Delta y}{\Delta x}-f'(x_0)\to 0 \quad (当\ \Delta x\to 0\ 时),$$

故当 $|\Delta x|$ 很小时,$|\Delta y-\mathrm{d}y|$ 比 $|\Delta x|$ 要小得多,因此,在点 P 邻近以 $\mathrm{d}y$ 近似代替 Δy 即 $\Delta y\approx \mathrm{d}y$ 是合理的.

(2) 若 $y=f(x)$ 在点 $A(x_0,y_0)$ 处可微,则
$$\Delta y=f'(x_0)\Delta x+o(\Delta x)=\mathrm{d}y+o(\Delta x).$$

而曲线 $y=f(x)$ 在点 $A(x_0,y_0)$ 处的切线斜率 $\tan\alpha=f'(x_0)$,因此
$$\mathrm{d}y=f'(x_0)\cdot\Delta x=\Delta x\cdot\tan\alpha=TC,$$
$$o(\Delta x)=\Delta y-\mathrm{d}y=BC-TC=BT,$$
由于 $\Delta y\approx\mathrm{d}y$,即 $BC\approx TC$,所以有
$$|AT|=\sqrt{(\Delta x)^2+|TC|^2}\approx\sqrt{(\Delta x)^2+|BC|^2}=|AB|\approx\overset{\frown}{AB}\text{弧长}.$$

我们知道,"直"与"曲"是一对矛盾,只要曲线弧$\overset{\frown}{AB}$的弧长不为零,割线段 AB 只能近似代替曲线弧$\overset{\frown}{AB}$,但当点 B 沿曲线 $y=f(x)$ 渐渐接近点 A 时,即随着曲线弧段$\overset{\frown}{AB}$越来越短,这个近似程度将越来越好(我们能够体会到:"微分"中有"细细地分"的含义),当割线演变为切线时,切线 AT 与曲线 $y=f(x)$ 在点 A 处有相当好的"接触",切线的斜率正好等于曲线在 A 点的导数,这时"直"与"曲"得到完美的统一.因此,在可微的条件下,用切线 AT 近似代替曲线弧$\overset{\frown}{AB}$有了可靠的数学理论依据.

由此可见,尽管一元函数 $y=f(x)$ 在 x_0 处的可微性与可导性是等价的,但无论从定义、几何意义,还是应用的角度上来说,两者是完全不同的.所以有人说"微分就是导数,导数就是微分",这种说法是不正确的.

例 1 求函数 $y=x^3$ 当 $x=2,\Delta x=0.02$ 时的微分.

解 因为 $dy=(x^3)'\Delta x=3x^2\Delta x$,

所以
$$dy\bigg|_{\substack{x=2 \\ \Delta x=0.02}}=3x^2\Delta x\bigg|_{\substack{x=2 \\ \Delta x=0.02}}=0.24.$$

3.5.2 基本初等函数的微分公式与微分运算法则

从函数的微分表达式 $dy=f'(x)dx$ 可以看出,要计算函数的微分,只要计算函数的导数,再乘以自变量的微分即可.因此,可得如下的微分公式和微分运算法则.

1. 基本初等函数的微分公式

(1) $d(C)=0$;   (2) $d(x^\mu)=\mu x^{\mu-1}dx$;

(3) $d(\sin x)=\cos x dx$; (4) $d(\cos x)=-\sin x dx$;

(5) $d(\tan x)=\sec^2 x dx$; (6) $d(\cot x)=-\csc^2 x dx$;

(7) $d(\sec x)=\sec x\tan x dx$; (8) $d(\csc x)=-\csc x\cot x dx$;

(9) $d(a^x)=a^x\ln a dx$;   (10) $d(e^x)=e^x dx$;

(11) $d(\log_a x)=\dfrac{1}{x\ln a}dx$; (12) $d(\ln x)=\dfrac{1}{x}dx$;

(13) $d(\arcsin x)=\dfrac{1}{\sqrt{1-x^2}}dx$; (14) $d(\arccos x)=-\dfrac{1}{\sqrt{1-x^2}}dx$;

(15) $d(\arctan x)=\dfrac{1}{1+x^2}dx$; (16) $d(\text{arccot}\, x)=-\dfrac{1}{1+x^2}dx$.

2. 函数和、差、积、商的微分法则

(1) $d[\alpha u\pm\beta v]=\alpha du\pm\beta dv$ (α,β 为常数);

(2) $d(u\cdot v)=vdu+udv$;

(3) $d\left(\dfrac{u}{v}\right)=\dfrac{vdu-udv}{v^2}$ ($v\neq 0$).

3. 复合函数的微分法则

如果函数 $u=\varphi(x)$ 在点 x 处可微,函数 $y=f(u)$ 在对应点 u 处可微,则复合函数 $y=f[\varphi(x)]$ 的微分:
$$dy=y'_x dx=f'(u)\varphi'(x)dx,$$
由于 $du=\varphi'(x)dx$,所以复合函数 $y=f[\varphi(x)]$ 的微分公式也可以写成
$$dy=f'(u)du=y'_u du.$$

由此可见,无论 u 是自变量还是中间变量,微分形式 $dy=f'(u)du$ 保持不变,这一性质称为**一阶微分形式不变性**. 利用这一特性,可以简化微分的有关运算.

例 2 $y=\ln(1+e^{x^2})$,求 dy.

解 $dy = d\ln(1+e^{x^2}) = \dfrac{1}{1+e^{x^2}} d(1+e^{x^2})$

$= \dfrac{1}{1+e^{x^2}} \cdot e^{x^2} d(x^2) = \dfrac{1}{1+e^{x^2}} \cdot e^{x^2} \cdot 2x dx$

$= \dfrac{2x e^{x^2}}{1+e^{x^2}} dx.$

例 3 在下列等式的括号中填入适当的函数,使等式成立.

(1) $d(\quad) = \cos\omega t dt$; (2) $d(\sin x^2) = (\quad) d(\sqrt{x})$.

解 (1) 因为 $d(\sin\omega t) = \omega\cos\omega t dt$,

所以 $\cos\omega t dt = \dfrac{1}{\omega} d(\sin\omega t) = d\left(\dfrac{1}{\omega}\sin\omega t\right)$;

一般地,有 $d\left(\dfrac{1}{\omega}\sin\omega t + C\right) = \cos\omega t dt.$

(2) 因为 $d(\sin x^2) = \cos x^2 d(x^2) = 2x\cos x^2 dx$

$= 2x\cos x^2 \cdot 2\sqrt{x} d(\sqrt{x}) = 4x\sqrt{x}\cos x^2 d(\sqrt{x})$;

所以 $d(\sin x^2) = (4x\sqrt{x}\cos x^2) d(\sqrt{x}).$

3.5.3 微分在近似计算中的应用

我们知道,函数 $y=f(x)$ 的微分 dy 是函数改变量的线性主部,因为线性,所以简单易用,常常用作近似计算. 由于 $\Delta y \approx dy$ 可写成 $f(x_0+\Delta x) \approx f(x_0) + f'(x_0)\Delta x$,因此该公式为我们提供了求函数 $y=f(x)$ 近似值的一种方法. 具体地讲,如果函数值 $f(x_0+\Delta x)$ 不易求得,而 $f(x_0)$ 与 $f'(x_0)$ 的值容易求出,那么利用 $f(x_0+\Delta x) \approx f(x_0) + f'(x_0)\Delta x$ 就可求出 $f(x_0+\Delta x)$ 的函数值了. 即

$$f(x) \approx f(x_0) + f'(x_0) \cdot \Delta x.$$

这样求解可使一些复杂计算得到简化,其基本思想是在微小局部将给定的函数线性化. 特别地,当 $x_0=0$ 时,$\Delta x=x$,有

$$f(x) \approx f(0) + f'(0) \cdot x.$$

例 4 利用微分求 $\sqrt{2}$ 的近似值.

解 将求 $\sqrt{2}$ 的近似值问题转化为求函数 $f(x)=\sqrt{x}$ 在点 $x_0+\Delta x=2=1.96+0.04$ 处函数的近似值问题(选取 $x_0=1.96$ 是基于这样两个原因:(1)1.96 接近于 2;(2)$\sqrt{1.96}$ 的数值易于计算),由于 $\sqrt{x} \approx \sqrt{x_0} + (\sqrt{x})'|_{x=x_0} \Delta x$,于是有

$$\sqrt{2} \approx \sqrt{1.96} + \dfrac{1}{2\sqrt{1.96}} \times 0.04 \approx 1.414.$$

例 5 证明当 $|h|$ 很小时

$$\ln(1+h) \approx h.$$

证 由于 $|h|$ 很小,可将 h 视为 Δx,即求证 $\ln(1+\Delta x) \approx \Delta x$.

令 $f(x) = \ln x, x_0 = 1$,于是

$$\ln(1+\Delta x) \approx \ln 1 + \frac{1}{x}\bigg|_{x=1} \cdot \Delta x = \ln 1 + \frac{1}{1} \cdot \Delta x = \Delta x,$$

即

$$\ln(1+h) \approx h.$$

类似证明:当 $|x|$ 很小时,有下列近似公式:

$$\sqrt[n]{1+x} \approx 1 + \frac{1}{n}x;\ \sin x \approx x\,(x\ \text{为弧度});\ \tan x \approx x\,(x\ \text{为弧度});\ e^x \approx 1+x.$$

我们不难发现,在微分基础上得到的这些近似公式,也可利用等价无穷小得到. 想一想,为什么?如当 $x \to 0$ 时,无穷小 $e^x - 1$ 与 x 是等价的,即 $\lim\limits_{x \to 0} \dfrac{e^x - 1}{x} = 1$,故 x 是 $e^x - 1$ 的线性主部,所以当 $|x|$ 很小时,$e^x \approx 1 + x$.

事实上,当 $f'(x) \neq 0$ 时,在 $\Delta y = f'(x)\Delta x + o(\Delta x)$ 的两端同除以 $f'(x)\Delta x$,再取极限 $\Delta x \to 0$,则有

$$\lim_{\Delta x \to 0} \frac{\Delta y}{f'(x)\Delta x} = \lim_{\Delta x \to 0}\left[1 + \frac{o(\Delta x)}{f'(x)\Delta x}\right] = 1. \tag{3-5-3}$$

式(3-5-3)表明:当 $\Delta x \to 0$ 时,微分是函数改变量的等价无穷小.

例 6 爱因斯坦告诉我们:物体的质量 m 实际上是随着其速度 v 的增长而增长,其函数关系为 $m = \dfrac{m_0}{\sqrt{1 - v^2/c^2}}$,其中光速 $c = 3 \times 10^8\,\text{m/s}$,当 v 和 c 相比很小时,$\dfrac{v^2}{c^2}$ 很小.

由于 $f(x) \approx f(x_0) + f'(x_0)\Delta x$,因此求 $m = \dfrac{m_0}{\sqrt{1 - v^2/c^2}}$ 的近似值可转化为求 $f(x) = \dfrac{m_0}{\sqrt{x}}$ 在点 $1 - \dfrac{v^2}{c^2}$ 处的近似值,因此

$$\frac{m_0}{\sqrt{x}} \approx \left[\frac{1}{\sqrt{x_0}} + \left(\frac{1}{\sqrt{x}}\right)'\bigg|_{x=x_0}\Delta x\right]m_0,$$

将 $x = 1 - \dfrac{v^2}{c^2}, x_0 = 1, \Delta x = -\dfrac{v^2}{c^2}$ 代入上式,可得

$$m \approx m_0\left[1 + \frac{1}{2}\left(\frac{v^2}{c^2}\right)\right] = m_0 + \frac{1}{2}m_0 v^2\left(\frac{1}{c^2}\right)$$

即

$$m \approx m_0 + \frac{1}{2}m_0 v^2\left(\frac{1}{c^2}\right).$$

设物体的动能 $K = \dfrac{1}{2}m_0 v^2$,整理得

$$(m - m_0)c^2 \approx \frac{1}{2}m_0 v^2 = \frac{1}{2}m_0 v^2 - \frac{1}{2}m_0 0^2 = \Delta K,$$

或

$$(\Delta m)c^2 \approx \Delta K.$$

这就是说,当物体从速度 0 变到速度 v 时,其动能的改变量 ΔK 近似等于 $(\Delta m)c^2$.

因为 $c = 3 \times 10^8\,\text{m/s}$,所以

$$\Delta K \approx 9 \times 10^{16} \Delta m\,(\text{J}),$$

由此可知,质量的小变化可以创造出能量的大改变.例如,1g 质量转换成的能量就相当于爆炸一颗 2 万吨级的原子弹释放的能量.

习题 3.5

1. 在括号内填入适当的函数,使等式成立.

(1) d( ) = $3^x dx$；　　　　　　　　(2) d( ) = $\sin\omega x dx$；

(3) d( ) = $\dfrac{1}{1+x} dx$；　　　　　(4) d( ) = $e^{-2x} dx$；

(5) d( ) = $\dfrac{1}{\sqrt{x}} dx$；　　　　　(6) d( ) = $\sec^2 3x dx$；

(7) d( ) = $\dfrac{1}{x} \ln x dx$；　　　　　(8) d( ) = $\dfrac{x}{\sqrt{1-x^2}} dx$；

(9) $y = x^2 e^{2x}$, $dy = e^{2x} d$ _____ $+ x^2 d$ _____ ；

(10) $d\left(\arctan \dfrac{e^{2x}}{\sqrt{2}}\right) =$ _____ $de^x =$ _____ dx.

2. 根据下面所给的值,求函数 $y = x^2 + 1$ 的 Δy, dy 及 $\Delta y - dy$.

(1) 当 $x = 1$, $\Delta x = 0.1$ 时；

(2) 当 $x = 1$, $\Delta x = 0.01$ 时.

3. 求下列函数的微分.

(1) $y = xe^x$；　　　　(2) $y = \dfrac{\ln x}{x}$；　　　　(3) $y = \cos\sqrt{x}$；

(4) $y = 5^{\ln\tan x}$；　　(5) $y = 8x^x - 6e^{2x}$；　　(6) $y = \sqrt{\arcsin x}$.

4. 求由下列方程确定的隐函数 $y = y(x)$ 的微分 dy.

(1) $y = x + \cos y$；　　　　(2) $y\sin(x+y) + 1 = e^x$.

5. 利用微分求下列各数的近似值.

(1) $\sqrt[3]{8.1}$；　　　　(2) $\ln 0.99$；　　　　(3) $\arctan 1.02$.

6. 利用一阶微分形式的不变性,求下列函数的微分,其中 f 和 φ 均为可微函数.

(1) $y = f(x^3 + \varphi(x^4))$；　　(2) $y = f(1-2x) + 3\sin f(x)$.

3.6 物理与经济学中的导数问题

3.6.1 导数的物理含义

物理学中很多物理量都是借助于变化率来定义的,如速度是位移对时间的变化率,功率是功对时间的变化率,电流是电量对时间的变化率等等.而函数 $y = f(x)$ 在点 x_0 处的导数就是函数 $y = f(x)$ 在点 x_0 处对自变量 x 的变化率.所以,可以利用导数来定义下列常见物理量.

1. 速度与加速度

设物体作直线运动,位移函数为 $s(t)$,速度函数为 $v(t)$ 和加速度函数为 $a(t)$,则有关

系式

$$v(t)=\frac{ds}{dt}, \quad a(t)=\frac{d^2s}{dt^2}.$$

例1 设一质点以 50m/s 的发射速度垂直射向空中,t 秒后达到的高度为

$$s=50t-5t^2(\text{m}),$$

假设质点在运动过程中仅受到重力的作用,试问:

(1) 该质点能达到的最大高度是多少?

(2) 该质点离地面 120m 时的速度是多少?

解 因为速度函数 $v(t)=\frac{ds}{dt}$,所以 $v(t)=50-10t$.

(1) 令 $v(t)=50-10t=0$,得 $t=5$,因此当质点向上运行 5s 时,运动的速度为 0,此时质点达到最高点,最大高度是

$$s(5)=50\times 5-5\times 5^2=125(\text{m}).$$

(2) 由条件,令 $s=50t-5t^2=120$,得

$$t=4 \quad \text{或} \quad t=6,$$

故 $v(4)=(50-10t)|_{t=4}=10(\text{m/s})$ 或 $v(6)=(50-10t)|_{t=6}=-10(\text{m/s})$.

因此,当质点离地面 120m 时向上和向下的速度大小为 10m/s.

2. 功率

物体在单位时间内所做的功称为**功率**.功率是描述做功快慢的物理量,功一定时,时间越短,功率值就越大.其公式为:功率=功/时间.

若功函数为 $W=W(t)$,则 $t=t_0$ 时的功率为 $P(t_0)=W'(t_0)$.

例2 有一质量为 1100kg 的汽车,能在 2s 时间内把汽车从静止状态加速到 10m/s,若汽车启动后作匀加速直线运动,求汽车发动机的最大输出功率.

解 由条件知,汽车的初速度为 $v(0)=0$m/s,2s 后的速度为 $v=10$m/s.

因为 $v=v_0+at$,所以加速度 $a=\frac{10}{2}=5(\text{m/s}^2)$.

汽车位移函数:$s(t)=\frac{1}{2}at^2=2.5t^2(0\leqslant t\leqslant 2)$.

根据牛顿第二定律 $F=ma$,汽车受到的推力为 $F=1100\times 5=5500(\text{N})$,所以推力所做的功为

$$W(t)=F\cdot s(t)=5500\times 2.5t^2,$$

功率为 $W'(t)=(5500\times 2.5t^2)'=5500\times 5t$,所以当 $t=2$s 时达到的最大输出功率

$$5500\times 5\times 2=55000\approx 74.8(\text{马力}).$$

3. 电流

单位时间里通过导体任一横截面的电量叫做**电流强度**,简称**电流**.即电量关于时间的变化率.若 $q(t)$ 为通过截面的电量,$I(t)$ 为截面上的电流,则 $I(t)=q'(t)$.

若通过某一截面的电量 $q(t)=20\sin\left(\frac{25}{\pi}t+\frac{\pi}{2}\right)$ 库仑,则通过该截面的电流为

$$I(t)=q'(t)=\left[20\sin\left(\frac{25}{\pi}t+\frac{\pi}{2}\right)\right]'=\frac{500}{\pi}\cos\left(\frac{25}{\pi}t+\frac{\pi}{2}\right)\text{安培}.$$

3.6.2 导数的经济含义

1. 边际分析

导数 $f'(x_0)$ 表示 $f(x)$ 在点 $x=x_0$ 处的变化率,在经济学中,称其为 $f(x)$ 在点 $x=x_0$ 处的**边际函数值**."边际"则表示 x 在某一值的"边缘上"时 y 的变化情况,即当 x 在某一给定值附近发生微小变化时 y 的瞬时变化.经济学家把一个函数的导数称为该函数的**边际函数**.

如某工厂生产一种产品的总成本函数为 $C=C(q)$,其中 q 为产量,称 $C'(q) = \lim\limits_{\Delta q \to 0} \dfrac{\Delta C}{\Delta q}$ 为**边际成本函数**,根据微分概念,当产量在 q_0 水平上有改变量 Δq 时,总成本函数改变量 $\Delta C \approx \mathrm{d}C|_{q=q_0} = C'(q_0)\Delta q$ ($|\Delta q|$ 很小).

特别地,当 $\Delta q = 1$ 时,则有 $\Delta C \approx C'(q_0)$.

说明在产量为 q_0 的基础上,多生产一个单位产品所增加成本的近似值为 $C'(q_0)$.在经济应用中,常常略去"近似"二字.

类似地,商品的总收益 R 取决于销售量 q 和价格 p,收益函数为 $R=pq$.设总收益函数 $R=R(q)$,则称 $R'=R'(q)$ 为**边际收益函数**.$\Delta R \approx R'(q_0)\Delta q$ ($|\Delta q|$ 很小),说明在产量为 q_0 的基础上,再多销售一单位商品所得收益的改变量为 $R'(q_0)$.

利润是指收益中扣除成本后的部分,即 $L=R-C$.设利润函数为 $L=L(q)$,则称 $L'=L'(q)$ 为**边际利润函数**.$\Delta L \approx L'(q_0)\Delta q$ ($|\Delta q|$ 很小),说明在产量为 q_0 的基础上,再多销售一单位商品所得利润的改变量为 $L'(q_0)$.

例3 某公司总利润 L(万元)与日产量 q(吨)之间的函数关系式(即利润函数)为 $L(q) = 2q - 0.005q^2 - 150$,试求每天生产 150 吨,200 吨,350 吨时的边际利润,并说明其经济含义.

解 边际利润函数 $L'(q) = 2 - 0.01q$,从而有
$$L'(150) = 0.5; \quad L'(200) = 0; \quad L'(350) = -1.5.$$

上面的计算结果表明,当日产量在 150 吨时,每天增加 1 吨产量可增加总利润 0.5 万元;当日产量在 200 吨时,再增加产量,总利润已经不会增加;而当日产量在 350 吨时,每天产量再增加 1 吨反而使总利润减少 1.5 万元.由此可见,该公司应该把日产量定在 200 吨,此时的总利润最大.

从此例发现,公司获利最大的时候,边际利润为零.

2. 弹性分析

经济活动中,商品的需求量 Q 通常是销售价格 p 的单调减少函数.若在销售价格为 p_0 水平上的需求量为 $Q_0 = Q(p_0)$,当销售价格 p 有了改变量 $\Delta p \neq 0$,则需求函数有相应的改变量为 $\Delta Q \neq 0$,但这不足以说明问题,如销售价格水平分别为 1000 元/件与 100 元/件的商品,尽管都降低 50 元/件,可降价的幅度却差别很大,从而增加需求量的效果也不一样.于是应考虑销售价格的变化幅度即相对改变量 $\dfrac{\Delta p}{p_0}$ 对需求函数相对改变量 $\dfrac{\Delta Q}{Q_0}$ 的影响程度.

考虑比值 $\quad\bar{\eta}(p_0) = \dfrac{\dfrac{\Delta Q}{Q_0}}{\dfrac{\Delta p}{p_0}} = \dfrac{\Delta Q}{\Delta p} \dfrac{p_0}{Q_0}$

称 $\bar{\eta}(p_0)$ 为需求函数在销售价格 p_0 水平上对销售价格的平均相对变化率.

若极限

$$\lim_{\Delta p \to 0} \bar{\eta}(p_0) = \lim_{\Delta p \to 0} \frac{\frac{\Delta Q}{Q_0}}{\frac{\Delta p}{p_0}} = \lim_{\Delta p \to 0} \frac{\Delta Q}{\Delta p} \frac{p_0}{Q_0} = \frac{Q'(p_0)}{Q_0} p_0$$

存在,称此极限为需求函数在销售价格 p_0 水平上对销售价格的瞬时相对变化率,也就是经济分析中常用的概念**需求弹性**,记为

$$\eta(p_0) = \frac{Q'(p_0)}{Q_0} p_0.$$

数值上,需求弹性 $\eta(p_0)$ 表示 Q 在点 p_0 处,当 p 产生 1% 的改变时,需求函数 Q 近似地改变 $\eta(p_0)\%$,在应用问题中解释弹性的具体意义时,通常略去"近似"二字.

$|\eta|>1$ 时,需求量的相对变化大于价格的相对变化,即价格的变化对需求量的影响较大,称为**富有弹性**;$|\eta|<1$ 时,需求量的相对变化小于价格的相对变化,称为**缺乏弹性**;一般来说,生活必需品的市场需求量对价格的变化幅度不大,弹性值小.$|\eta|=1$ 时,需求量的相对变化与价格的相对变化基本相等,称为**单位弹性**.

例 4 设某种商品的需求量 Q 与价格 P 的关系为

$$Q(P) = 1600\left(\frac{1}{4}\right)^P.$$

(1) 求需求弹性 $\eta(P)$;

(2) 当商品的价格 $p=10$ 元时,再增加 1%,求该商品需求量变化情况.

解 (1) 需求弹性为

$$\eta(P) = P\frac{Q'(P)}{Q(P)} = P\frac{\left[1600\left(\frac{1}{4}\right)^P\right]'}{1600\left(\frac{1}{4}\right)^P} = P \cdot \frac{1600\left(\frac{1}{4}\right)^P \ln\frac{1}{4}}{1600\left(\frac{1}{4}\right)^P}$$

$$= P \cdot \ln\frac{1}{4} = (-2\ln 2)P \approx -1.39P.$$

需求弹性为负,说明商品价格 P 上涨,商品需求量 Q 将减少.

(2) 当商品价格 $P=10$ 元时,$\eta(10) \approx -1.39 \times 10 = -13.9$.

这表示价格 $P=10$ 元时,价格上涨 1%,商品的需求量将减少 13.9%.若价格降低 1%,商品的需求量将增加 13.9%.

例 5 某市目前对当地的餐饮业征收 5% 的税.经济学家估计每天到餐馆就餐的人数 $D(t) = \sqrt[3]{700-3t^3}$,其中 $t(\%)$ 是税率,$D(t)$ 的单位是 10000 人.市长准备将税率增加到 8%,希望将多征收的税钱用于发展当地的教育.试问,这样做能不能筹到资金?

分析 虽然题目中没有给出价格,但税率 t 的作用与价格相同.t 小就餐的人就多,反之会让顾客却步,因此可将 $D(t)$ 视为 t 的需求函数.

解 需求弹性

$$\eta = \frac{tD'(t)}{D(t)} = t \cdot \frac{1}{3} \cdot (700-3t^3)^{-\frac{2}{3}}(-9)t^2 \cdot \frac{1}{(700-3t^3)^{\frac{1}{3}}} = -\frac{3t^3}{700-3t^3}.$$

当 $t=5$ 时,$|\eta| = \frac{375}{325} \approx 1.154 > 1.$

这是一个富有弹性值,若在税率5%的基础上再提高税率将较大幅度减少收益.因此对于市政府来说,这不是一个好的建议.

习题 3.6

1. 设有一个球体,其半径以 0.01m/s 的速率在增加,当半径为 2m 时,求其体积及表面积的增加速率.

2. 钟摆摆动的周期 T 与摆长 l 的关系是 $T=2\pi\sqrt{\dfrac{l}{g}}$,其中 $g=9.8\text{m/s}^2$. 设原来摆长为 20cm,为使周期缩小 0.01s,问摆长约需缩短多少?

3. 设 $Q=Q(T)$ 表示重 1 单位的金属从 0℃ 加热到 T(℃)所吸收的热量,当金属从 T 升温到 $(T+\Delta T)$ 时,所需热量为 $\Delta Q=Q(T+\Delta T)-Q(T)$,$\Delta Q$ 与 ΔT 之比称为 T 到 $T+\Delta T$ 的平均比热容,试解答如下问题:

(1) 如何定义在 T℃ 时,金属的比热容;

(2) 当 $Q(T)=aT+bT^2$(其中 a,b 均为常数)时,求比热容.

4. 已知生产某产品 Q 件的成本为 $C=9000+12Q-0.01Q^3$(元),试求:

(1) 边际成本函数;

(2) 产量为 20 件时的边际成本,并解释其经济意义;

(3) 产量为多少件时,边际成本最小.

5. 设某商品的需求函数为 $Q(p)=75-p^2$,求 $p=6$ 时的需求弹性,并给出其经济解释.

扩展阅读

无法想象的函数

我们知道,可导的函数一定连续,连续的函数不一定可导.

问题 1. 如果函数在点 x_0 处可导,那么该函数在 $\overset{\circ}{U}(x_0)$ 内一定可导吗?在 $\overset{\circ}{U}(x_0)$ 内一定连续吗?下面这个例子给予我们很好的解答.

设 $f(x)=x^2 D(x)$,其中 $D(x)$ 为 Dirichlet 函数,即 $D(x)=\begin{cases}0, & x\text{ 是有理数},\\ 1, & x\text{ 是无理数},\end{cases}$ 则由导数定义,得

$$f'(0)=\lim_{x\to 0}\dfrac{f(x)-f(0)}{x-0}=\lim_{x\to 0}xD(x)=0,$$

即 $f(x)$ 在 $x=0$ 处可导,且 $f(x)$ 仅仅在 $x=0$ 处可导!在其他任何点都不可导也都不连续.

问题 2. 区间上的连续函数至少有一个可导点吗?

直观上,我们对连续函数的认识是:除了少数一些特殊的点以外,连续函数的曲线在每一点上总会有斜率,即使是分段连续,各段上也是光滑的,即可导的.对于连续函数及其可微性的这一直观认识,法国数学家柯西和他那个时代的数学家几乎都认为是对的,并且在长达 50 年的时间内,许多教科书中都给出了这样的结论.1872 年,德国数学家魏尔斯特拉斯(K.

T. W. Weierstrass;1815—1897)利用函数项级数(第 8 章)构造了一个处处连续且处处不可导的函数:$f(x) = \sum_{n=0}^{\infty} b^n \cos(a^n \pi x)$ $\left(\text{其中 } a \text{ 为奇整数}, 0 < b < 1, ab > 1 + \frac{3}{2}\pi\right)$,这是一个无法用笔画出任何一部分的"病态"函数,因为这种"病态"函数每一点的导数都不存在,人们就无法知道每一点该朝哪个方向画图. 魏尔斯特拉斯函数的发现,与之前人们对函数的直观认识大相径庭,改变了当时数学家对连续函数的看法,这在当时震惊了数学界,使得数学陷入了危机,危机使人们认识到直观想象只是理性思维的启迪,微积分的研究需要理性探索. 从而产生了一门新兴的数学学科称为**分形几何**. 事实上,在自然界中存在着许多这种不规则的函数的曲线,如不光滑的几何图形,材料的无规则裂缝,奇形怪状的海岸线,云彩的边界等这些变化无穷的曲线. 分形几何的概念是由美籍数学家芒德勃罗(B. B. Mandelbrot)于 1975 年首先提出的,目前它已发展成为一门新兴的数学分支,它的应用几乎涉及自然界每个领域.

总 习 题 3

1. 选择题:

(1) 函数 $f(x)$ 在点 x_0 处的导数 $f'(x_0)$ 定义为( ).

A. $\dfrac{f(x_0 + \Delta x) - f(x_0)}{\Delta x}$ 　　　　　B. $\lim\limits_{x \to x_0} \dfrac{f(x_0 + \Delta x)}{\Delta x}$

C. $\lim\limits_{x \to x_0} \dfrac{f(\Delta x) - f(0)}{\Delta x}$ 　　　　　D. $\lim\limits_{x \to x_0} \dfrac{f(x) - f(x_0)}{x - x_0}$

(2) 函数 $f(x) = |x - 2|$ 在点 $x = 2$ 处的导数是( ).

A. 1 　　　　　B. 0 　　　　　C. -1 　　　　　D. 不存在

(3) 若函数 $y = f(x)$ 在点 x_0 处的导数 $f'(x_0) = 0$,则曲线 $y = f(x)$ 在点 $(x_0, f(x_0))$ 处的法线( ).

A. 与 x 轴相平行 　　　　　B. 与 x 轴垂直

C. 与 $y = x$ 相平行 　　　　　D. 与 $y = x$ 垂直

(4) 若函数 $f(x)$ 为可微函数,则 $\mathrm{d}y$( ).

A. 与 Δx 无关; 　　　　　B. 为 Δx 的线性函数;

C. 当 $\Delta x \to 0$ 时为 Δx 的高阶无穷小; 　　　　　D. 与 Δx 为等价无穷小.

2. 填空题:

(1) 设函数 $y = x(x-1)(x-2)(x-3)$,则 $y'(0) = $ _____.

(2) 设 $y = \dfrac{1-x}{1+x}$,则 $y' = $ _____.

(3) 当 $x \approx 0$ 时,由公式 $\Delta y \approx \mathrm{d}y$ 可近似计算 $\ln(1+x) \approx $ _____,由此得 $\ln 1.002 \approx $ _____;$\tan x \approx $ _____,由此得 $\tan 45' \approx $ _____.

(4) 已知函数 $f(x)$ 具有任意阶导数,且 $f'(x) = [f(x)]^2$,则当 n 为大于 2 的正整数时,$f(x)$ 的 n 阶导数 $f^{(n)}(x)$ 是_____.

(5) 设函数 $y = f(x)$ 在点 x_0 处可导,当自变量 x 由 x_0 增加到 $x_0 + \Delta x$ 时,记 Δy 为

$f(x)$ 的增量，dy 为 $f(x)$ 的微分，$\lim\limits_{\Delta x \to 0} \dfrac{\Delta y - dy}{\Delta x} =$ _____.

3. 求下列函数的 n 阶导数：

(1) $y = \sin^2 x$； (2) $y = x\ln x$，求 $f^{(n)}(1)$.

4. 设函数 $f(x) = \begin{cases} 2e^x + a, & x < 0, \\ x^2 + bx + 1, & x \geq 0 \end{cases}$ 在 $x = 0$ 处可导，试确定 a, b 的值.

5. 设 $f(x)$ 在 $x = 3$ 处连续，且 $\lim\limits_{x \to 3} \dfrac{f(x)}{x - 3} = 4$，求 $f'(3)$.

6. 求下列函数的一阶导数：

(1) $y = (1 + x^2)^{\sec x}$；

(2) y 为 x 的函数是由方程 $\ln \sqrt{x^2 + y^2} = \arctan \dfrac{y}{x}$ 确定的.

7. 求下列函数的导数 y'：

(1) $y = \arcsin(\sin x)$； (2) $y = \sqrt{x \sin x \sqrt{1 - e^x}}$；

(3) $\begin{cases} x = a\cos t, \\ y = b\sin t; \end{cases}$ (4) $\begin{cases} x = \sqrt{1 + t^2}, \\ y = t + \arctan t. \end{cases}$

8. 设 $f(x) = \begin{cases} x \arctan \dfrac{1}{x^2}, & x \neq 0, \\ 0, & x = 0, \end{cases}$ 试讨论 $f'(x)$ 在点 $x = 0$ 处的连续性.

9. 设 $F(x) = g(x)\varphi(x)$，$\varphi(x)$ 在 $x = a$ 处连续，$g(x)$ 在 $x = a$ 处可导且 $g(a) = 0$，求 $F'(a)$.

10. 设函数 $f(x)$ 在点 $x = a$ 处可导，$f(a) > 0$，求极限 $\lim\limits_{n \to \infty} \left[f\left(a + \dfrac{1}{n}\right) \cdot \dfrac{1}{f(a)} \right]^n$.

11. 求由方程 $x^2 - y^2 = 1$ 所确定的隐函数的二阶导数 $\dfrac{d^2 y}{dx^2}$.

12. 设 $f(x)$ 在点 $x = 0$ 处有连续的二阶导数，且 $\lim\limits_{x \to 0} \dfrac{f(x) - x}{x^2} = 1$，求 $f(0), f'(0), f''(0)$.

13. 水管壁的正截面是一个圆环，设它的内径为 R_0，壁厚为 d，利用微分计算这个圆环面积的近似值（d 相当小）.

14. 一人走过一桥的速率为 4km/h，同时一船在此人底下以 8km/h 的匀速率划过，此桥比船高 200m，问 3 min 后人与船相离的速率为多少？

15. 已知 $f(x) = \begin{cases} \dfrac{g(x) - \cos x}{x}, & x \neq 0, \\ a, & x = 0, \end{cases}$ 其中 $g(x)$ 有二阶连续导数，且 $g(0) = 1$，

(1) 确定 a 的值，使 $f(x)$ 在 $x = 0$ 点连续；

(2) 求 $f'(x)$.

16. 已知 $f(t) = \lim\limits_{x \to \infty} t \left(\dfrac{x + t}{x - t} \right)^x$，求 $f'(t)$.

微分中值定理与导数的应用

著名美国数学家、哲学家怀特黑德(Whitehead,1861—1947)曾经说过:"只有将数学应用于社会科学研究之后,才能使得文明社会的发展成为可控制的现实". 导数是来源于许多实际问题的变化率,它描述了非均匀变化现象的变化快慢程度. 可导数仅反映函数在某一点附近的局部特性,如何利用导数对函数的性态作比较全面的研究,使导数能够解决更广泛的问题呢? 微分中值定理是由函数的局部性质推断函数整体性质的有力工具,是导数应用的基础. 本章将建立微分学中的中值定理,并以中值定理为基础,以导数为工具,判断函数的单调性和凹凸性,求函数的极值、函数的最大值和最小值并对函数图像进行描绘.

4.1 微分中值定理——联结局部与整体的纽带

微分的一个重要应用是近似计算,对于给定的点 x_0,可利用 $f(x_0)$ 与 $f'(x_0)$ 来估计 x_0 附近的函数值 $f(x)$,即 $f(x) \approx f(x_0) + f'(x_0)\Delta x$,也就是

$$\frac{f(x)-f(x_0)}{x-x_0} \approx f'(x_0).$$

从几何上看(图 4-1-1),上式的左端 $\dfrac{f(x)-f(x_0)}{x-x_0}$ 表示曲线 $y=f(x)$ 上过两点 $M(x_0,f(x_0))$、$N(x,f(x))$ 割线的斜率,而 $f'(x_0)$ 是曲线 $y=f(x)$ 在点 $M(x_0,f(x_0))$ 处切线的斜率,这两者显然是不等的(除非在 x_0 附近 $f(x)$ 是线性函数). 如果曲线上各点处切线都存在,我们设想将割线慢慢平移(如图 4-1-2 所示),此割线将会在某点与曲线相切,设切点的横坐标为 ξ,则有

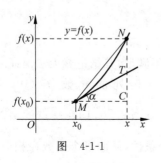

图 4-1-1

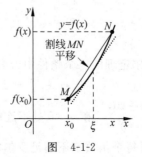

图 4-1-2

$$\frac{f(x)-f(x_0)}{x-x_0}=f'(\xi) \quad (\xi \text{ 位于 } x_0 \text{ 与 } x \text{ 之间}),$$

这是一个严格的等式!

这个严格且完美的等式,将函数在某区间上平均变化率转换成函数在该区间内部某一点处的导数,即将函数在某区间上的整体性质转换成该区间内某一点附近的局部性质,从而成为导数应用的理论基础,它是微分学自身发展的一种数学理论模型,因此称之为微分中值定理.

定理 1 (罗尔(Rolle)定理)

设函数 $f(x)$ 满足下列三个条件:

(1) 在闭区间 $[a,b]$ 上连续;

(2) 在开区间 (a,b) 内可导;

(3) $f(a)=f(b)$.

则在开区间 (a,b) 内至少存在一点 ξ,使得 $f'(\xi)=0$.

证 因为 $f(x)$ 在 $[a,b]$ 上连续,所以 $f(x)$ 在 $[a,b]$ 上一定有最大值和最小值,不妨记最大值为 M,最小值为 m.

若 $f(x)\equiv C$,则 $M=m$,这时对任意的 $\xi\in(a,b)$ 都有 $f'(\xi)=0$.

若 $M>m$,因为 $f(a)=f(b)$,所以 M 和 m 中至少有一个不等于 $f(a)$.

不妨设 $M\neq f(a)$(如图 4-1-3),则在开区间 (a,b) 内至少存在一点 ξ,使得 $f(\xi)=M$.

事实上,由于 $f(\xi)=M$ 是最大值,所以无论 $\Delta x>0$ 或 $\Delta x<0$,都恒有

$$f(\xi+\Delta x)-f(\xi)\leqslant 0, \quad \xi+\Delta x\in(a,b),$$

因此当 $\Delta x>0$ 时,$\dfrac{f(\xi+\Delta x)-f(\xi)}{\Delta x}\leqslant 0$.

当 $\Delta x<0$ 时,

$$\frac{f(\xi+\Delta x)-f(\xi)}{\Delta x}\geqslant 0,$$

根据极限的保号性知

$$f'_+(\xi)=\lim_{\Delta x\to 0^+}\frac{f(\xi+\Delta x)-f(\xi)}{\Delta x}\leqslant 0;$$

$$f'_-(\xi)=\lim_{\Delta x\to 0^-}\frac{f(\xi+\Delta x)-f(\xi)}{\Delta x}\geqslant 0;$$

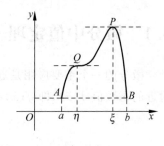

图 4-1-3

又因为 $f(x)$ 在开区间 (a,b) 内可导,所以

$$f'_-(\xi)=f'_+(\xi)=f'(\xi),$$

这说明必有 $f'(\xi)=0$.

注意 罗尔定理的三个条件中若有一个条件不满足,其结论就无法保证.

如,函数 $y=|x|$,$x\in[-2,2]$ 在 $x=0$ 处的导数 $f'(0)$ 不存在;函数 $y=\begin{cases}1-x, & x\in(0,1)\\ 0, & x=0\end{cases}$ 在 $x=0$ 处不连续;函数 $y=x$,$x\in[0,1]$ 在端点的函数值不等,因为这些原因,使得每个函数都不满足罗尔定理的某个条件,从而每个函数在相应的区间上都找

不到一点能使 $f'(x)=0$. 但是,也不能认为只要罗尔定理条件不满足,定理结论中的 ξ 就一定不存在. 例如, 函数 $y=\sin x \left(x\in\left[0,\frac{2}{3}\pi\right]\right)$ 在端点的函数值不等,但存在 $\frac{\pi}{2}\in\left(0,\frac{2}{3}\pi\right)$,使得 $f'\left(\frac{\pi}{2}\right)=0$. 这说明罗尔定理的条件是充分而非必要的.

罗尔定理的几何解释:在定理的条件下,在开区间 (a,b) 内至少存在一点,曲线在该点处的切线平行于 x 轴,也平行于连接点 $A(a,f(a))$ 与 $B(b,f(b))$ 的弦(如图 4-1-3 所示).

推论 可微函数 $f(x)$ 的任意两个零点之间至少有 $f'(x)$ 的一个零点.

因此罗尔定理常被用来证明某些方程根的存在性.

例 1 若方程 $ax^3+bx^2+cx=0$ 有一正根 x_0,证明方程 $3ax^2+2bx+c=0$ 必有一小于 x_0 的正根.

证 设 $f(x)=ax^3+bx^2+cx$,显然 $f(x)$ 在 $[0,x_0]$ 上连续,$f(x)$ 在 $(0,x_0)$ 内可导,且 $f(0)=f(x_0)=0$.

由罗尔定理得,在 $(0,x_0)$ 内至少存在一点 ξ,使
$$f'(\xi)=3a\xi^2+2b\xi+c=0,$$
即 ξ 为方程 $3ax^2+2bx+c=0$ 小于 x_0 的正根.

罗尔定理中 $f(a)=f(b)$ 这个条件是相当特殊的,它使罗尔定理的应用受到限制. 拉格朗日在罗尔定理的基础上作了进一步的研究,取消了罗尔定理中这个条件的限制,但仍保留了其余两个条件,得到了在微分学中具有重要地位的拉格朗日中值定理.

定理 2 拉格朗日(Lagrange)中值定理

设函数 $f(x)$ 满足下列条件:
(1) 在闭区间 $[a,b]$ 上连续;
(2) 在开区间 (a,b) 内可导.

则在开区间 (a,b) 内至少存在一点 ξ,使得 $f'(\xi)=\dfrac{f(b)-f(a)}{b-a}$.

拉格朗日中值定理的几何解释:在定理的条件下,在开区间 (a,b) 内至少存在一点,使得曲线在该点处的切线平行于连接点 $A(a,f(a))$ 与 $B(b,f(b))$ 的弦(图 4-1-4). 即处处有切线(不垂直于 x 轴)的曲线上至少有一点的切线平行于两端点的连线.

与罗尔定理比较,可以发现拉格朗日中值定理是把罗尔定理中端点连线 AB 由水平线向斜线的推广,也可以说,罗尔定理是拉格朗日中值定理当 AB 为水平线时的特例.

观察图 4-1-4 可见,与弦 AB 平行的任意直线为 $y=\dfrac{f(b)-f(a)}{b-a}x+d$,且 $f(x)-\left(\dfrac{f(b)-f(a)}{b-a}x+d\right)$ 在区间 $[a,b]$ 上满足罗尔定理的条件,其中最简单的情形为 $d=0$.

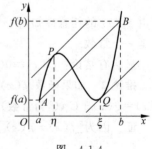

图 4-1-4

证 令
$$F(x)=f(x)-\frac{f(b)-f(a)}{b-a}x,$$
因为函数 $f(x)$ 在 $[a,b]$ 上连续,在开区间 (a,b) 内可导,所以 $F(x)$ 也在 $[a,b]$ 上连续,在开区

间 (a,b) 内可导,且
$$F(b)-F(a)=f(b)-f(a)-\frac{f(b)-f(a)}{b-a}(b-a)=0,$$
即
$$F(a)=F(b).$$
根据罗尔定理,在开区间 (a,b) 内至少存在一点 ξ,使得
$$F'(\xi)=f'(\xi)-\frac{f(b)-f(a)}{b-a}=0,$$
即
$$f'(\xi)=\frac{f(b)-f(a)}{b-a}.$$

上式的右端 $\frac{f(b)-f(a)}{b-a}$ 表示函数 $f(x)$ 在 $[a,b]$ 上的平均变化率,而左端 $f'(\xi)$ 表示在 (a,b) 内某点 ξ 处函数 $f(x)$ 的局部变化率,因此,拉格朗日中值定理是联结局部与整体的纽带.

拉格朗日中值定理的物理意义:表示物体在一段时间内的平均速度等于在这段时间内某一时刻的瞬时速度. 如 15 世纪郑和下西洋时最大的宝船能在 12 小时内一次航行 110 海里,因此可以肯定宝船在航行过程中的某一时刻的速度越过了 9 海里/小时.

拉格朗日中值定理的运用是十分灵活的. 如果取 x_0 与 x 为 $[a,b]$ 上的任两点,在 x_0 与 x 之间应用拉格朗日中值定理,那么 $f(b)-f(a)=f'(\xi)(b-a)$ 可改写成
$$f(x)=f(x_0)+f'(\xi)(x-x_0),$$
这样就可由导数的性质来推断函数性质.

推论 1 如果函数 $f(x)$ 在区间 I 上的导数恒为零,则 $f(x)$ 在区间 I 上是一个常数.

证 在区间 I 上任取两点 x_1, x_2(不妨设 $x_1 < x_2$),显然 $f(x)$ 在 $[x_1, x_2]$ 上满足拉格朗日中值定理的条件,于是有
$$f(x_2)-f(x_1)=f'(\xi)(x_2-x_1), \quad x_1 < \xi < x_2;$$
由条件 $f'(x) \equiv 0$,知 $f'(\xi)=0$,于是得
$$f(x_2)=f(x_1).$$
再由 x_1, x_2 的任意性知,$f(x)$ 在区间 I 上任意点处的函数值都相等,则说明 $f(x)$ 在区间 I 上是一个常数.

显然有结论:$f'(x) \equiv 0 \Leftrightarrow f(x)=C$($C$ 为常数).

推论 2 如果函数 $f(x)$ 与函数 $g(x)$ 在区间 I 上恒有 $f'(x)=g'(x)$,则在区间 I 上 $f(x)=g(x)+C$(C 为常数).

证 因为 $[f(x)-g(x)]'=f'(x)-g'(x) \equiv 0$,由推论 1,得
$$f(x)-g(x)=C \quad (C \text{ 为常数}),$$
移项即得结论:$f(x)=g(x)+C$(C 为常数).

我们知道"两个函数恒等,则它们的导数相等". 推论 2 告诉我们"如果两个函数的导数恒等,那么它们至多只相差一个常数".

例 2 证明:当 $|x| \leqslant 1$ 时,有 $\arcsin x + \arccos x = \frac{\pi}{2}$.

证 设 $f(x)=\arcsin x + \arccos x$.

当 $|x|<1$ 时,有 $f'(x) = \dfrac{1}{\sqrt{1-x^2}} + \left(-\dfrac{1}{\sqrt{1-x^2}}\right) = 0$,由推论 1 知

$$f(x) \equiv C \quad (C \text{ 为常数}).$$

令 $x=0$,得

$$f(0) = \arcsin 0 + \arccos 0 = \dfrac{\pi}{2}, \quad \text{则有} \quad C = \dfrac{\pi}{2}.$$

所以当 $|x|<1$ 时,有 $\arcsin x + \arccos x = \dfrac{\pi}{2}$.

当 $|x|=1$ 时,因为

$$\arcsin 1 + \arccos 1 = \dfrac{\pi}{2}, \quad \arcsin(-1) + \arccos(-1) = \dfrac{\pi}{2},$$

所以当 $|x| \leqslant 1$ 时,有 $\arcsin x + \arccos x = \dfrac{\pi}{2}$.

不等式证明也是拉格朗日中值定理的一个直接应用.

首先根据不等式选择辅助函数 $f(x)$,然后在 $[a,b]$ 上对 $f(x)$ 应用拉格朗日中值定理,得到 $f(b) - f(a) = f'(\xi)(b-a)$,只要估计出 $A \leqslant f'(\xi) \leqslant B$,就能得到不等式:

$$A(b-a) \leqslant f'(\xi)(b-a) \leqslant B(b-a) \quad \text{或} \quad A(b-a) \leqslant f(b) - f(a) \leqslant B(b-a).$$

例 3 证明:当 $x>0$ 时,$\dfrac{x}{1+x} < \ln(1+x) < x$.

证 设 $f(x) = \ln(1+x)$,显然 $f(x)$ 在 $[0,x]$ 上满足拉格朗日中值定理的条件. 故有

$$f(x) - f(0) = f'(\xi)(x-0) \quad (0 < \xi < x),$$

因为

$$f'(x) = \dfrac{1}{1+x}, \quad f'(\xi) = \dfrac{1}{1+\xi},$$

从而

$$\ln(1+x) - \ln 1 = \dfrac{1}{1+\xi}(x-0) \quad (0 < \xi < x),$$

由于

$$0 < \xi < x, \quad 1 < 1+\xi < 1+x, \quad \dfrac{1}{1+x} < \dfrac{1}{1+\xi} < 1, \quad \dfrac{x}{1+x} < \dfrac{x}{1+\xi} < x,$$

所以当 $x>0$ 时,有不等式 $\dfrac{x}{1+x} < \ln(1+x) < x$ 成立.

事实上,当 $x>0$ 时,不等式 $\ln(1+x) < x$ 等价于 $\dfrac{1}{x}\ln(1+x) < 1$ 或 $(1+x)^{\frac{1}{x}} < e$. 特别地,当 $x = \dfrac{1}{n}$ 时,有不等式 $\left(1 + \dfrac{1}{n}\right)^n < e$ 成立. 这是个非常有用的不等式.

例 4 设函数 $f(x)$ 在闭区间 $[a,b]$ 上连续,在开区间 (a,b) 内可导,且 $f(b) > f(a)$,试证:在 (a,b) 内存在一点 ξ,使 $f'(\xi) > 0$.

证 由条件知,$f(x)$ 在 $[a,b]$ 上满足拉格朗日中值定理的条件,故有

$$\dfrac{f(b) - f(a)}{b-a} = f'(\xi) \quad (a < \xi < b),$$

因为 $f(b)>f(a), b-a>0$,故 $\dfrac{f(b)-f(a)}{b-a}>0$,

所以,$f'(\xi)>0$.

拉格朗日中值定理的表现形式也是多样的. 如果取 x 与 $x+\Delta x$ 为 $[a,b]$ 内任意两点,在 x 与 $x+\Delta x$ 之间应用拉格朗日中值定理,这样拉格朗日中值定理可改写为 $\Delta y=f'(x+\theta \Delta x)\cdot \Delta x(0<\theta<1)$,我们称此式为**有限增量公式**. 有限增量公式表示了函数增量的精确值,而 $\mathrm{d}y=f'(x)\Delta x$ 为 Δy 的近似值,它还要求 $|\Delta x|$ 非常小;而有限增量公式中的 Δx 没有此限制,仅要求 x 与 $x+\Delta x$ 仍为 $[a,b]$ 中的点.

拉格朗日中值定理在微分学中占有重要地位,有时也称这个定理为**微分中值定理**.

例 5 验证函数 $f(x)=\arctan x$ 在 $[0,1]$ 上满足拉格朗日中值定理,并由结论求 ξ 值.

解 因为函数 $f(x)=\arctan x$ 在 $[0,1]$ 上连续,在 $(0,1)$ 内可导,故 $f(x)$ 在 $[0,1]$ 上满足拉格朗日中值定理的条件,从而至少存在一点 $\xi\in(0,1)$,使得 $f(1)-f(0)=f'(\xi)(1-0)$ 成立.

由于

$$f(1)-f(0)=\arctan 1-\arctan 0=\dfrac{\pi}{4}, \quad f'(x)=\dfrac{1}{1+x^2},$$

于是令 $\dfrac{1}{1+x^2}=\dfrac{\pi}{4}$,解得 $x=\pm\sqrt{\dfrac{4-\pi}{\pi}}$,其中 $\sqrt{\dfrac{4-\pi}{\pi}}\in(0,1)$,$-\sqrt{\dfrac{4-\pi}{\pi}}\notin(0,1)$,因此,存在 $\xi=\sqrt{\dfrac{4-\pi}{\pi}}\in(0,1)$,使得 $f(1)-f(0)=f'(\xi)(1-0)$ 成立.

例 6 设 $\lim\limits_{x\to\infty}f'(x)=k$,求 $\lim\limits_{x\to\infty}[f(x+a)-f(x)]$.

解 由条件知 $f(x)$ 是可导函数. 因此由拉格朗日中值定理,有

$$[f(x+a)-f(x)]=f'(\xi)a \quad (\xi \text{ 介于 } x+a \text{ 与 } x \text{ 之间}).$$

当 $x\to\infty$ 时,$\xi\to\infty$,于是

$$\lim_{x\to\infty}[f(x+a)-f(x)]=\lim_{x\to\infty}f'(\xi)\cdot a=a\lim_{\xi\to\infty}f'(\xi)=ak.$$

即 $\lim\limits_{x\to\infty}[f(x+a)-f(x)]=ak$.

如果函数是以参数方程表示的,微分中值定理是什么表现形式呢?

不妨设 $\begin{cases}x=g(t),\\ y=f(t),\end{cases} a\leqslant t\leqslant b$,其中 $g(t)$,$f(t)$ 是 (a,b) 内的可导函数,则 $\dfrac{\mathrm{d}y}{\mathrm{d}x}=\dfrac{\dfrac{\mathrm{d}y}{\mathrm{d}t}}{\dfrac{\mathrm{d}x}{\mathrm{d}t}}=\dfrac{f'(t)}{g'(t)}(g'(t)\neq 0)$,由拉格朗日中值定理,得:$\dfrac{f(b)-f(a)}{g(b)-g(a)}=\dfrac{f'(\xi)}{g'(\xi)}$.

定理 3 柯西中值定理

设函数 $f(x)$ 及 $g(x)$ 满足下列条件:

(1) 在闭区间 $[a,b]$ 上连续;

(2) 在开区间 (a,b) 内可导;

(3) 对任意 $x\in(a,b)$,$g'(x)\neq 0$.

则在 (a,b) 内至少存在一点 ξ,使得 $\dfrac{f(b)-f(a)}{g(b)-g(a)}=\dfrac{f'(\xi)}{g'(\xi)}$.

特别地,当 $g(x)=x$ 时,$g(b)-g(a)=b-a$,$g'(\xi)=1$,则由柯西中值定理得

$$\frac{f(b)-f(a)}{b-a}=f'(\xi).$$

所以拉格朗日中值定理是柯西中值定理的特例,柯西中值定理是拉格朗日中值定理的推广. 柯西中值定理又称为**广义中值定理**.

例7 设函数 $f(x)$ 在闭区间 $[0,1]$ 上连续,在开区间 $(0,1)$ 内可导,证明:在 $(0,1)$ 内至少存在一点 ξ,使得 $f'(\xi)=2\xi[f(1)-f(0)]$.

证 要证明 $f'(\xi)=2\xi[f(1)-f(0)]$,即证 $\dfrac{f(1)-f(0)}{1-0}=\dfrac{f'(\xi)}{2\xi}=\dfrac{f'(x)}{(x^2)'}\bigg|_{x=\xi}$.

不妨设 $g(x)=x^2$,则 $f(x),g(x)$ 在区间 $[0,1]$ 上满足柯西中值定理条件,因此由定理3得结论:在 $(0,1)$ 内至少存在一点 ξ,使得 $\dfrac{f(1)-f(0)}{1-0}=\dfrac{f'(\xi)}{2\xi}$,即 $f'(\xi)=2\xi[f(1)-f(0)]$.

习题 4.1

1. 选择题:

(1) 在下列四个函数中,在 $[-1,1]$ 上满足罗尔定理条件的函数是( ).

A. $y=4x^2+1$ B. $y=8|x|+1$ C. $y=\dfrac{1}{x^2}$ D. $y=|\sin x|$

(2) 下列函数中,在 $[1,e]$ 上满足拉格朗日定理条件的是( ).

A. $\ln(\ln x)$ B. $\ln x$ C. $\dfrac{1}{\ln x}$ D. $\ln(2-x)$

(3) 设 $f(x)=(x-1)(x-2)(x-3)(x-4)$,方程 $f'(x)=0$ 有( )个根.

A. 1 B. 4 C. 2 D. 3

(4) 设函数 $f(x)$ 在区间 $[a,b]$ 上连续,在开区间 (a,b) 内有二阶导数,且有 $f(a)=f(b)=0$, $f(c)>0(a<c<b)$,则在区间 (a,b) 内至少存在一点 ξ,使得 $f''(\xi)$( ).

A. 小于零 B. 等于零 C. 大于零 D. 不定

2. 试问 a,m 与 b 取何值时,函数 $f(x)=\begin{cases}3, & x=0,\\ -x^2+3x+a, & 0<x<1,\\ mx+b, & 1\leqslant x\leqslant 2\end{cases}$,满足拉格朗日中值定理的条件.

3. 列举一个函数 $f(x)$ 满足:$f(x)$ 在 $[a,b]$ 上连续,在 (a,b) 内除某一点外处处可导,但在 (a,b) 内不存在点 ξ,使得等式 $f(b)-f(a)=f'(\xi)(b-a)$ 成立.

4. 证明对函数 $y=px^2+qx+r$ 应用拉格朗日中值定理时,所求得的点 ξ 总是位于区间的正中间.

5. 证明对任意的实数 x,有 $\arctan x+\operatorname{arccot}x=\dfrac{\pi}{2}$.

6. 证明下列不等式:

(1) $|\sin x_2-\sin x_1|\leqslant|x_2-x_1|$;

(2) 当 $0<a<b$ 时, $\dfrac{b-a}{b}<\ln\dfrac{b}{a}<\dfrac{b-a}{a}$;

(3) 当 $0<a<b$ 时，$na^{n-1}(b-a) \leqslant b^n - a^n \leqslant nb^{n-1}(b-a)(n>1)$.

7. 设函数 $f(x)$ 在 $(-\infty, +\infty)$ 内可导，且 $f'(x)$ 恒为常数，则 $f(x)$ 是一次函数.

8. 一位货车司机在收费亭处拿到一张罚单，说他在限速为 65km/h 的收费道路上在 2 小时内走了 159km. 罚款单列出的违章理由为该司机超速行驶. 为什么？

9. 证明：(1) 对函数 $f(x) = \dfrac{1}{x}$ 在区间 $[a,b]$ 上应用微分中值定理时，其结论中的 ξ 恰好是 a,b 的几何平均数 $\sqrt{ab}$；

(2) 对函数 $f(x) = x^2$ 在区间 $[a,b]$ 上应用微分中值定理时，其结论中的 ξ 恰好是 a,b 的算术平均数 $\dfrac{a+b}{2}$.

10. 设 $f(x)$ 在区间 I 上可导，且有两个零点，证明函数 $f(x) + f'(x)$ 在区间 I 内至少有一个零点.

11. 设有实数 $a_1, a_2, \cdots, a_n$，且满足方程 $a_1 - \dfrac{a_2}{3} + \cdots + (-1)^{n-1} \dfrac{a_n}{2n-1} = 0$，试证明方程 $a_1 \cos x + a_2 \cos 3x + \cdots + a_n \cos(2n-1)x = 0$ 在 $\left(0, \dfrac{\pi}{2}\right)$ 内至少有一实根.

12. 设 $f(x)$ 在 $[a,b]$ 上连续，在 (a,b) 内可导，且 $f(a) = f(b) = 0$. 证明：至少存在一点 $\xi \in (a,b)$，使 $f'(\xi) = f(\xi)$ 成立.

13. 设函数 $f(x)$ 在 $[a,b]$ 上连续，在 (a,b) 内可导，且 $f(a) \cdot f(b) > 0$. 若存在常数 $c \in (a,b)$，使得 $f(a) \cdot f(c) < 0$. 试证至少存在一点 $\xi \in (a,b)$，使得 $f'(\xi) = 0$.

4.2 洛必达法则

当 $x \to x_0$（或 $x \to \infty$）时，函数 $f(x), g(x)$ 都趋向于零或都趋向于无穷大时，是不能应用极限运算法则解决 $\dfrac{f(x)}{g(x)}$ 的极限问题的. 对于这类 $\dfrac{0}{0}$ 或 $\dfrac{\infty}{\infty}$ 型不定型，法国数学家洛必达 (Marquis de l'Hôpital, 1661—1704) 在名著《无穷小分析》中给出了确定这种不定型极限的简单且有效的方法——**洛必达法则**，他将函数比的极限转化为导数比的极限. 用洛必达法则求不定型的极限正是微分中值定理的一个成功应用.

一共有七种类型的不定型：$\dfrac{0}{0}, \dfrac{\infty}{\infty}, \infty - \infty, 0 \cdot \infty, 0^0, \infty^0, 1^\infty$. 本节介绍解决这类不定型的一般方法.

4.2.1 $\dfrac{0}{0}$ 型不定型

定理 1 设函数 $f(x)$ 和 $g(x)$ 满足：

(1) $\lim\limits_{x \to x_0} f(x) = 0, \lim\limits_{x \to x_0} g(x) = 0$；

(2) 在 x_0 的某个去心邻域内，$f'(x)$ 及 $g'(x)$ 都存在且 $g'(x) \neq 0$；

(3) $\lim\limits_{x \to x_0} \dfrac{f'(x)}{g'(x)}$ 存在（或为无穷大）．

那么 $\lim\limits_{x \to x_0} \dfrac{f(x)}{g(x)} = \lim\limits_{x \to x_0} \dfrac{f'(x)}{g'(x)}$.

证 因为求 $\dfrac{f(x)}{g(x)}$ 当 $x \to x_0$ 时的极限与 $f(x_0)$ 及 $g(x_0)$ 无关,所以可令 $f(x_0) = g(x_0) = 0$,则由条件(1)得,$f(x)$ 及 $g(x)$ 在 x_0 处连续.

再由条件(2),$f(x)$ 及 $g(x)$ 在区间 $[x_0, x]$ 或 $[x, x_0]$ 上满足柯西中值定理,所以有

$$\frac{f(x) - f(x_0)}{g(x) - g(x_0)} = \frac{f'(\xi)}{g'(\xi)} \quad (\xi \text{ 在 } x \text{ 与 } x_0 \text{ 之间}),$$

由于 $f(x_0) = g(x_0) = 0$,故有

$$\frac{f(x)}{g(x)} = \frac{f'(\xi)}{g'(\xi)},$$

令 $x \to x_0$,并对上式两端求极限,注意到 $x \to x_0$ 时,$\xi \to x_0$,得

$$\lim_{x \to x_0} \frac{f(x)}{g(x)} = \lim_{x \to x_0} \frac{f'(\xi)}{g'(\xi)} = \lim_{\xi \to x_0} \frac{f'(\xi)}{g'(\xi)},$$

即

$$\lim_{x \to x_0} \frac{f(x)}{g(x)} = \lim_{x \to x_0} \frac{f'(x)}{g'(x)}.$$

上述定理给出了一个求 $\dfrac{0}{0}$ 型极限的新途径: $\dfrac{0}{0}$ 型 $\dfrac{f(x)}{g(x)}$ 的极限转化为导数之比 $\dfrac{f'(x)}{g'(x)}$ 的极限,这种求极限的方法称为**洛必达法则**. 如果 $x \to x_0$ 时,$\dfrac{f'(x)}{g'(x)}$ 仍为 $\dfrac{0}{0}$ 型,且 $f'(x)$ 与 $g'(x)$ 分别像 $f(x)$ 和 $g(x)$ 一样满足定理的条件,则可继续使用洛必达法则,即

$$\lim_{x \to x_0} \frac{f(x)}{g(x)} = \lim_{x \to x_0} \frac{f'(x)}{g'(x)} = \lim_{x \to x_0} \frac{f''(x)}{g''(x)}.$$

例 1 求极限 $\lim\limits_{x \to 0} \dfrac{(1+x)^{\frac{2}{3}} - 1}{x}$.

解 这是 $\dfrac{0}{0}$ 型不定型,由洛必达法则,得

$$\lim_{x \to 0} \frac{(1+x)^{\frac{2}{3}} - 1}{x} = \lim_{x \to 0} \frac{[(1+x)^{\frac{2}{3}} - 1]'}{x'} = \lim_{x \to 0} \frac{\frac{2}{3}(1+x)^{-\frac{1}{3}}}{1} = \frac{2}{3}.$$

例 2 求极限 $\lim\limits_{x \to a} \dfrac{\ln x - \ln a}{x - a}$ $(a > 0)$.

解 这是 $\dfrac{0}{0}$ 型不定型,由洛必达法则,得

$$\lim_{x \to a} \frac{\ln x - \ln a}{x - a} = \lim_{x \to a} \frac{(\ln x - \ln a)'}{(x - a)'} = \lim_{x \to a} \frac{\frac{1}{x}}{1} = \frac{1}{a}.$$

运用洛必达法则计算 $\dfrac{0}{0}$ 型极限时,应逐步考察是否为 $\dfrac{0}{0}$ 型,如果不是不定型,则不能继续使用该法则.

例3 求极限 $\lim\limits_{x\to 0}\dfrac{x-\sin x}{\sin^3 x}$.

解 这是 $\dfrac{0}{0}$ 型不定型，使用洛必达法则，得

$$\lim_{x\to 0}\frac{x-\sin x}{\sin^3 x}=\lim_{x\to 0}\frac{(x-\sin x)'}{(\sin^3 x)'}=\lim_{x\to 0}\frac{1-\cos x}{3\sin^2 x\cos x}$$

$$=\lim_{x\to 0}\frac{1-\cos x}{3\sin^2 x}\cdot\lim_{x\to 0}\frac{1}{\cos x}=\lim_{x\to 0}\frac{1-\cos x}{3\sin^2 x};$$

最后的极限仍然是 $\dfrac{0}{0}$ 型不定型，继续使用洛必达法则，得

$$\lim_{x\to 0}\frac{x-\sin x}{\sin^3 x}=\lim_{x\to 0}\frac{(1-\cos x)'}{(3\sin^2 x)'}=\lim_{x\to 0}\frac{\sin x}{6\sin x\cos x}=\lim_{x\to 0}\frac{1}{6\cos x}=\frac{1}{6}.$$

在定理 1 中，如果 $x\to\infty$，只要令 $x=\dfrac{1}{z}$，则 $x\to\infty$ 等价于 $z\to 0$. 因而有

$$\lim_{x\to\infty}\frac{f(x)}{g(x)}=\lim_{z\to 0}\frac{f\left(\dfrac{1}{z}\right)}{g\left(\dfrac{1}{z}\right)}=\lim_{z\to 0}\frac{f'\left(\dfrac{1}{z}\right)\cdot\left(-\dfrac{1}{z^2}\right)}{g'\left(\dfrac{1}{z}\right)\cdot\left(-\dfrac{1}{z^2}\right)}=\lim_{z\to 0}\frac{f'\left(\dfrac{1}{z}\right)}{g'\left(\dfrac{1}{z}\right)}=\lim_{x\to\infty}\frac{f'(x)}{g'(x)}.$$

由此可见，定理 1 对于 $x\to\infty,x\to\pm\infty$ 时的 $\dfrac{0}{0}$ 型不定型也适用.

例4 求极限 $\lim\limits_{x\to+\infty}\dfrac{\dfrac{\pi}{2}-\arctan x}{\dfrac{1}{x}}$.

解 $\lim\limits_{x\to+\infty}\dfrac{\dfrac{\pi}{2}-\arctan x}{\dfrac{1}{x}}=\lim\limits_{x\to+\infty}\dfrac{-\dfrac{1}{1+x^2}}{-\dfrac{1}{x^2}}=\lim\limits_{x\to+\infty}\dfrac{x^2}{1+x^2}=1.$

例5 求极限 $\lim\limits_{x\to 0}\dfrac{\tan x-x}{x^2\tan x}$.

解 因 $\tan x\sim x$，则有

$$\lim_{x\to 0}\frac{\tan x-x}{x^2\tan x}=\lim_{x\to 0}\frac{\tan x-x}{x^3}=\lim_{x\to 0}\frac{\sec^2 x-1}{3x^2}$$

$$=\frac{1}{3}\lim_{x\to 0}\frac{\tan^2 x}{x^2}=\frac{1}{3}.$$

注意到分子中 $\tan x$ 不能用等价无穷小 x 替换.

洛必达法则是求不定型的一种有效方法，但若能与其他求极限的方法结合使用，效果则更好. 如能化简时应尽可能先化简，可以应用等价无穷小替换或重要极限时，应尽可能应用，这样运算更简捷.

4.2.2 $\dfrac{\infty}{\infty}$ 型不定型

定理 2 设函数 $f(x)$ 和 $g(x)$ 满足：

(1) $\lim\limits_{x\to x_0}f(x)=\infty,\lim\limits_{x\to x_0}g(x)=\infty$；

(2) 在 x_0 的某个去心邻域内，$f'(x)$ 及 $g'(x)$ 都存在且 $g'(x) \neq 0$；

(3) $\lim\limits_{x \to x_0} \dfrac{f'(x)}{g'(x)}$ 存在(或为无穷大)；

那么
$$\lim_{x \to x_0} \frac{f(x)}{g(x)} = \lim_{x \to x_0} \frac{f'(x)}{g'(x)}.$$

与定理 1 一样，定理 2 对于 $x \to \infty$，$x \to \pm\infty$ 时的 $\dfrac{\infty}{\infty}$ 型不定型同样适用．

例 6 求极限 $\lim\limits_{x \to +\infty} \dfrac{x^a}{\ln x}$ $(a > 0)$．

解 因 $\lim\limits_{x \to +\infty} \ln x = +\infty$，$\lim\limits_{x \to +\infty} x^a = +\infty$，所以这是 $\dfrac{\infty}{\infty}$ 型不定型，由洛必达法则，得
$$\lim_{x \to +\infty} \frac{x^a}{\ln x} = \lim_{x \to +\infty} \frac{a x^{a-1}}{\dfrac{1}{x}} = \lim_{x \to +\infty} a x^a = +\infty.$$

例 7 求极限 $\lim\limits_{x \to +\infty} \dfrac{x^n}{e^x}$ $(n \in \mathbb{Z}^+)$．

解 这是 $\dfrac{\infty}{\infty}$ 型不定型，由洛必达法则，得
$$\lim_{x \to +\infty} \frac{x^n}{e^x} = \lim_{x \to +\infty} \frac{n x^{n-1}}{e^x} = \lim_{x \to +\infty} \frac{n(n-1) x^{n-2}}{e^x}$$
$$= \lim_{x \to +\infty} \frac{n(n-1)(n-2) x^{n-3}}{e^x} = \cdots = \lim_{x \to +\infty} \frac{n!}{e^x} = 0.$$

例 6、例 7 结果说明，当 $x \to +\infty$ 时，对数函数 $\ln x$、幂函数 $x^a (a > 0)$、指数函数 e^x 均为无穷大量，但它们趋于 $+\infty$ 的速度不一样，e^x 增长的速度远比 $x^a (a > 0$ 不论多么大)快，而 $x^a (a > 0$ 不论多么小)增长的速度远比 $\ln x$ 快．在日常生活中，人们也常用指数增长、直线上升、对数增长等术语描述某个量增长的速度．如，据统计，2003 年我国艾滋病毒实际感染人数约为 85 万，并以每年 30% 的速度增加，如不加以有效控制，则将按指数增长，10 年后感染人数估计达到 1172 万，所以，必须加以预防．

例 8 求极限 $\lim\limits_{x \to \infty} \dfrac{x + \cos x}{x}$．

解 此极限为 $\dfrac{\infty}{\infty}$ 型不定型，运用一次洛必达法则后将变为 $\lim\limits_{x \to \infty}(1 - \sin x)$，而此极限显然是不存在的．

实际上，极限 $\lim\limits_{x \to \infty} \dfrac{x + \cos x}{x}$ 是存在的，因 $\lim\limits_{x \to \infty} \dfrac{x + \cos x}{x} = \lim\limits_{x \to \infty} \left(1 + \dfrac{\cos x}{x}\right) = 1$．

此例说明，如果 $\lim \dfrac{f'(x)}{g'(x)}$ 极限不存在且不为 ∞，并不意味着 $\lim \dfrac{f(x)}{g(x)}$ 不存在，此时应改换其他方法求解．由此也说明洛必达法则只是不定型极限存在的充分条件．

4.2.3 其他类型的不定型

在求极限时，除 $\dfrac{0}{0}$ 型与 $\dfrac{\infty}{\infty}$ 型这两种最基本的不定型外，还有下列一些其他类型的不定

型:$0 \cdot \infty$、$\infty - \infty$、1^∞、0^0、∞^0,这些类型的不定型,我们都可以将它们转化为$\frac{0}{0}$或$\frac{\infty}{\infty}$型. 具体地,对于$0 \cdot \infty$、$\infty - \infty$这两种类型,可通过代数恒等变形转化为$\frac{0}{0}$型或$\frac{\infty}{\infty}$型,而对于1^∞、0^0、∞^0这三种类型不定型,可采用取对数的方法进行变换,即

$$\lim f(x)^{F(x)} = \lim e^{F(x)\ln f(x)} = e^{\lim F(x)\ln f(x)} \quad (f(x) > 0)$$

化为$0 \cdot \infty$型.

例9 求极限 $\lim\limits_{x \to 0^+} x^n \ln x, n > 0$.

解 这是$0 \cdot \infty$型不定型,可将其转化为$\frac{\infty}{\infty}$型不定型.

$$\lim_{x \to 0^+} x^n \ln x = \lim_{x \to 0^+} \frac{\ln x}{x^{-n}} = \lim_{x \to 0^+} \frac{\frac{1}{x}}{-nx^{-n-1}} = \lim_{x \to 0^+} \frac{x^n}{-n} = 0.$$

例10 求极限 $\lim\limits_{x \to 1}\left(\dfrac{x}{x-1} - \dfrac{1}{\ln x}\right)$.

解 这是$\infty - \infty$型不定型,通过"通分"将其转化为$\frac{0}{0}$型不定型.

$$\lim_{x \to 1}\left(\frac{x}{x-1} - \frac{1}{\ln x}\right) = \lim_{x \to 1}\frac{x\ln x - x + 1}{(x-1)\ln x} = \lim_{x \to 1}\frac{\ln x + 1 - 1}{\ln x + \frac{x-1}{x}}$$

$$= \lim_{x \to 1}\frac{\ln x}{\ln x + 1 - \frac{1}{x}} = \lim_{x \to 1}\frac{\frac{1}{x}}{\frac{1}{x} + \frac{1}{x^2}} = \frac{1}{2}.$$

例11 求极限 $\lim\limits_{x \to +\infty} x^{\frac{1}{x}}$.

解 这是∞^0型不定型,将其转化为$0 \cdot \infty$型,再进一步转化为$\frac{\infty}{\infty}$型不定型.

因为 $\lim\limits_{x \to +\infty} x^{\frac{1}{x}} = \lim\limits_{x \to +\infty} e^{\frac{1}{x}\ln x} = \lim\limits_{x \to +\infty} e^{\frac{\ln x}{x}}$,且 $\lim\limits_{x \to +\infty} \frac{\ln x}{x} = \lim\limits_{x \to +\infty} \frac{1}{x} = 0$,所以 $\lim\limits_{x \to +\infty} x^{\frac{1}{x}} = e^0 = 1$.

例12 求极限 $\lim\limits_{x \to \infty}\left(1 + \dfrac{1}{x}\right)^x$.

解 这是1^∞型不定型,在求1^∞型极限时,通常采用两种方法,一种是利用重要极限 $\lim\limits_{x \to \infty}\left(1 + \dfrac{1}{x}\right)^x = e$,另一种是利用洛必达法则:首先将$1^\infty$型转化为$0 \cdot \infty$型,再将$0 \cdot \infty$型转化为$\frac{0}{0}$型不定型. 因为

$$\lim_{x \to \infty}\left(1 + \frac{1}{x}\right)^x = \lim_{x \to \infty} e^{x\ln\left(1 + \frac{1}{x}\right)} = e^{\lim\limits_{x \to \infty} x\ln\left(1 + \frac{1}{x}\right)},$$

而

$$\lim_{x \to \infty} x\ln\left(1 + \frac{1}{x}\right) = \lim_{x \to \infty}\frac{\ln\left(1 + \frac{1}{x}\right)}{\frac{1}{x}} = \lim_{x \to \infty}\frac{\frac{1}{1 + \frac{1}{x}} \cdot \left(-\frac{1}{x^2}\right)}{-\frac{1}{x^2}} = 1,$$

所以 $\lim\limits_{x\to\infty}\left(1+\dfrac{1}{x}\right)^x=\mathrm{e}$.

求极限 $\lim\limits_{n\to\infty}f(n)$ 时,因为不能对离散变量 n 求导,所以不能直接用洛必达法则求数列的极限. 但如果 $\lim\limits_{x\to+\infty}f(x)=A$,则有 $\lim\limits_{n\to\infty}f(n)=A$. 因此,对于 $\dfrac{0}{0}$ 型或 $\dfrac{\infty}{\infty}$ 型的数列极限,如果可以转化为函数极限,就可以间接地使用洛必达法则进行计算,但要注意反之则不行.

例 13 求极限 $\lim\limits_{n\to\infty}\sqrt[n]{n}$($n$ 为正整数).

解 令 $f(x)=x^{\frac{1}{x}}\,(x>0)$,则 $f(n)=\sqrt[n]{n}$.

由例 11 知 $\lim\limits_{x\to+\infty}x^{\frac{1}{x}}=1$,所以 $\lim\limits_{n\to\infty}\sqrt[n]{n}=1$.

习题 4.2

1. 求下列极限:

(1) $\lim\limits_{x\to 0}\dfrac{\mathrm{e}^x-\mathrm{e}^{-x}}{\sin x}$;

(2) $\lim\limits_{x\to x_0}\dfrac{\sin x-\sin x_0}{x-x_0}$;

(3) $\lim\limits_{x\to\frac{\pi}{2}}\dfrac{\ln\sin x}{(\pi-2x)^2}$;

(4) $\lim\limits_{x\to\frac{\pi}{2}}\dfrac{\tan x}{\tan 3x}$;

(5) $\lim\limits_{x\to 0}\dfrac{\ln\tan 7x}{\ln\tan 2x}$;

(6) $\lim\limits_{x\to a}\dfrac{x^m-a^m}{x^n-a^n}$;

(7) $\lim\limits_{x\to 0}\dfrac{\ln(1+x^2)}{\sec x-\cos x}$;

(8) $\lim\limits_{x\to 0}\dfrac{\cos\alpha x-\cos\beta x}{x^2}$;

(9) $\lim\limits_{x\to 0}\dfrac{\mathrm{e}^x-1}{x\mathrm{e}^x+\mathrm{e}^x-1}$;

(10) $\lim\limits_{x\to 0^+}x^2\mathrm{e}^{\frac{1}{x^2}}$;

(11) $\lim\limits_{x\to 1}(1-x)\tan\dfrac{\pi x}{2}$;

(12) $\lim\limits_{x\to\frac{\pi}{2}}(\sec x-\tan x)$;

(13) $\lim\limits_{x\to 0}\left(\dfrac{1}{x}-\cot x\right)$;

(14) $\lim\limits_{x\to 0^+}\left(\ln\dfrac{1}{x}\right)^x$;

(15) $\lim\limits_{x\to 0^+}\left(\dfrac{1}{x}\right)^{\tan x}$;

(16) $\lim\limits_{x\to 0}\left(\dfrac{\sin x}{x}\right)^{x^{\frac{1}{2}}}$;

(17) $\lim\limits_{x\to 1}\left(\dfrac{1}{\ln x}-\dfrac{x}{\ln x}\right)$;

(18) $\lim\limits_{x\to 1}x^{\frac{1}{1-x}}$.

2. 下列极限是否存在?能否用洛必达法则求值?

(1) $\lim\limits_{x\to 1}\dfrac{2x^2+x+1}{x+1}$;

(2) $\lim\limits_{x\to\frac{\pi}{2}}\dfrac{\sin 3x}{\tan 5x}$;

(3) $\lim\limits_{x\to\infty}\dfrac{x-\sin x}{x}$.

4.3 泰勒公式

4.3.1 泰勒公式

我们知道,若函数 $f(x)$ 在点 x_0 处连续,则在该点附近有 $f(x)\approx f(x_0)$;若 $f(x)$ 在点 x_0 处可导,则在该点附近有 $f(x)\approx f(x_0)+f'(x_0)\Delta x$,这两种近似计算的不足之处有两点:(1)精确度不高;(2)误差不能估计. 因此我们要寻找函数 $P(x)$,使得 $f(x)\approx P(x)$,且能够估计其近似代替所产生的误差.

在微分中 $f(x)\approx f(x_0)+f'(x_0)(x-x_0)$,其左右两边相差是关于 $(x-x_0)$ 的高阶无穷小量,即

$$f(x)=f(x_0)+f'(x_0)(x-x_0)+o(x-x_0),$$

其中 $\lim\limits_{x\to x_0}\dfrac{o(x-x_0)}{x-x_0}=0$.

我们知道这样的近似是指在点 (x_0,y_0) 处用切线来代替曲线 $y=f(x)$,若要提高近似程度,自然想到用过点 (x_0,y_0) 的抛物线即二次函数替代,也就是 $y=f(x)$ 用

$$f(x_0)+f'(x_0)(x-x_0)+a(x-x_0)^2$$

来替代,使其与 $f(x)$ 之差有进一步的改善,问题是这样的 a 存在吗?为此计算下列极限

$$\lim_{x\to x_0}\frac{f(x)-[f(x_0)+f'(x_0)(x-x_0)+a(x-x_0)^2]}{(x-x_0)^2}$$

$$=\lim_{x\to x_0}\frac{f'(x)-f'(x_0)-2a(x-x_0)}{2(x-x_0)}$$

$$=\lim_{x\to x_0}\left[\frac{f'(x)-f'(x_0)}{2(x-x_0)}-a\right]$$

$$=\frac{1}{2}f''(x_0)-a.$$

为了提高近似程度,我们不妨令 $\dfrac{1}{2}f''(x_0)-a=0$,得到 $a=\dfrac{1}{2}f''(x_0)$. 令人高兴的是提高精度的 a 是存在的. 且用 $f(x_0)+f'(x_0)(x-x_0)+\dfrac{1}{2}f''(x_0)(x-x_0)^2$ 替代 $f(x)$ 所产生的误差是关于 $(x-x_0)^2$ 的高阶无穷小.

由此看出,若 $f(x)$ 在点 x_0 的某个邻域内可导,且在 x_0 处有二阶导数,则

$$f(x)=f(x_0)+f'(x_0)(x-x_0)+\frac{f''(x_0)}{2}(x-x_0)^2+o((x-x_0)^2).$$

根据要求,我们还可以类似讨论,增加 $a(x-x_0)^3$ 项,然后定出 $a=\dfrac{1}{3!}f'''(x_0)$,如此不断讨论下去,可得下列定理.

定理 1 如果 $f(x)$ 在点 x_0 的一个邻域内具有 n 阶导数,则对于此邻域内的任一点 x,有

$$f(x)=f(x_0)+f'(x_0)(x-x_0)+\frac{1}{2!}f''(x_0)(x-x_0)^2+\cdots$$

$$+\frac{1}{n!}f^{(n)}(x_0)(x-x_0)^n+o((x-x_0)^n). \tag{4-3-1}$$

其中式(4-3-1)称为函数 $f(x)$ 在点 x_0 处带有佩亚诺(Peano)型余项的 n 阶泰勒公式. $o((x-x_0)^n)$ 称为**佩亚诺型余项**.

$f(x_0)+f'(x_0)(x-x_0)+\dfrac{1}{2!}f''(x_0)(x-x_0)^2+\cdots+\dfrac{1}{n!}f^{(n)}(x_0)(x-x_0)^n$ 称为函数 $f(x)$ 在点 x_0 处的 **n 次泰勒多项式**.

事实上,若函数 $f(x)$ 在开区间 (a,b) 内具有 n 阶导数,$x_0\in(a,b)$,且

$$f(x)=a_0+a_1(x-x_0)+a_2(x-x_0)^2+\cdots+a_n(x-x_0)^n+o((x-x_0)^n),$$

则 $a_0=f(x_0),a_1=f'(x_0),a_2=\frac{1}{2!}f''(x_0),\cdots,a_n=\frac{1}{n!}f^{(n)}(x_0)$.

因为 $f(x)-[a_0+a_1(x-x_0)+a_2(x-x_0)^2+\cdots+a_n(x-x_0)^n]=o((x-x_0)^n)$,
两边同时取极限,当 $x\to x_0$ 时,有 $a_0=f(x_0)$.

如果两边同除以 $(x-x_0)$,即

$$\frac{f(x)-[a_0+a_1(x-x_0)+a_2(x-x_0)^2+\cdots+a_n(x-x_0)^n]}{x-x_0}=\frac{o((x-x_0)^n)}{x-x_0},$$

再两边同时取极限,当 $x\to x_0$ 时,有 $a_1=f'(x_0)$.

如此继续下去,可得到 $a_2=\frac{1}{2!}f''(x_0),\cdots,a_n=\frac{1}{2!}f^{(n)}(x_0)$. 这就是说函数 $f(x)$ 在 x_0 处的带有佩亚诺型余项的 n 阶泰勒公式是唯一的,这给我们应用泰勒公式带来了方便.

另一个问题:我们能否估算出 $o((x-x_0)^n)$ 的大小呢?

定理 2 如果函数 $f(x)$ 在点 x_0 的一个邻域内具有二阶导数,则对于在此邻域内的任一点 x,在 x 与 x_0 之间至少存在一点 ξ,使得

$$f(x)=f(x_0)+f'(x_0)(x-x_0)+\frac{1}{2!}f''(\xi)(x-x_0)^2.$$

证 令

$$\Phi(x)=f(x)-f(x_0)-f'(x_0)(x-x_0),$$
$$F(x)=(x-x_0)^2,$$

即要证明 $\frac{\Phi(x)}{F(x)}=\frac{f''(\xi)}{2!}$ (ξ 在 x 与 x_0 之间).

显然 $\Phi(x_0)=0,F(x_0)=0$,且 $\Phi(x)$ 与 $F(x)$ 在闭区间 $[x_0,x]$ 上连续,在开区间 (x_0,x) 内可导,且在 (x_0,x) 内 $F'(x)\neq 0$(这里假设 $x>x_0$,若 $x<x_0$ 同样讨论),由柯西中值定理,得

$$\frac{\Phi(x)}{F(x)}=\frac{\Phi'(\xi_1)}{F'(\xi_1)} \quad (\xi_1 \text{ 在 } x \text{ 与 } x_0 \text{ 之间}).$$

又 $\Phi'(x)=f'(x)-f'(x_0),F'(x)=2(x-x_0),\Phi'(x_0)=0,F'(x_0)=0$;且 $\Phi'(x)$ 与 $F'(x)$ 在闭区间 $[x_0,\xi_1]$ 上连续,在开区间 (x_0,ξ_1) 内可导,且在 (x_0,ξ_1) 内 $F''(x)\neq 0$,再由柯西中值定理,得

$$\frac{\Phi'(\xi_1)}{F'(\xi_1)}=\frac{f''(\xi)}{2!}, \quad \xi\in(x_0,\xi_1),$$

所以

$$\frac{\Phi(x)}{F(x)}=\frac{f''(\xi)}{2!} \quad (\xi \text{ 在 } x \text{ 与 } x_0 \text{ 之间}).$$

也就是

$$f(x)=f(x_0)+f'(x_0)(x-x_0)+\frac{1}{2!}f''(\xi)(x-x_0)^2.$$

因此,若函数 $f''(x)$ 有界,我们就可估算出其误差.

一般地,我们有下述定理.

定理 3(泰勒中值定理) 如果函数 $f(x)$ 在点 x_0 的一个邻域内具有 $n+1$ 阶导数,则对于在此邻域内的任一点 x,在 x 与 x_0 之间至少存在一点 ξ,使得

$$f(x)=f(x_0)+f'(x_0)(x-x_0)+\frac{f''(x_0)}{2!}(x-x_0)^2+\cdots$$
$$+\frac{f^{(n)}(x_0)}{n!}(x-x_0)^n+\frac{f^{(n+1)}(\xi)}{(n+1)!}(x-x_0)^{n+1}. \qquad (4\text{-}3\text{-}2)$$

其中式(4-3-2)称为函数 $f(x)$ 在点 x_0 处带有**拉格朗日型余项**的 n 阶泰勒公式. 式(4-3-2)可简单地表示为

$$f(x)=P_n(x)+R_n(x),$$

其中
$$R_n(x)=\frac{f^{(n+1)}(\xi)}{(n+1)!}(x-x_0)^{n+1}, \quad \xi 在 x 与 x_0 之间.$$

称 $\dfrac{f^{(n+1)}(\xi)}{(n+1)!}(x-x_0)^{n+1}$ 为**拉格朗日型余项**,简称拉氏余项.

关于泰勒公式的几点说明:

(1) 当 $n=0$ 时,式(4-3-2)成为 $f(x)=f(x_0)+f'(\xi)(x-x_0)$($\xi$ 在 x 与 x_0 之间),这是拉格朗日中值定理,所以拉格朗日中值定理是泰勒中值定理的一个特殊情况,或泰勒中值定理是拉格朗日中值定理的推广.

(2) 当 $x_0=0$ 时,式(4-3-2)成为

$$f(x)=f(0)+f'(0)x+\frac{f''(0)}{2!}x^2+\cdots+\frac{f^{(n)}(0)}{n!}x^n+\frac{f^{(n+1)}(\theta x)}{(n+1)!}x^{n+1} \quad (0<\theta<1). \quad (4\text{-}3\text{-}3)$$

式(4-3-3)称为函数 $f(x)$ 的 n 阶**麦克劳林(Maclaurin)公式**.

多项式 $f(0)+f'(0)x+\dfrac{f''(0)}{2!}x^2+\cdots+\dfrac{f^{(n)}(0)}{n!}x^n$ 称为函数 $f(x)$ 的 n 次**麦克劳林多项式**.

(3) 若 $f(x)$ 满足定理所给的条件,那么可用 $f(x)$ 在点 x_0 处的 n 次泰勒多项式来逼近 $f(x)$. 如,当 $n=1$ 时,则有 $f(x)\approx f(x_0)+f'(x_0)(x-x_0)$. 这正是用函数的微分替代函数的增量的近似公式,也就是用一次函数来近似 $f(x)$.

当 $n=2$ 时,则有 $f(x)\approx f(x_0)+f'(x_0)(x-x_0)+\dfrac{f''(x_0)}{2!}(x-x_0)^2$,这是以二次函数来近似 $f(x)$.

例 1 将多项式 $f(x)=x^4-2x^2+3x+4$ 写成关于 $x-1$ 的多项式.

解 由 $f(x)=x^4-2x^2+3x+4, f'(x)=4x^3-4x+3, f''(x)=12x^2-4,$
$$f'''(x)=24x, \quad f^{(4)}(x)=24, \quad f^{(5)}(x)=0,$$
得
$$f(1)=6, \quad f'(1)=3, \quad f''(1)=8, \quad f'''(1)=24, \quad f^{(4)}(1)=24, \quad f^{(5)}(\xi)=0.$$

所以 $f(x)$ 化为 $x-1$ 的多项式为

$$f(x)=6+3(x-1)+\frac{8}{2!}(x-1)^2+\frac{24}{3!}(x-1)^3+\frac{24}{4!}(x-1)^4,$$

化简得

$$f(x)=6+3(x-1)+4(x-1)^2+4(x-1)^3+(x-1)^4.$$

4.3.2 常用的泰勒公式

在实际应用中,最常用的是麦克劳林公式.这是因为麦克劳林多项式形式简单,计算相对容易.

例 2 求 $f(x)=e^x$ 的 n 阶麦克劳林公式.

解 因 $f'(x)=f''(x)=\cdots=f^{(n)}(x)=e^x$,所以 $f(0)=f'(0)=f''(0)=\cdots=f^{(n)}(0)=1$. 注意到 $f^{(n+1)}(\xi)=e^\xi$,代入麦克劳林公式,得 $f(x)=e^x$ 的 n 阶麦克劳林公式:

$$e^x=1+x+\frac{x^2}{2!}+\cdots+\frac{x^n}{n!}+\frac{e^\xi}{(n+1)!}x^{n+1} \quad (\xi \text{ 在 } 0 \text{ 与 } x \text{ 之间}).$$

由以上公式可知

$$e^x \approx 1+x+\frac{x^2}{2!}+\cdots+\frac{x^n}{n!}.$$

由此产生的误差为

$$|R_n(x)|=\left|\frac{e^{\theta x}}{(n+1)!}x^{n+1}\right|<\frac{e^x}{(n+1)!}|x^{n+1}| \quad (0<\theta<1).$$

如果取 $x=1$,则

$$e \approx 1+1+\frac{1}{2!}+\cdots+\frac{1}{n!},$$

其误差

$$|R_n|<\frac{e}{(n+1)!}<\frac{3}{(n+1)!}.$$

例 3 求 $f(x)=\sin x$ 的 n 阶麦克劳林公式.

解 $f'(x)=\cos x, f''(x)=-\sin x, f'''(x)=-\cos x, f^{(4)}(x)=\sin x,$

$$\cdots, f^{(n)}(x)=\sin\left(x+\frac{n\pi}{2}\right),$$

所以 $f(0)=0, f'(0)=1, f''(0)=0, f'''(0)=-1, f^{(4)}(0)=0,\cdots.$

$\sin x$ 的各阶导数依序循环地取四个数 $0,1,0,-1,\cdots$,令 $n=2m$,得

$$\sin x=x-\frac{x^3}{3!}+\frac{x^5}{5!}-\cdots+(-1)^{m-1}\frac{x^{2m-1}}{(2m-1)!}+R_{2m}(x),$$

其中

$$R_{2m}(x)=\frac{\sin\left[\theta x+(2m+1)\frac{\pi}{2}\right]}{(2m+1)!}x^{2m+1} \quad (0<\theta<1).$$

取 $m=1$,则得近似公式 $\sin x \approx x$;

取 $m=2$,则得近似公式 $\sin x \approx x-\frac{1}{3!}x^3$;

取 $m=3$,则得近似公式 $\sin x \approx x-\frac{1}{3!}x^3+\frac{1}{5!}x^5$.

以上三个泰勒多项式及正弦函数的图像见图 4-3-1.

按照上述方法,可得常用的几个初等函数的麦克劳林公式:

$$e^x=1+x+\frac{x^2}{2!}+\cdots+\frac{x^n}{n!}+o(x^n).$$

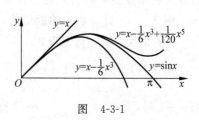

图 4-3-1

$$\sin x = x - \frac{x^3}{3!} + \frac{x^5}{5!} - \cdots + (-1)^{n-1}\frac{x^{2n-1}}{(2n-1)!} + o(x^{2n}).$$

$$\cos x = 1 - \frac{x^2}{2!} + \frac{x^4}{4!} - \frac{x^6}{6!} + \cdots + (-1)^n \frac{x^{2n}}{(2n)!} + o(x^{2n+1}).$$

$$\ln(1+x) = x - \frac{x^2}{2} + \frac{x^3}{3} - \cdots + (-1)^{n-1}\frac{x^n}{n} + o(x^n).$$

$$\frac{1}{1-x} = 1 + x + x^2 + \cdots + x^n + o(x^n).$$

$$(1+x)^m = 1 + mx + \frac{m(m-1)}{2!}x^2 + \cdots + \frac{m(m-1)\cdots(m-n+1)}{n!}x^n + o(x^n).$$

例 4 求 $f(x) = xe^{-x}$ 的 n 阶麦克劳林公式.

解 因为 e^x 的 $n-1$ 阶麦克劳林公式为

$$e^x = 1 + x + \frac{x^2}{2!} + \cdots + \frac{x^{n-1}}{(n-1)!} + o(x^{n-1}),$$

那么

$$e^{-x} = 1 + (-x) + \frac{(-x)^2}{2!} + \cdots + \frac{(-x)^{n-1}}{(n-1)!} + o(x^{n-1}).$$

所以 $f(x) = xe^{-x}$ 的 n 阶麦克劳林公式为

$$xe^{-x} = x - x^2 + \frac{1}{2!}x^3 + \cdots + \frac{(-1)^{n-1}}{(n-1)!}x^n + o(x^n).$$

例 5 求极限 $\lim\limits_{x \to 0} \dfrac{\sin x - x\cos x}{x - \sin x}$.

解 因为 $\sin x = x - \dfrac{1}{3!}x^3 + o(x^3)$, $x\cos x = x - \dfrac{1}{2!}x^3 + o(x^3)$, 所以

$$\lim_{x \to 0}\frac{\sin x - x\cos x}{x - \sin x} = \lim_{x \to 0}\frac{\frac{1}{3}x^3 + o(x^3)}{\frac{1}{6}x^3 + o(x^3)} = 2.$$

例 6 设 $f(x) = x^2 \sin x$, 求 $f^{(99)}(0)$.

解 因为 $x^2 \sin x = x^3 - \dfrac{1}{3!}x^5 + \cdots + \dfrac{\sin\left(n \cdot \dfrac{\pi}{2}\right)}{n!}x^{n+2} + o(x^{n+2})$, 所以

$$\frac{1}{99!}f^{(99)}(0) = \frac{1}{97!}\sin\left(\frac{97}{2}\pi\right),$$

即

$$f^{(99)}(0) = 99 \times 98 \times \sin\left(\frac{97}{2}\pi\right) = 9702.$$

利用麦克劳林公式,可以计算出三角函数、对数函数等函数值,三角函数表和自然对数表就是利用麦克劳林公式近似计算得到的.

例 7 (1) 计算数 e 的近似值,使其误差不超过 10^{-6};

(2) 证明: 数 e 是无理数.

解 (1) 因为 $e^x = 1 + x + \dfrac{x^2}{2!} + \cdots + \dfrac{x^n}{n!} + \dfrac{e^{\theta x}}{(n+1)!}x^{n+1}$ $(0 < \theta < 1)$,

当 $x = 1$ 时,有 $e = 1 + 1 + \dfrac{1}{2!} + \cdots + \dfrac{1}{n!} + \dfrac{e^\theta}{(n+1)!}$,

其误差

$$|R_n(1)| = \frac{e^\theta}{(n+1)!} < \frac{3}{(n+1)!}.$$

当 $n=9$ 时，$|R_n(1)| < \frac{3}{10!} < 10^{-6}$，于是

$$e \approx 1 + 1 + \frac{1}{2!} + \cdots + \frac{1}{9!} \approx 2.7182815.$$

(2) 由于 $e - \left(1 + 1 + \frac{1}{2!} + \cdots + \frac{1}{n!}\right) = \frac{e^\theta}{(n+1)!}$ $(0<\theta<1)$，该式两边同乘以 $n!$，得

$$n!\,e - n!\left(1 + 1 + \frac{1}{2!} + \cdots + \frac{1}{n!}\right) = \frac{e^\theta}{(n+1)}.$$

假设数 e 是有理数，则 e 就可表示为两个整数之商，即 $e = \frac{p}{q}$（其中 p,q 为整数），当 $n > q$ 时，显然 $n!\,e$ 为整数，$n!\left(1 + 1 + \frac{1}{2!} + \cdots + \frac{1}{n!}\right)$ 也为整数，所以上式左边为整数. 而 $0 < e^\theta < 3$，当 $n \geq 2$ 时，上式右边 $\frac{e^\theta}{(n+1)}$ 必为非整数，这样上式左边就不等于右边，因而产生矛盾. 所以数 e 是无理数.

例 8 试说明在求极限 $\lim\limits_{x\to 0}\frac{\tan x - x}{x^2 \tan x}$（4.2 节例 5）时，分子中 $\tan x$ 为什么不能用等价无穷小替换.

解 容易求得 $\tan x$ 的三阶麦克劳林公式为 $\tan x = x + \frac{x^3}{3} + o(x^3)$，于是

$$\tan x - x = \frac{x^3}{3} + o(x^3),$$

故

$$\lim_{x\to 0}\frac{\tan x - x}{x^3/3} = \lim_{x\to 0}\left[\frac{o(x^3)}{x^3/3} + 1\right] = 1.$$

这说明，当 $x \to 0$ 时，函数 $\tan x - x$ 与 $\frac{x^3}{3}$ 是等价无穷小. 因此只能用 $\frac{x^3}{3}$ 来替代 $\tan x - x$，而不能用 $(x-x)$ 来替代 $\tan x - x$.

习题 4.3

1. 应用麦克劳林公式，将函数 $f(x) = (x^2 - 3x + 1)^3$ 写成关于 x 的多项式.
2. 求函数 $f(x) = e^{\sin x}$ 的 2 阶麦克劳林公式.
3. 求函数 $f(x) = \arcsin x$ 的 3 阶麦克劳林公式.
4. 求函数 $f(x) = xe^x$ 的 n 阶麦克劳林公式.
5. 利用泰勒公式，取 $n=5$，求近似值：(1) $\ln 1.2$；(2) $\sqrt{e}$.
6. 利用泰勒公式求下列极限.

(1) $\lim\limits_{x\to 0}\frac{e^{x^2} + 2\cos x - 3}{x^4}$； (2) $\lim\limits_{x\to\infty}\left[x - x^2\ln\left(1 + \frac{1}{x}\right)\right]$.

4.4 函数的单调性与曲线的凹凸性

微分中值定理揭示了函数 $y=f(x)$ 在某区间上的整体性质与该区间内某一点的导数之间的关系,若函数 $y=f(x)$ 在某区间上具有单调性或凹凸性,那么函数 $y=f(x)$ 的导数应有怎样的特点呢?本节将利用导数来研究函数在区间上的变化性态,主要讨论函数的单调性、曲线的凹凸性及拐点.

4.4.1 函数的单调性

单调性是函数的一个重要性态,但利用定义来讨论函数的单调性往往比较困难,我们希望能够找到更为简便有效的方法.观察图 4-4-1 中可导函数 $y=f(x)$ 的图像.

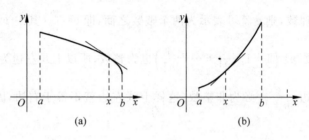

图 4-4-1

直观上,若函数的图形在区间 $[a,b]$ 上是一条沿 x 轴正向下降(上升)的曲线,曲线上各点处的切线斜率是非正的(非负的),即 $y'=f'(x)\leqslant 0(y'=f'(x)\geqslant 0)$.由此可见,函数的单调性与导数的符号有着密切的联系.

反过来,能否用导数的符号来判定函数的单调性呢?

由微分中值定理,若函数 $y=f(x)$ 在闭区间 $[a,b]$ 上连续,在开区间 (a,b) 内可导,那么在 $[a,b]$ 上任取两点 $x_1,x_2(x_1<x_2)$,则有 $f(x_2)-f(x_1)=f'(\xi)(x_2-x_1)(\xi$ 在 x_1 与 x_2 之间)成立.由于 $x_2-x_1>0$,因此,如果在开区间 (a,b) 内 $f'(x)>0$,那么有 $f'(\xi)>0$,于是 $f(x_2)-f(x_1)=f'(\xi)(x_2-x_1)>0$,即 $f(x_2)>f(x_1)$,表明函数 $y=f(x)$ 在闭区间 $[a,b]$ 上单调增加.同理,如果在开区间 (a,b) 内 $f'(x)<0$,那么有 $f'(\xi)<0$,于是 $f(x_2)-f(x_1)=f'(\xi)(x_2-x_1)<0$,即 $f(x_2)<f(x_1)$,表明函数 $y=f(x)$ 在闭区间 $[a,b]$ 上单调减少.因此,可通过导数的正、负号判定函数的单调性.

定理 1 设函数 $y=f(x)$ 在闭区间 $[a,b]$ 上连续,在开区间 (a,b) 内可导,

(1) 如果在开区间 (a,b) 内 $f'(x)>0$,那么函数 $y=f(x)$ 在闭区间 $[a,b]$ 上单调增加;

(2) 如果在开区间 (a,b) 内 $f'(x)<0$,那么函数 $y=f(x)$ 在闭区间 $[a,b]$ 上单调减少.

如果把上述定理中的闭区间 $[a,b]$ 换成其他的区间(包括无穷区间),结论也是同样成立的.

从上述分析过程可以看出,函数的单调性是一个区间上的性质,要用导数在一个区间上的符号来判定,而不能用导数在一点处的符号来判定函数在一个区间上的单调性,且区间内个别点处导数为零并不影响函数在该区间上的单调性.

例如,函数 $y=x^3$ 在区间 $(-\infty,+\infty)$ 内单调增加,但其导数 $y'=3x^2$ 在 $x=0$ 时为零.

如果函数在定义域的某个区间上是单调的,则称该区间为函数的**单调区间**.

根据上述定理,讨论函数单调性时,首先要求出函数的导数,再判定导数的符号. 为此,我们要把导数 $f'(x)$ 取正值和取负值的区间首先划分开来. 当导函数连续时,在 $f'(x)$ 取正值和取负值的分界点 x_0 上应该有 $f'(x_0)=0$. 一般地,称导数 $f'(x)$ 在区间内部的零点为函数 $f(x)$ 的**驻点**. 另一种情况,使得 $f'(x)$ 不存在的点 x 也有可能成为 $f'(x)$ 取正值和取负值的分界点. 例如函数 $y=|\sin x|$(图 4-4-2)在区间 $\left(-\dfrac{\pi}{2},\dfrac{\pi}{2}\right)$ 上有定义,在区间 $\left(-\dfrac{\pi}{2},0\right]$ 上单调减少,在区间 $\left[0,\dfrac{\pi}{2}\right]$ 上单调增加,因此点 $x=0$ 为 $f'(x)$ 取正值和负值的分界点. 但曲线 $y=|\sin x|$ 在点 $(0,0)$ 处呈"尖角",点 $x=0$ 是 $y=|\sin x|$ 的角点,故 $y=|\sin x|$ 在 $x=0$ 处不可导. 也就是说,函数在经过不可导点时,也有可能改变其单调性.

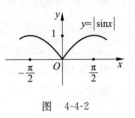

图 4-4-2

例1 讨论函数 $y=\mathrm{e}^x-x-1$ 的单调性.

解 $y'=\mathrm{e}^x-1$.

因为在 $(-\infty,0)$ 内,$y'<0$,所以函数 $y=\mathrm{e}^x-x-1$ 在 $(-\infty,0]$ 上单调减少;

又因为在 $(0,+\infty)$ 内,$y'>0$,所以函数 $y=\mathrm{e}^x-x-1$ 在 $[0,+\infty)$ 上单调增加.

例2 讨论函数 $y=\dfrac{1}{\sqrt[3]{x^2}}$ 的单调性.

解 $y'=-\dfrac{2}{3}\dfrac{1}{\sqrt[3]{x^5}}$,当 $x>0$ 时,$y'<0$;当 $x<0$ 时,$y'>0$.

注意到 $y=\dfrac{1}{\sqrt[3]{x^2}}$ 在 $x=0$ 时无定义(图 4-4-3),$x=0$ 是函数单调区间的分界点,故函数 $y=\dfrac{1}{\sqrt[3]{x^2}}$ 在 $(-\infty,0)$ 内单调增加;函数 $y=\dfrac{1}{\sqrt[3]{x^2}}$ 在 $(0,+\infty)$ 内单调减少.

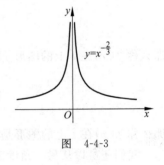

图 4-4-3

例3 证明:当 $0<x<\dfrac{\pi}{2}$ 时,$\tan x>x$.

证 设 $f(x)=\tan x-x\left(x\in\left[0,\dfrac{x}{2}\right]\right)$,只需证明 $f(x)>0\left(0<x<\dfrac{\pi}{2}\right)$,又由于 $f(0)=0$,故只需证明 $f(0)$ 是 $\left[0,\dfrac{\pi}{2}\right]$ 上的最小值即可.

因为 $f(x)$ 在 $\left[0,\dfrac{\pi}{2}\right]$ 上连续,$f'(x)=\sec^2 x-1>0\left(0<x<\dfrac{\pi}{2}\right)$,则由定理1,$f(x)$ 在区间 $\left[0,\dfrac{\pi}{2}\right]$ 上单调增加,且 $f(0)=0$ 为 $f(x)$ 在 $\left[0,\dfrac{\pi}{2}\right]$ 上的最小值,所以当 $x\in\left(0,\dfrac{\pi}{2}\right)$ 时,有 $f(x)>0$,即 $\tan x>x$.

例4 通常推出一种新的电子游戏程序时,其在短期内销售量会迅速增加,然后开始下降,销售量 S 与时间 t 之间的函数关系 $S(t)=\dfrac{200t}{100+t^2}$,$t$ 的单位为月,求销售量开始下降的时间.

解 求函数的导数:$S'(t)=\dfrac{20000-200t^2}{(100+t^2)^2}$.

令 $S'(t)=0$,解方程得 $t=10$.

当 $t<10$ 时,$S'(t)>0$,函数单调增加,即销售量 S 随着 t 的增加而增加;

当 $t>10$ 时,$S'(t)<0$,函数单调减少,即销售量 S 随着 t 的增加而减少.

因此,在销售 10 个月后,销售量开始减少.

4.4.2 曲线的凹凸性

函数的单调性反映在图形上,就是曲线的上升或下降(由左向右),但上升或下降的方式却可能不同.如图 4-4-4 所示,图中的两条曲线弧,它们都是单调上升的,但弯曲的方向却显著不同.

从形态上看,曲线弧 AB 的弯曲方向是向下的,我们看到曲线上任两点间曲线段总是在连接这两点的弦的下方,曲线弧是凹的;而曲线弧 CD 的弯曲方向是向上的,曲线上任两点间曲线段总是在连接这两点的弦的上方,曲线弧是凸的.问题是如何从数学角度来描述曲线的这一特征呢?

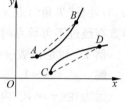

图 4-4-4

定义 1 设 $f(x)$ 在区间 I 上连续,如果对 I 上任意两点 x_1,x_2,恒有

$$f\left(\dfrac{x_1+x_2}{2}\right)<\dfrac{f(x_1)+f(x_2)}{2},$$

那么称 $f(x)$ 在 I 上的图形是(向上)**凹的**(或凹弧)(图 4-4-5);如果恒有

$$f\left(\dfrac{x_1+x_2}{2}\right)>\dfrac{f(x_1)+f(x_2)}{2},$$

那么称 $f(x)$ 在 I 上的图形是(向上)**凸的**(或凸弧)(图 4-4-6).

我们还可以从另一角度观察曲线的凹凸性,如图 4-4-7 所示.

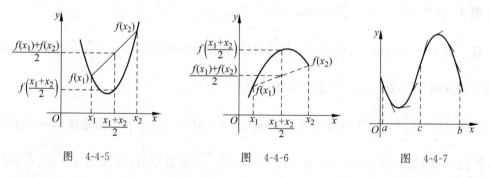

图 4-4-5　　　　图 4-4-6　　　　图 4-4-7

在区间 (a,c) 内,曲线是凹的,曲线 $y=f(x)$ 上各点处切线都位于曲线的下方,且切线的斜率由负值渐变成正值;在区间 (c,b) 内,曲线是凸的,曲线 $y=f(x)$ 上各点处切线都位于曲线的上方,且切线的斜率由正值渐变成负值.这说明 $f'(x)$ 是 (a,c) 上的单调递增函数,$f'(x)$ 是 (c,b) 上的单调递减函数,而函数 $f'(x)$ 的单调性又可以通过 $f''(x)$ 的符号来确定,那么自

然想到,利用 $f''(x)$ 的符号来确定曲线的凹凸性.

定理 2 设函数 $y=f(x)$ 在区间 (a,b) 内具有二阶导数,

(1) 如果在区间 (a,b) 内 $f''(x)>0$,则曲线 $y=f(x)$ 在 (a,b) 内是凹的;

(2) 如果在区间 (a,b) 内 $f''(x)<0$,则曲线 $y=f(x)$ 在 (a,b) 内是凸的.

为了便于记忆,借助于笑逐颜开与愁眉苦脸的脸型可以形象地表示曲线弧的凹与凸:两只眼睛表示二阶导数的符号,嘴的形状表示曲线弧的凹凸,即凹如笑,凸如哭(见图 4-4-8).

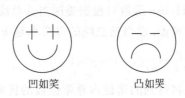

凹如笑　　　　凸如哭

图　4-4-8

例 5 判断曲线 $y=x^3$ 的凹凸性.

解 因为 $y'=3x^2$,$y''=6x$.

当 $x<0$ 时,$y''<0$,所以,曲线在 $(-\infty,0]$ 上是凸的;

当 $x>0$ 时,$y''>0$,所以,曲线在 $[0,+\infty)$ 上是凹的.

注意到:点 $(0,0)$ 是曲线由凸变凹的分界点.

若连续曲线 $y=f(x)$ 上的点 P 是凹弧与凸弧的分界点,且曲线在 P 点处有切线,则称点 P 是曲线 $y=f(x)$ 的**拐点**(图 4-4-9).

需要指出的是,拐点是曲线上的点,应写成 $(x_0,f(x_0))$.

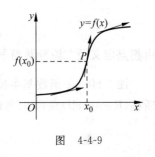

图　4-4-9

从"形"的角度上讲,若曲线是光滑的(曲线上每一点都有切线,并且切线随着曲线上点的移动而连续变动),若将曲线看成质点的运动轨迹,则质点运行的方向就是曲线的切线方向.当质点在凸弧上运动时,切线始终位于曲线弧的上方,当质点在凹弧上运动时,切线始终位于曲线弧的下方,且在经过拐点 P 时,切线必在拐点处穿过曲线弧.因此,根据拐点处切线的特征,如果曲线弧上任一点的切线都不穿过曲线,则此曲线没有拐点.例如,圆周上没有拐点.

那么从"数"的角度如何寻找曲线 $y=f(x)$ 的拐点呢?

根据定理 2,二阶导数的符号是判断曲线凹凸性的依据,因此寻找拐点只要找出使 $f''(x)$ 符号发生变化的分界点.如果函数 $y=f(x)$ 在区间 (a,b) 内有二阶连续导数,则在这个分界点处必有 $f''(x)=0$;除此以外,使 $f(x)$ 的二阶导数 $f''(x)$ 不存在的点,也可能是 $f''(x)$ 符号发生变化的分界点.

例 6 求曲线 $y=\sqrt[3]{x}$ 的拐点.

解 函数的定义域为 $(-\infty,+\infty)$. 当 $x\neq 0$ 时,

$$y'=\frac{1}{3\sqrt[3]{x^2}},\quad y''=-\frac{2}{9x\sqrt[3]{x^2}},$$

显然没有二阶导数为零的点,只有二阶导数不存在的点 $x=0$. 且当 $x<0$ 时,$y''>0$;当 $x>0$

时，$y'' < 0$. 因此，点 $(0,0)$ 为曲线的拐点(图 3-1-4).

由此可知，拐点只可能是满足 $f''(x)=0$ 的点或 $f''(x)$ 不存在的点，而这些点为拐点的标准是：$f''(x)$ 在这些点的左右两侧附近异号.

函数的曲线是函数变化状态的几何表示，曲线的凹凸性是反映函数增减快慢这个特性的. 从图 4-4-9 中可以看出，在曲线凸弧段，若函数是递增的，则越增越慢，若函数是递减的，则越减越快；在曲线凹弧段，若函数是递增的，则越增越快，若函数是递减的，则越减越慢.

例 7 （众议院席位函数(House 函数)）根据美国当选总统的得票率，预测他所在党在众议院获得席位比率的一个数学模型. 设当选总统的得票率是 p，则 House 函数

$$H(p) = \frac{p^3}{p^3+(1-p)^3}, \quad 0 \leqslant p \leqslant 1$$

预示他所在党在这届众议院里将得到的席位占总席位数的比率，见图 4-4-10. 分析 House 函数的凹凸性.

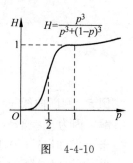

图 4-4-10

$$H(p) = \frac{p^3}{p^3+(1-p)^3} = \frac{p^3}{3p^2-3p+1},$$

$$H'(p) = \frac{3p^2(p-1)^2}{(3p^2-3p+1)^2}, \quad H''(p) = \frac{6p(p-1)(2p-1)}{(3p^2-3p+1)^3},$$

令

$$H''(p) = \frac{6p(p-1)(2p-1)}{(3p^2-3p+1)^3} = 0,$$

得

$$p = \frac{1}{2}, \quad p = 0, \quad p = 1,$$

由拐点定义及二阶导数符号知，拐点为 $\left(\frac{1}{2}, \frac{1}{2}\right)$.

注 House 函数基本反映了美国众议院席位的实际情况. 例如在 1936 年的选举中，罗斯福(Roosevelt)获得 61% 的选票，由 House 函数估计民主党在众议院中占有的席位率为

$$H(0.61) = \frac{0.61^3}{0.61^3+0.39^3} \approx 79.3\%.$$

实际上，当年民主党的占席率为 78.9%，几乎与预测结果一致.

习题 4.4

1. 填空题：

(1) 函数 $y = 2x^3 - 6x^2 - 18x - 7$ 的单调区间为_____.

(2) $y = \ln(x + \sqrt{1+x^2})$ 的单调区间为_____.

(3) 曲线 $y = \ln(1+x^2)$ 的拐点为_____.

(4) 曲线 $y = e^{\arctan x}$ 的拐点为_____，凹凸区间为_____.

2. 证明下列不等式：

(1) 当 $x > 0$ 时，$1 + \dfrac{x}{2} > \sqrt{1+x}$；

(2) 当 $x > 0$ 时，$e^x > 1 + (1+x)\ln(1+x)$；

(3) 当 $x>0$ 时,$x>\arctan x>x-\dfrac{x^3}{3}$;

(4) $\dfrac{x^n+y^n}{2}>\left(\dfrac{x+y}{2}\right)^n$ $(x>0,y>0,x\neq y,n>1)$.

3. 试证明曲线 $y=\dfrac{x-1}{x^2+1}$ 有三个拐点位于同一直线上.

4. a 及 b 为何值时,点 $(1,3)$ 为曲线 $y=ax^3+bx^2$ 的拐点?

5. 证明方程 $x^5+x+1=0$ 在区间 $(-1,0)$ 内有且仅有一个实根.

4.5 函数的极值与最值

4.5.1 函数的极值

定义 1 设函数 $f(x)$ 在点 x_0 的邻域 $U(x_0,\delta)$ 内有定义,若对任何 $x\in\mathring{U}(x_0,\delta)$,都有
$$f(x)<f(x_0) \quad (f(x)>f(x_0)),$$
则称 $f(x_0)$ 为函数 $f(x)$ 的**极大值**(**极小值**),x_0 为函数 $f(x)$ 的**极大值点**(**极小值点**).函数的极大值和极小值统称为函数 $f(x)$ 的**极值**,使得函数取得极值的点 x_0 称为函数 $f(x)$ 的**极值点**.

由定义可以看出,函数在点 x_0 处取得极值是与 x_0 邻近的所有点的函数值相比较而言的,因此极值是一个局部性概念.

观察图 4-5-1,寻找其中的极值点.

显然点 $x_0\sim x_4$ 是函数的极值点,除去其中的点 x_3 外,曲线在相应点处都有水平切线,即 $f'(x_0)=f'(x_1)=f'(x_2)=f'(x_4)=0$,因此,观察的结果是:可导极值点 x_0、x_1、x_2 以及 x_4 是函数的驻点.这正是可导函数取得极值的必要条件.

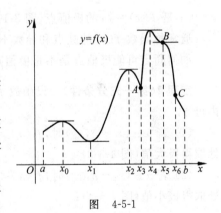

图 4-5-1

定理 1(极值存在的必要条件) 设函数 $f(x)$ 在点 x_0 处可导,且在 x_0 处取得极值,那么函数在 x_0 处的导数为零,即 $f'(x_0)=0$.

证 若函数 $f(x)$ 在 $x=x_0$ 处有极大值,根据极大值的定义,存在点 x_0 的邻域 $U(x_0,\delta)$,对任何 $x\in\mathring{U}(x_0,\delta)$,都有
$$f(x)<f(x_0).$$
由于函数 $f(x)$ 在 $x=x_0$ 处可导,故
$$\lim_{x\to x_0^-}\frac{f(x)-f(x_0)}{x-x_0}=\lim_{x\to x_0^+}\frac{f(x)-f(x_0)}{x-x_0}=\lim_{x\to x_0}\frac{f(x)-f(x_0)}{x-x_0}=f'(x_0);$$
当 $x<x_0$ 时,$\dfrac{f(x)-f(x_0)}{x-x_0}>0$,从而

$$f'(x_0) = \lim_{x \to x_0^-} \frac{f(x) - f(x_0)}{x - x_0} \geqslant 0;$$

当 $x > x_0$ 时,$\dfrac{f(x) - f(x_0)}{x - x_0} < 0$,从而

$$f'(x_0) = \lim_{x \to x_0^+} \frac{f(x) - f(x_0)}{x - x_0} \leqslant 0;$$

因此 $f'(x_0) = 0.$

定理 1 表明可导函数 $f(x)$ 的极值点必为驻点. 反过来,函数 $f(x)$ 的驻点一定是极值点吗?

见图 4-5-1,曲线在 B 点处有水平切线,即 $f'(x_5) = 0$,说明 x_5 是函数的驻点,但明显 $x = x_5$ 不是极值点.例如函数 $f(x) = x^3$,$x = 0$ 是函数 $f(x) = x^3$ 的驻点,但不是函数 $f(x) = x^3$ 的极值点,x^3 在 $(-\infty, +\infty)$ 内是严格单调的(图 4-5-2).因此,函数 $f(x)$ 的驻点不一定是极值点.

由此可见,定理 1 缩小了寻找极值点的范围,对可导函数而言,到驻点里去找极值点.

再次观察图 4-5-1,讨论函数的不可导点.曲线在 A 点、C 点处呈"尖角",点 x_3 和 x_6 都是函数 $f(x)$ 的角点,是函数 $f(x)$ 的不可导点,可点 x_3 是函数的极值点,而点 x_6 却不是函数的极值点.因此,导数不存在的点是函数可能取得极值的点.例如 $f(x) = |x|$ 在点 $x = 0$ 处不可导,但 $x = 0$ 是 $f(x) = |x|$ 的极小值点(图 3-1-3);$f(x) = \sqrt[3]{x}$ 也在点 $x = 0$ 处不可导(其导数为无穷大),但 $x = 0$ 不是 $f(x) = \sqrt[3]{x}$ 的极值点(图 3-1-4).

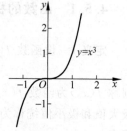

图 4-5-2

通常称函数 $f(x)$ 的驻点和导数不存在的点为函数 $f(x)$ 的**可能极值点**.

如何断定可能极值点是不是极值点呢?

定理 2(第一充分条件) 设函数 $f(x)$ 在点 x_0 处连续,且在点 x_0 的某去心邻域 $\overset{\circ}{U}(x_0, \delta)$ 内可导.

(1) 若 $x \in (x_0 - \delta, x_0)$ 时,$f'(x) > 0$;而 $x \in (x_0, x_0 + \delta)$ 时,$f'(x) < 0$,则函数 $f(x)$ 在 x_0 处取得极大值(图 4-5-3);

(2) 若 $x \in (x_0 - \delta, x_0)$ 时,$f'(x) < 0$,而 $x \in (x_0, x_0 + \delta)$ 时,$f'(x) > 0$,则函数 $f(x)$ 在 x_0 处取得极小值(图 4-5-4);

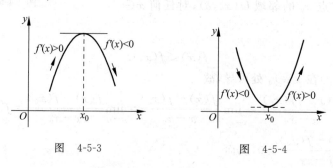

图 4-5-3　　　　　　　　图 4-5-4

(3) 如果 $x \in \overset{\circ}{U}(x_0, \delta)$ 时,$f'(x)$ 不改变符号,则函数 $f(x)$ 在 x_0 处没有极值(图 4-5-5).

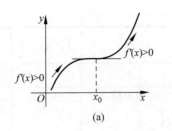
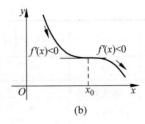

图 4-5-5

证 在 x_0 某邻域内任取一点 x,在以 x 和 x_0 为端点的闭区间上,对函数 $f(x)$ 应用拉格朗日中值定理,有 $f(x)-f(x_0)=f'(\xi)(x-x_0)$ (ξ 在 x_0 和 x 之间).

当 $x\in(x_0-\delta,x_0)$ 时,由已知条件知 $f'(\xi)>0$,所以

$$f(x)-f(x_0)=f'(\xi)(x-x_0)<0, \quad 即 \quad f(x)<f(x_0);$$

当 $x\in(x_0,x_0+\delta)$ 时,由已知条件知 $f'(\xi)<0$,所以

$$f(x)-f(x_0)=f'(\xi)(x-x_0)<0, \quad 即 \quad f(x)<f(x_0).$$

总之,对任意 $x\in\overset{\circ}{U}(x_0,\delta)$,都有 $f(x)<f(x_0)$,所以 x_0 是 $f(x)$ 的极大值点.

类似地可证明(2),(3).

定理 2 给出了利用函数一阶导数符号断定函数极值点的标准:当 x 在 x_0 的邻近渐增地经过 x_0 时,如果 $f'(x)$ 的符号由正变负,那么 $f(x)$ 在 x_0 处取得极大值;如果 $f'(x)$ 的符号由负变正,那么 $f(x)$ 在 x_0 处取得极小值;如果 $f'(x)$ 的符号不改变,那么 $f(x)$ 在 x_0 处没有极值.有时我们还可利用二阶导数判定驻点 x_0 是否为极值点.

定理 3(第二充分条件) 设函数 $f(x)$ 在点 x_0 的某一邻域内二阶可导,且 $f'(x_0)=0$,$f''(x_0)\neq0$,则

(1) 当 $f''(x_0)<0$ 时,函数 $f(x)$ 在 x_0 处取得极大值;

(2) 当 $f''(x_0)>0$ 时,函数 $f(x)$ 在 x_0 处取得极小值.

此定理说明,函数 $f(x)$ 在驻点 x_0 处的二阶导数 $f''(x_0)\neq0$,那么,驻点 x_0 一定是极值点.但如果 $f''(x_0)=0$,定理 3 就不能应用.事实上,如果函数 $f(x)$ 在驻点 x_0 处的二阶导数 $f''(x_0)=0$ 时,$f(x)$ 在 x_0 处可能有极大值,也可能有极小值,也可能没有极值.例如函数 $f(x)=x^4$,在点 $x=0$ 处,$f'(0)=0$,$f''(0)=0$,且当 $x<0$ 时,$f'(x)<0$,当 $x>0$ 时,$f'(x)>0$,所以 $f(0)$ 为函数 $f(x)=x^4$ 的极小值;而函数 $g(x)=x^3$,在点 $x=0$ 处,$g'(0)=0$,$g''(0)=0$,但当 $x<0$ 时,$g'(x)>0$,当 $x>0$ 时,$g'(x)>0$,所以 $g(0)$ 不是函数 $g(x)=x^3$ 的极值.

比较定理 2 与定理 3,定理 2 适用于驻点和不可导点,而定理 3 只能对驻点判定.

例 1 求函数 $f(x)=(x+2)^2(x-1)^3$ 的极值.

解 $f'(x)=2(x+2)(x-1)^3+3(x+2)^2(x-1)^2$
$=(5x+4)(x+2)(x-1)^2.$

令 $f'(x)=0$,得驻点 $x_1=-2$,$x_2=-\dfrac{4}{5}$,$x_3=1$.

利用定理 2,判定驻点是否为函数的极值点.列表如下(表 4-5-1).

表 4-5-1

x	$(-\infty,-2)$	-2	$\left(-2,-\dfrac{4}{5}\right)$	$-\dfrac{4}{5}$	$\left(-\dfrac{4}{5},1\right)$	1	$(1,+\infty)$
$f'(x)$	$+$	0	$-$	0	$+$	0	$+$
$f(x)$	↗	极大值 $f(-2)=0$	↘	极小值 $f\left(-\dfrac{4}{5}\right)=-8.4$	↗	非极值	↗

例 2 求函数 $f(x)=(x^2-1)^3+1$ 的极值.

解 $f'(x)=6x(x^2-1)^2$，令 $f'(x)=0$ 求得驻点 $x_1=1, x_2=0, x_3=-1$.
$$f''(x)=6(x^2-1)(5x^2-1),$$
因 $f''(0)=6>0$，所以 $f(x)$ 在 $x=0$ 处取得极小值，极小值为 $f(0)=0$.

因 $f''(-1)=f''(1)=0$，用定理 3 无法判别. 而因为在 -1 的左右邻域内 $f'(x)<0$，所以 $f(x)$ 在 -1 处没有极值；同理，$f(x)$ 在 1 处也没有极值.

想一想 如果 x_0 为 $f(x)$ 的极小值点，那么必存在 x_0 的某个邻域，在此邻域内，函数 $y=f(x)$ 在 x_0 的左侧单调减少，而在 x_0 的右侧单调增加吗？从下面的例子中我们能够看到结论是否定的.

例如，求函数 $f(x)=\begin{cases} 2+x^2\left(2+\sin\dfrac{1}{x}\right), & x\neq 0, \\ 2, & x=0 \end{cases}$ 的极值.

因为当 $x\neq 0$ 时，$f(x)-f(0)=x^2\left(2+\sin\dfrac{1}{x}\right)>0$，于是 $x=0$ 为 $f(x)$ 的极小值点. 若 $x\neq 0$ 时，$f'(x)=2x\left(2+\sin\dfrac{1}{x}\right)-\cos\dfrac{1}{x}$，当 $x\to 0$ 时，$2x\left(2+\sin\dfrac{1}{x}\right)\to 0$，而 $\cos\dfrac{1}{x}$ 在 -1 和 1 之间振荡，因而 $f(x)$ 在 $x=0$ 的两侧都不单调.

4.5.2 函数的最值

在解决实际问题中，常常会遇到这样一类问题：在一定条件下，如何使"交通堵塞最小"、"效率最高"、"成本最低"、"波长的辐射量最大"等. 这类问题在数学上，都可归结为求一个函数（通常称为**目标函数**）的最大值、最小值问题. 函数的最大值和最小值统称为函数的**最值**.

函数的最大值和最小值是全局性概念，它有别于极值，极值是函数某点邻域内的最值.

我们知道，若函数 $f(x)$ 在闭区间 $[a,b]$ 上连续，必在 $[a,b]$ 上取得最大值和最小值，而且最值点只可能是两种情况之一：(1)是极值点，而极值点可能是驻点，也可能是导数不存在的点；(2)是区间 $[a,b]$ 的端点 a 或 b. 因此，设函数 $f(x)$ 在 $[a,b]$ 上连续，那么求最值的步骤可归纳如下：

(1) 求出函数 $f(x)$ 在 (a,b) 内的所有可能极值点：驻点及不可导点；

(2) 计算函数 $f(x)$ 在驻点、不可导点及端点 a,b 处的函数值；

(3) 比较这些函数值，其中最大者就是函数的最大值，最小者就是函数的最小值.

特别地，

(1) 如果函数 $f(x)$ 在 $[a,b]$ 上单调，则 $f(x)$ 的最值在区间端点处取得；

(2) 函数 $f(x)$ 在 (a,b) 内连续,且仅有一个极值,则此极值就是函数 $f(x)$ 相应的最值,即当 $f(x_0)$ 是极大值时, $f(x_0)$ 就是 $f(x)$ 在该区间上的最大值(图 4-5-6);当 $f(x_0)$ 是极小值时, $f(x_0)$ 就是在该区间上的最小值(图 4-5-7).

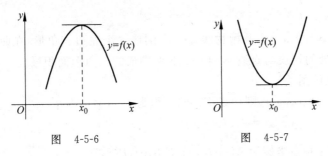

图 4-5-6　　　　　　　　　图 4-5-7

例 3　求函数 $f(x)=x^4-2x^2+5$ 在区间 $[-2,2]$ 上的最大值和最小值.

解　因为 $f(x)$ 在 $[-2,2]$ 上连续,所以 $f(x)$ 在 $[-2,2]$ 上一定有最值存在.
$$f'(x)=4x^3-4x=4x(x-1)(x+1),$$
令 $f'(x)=0$,得驻点 $x_1=-1, x_2=0, x_3=1$,且无不可导点. 计算函数 $f(x)$ 在驻点、区间端点处的函数值,得
$$f(-2)=13,\quad f(-1)=4,\quad f(0)=5,\quad f(1)=4,\quad f(2)=13;$$
所以,函数在 $[-2,2]$ 上的最大值为 13,最小值为 4.

在求解实际问题的最值时,若目标函数在区间 I 上是可导的,且事先可断定最大值(或最小值)必定在 I 的内部取得,而在 I 的内部又仅有 $f(x)$ 的唯一驻点 x_0,那么就可断定 $f(x)$ 的最大值(或最小值)就在点 x_0 处实现.

例 4　心理学研究表明,小学生对新概念的接受能力 G(即学习兴趣、注意力、理解力的某种量度)随时间 t(单位:min)的变化规律为 $G(t)=-0.1t^2+2.6t+43, t\in[0,30]$. 问 t 为多少时学生学习兴趣增加或减少? 何时学习兴趣最大?

解　$G'(t)=-0.2t+2.6=-0.2(t-13)$,由 $G'(t)=0$ 得唯一驻点: $t=13$,因此它就是使 G 达到最值的点.

由于 $t<13$ 时, $G'(t)>0, G(t)$ 单调增加; $t>13$ 时, $G'(t)<0, G(t)$ 单调减少. 所以讲课开始后第 13min 时小学生的学习兴趣最大,且讲课开始后第 13min 之前学习兴趣递增,在此时刻之后学习兴趣递减.

例 5　要做一个容积为 V 的带盖圆柱形牛奶桶,问怎样设计才能使所用材料最省?

解　显然,要使所用材料最省,就是要使带盖圆柱形牛奶桶表面积 S 最小.

设牛奶桶底半径为 r,高为 h,由已知条件 $V=\pi r^2 h$,所以 $h=\dfrac{V}{\pi r^2}$,那么牛奶桶的侧面积为 $2\pi rh$,底面积为 πr^2,表面积为
$$S=2\pi r^2+2\pi rh=2\pi r^2+\dfrac{2V}{r}\quad(0<r<+\infty).$$
由
$$S'=4\pi r-\dfrac{2V}{r^2}=0,\quad 即\quad r^3=\dfrac{V}{2\pi},$$

得唯一驻点 $r=\sqrt[3]{\dfrac{V}{2\pi}}\in(0,+\infty)$,因此它一定是使表面积 S 达到最小值的点,此时对应的高为 $h=\dfrac{V}{\pi r^2}=\dfrac{2r^3}{r^2}=2r$. 所以,容积 V 一定,当牛奶桶的高和底直径相等时,带盖圆柱形牛奶桶所用材料最省.

例 6 由直线 $y=0$,$x=8$ 及抛物线 $y=x^2$ 围成一个曲边三角形,在曲边 $y=x^2$ 上求一点,使曲线在该点处的切线与直线 $y=0$,$x=8$ 所围成的三角形面积最大.

解 根据题意作图 4-5-8.

设所求切点为 $P(x_0,y_0)$,则切线 PT 的方程为
$$y-x_0^2=2x_0(x-x_0).$$
计算可得三角形三个顶点坐标为 $A\left(\dfrac{1}{2}x_0,0\right)$,$C(8,0)$,$B(8,16x_0-x_0^2)$.

所以 $\triangle ABC$ 面积为 $S=\dfrac{1}{2}\left(8-\dfrac{1}{2}x_0\right)(16x_0-x_0^2)$ $(0<x_0<8)$.

求导数 $S'=\dfrac{1}{4}(3x_0^2-64x_0+16\times 16)$,令 $S'=0$,解得 $x_0=\dfrac{16}{3}$,$x_1=16$(舍去).

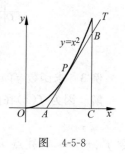

图 4-5-8

由于 $S''\left(\dfrac{16}{3}\right)=-8<0$,所以 $x_0=\dfrac{16}{3}$ 为极大值点,也就是最大值点. 即当切点为 $P\left(\dfrac{16}{3},\dfrac{16^2}{3^2}\right)$ 时,三角形的面积最大. 其最大值为 $S\left(\dfrac{16}{3}\right)=\dfrac{4096}{27}$.

例 7 设销售某产品的的总收入为 $R(x)=9x$,总成本为 $C(x)=x^3-6x^2+15x$,其中 x(单位:千件)表示产品数. 试问:是否存在一个能使利润最大化的生产水平? 如果存在,它是多少?

解 设总利润函数为 $L(x)$,则
$$L(x)=R(x)-C(x)=9x-(x^3-6x^2+15x)=-x^3+6x^2-6x \quad (0\leqslant x<+\infty),$$
$$L'(x)=-3x^2+12x-6.$$
令 $L'(x)=0$,解得
$$x_1=2+\sqrt{2}\approx 3.414$$
$$x_2=2-\sqrt{2}\approx 0.586.$$

由于 $L''(x)=-6x+12$,$L''(3.414)<0$,$L''(0.586)>0$. 所以使利润最大的生产水平为 $x_1\approx 3.414$ 千件(在该处收入超过成本),而利润最小即最大亏损发生在大约 $x=0.586$ 的生产水平上(见图 4-5-9).

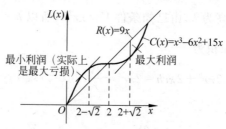

图 4-5-9

习题 4.5

1. 填空题：

(1) 函数 $y=x^3-3x^2-9x-5$ 的极值点为_____；极值为_____．

(2) 函数 $y=2x-\ln(4x)^2$ 的极值点为_____；极值为_____．

(3) 函数 $y=2x^3-3x^2(-1\leqslant x\leqslant 4)$ 的最大值为_____；最小值为_____．

(4) 在 $[0,1]$ 上，函数 $f(x)=nx(1-x)^n$ 的最大值记为 $M(n)$，则 $\lim\limits_{n\to\infty}M(n)=$ _____．

2. 当 a 为何值时，函数 $f(x)=a\sin x+\dfrac{1}{3}\sin 3x$ 在点 $x=\dfrac{\pi}{3}$ 具有极值？是极大值还是极小值？并求此极值．

3. 求数列 $\left\{\dfrac{n^{10}}{2^n}\right\}$ 的最大项的项数．

4. 在高压线路的一侧有 A,B 两个村庄，A 村至高压线的垂直距离 $AC=2\mathrm{km}$，B 村至高压线的垂直距离 $BD=3\mathrm{km}$，测得 $CD=5\mathrm{km}$．现要在高压线路下修一变电站 M，试问 M 建在何处可使至 A,B 两村的电线最短？

5. 求内接于椭圆 $\dfrac{x^2}{a^2}+\dfrac{y^2}{b^2}=1$ 的面积最大的矩形的长和宽．

6. 一商家销售某种商品的价格满足关系 $p=7-0.2x$（万元/吨），x 为销售量（单位：吨），商品的成本函数是 $C=3x+1$（万元）．

(1) 若每销售一吨商品，政府要征税 t 万元，求该商家获得最大利润时的销售量；

(2) t 为何值时，政府税收总额最大．

7. 有一帐篷，它下部的形状是高为 $1\mathrm{m}$ 的正六棱柱，上部的形状是侧棱长为 $3\mathrm{m}$ 的正六棱锥，试问：当帐篷的顶点 O 到底面中心 O_1 的距离为多少时，帐篷的体积最大？

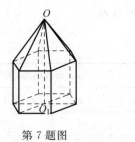

第 7 题图

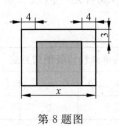

第 8 题图

8. 某公园欲建一矩形绿地，该绿地包括一块面积为 $600\mathrm{m}^2$ 的矩形草坪，以及草坪外面的步行小道，草坪位置和步行小道的宽度如图所示，问应如何选择绿地的长和宽，使其所占用的土地面积最小？

9. 货车以每小时 x 千米的常速行驶 130 千米，按交通法规限制 $50\leqslant x\leqslant 100$，假设汽油的价格是 4 元/升，而汽车耗油的速率是 $\left(2+\dfrac{x^2}{360}\right)$ 升/小时，司机工资是 28 元/小时，试问其经济车速是多少？这次行车的总费用是多少？

10. 传说古代迦太基人建造城镇时，允许居民占有一天犁出的一条沟所围成的土地，假定某人一天犁沟的长度为常数 L，试求：(1)若所围成的土地是矩形，其长、宽各为多少时，其矩形的面积最大？(2)若所围成的土地是圆形时，其面积是否比矩形面积大？

11. 到了繁殖季节，大马哈鱼要溯流而上到江河的上游产卵，而且在这一过程中它始终保持了最少的能量消耗．那么，它以什么速度前进的呢？生物学家研究发现，大马哈鱼以速度 v 逆流游了时间 t 小时后，消耗能量 E 的数学模型是 $E(v,t)=cv^3t$，其中 $c=\dfrac{1}{200}$．设水流速度是 4km/h，大马哈鱼游的距离是 200km，不妨假设大马哈鱼是匀速前进的．试问：为使能量消耗最少，它应保持什么样的速度？

12. 设 $y=x^3+ax^2+bx+c$ 在 $x=-2$ 处取得极值，并且该曲线与直线 $y=-3x+3$ 在 $(1,0)$ 处相切，求常数 a,b,c 的值．

4.6 函数图像的描绘

利用极限和导数，就可以了解函数的单调、凹凸、极值、拐点、渐近线等性态，这样我们就能描绘出一个比较准确的、能反映函数主要特征的函数图像．

函数作图的步骤：

(1) 确定函数的考察范围(一般就是函数的定义域)，判断函数有无奇偶性与周期性，确定作图范围；

(2) 求函数的一阶导数，确定函数的单调区间与极值点；

(3) 求函数的二阶导数，确定函数的凹凸区间与拐点；

(4) 确定曲线的水平渐近线和铅直渐近线；

(5) 根据上述分析，再适当计算一些特殊点的函数值，如曲线与坐标轴的交点等，最后以描点法作出函数图像．

函数单调性与极值、曲线的凹凸性与拐点判定方法见表 4-6-1，表中的 $x_i(i=0,1,2)$ 是一阶或二阶导数的零点，或者是一阶或二阶不可导点．

表 4-6-1

		函数的单调性与极值的判定			函数图像的凹凸与拐点的判定			
	x	(x_1,x_0)	x_0	(x_0,x_2)	x	(x_1,x_0)	x_0	(x_0,x_2)
(1)	y'	$+$	0	$-$	y''	$+$	0	$-$
	y	单调增加	极大值	单调减少	y	凹的	拐点	凸的
(2)	y'	$-$	0	$+$	y''	$-$	0	$+$
	y	单调减少	极小值	单调增加	y	凸的	拐点	凹的
(3)	y'	$+(-)$	0	$+(-)$	y''	$+(-)$	0	$+(-)$
	y	单调增加(减少)	无极值	单调增加(减少)	y	凹(凸)的	无拐点	凹(凸)的

例 1 描绘函数 $y=\mathrm{e}^{-x^2}$ 的图像.

解 (1) 函数 $y=\mathrm{e}^{-x^2}$ 的定义域为 $(-\infty,+\infty)$,是偶函数,图像关于 y 轴对称,所以首先在 $[0,+\infty)$ 范围内作出函数的图像,再利用关于 y 轴的对称性质,作出函数 $y=\mathrm{e}^{-x^2}$ 在 $(-\infty,0]$ 区间上的图像.

(2) $y'=-2x\mathrm{e}^{-x^2}$,令 $y'=0$,得 $x=0$.

(3) $y''=2(2x^2-1)\mathrm{e}^{-x^2}$,令 $y''=0$,得: $x=\dfrac{\sqrt{2}}{2}$,$x\in[0,+\infty)$.

用点 $x=0$、$x=\dfrac{\sqrt{2}}{2}$ 将区间 $[0,+\infty)$ 分成两个子区间,逐一检查在每一子区间内 y' 和 y'' 的符号,以确定函数在相应子区间上的单调性和凹凸性以及极值点、拐点,见表 4-6-2.

表 4-6-2

x	0	$\left(0,\dfrac{\sqrt{2}}{2}\right)$	$\dfrac{\sqrt{2}}{2}$	$\left(\dfrac{\sqrt{2}}{2},+\infty\right)$
y'	0	$-$	$-$	$-$
y''	$-$	$-$	0	$+$
y	1(极大值)	↘	拐点 $\left(\dfrac{\sqrt{2}}{2},\dfrac{\sqrt{\mathrm{e}}}{\mathrm{e}}\right)$	↘

(4) 当 $x\to+\infty$ 时,有 $y\to 0$,所以曲线有水平渐近线 $y=0$.

(5) 作出函数在 $[0,+\infty)$ 上的图像,并利用对称性,画出全部图像(图 4-6-1).

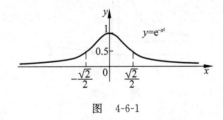

图 4-6-1

例 2 描绘函数 $y=1+\dfrac{1-2x}{x^2}$ 的图像.

解 (1) 函数 $y=1+\dfrac{1-2x}{x^2}$ 的定义域为 $(-\infty,0)\cup(0,+\infty)$,且该函数在定义域内不具有奇偶性与周期性.

(2) $y'=\dfrac{2(x-1)}{x^3}$,令 $y'=0$,得 $x=1$,且无不可导点.

(3) $y''=\dfrac{2(3-2x)}{x^4}$,令 $y''=0$,得 $x=\dfrac{3}{2}$,也无二阶导数不存在点.

用点 $x=1$、$x=\dfrac{3}{2}$ 分区间 $(-\infty,0)\cup(0,+\infty)$,逐一检查在每一子区间内 y' 和 y'' 的符号,以确定函数在相应子区间上的单调性和凹凸性以及极值点、拐点,见表 4-6-3.

表 4-6-3

x	$(-\infty,0)$	$(0,1)$	1	$\left(1,\dfrac{3}{2}\right)$	$\dfrac{3}{2}$	$\left(\dfrac{3}{2},+\infty\right)$
y'	$+$	$-$	0	$+$	$+$	$+$
y''	$+$	$+$	$+$	$+$	0	$-$
y	↗	↘	极小值 $f(1)=0$	↗	拐点 $\left(\dfrac{3}{2},\dfrac{1}{9}\right)$	↗

(4) 因为 $\lim\limits_{x\to 0}y=\lim\limits_{x\to 0}\left(1+\dfrac{1-2x}{x^2}\right)=+\infty$，$\lim\limits_{x\to\infty}y=\lim\limits_{x\to\infty}\left(1+\dfrac{1-2x}{x^2}\right)=1$，所以 $x=0$ 是曲线的铅直渐近线，$y=1$ 是曲线的水平渐近线．

(5) 取特殊点：拐点 $\left(\dfrac{3}{2},\dfrac{1}{9}\right)$，与坐标轴的交点 $(1,0)$；另取点 $(-1,4)$，$\left(-2,\dfrac{9}{4}\right)$，$\left(2,\dfrac{1}{4}\right)$．

(6) 描绘出函数的图像（图 4-6-2）．

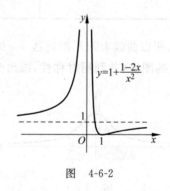

图 4-6-2

利用数学软件实现计算机绘图是描绘函数图形的有效方法，然而在用数学软件作图的过程中，往往受问题背景的限制，也需要利用本节的方法，如选择作图的范围，掌握函数图像的主要特征，对程序或作图进行人工干预，等等，因此，真正理想的绘图方法是把微分学知识和计算机结合起来．

习题 4.6

1. 填空题：

(1) 曲线 $y=\mathrm{e}^{\frac{1}{x}}$ 的水平渐近线为_____．

(2) 曲线 $y=\dfrac{1}{x-1}$ 的水平渐近线为_____，铅直渐近线为_____．

(3) 曲线 $y=1+\dfrac{\sin x}{x}$ 的水平渐近线为_____．

(4) $x=0$ 为曲线 $f(x)=\dfrac{\sin x}{x}$ 的铅直渐近线吗？_____；$y=0$ 为曲线 $f(x)=\dfrac{\sin x}{x}$ 的水平渐近线吗？_____.

2. 描绘下列函数的图像：

(1) $y=3x-x^3$；　　(2) $y=\dfrac{x}{1+x^2}$；　　(3) $y=x-\ln(2+x)$；　　(4) $y=x^2+\dfrac{1}{x}$.

扩展阅读

曲线上的特殊点——拐点

曲线上有各种特殊的点，根据它们的简单几何特性，给它们取了各种名称.如下图所示.

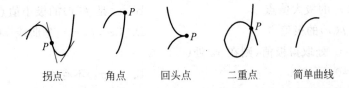

拐点　　　角点　　　回头点　　　二重点　　　简单曲线

角点：曲线上的动点沿该曲线移动经过此点 P 时，将折过一个角度再移动；
回头点：曲线上的动点沿该曲线移动经过此点 P 时，将折过 $180°$ 角再移动；
二重点：曲线上的动点沿该曲线移动经过此点 P 两次；
简单曲线：没有重点的曲线.

高等数学教材中，较为详细地介绍了拐点，其定义为：若 P 点是连续曲线弧凹、凸的分界点，且曲线在 P 点处有切线，则 P 点就是曲线 $y=f(x)$ 的拐点.如果 P 点处没有切线，则凹凸弧的分界点是角点，因此忽略 P 点处有切线这个条件，就有可能将角点误认为是拐点.为此对拐点的认识有两点：首先曲线在 P 点处有切线，其次曲线上的动点经过 P 点时，相应的切线从曲线的一侧穿越点 P 拐到了曲线的另一侧.需要注意的是：对于由参数方程给出的曲线，根据参数方程所确定的函数的二阶导数 $y''(x)$ 在某个参数值 t_0 的两侧邻近异号所得到的曲线上的点有可能是假拐点.究其原因，是将"$y''(x)$ 在参数 t_0 的两侧邻近异号"等同于"$y''(x)$ 在点 x_0 的两侧邻近异号"导致误判.如曲线 $\begin{cases} x=t^2, \\ y=3t+t^3, \end{cases}$ 易知 $t=0$ 时，$y''(x)$ 不存在，并且 $y''(x)$ 在参数 $t_0=0$ 邻近两侧二阶导数都异号，因此点 $(0,0)$ 为该曲线的拐点.然而这个结论是错误的！因为点 $(0,0)$ 不是该曲线的拐点.首先，由曲线 $\begin{cases} x=t^2 \\ y=3t+t^3 \end{cases}$ 知，$x<0$ 时函数 $y=y(x)$ 没有定义，因此用"$y''(x)$ 在参数 $t_0=0$ 的两侧邻近异号"来判断拐点没有意义；另外注意到，曲线在点 $(0,0)$ 处的切线垂直于 x 轴，切线在经过点 $(0,0)$ 时并没有穿越曲线，所以点 $(0,0)$ 不是曲线的拐点，而是曲线的假拐点.从 $\begin{cases} x=t^2, \\ y=3t+t^2, \end{cases}$ 的图像中，我们也能够看到该曲线上的点 $(0,0)$ 不是曲线拐点.

总 习 题 4

1. 选择题：

(1) 函数 $y=x+\tan x$ (   ).

A. 极小值为 0 B. 无极值
C. 单调减小 D. 极大值为 0

(2) 若在 (a,b) 内恒有 $f'(x)<0, f''(x)>0$，则在 (a,b) 内曲线弧 $y=f(x)$ 为(   ).

A. 上升的凸弧 B. 下降的凸弧
C. 下降的凹弧 D. 上升的凹弧

(3) 若函数 $f(x)$ 在 x_0 处具有二阶导数，$f'(x_0)=0, f''(x_0)>0$，则(   ).

A. x_0 是 $f(x)$ 的极大值点 B. x_0 是 $f(x)$ 的极小值点
C. x_0 不是 $f(x)$ 的极值点 D. $(x_0,f(x_0))$ 是曲线 $f(x)$ 的拐点

(4) $f(x)$ 在 x_0 处取得极值，则在 x_0 处(   ).

A. $f'(x_0)=0$ B. $f'(x_0)$ 不存在
C. $f'(x_0)\neq 0$ D. $f'(x_0)=0$ 或 $f'(x_0)$ 不存在

2. 求下列极限：

(1) $\lim\limits_{x\to 0}\dfrac{e^x-1}{x^2-x}$；

(2) $\lim\limits_{x\to a}\dfrac{a^x-x^a}{x-a}$；

(3) $\lim\limits_{x\to 1}(2-x)^{\tan\frac{\pi x}{2}}$；

(4) $\lim\limits_{x\to 0^+}x^{\sin x}$.

3. 设函数 $f(x)$ 在 $[0,a]$ 上连续，在 $(0,a)$ 内可导，且 $f(a)=0$. 证明：$\exists\,\xi\in(0,a)$ 使 $f(\xi)+\xi f'(\xi)=0$.

4. 设函数 $f(x)$ 在 $[0,\pi]$ 上连续，在 $(0,\pi)$ 内可导. 证明：至少存在一 $\xi\in(0,\pi)$，使得 $f'(\xi)\sin\xi+f(\xi)\cos\xi=0$.

5. 设 $a_0+\dfrac{1}{2}a_1+\cdots+\dfrac{1}{n+1}a_n=0$，证明：多项式 $f(x)=a_0+a_1x+\cdots+a_nx^n$ 在 $(0,1)$ 内至少有一个零点.

6. 求下列极限：

(1) $\lim\limits_{x\to a^+}\dfrac{\sqrt{x}-\sqrt{a}+\sqrt{x-a}}{\sqrt{x^2-a^2}}$ $(a\geqslant 0)$；

(2) 设 $f'(a)=2$，求 $\lim\limits_{x\to a}\dfrac{xf(a)-af(x)}{x-a}$；

(3) $\lim\limits_{x\to 1}\dfrac{x+x^2+\cdots+x^n-n}{x-1}$ (n 为正整数).

7. 设 $f(0)=0, f'(x)$ 单调增，证明：$\dfrac{f(x)}{x}$ 在 $(0,+\infty)$ 内单调增加.

8. 求函数 $y=\sin x+\cos x$ 在 $[0,2\pi]$ 上的极值.

9. 若函数 $y=f(x)$ 可导，且 $\lim\limits_{x\to 1}f'(x)=2$，试说明 $f(1)$ 不是函数 $y=f(x)$ 的极值.

10. 要制造一个容积为 $32\pi\,\mathrm{m}^3$ 的有盖圆柱形桶，已知桶侧面每平方米的造价是上、下底

面每平方米造价的一半.试问如何设计圆桶高与底半径可使造价最低？

11. 欲制造一个横截面为等腰梯形的水槽,且梯形的腰及下底均为定长 a,问水槽的侧面与地面的夹角为何值时,此水槽有最大的横截面积？

12. 炮弹的弹道曲线方程(不计空气阻力)为 $y=mx-\dfrac{m^2+1}{800}x^2$,如图所示,坐标原点为炮弹的发射点,$k$ 为弹道曲线在发射点处切线的斜率,问：

(1) k 为多大时,炮弹的水平射程最大？

(2) 如果要炮弹击中 300m 处一堵直立墙壁上的高度最大,k 应为多大？

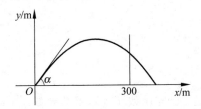

第 12 题图

第 5 章

不定积分——求导运算的逆运算

微分学研究的基本问题是：已知函数 $f(x)$，求其导数 $f'(x)$；其逆问题是：求一个可导函数，使它的导函数等于已知函数，这就是所谓的求原函数或不定积分问题.因此，不定积分实际上属于微分学的范畴，是求导运算的逆运算.历史上，人们在寻求图形的面积、体积和弧长等问题的解的时候，引入了求和过程，从而产生了定积分，并导致了积分学的建立；而对物体的运动速度、曲线的切线等问题的研究，促进了导数概念的产生和一元函数微分学的建立.后来牛顿和莱布尼茨将不定积分和定积分这两个貌似不相关的概念联系起来，形成微积分学中最重要的公式：微积分学基本公式，这个公式给出了利用原函数计算定积分的有效方法，这样不定积分的计算就成为定积分计算的基础.但因为求不定积分的过程是关于求导的一个逆向思维过程，从而不定积分的计算比导数的计算显得较为复杂和困难，因此不定积分的学习更有挑战性.本章将介绍不定积分的概念、性质及其计算方法.

5.1 不定积分的概念与性质

5.1.1 原函数与不定积分的概念

瞬时变化率描述了函数在给定时刻的变化，这揭示了事物的一方面；我们还需要知道事物的另一方面，即那些瞬时变化是如何在一时间段内积累产生该函数的，也就是说通过研究事物行为的变化，来研究事物行为的本身.现讨论下面两个具体问题：

问题 1：若已知质点作直线运动，其运动方程 $s=s(t)$，则质点的运动速度为 $s'(t)=v(t)$，这是微分问题；反之，如何由 $v(t)$ 求 $s(t)$ 呢？

问题 2：若已知曲线 $y=f(x)$，则曲线上任一点处的斜率为 $f'(x)$，同样这是微分问题；反过来，如何由 $f'(x)$ 求 $y=f(x)$ 呢？

以上问题可归结为：已知 $F'(x)$，求函数 $F(x)$，即已知导函数求原来函数的问题.

定义 1 设函数 $f(x)$ 定义在区间 I 上，如果存在函数 $F(x)$，对于任意 $x\in I$，都有
$$F'(x)=f(x) \quad \text{或} \quad dF(x)=f(x)dx,$$
则称 $F(x)$ 为 $f(x)$ 在区间 I 上的一个**原函数**.

例如，$(\sin x)'=\cos x$，故 $\sin x$ 是 $\cos x$ 的一个原函数；

$(\ln x)' = \dfrac{1}{x}(x>0)$,故 $\ln x$ 是 $\dfrac{1}{x}$ 在区间 $(0,+\infty)$ 内的一个原函数;

$(x^3)' = 3x^2$,故 x^3 是 $3x^2$ 的一个原函数.

由于 $(x^3+C)' = 3x^2$,所以 $3x^2$ 的原函数除了 x^3 外,诸如 $x^3+1, x^3+2, x^3+\dfrac{2}{5}$ 等,只要与 x^3 相差一个常数 C 的函数 x^3+C 都是 $3x^2$ 的原函数. 同理,$\sin x + C$ 都是 $\cos x$ 的原函数,$\ln x + C$ 都是 $\dfrac{1}{x}$ 在区间 $(0,+\infty)$ 内的原函数.

从上面的讨论中看到,给定一个函数,它的导函数是唯一的,但若给定一个函数 $f(x)$,如果 $f(x)$ 的原函数存在,则它的原函数就不唯一,而是有无穷多个. 下面的定理就说明了这一事实.

定理 1 如果函数 $F(x)$ 是 $f(x)$ 在区间 I 上的一个原函数,则 $F(x)+C(C$ 为任意常数) 都是 $f(x)$ 在区间 I 上的原函数,并且 $f(x)$ 的任何一个原函数都可表示为 $F(x)+C$.

此定理包含两层含意:第一,$F(x)+C$ 中的任一个都是 $f(x)$ 的原函数;第二,$f(x)$ 的任一原函数都可表为 $F(x)+C$.

证 因为 $F'(x)=f(x)$,所以 $(F(x)+C)' = F'(x) = f(x)$,这表明 $F(x)+C$ 都是 $f(x)$ 在区间 I 上的原函数.

设 $G(x)$ 是 $f(x)$ 的任意一个原函数,即对于任一 $x \in I$,有 $G'(x)=f(x)$,于是 $[F(x)-G(x)]' = F'(x) - G'(x) = 0$,则存在常数 C,使得 $F(x)-G(x)=C$,即 $G(x)=F(x)+C$.

定理 1 说明,$f(x)$ 的任一原函数都可表为 $F(x)+C$ 的形式. 因此,只要找到 $f(x)$ 的一个原函数,就能找到 $f(x)$ 的全体原函数,也就是若 $F(x)$ 是 $f(x)$ 的一个原函数,则 $F(x)+C$ 表示 $f(x)$ 的全体原函数,即 $f(x)$ 的全体原函数构成的集合为

$$\{F(x)+C \mid C \text{ 为任意常数}\}.$$

关于原函数的存在性将在下一章讨论,这里先给出下列结论:

定理 2 如果函数 $f(x)$ 在区间 I 上连续,则 $f(x)$ 在区间 I 上一定有原函数.

简言之:连续函数必有原函数.

需要说明的是,以后谈到函数 $f(x)$ 的原函数,总是对 $f(x)$ 的一个连续区间而言的,如果 $f(x)$ 有间断点,其原函数应按 $f(x)$ 的连续区间分段考虑. 例如:$f(x)=\dfrac{1}{x}$,在 $x=0$ 处不连续,但 $x>0$ 时,$(\ln x)'=\dfrac{1}{x}$;$x<0$ 时,$[\ln(-x)]' = \dfrac{1}{-x}(-x)' = \dfrac{1}{x}$,说明 $\ln x$ 是 $\dfrac{1}{x}$ 在 $(0,+\infty)$ 上的一个原函数,$\ln(-x)$ 是 $\dfrac{1}{x}$ 在 $(-\infty,0)$ 上的一个原函数,或统一表示为:$(\ln|x|)' = \dfrac{1}{x}$,即 $\ln|x|$ 是 $\dfrac{1}{x}$ 在其连续区间上的一个原函数.

定义 2 在区间 I 上,函数 $f(x)$ 的带有任意常数项 C 的原函数称为 $f(x)$(或 $f(x)\mathrm{d}x$) 在区间 I 上的**不定积分**,记作

$$\int f(x)\mathrm{d}x,$$

其中 $f(x)$ 称为**被积函数**，$f(x)\mathrm{d}x$ 称为**被积表达式**，x 称为**积分变量**，符号 $\int$ 称为**积分号**.

因此
$$\int \frac{1}{x}\mathrm{d}x = \ln|x| + C,$$
$$\int \cos x \mathrm{d}x = \sin x + C.$$

不定积分简称积分，求不定积分的方法和运算简称**积分法**和**积分运算**.

例1 填空：

(1) 函数 e^{2x} 为（　）的一个原函数；

(2) 若函数 $f(x)$ 的一个原函数为 $\ln x$，则 $f'(x) =$（　）；

(3) 若函数 $f(x)$ 的一个原函数为 $\ln x$，则 $\int f(x)\mathrm{d}x =$（　）；

(4) 若 $\int f(x)\mathrm{d}x = \ln(1+x^2) + C$（$C$ 为任意常数），则 $f(x) =$（　）.

解 (1) 因为 $(\mathrm{e}^{2x})' = 2\mathrm{e}^{2x}$，所以 e^{2x} 是 $2\mathrm{e}^{2x}$ 的一个原函数，故应填写"$2\mathrm{e}^{2x}$".

(2) 因为函数 $f(x)$ 的一个原函数为 $\ln x$，即 $(\ln x)' = f(x)$，所以
$$f'(x) = (\ln x)'' = -\frac{1}{x^2},$$

故应填写"$-\frac{1}{x^2}$".

(3) 因为函数 $f(x)$ 的一个原函数为 $\ln x$，根据不定积分的定义有
$$\int f(x)\mathrm{d}x = \ln x + C,$$

故应填写"$\ln x + C$".

(4) 因为 $\int f(x)\mathrm{d}x = \ln(1+x^2) + C$，则 $\ln(1+x^2)$ 为 $f(x)$ 的一个原函数，所以
$$f(x) = (\ln(1+x^2))' = \frac{2x}{1+x^2},$$

故应填写"$\frac{2x}{1+x^2}$".

例2 验证 $\arctan x$，$-\arctan \frac{1}{x}$ 都是 $\frac{1}{1+x^2}$ 的原函数.

证 因为 $(\arctan x)' = \frac{1}{1+x^2}$，$\left(-\arctan \frac{1}{x}\right)' = -\frac{1}{1+\left(\frac{1}{x}\right)^2} \cdot \left(-\frac{1}{x^2}\right) = \frac{1}{1+x^2}$，所以 $\arctan x$，$-\arctan \frac{1}{x}$ 都是 $\frac{1}{1+x^2}$ 的原函数.

问题是 $\arctan x$ 和 $-\arctan \frac{1}{x}$ 之间真的是相差一个常数吗？回答是肯定的. 事实上，我们容易证得：$\arctan x + \arctan \frac{1}{x} \equiv \frac{\pi}{2}$.

例 3 由导数的基本公式,求下列函数的不定积分:

(1) $\int 0 \mathrm{d}x$; (2) $\int \mathrm{d}x$; (3) $\int x^2 \mathrm{d}x$; (4) $\int \frac{1}{1+x^2} \mathrm{d}x$.

解 (1) 因为任意常数 C 的导数等于零,即 $(C)' = 0$,所以

$$\int 0 \mathrm{d}x = C \quad (C \text{ 为任意常数}).$$

(2) 因为 $x' = 1$,即 x 是 1 的一个原函数,所以

$$\int \mathrm{d}x = x + C \quad (C \text{ 为任意常数}).$$

(3) 因为 $\left(\frac{x^3}{3}\right)' = x^2$,即 $\frac{x^3}{3}$ 是 $f(x) = x^2$ 的一个原函数,所以

$$\int x^2 \mathrm{d}x = \frac{x^3}{3} + C \quad (C \text{ 为任意常数}).$$

(4) 因为 $(\arctan x)' = \frac{1}{1+x^2}$,即 $\arctan x$ 是 $\frac{1}{1+x^2}$ 的一个原函数,所以

$$\int \frac{1}{1+x^2} \mathrm{d}x = \arctan x + C \quad (C \text{ 为任意常数}).$$

例 4 计算下列各题:

(1) $\left(\int \mathrm{sine}^x \mathrm{d}x\right)'$; (2) $\int (\mathrm{sine}^x)' \mathrm{d}x$.

解 (1) 因 sine^x 在区间 $\mathbf{R}$ 上是连续的,根据定理 2 知,sine^x 在区间 $\mathbf{R}$ 上一定有原函数. 不妨设 $F'(x) = \mathrm{sine}^x$,则

$$\left(\int \mathrm{sine}^x \mathrm{d}x\right)' = (F(x) + C)' = F'(x) = \mathrm{sine}^x, \text{ 即 } \left(\int \mathrm{sine}^x \mathrm{d}x\right)' = \mathrm{sine}^x.$$

(2) 显然 $(\mathrm{sine}^x)'$ 的一个原函数就是 sine^x,所以

$$\int (\mathrm{sine}^x)' \mathrm{d}x = \mathrm{sine}^x + C.$$

由例 4 可见:$\left(\int f(x) \mathrm{d}x\right)' \neq \int f'(x) \mathrm{d}x$,且 $\left(\int f(x) \mathrm{d}x\right)'$ 与 $\int f'(x) \mathrm{d}x$ 相差一个常数 C.

不定积分 $\int f(x) \mathrm{d}x$ 是 $f(x)$ 的全体原函数,它不是一个函数,而是一族函数,在几何上是一族平行曲线(图 5-1-1),该平行曲线称为 $f(x)$ 的**积分曲线族**,其中任一曲线称为 $f(x)$ 的**积分曲线**. 显然与 y 轴平行的直线与积分曲线族中每一条曲线的交点处的切线斜率都等于 $f(x)$.

在实际应用中,常常需要求满足一定条件的某个原函数.

例 5 已知真空中自由落体的瞬时速度 $v(t) = gt$,其中常量 g 是重力加速度,又知 $t = 0$ 时路程 $s = 0$,求自由落体的运动规律 $s = s(t)$.

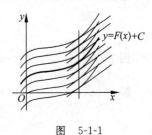

图 5-1-1

解 因为 $s'(t)=v(t)=gt$,所以 $\frac{1}{2}gt^2$ 是 gt 的一个原函数,

即 $$s(t)=\int gt\,dt=\frac{1}{2}gt^2+C \quad (C\text{ 为任意常数}).$$

又因为 $t=0$ 时 $s=0$,代入上式得 $C=0$,于是所求的自由落体运动规律为 $s=\frac{1}{2}gt^2$.

例 6 设一曲线上任意一点 (x,y) 处的切线斜率等于该点横坐标的两倍,且曲线过点 $(0,2)$,求此曲线方程.

解 设曲线方程为 $y=f(x)$,由于曲线上任意一点 (x,y) 处的切线斜率为 $2x$,即
$$f'(x)=2x,$$
而 x^2 是 $2x$ 的一个原函数,所以
$$f(x)=\int 2x\,dx=x^2+C.$$

又 $f(0)=2$,代入 $f(x)=x^2+C$ 中,得 $C=2$.因此所求曲线方程为 $y=x^2+2$.

5.1.2 不定积分的性质

由不定积分的定义知,$\int f(x)\,dx$ 是 $f(x)$ 的原函数,所以有

性质 1 $\dfrac{d}{dx}\left[\int f(x)\,dx\right]=f(x)$ 或 $d\int f(x)\,dx=f(x)\,dx.$

性质 2 $\int F'(x)\,dx=F(x)+C$ 或记作 $\int dF(x)=F(x)+C.$

由此可见,对一个函数先积分再微分,结果两种运算互相抵消;如果先微分再积分,其结果相差一个常数.如,$d\int \sin e^x\,dx=\sin e^x\,dx$,$\int d\sin e^x=\sin e^x+C$.

性质 3 设函数 $f(x)$ 及 $g(x)$ 的原函数都存在,则
$$\int [f(x)+g(x)]\,dx=\int f(x)\,dx+\int g(x)\,dx.$$

证 因为 $\left[\int f(x)\,dx+\int g(x)\,dx\right]'=\left[\int f(x)\,dx\right]'+\left[\int g(x)\,dx\right]'=f(x)+g(x)$,

故 $\int f(x)\,dx+\int g(x)\,dx$ 是 $f(x)+g(x)$ 的原函数,又积分 $\int f(x)\,dx+\int g(x)\,dx$ 中含有任意常数,所以结论成立.

性质 3 对于有限个函数都是成立的.

类似可证性质 4.

性质 4 设函数 $f(x)$ 的原函数存在,k 为非零常数,则
$$\int kf(x)\,dx=k\int f(x)\,dx.$$

例 7 求 $\int(2e^x-3\cos x)\,dx.$

解 $\int(2e^x-3\cos x)\,dx=\int 2e^x\,dx-\int 3\cos x\,dx$

$\qquad =2\int e^x\,dx-3\int \cos x\,dx=2e^x-3\sin x+C.$

习题 5.1

1. 验证 $\sin^2 x, -\cos^2 x$ 与 $-\dfrac{1}{2}\cos 2x$ 都是 $\sin 2x$ 的原函数.

2. 检验下列等式的正确性.

   (1) $\displaystyle\int (x^3-1)\mathrm{d}x = \dfrac{1}{4}x^4 - x + C$; (2) $\displaystyle\int \dfrac{\ln x}{x}\mathrm{d}x = \dfrac{1}{2}\ln^2 x + C$.

3. 填空题:

   (1) $(\quad)' = 1, \displaystyle\int \mathrm{d}x = (\quad)$; (2) $(\quad)' = x, \displaystyle\int x\mathrm{d}x = (\quad)$;

   (3) $(\quad)' = \dfrac{1}{\sqrt{x}}, \displaystyle\int \dfrac{1}{\sqrt{x}}\mathrm{d}x = (\quad)$; (4) $(\quad)' = -\dfrac{1}{x^2}, \displaystyle\int \dfrac{1}{x^2}\mathrm{d}x = (\quad)$;

   (5) $(\quad)' = \sec^2 x, \displaystyle\int \sec^2 x\,\mathrm{d}x = (\quad)$;

   (6) $(\quad)' = \dfrac{1}{\sqrt{1-x^2}}, \displaystyle\int \dfrac{1}{\sqrt{1-x^2}}\mathrm{d}x = (\quad)$.

4. 设曲线上任一点 $M(x,y)$ 处的切线斜率等于该点横坐标的倒数,且曲线过点 $(\mathrm{e}^2,5)$,求此曲线方程.

5. 已知函数 $y=f(x)$ 的导数等于 $x+2$,且 $y|_{x=2}=5$,求此函数.

6. 回答下列问题:

   (1) 已知函数 $f(x)$ 的一个原函数为 -1,则 $f(x)$ 的表达式是什么? $f(x)$ 的全体原函数表达式又是什么?

   (2) 已知函数 $f(x)$ 的一个原函数为 e^{x^2},$f(x)$ 的导函数的表达式是什么?

5.2 不定积分的基本公式

既然积分运算和微分运算是互逆的,因此可以根据求导公式求得积分公式.正如德·摩根(De Morgan,英国,1806—1871)所说,积分变成了"回忆"微分.

例如由 $(a^x)' = a^x \ln a$,得积分公式: $\displaystyle\int a^x \mathrm{d}x = \dfrac{a^x}{\ln a} + C$.

下面给出**基本积分公式表**:

(1) $\displaystyle\int k\,\mathrm{d}x = kx + C$ (k 是常数);

(2) $\displaystyle\int x^\mu \mathrm{d}x = \dfrac{1}{\mu+1} x^{\mu+1} + C$ ($\mu \neq -1$);

(3) $\displaystyle\int \dfrac{1}{x} \mathrm{d}x = \ln|x| + C$;

(4) $\displaystyle\int \mathrm{e}^x \mathrm{d}x = \mathrm{e}^x + C$;

(5) $\displaystyle\int a^x \mathrm{d}x = \dfrac{a^x}{\ln a} + C$ ($a>0, a \neq 1$);

(6) $\int \cos x \, dx = \sin x + C$;

(7) $\int \sin x \, dx = -\cos x + C$;

(8) $\int \dfrac{1}{\cos^2 x} dx = \int \sec^2 x \, dx = \tan x + C$;

(9) $\int \dfrac{1}{\sin^2 x} dx = \int \csc^2 x \, dx = -\cot x + C$;

(10) $\int \dfrac{1}{1+x^2} dx = \arctan x + C = -\operatorname{arccot} x + C$;

(11) $\int \dfrac{1}{\sqrt{1-x^2}} dx = \arcsin x + C = -\arccos x + C$;

(12) $\int \sec x \tan x \, dx = \sec x + C$;

(13) $\int \csc x \cot x \, dx = -\csc x + C$.

特别地,公式 $\int k \, dx = kx + C$ 中,如果 $k=0$ 时,$\int 0 \, dx = C$;$k=1$ 时,$\int dx = x + C$.

公式 $\int x^\mu \, dx = \dfrac{x^{\mu+1}}{\mu+1} + C$ 是除去 $\dfrac{1}{x}$ 的积分公式,如

$$\mu = \dfrac{1}{2} \text{ 时,} \quad \int \sqrt{x} \, dx = \dfrac{2}{3} x^{\frac{3}{2}} + C;$$

$$\mu = -\dfrac{1}{2} \text{ 时,} \quad \int \dfrac{1}{\sqrt{x}} dx = 2\sqrt{x} + C;$$

$$\mu = -2 \text{ 时,} \quad \int \dfrac{1}{x^2} dx = -\dfrac{1}{x} + C.$$

在求不定积分时,往往要对被积函数进行代数或三角函数恒等变形,然后才能利用积分基本公式求出其结果.

例1 求 $\int \sqrt{x}(x^2 - 5) \, dx$.

解 $\int \sqrt{x}(x^2 - 5) \, dx = \int (x^{\frac{5}{2}} - 5x^{\frac{1}{2}}) \, dx = \int x^{\frac{5}{2}} dx - 5 \int x^{\frac{1}{2}} dx$

$= \dfrac{2}{7} x^{\frac{7}{2}} - \dfrac{10}{3} x^{\frac{3}{2}} + C$

$= \dfrac{2}{7} x^3 \sqrt{x} - \dfrac{10}{3} x \sqrt{x} + C.$

例2 求 $\int \left(\dfrac{1}{x^2} - 3^x e^x + \dfrac{2}{x} \right) dx$.

解 $\int \left(\dfrac{1}{x^2} - 3^x e^x + \dfrac{2}{x} \right) dx = \int \dfrac{1}{x^2} dx - \int (3e)^x dx + \int \dfrac{2}{x} dx$

$= -\dfrac{1}{x} - (3e)^x \dfrac{1}{\ln(3e)} + 2\ln|x| + C$

$= -\dfrac{1}{x} - \dfrac{3^x e^x}{1+\ln 3} + 2\ln|x| + C.$

例 3 求 $\int \tan^2 x \, dx$.

解 $\int \tan^2 x \, dx = \int (\sec^2 x - 1) \, dx$
$= \int \sec^2 x \, dx - \int dx$
$= \tan x - x + C.$

例 4 求 $\int \dfrac{1 - \cos^2 x}{\sin^2 \dfrac{x}{2}} \, dx$.

解 由 $\sin^2 \dfrac{x}{2} = \dfrac{1 - \cos x}{2}$ 得

$$\int \dfrac{1 - \cos^2 x}{\sin^2 \dfrac{x}{2}} \, dx = \int \dfrac{(1 - \cos x)(1 + \cos x)}{\dfrac{1}{2}(1 - \cos x)} \, dx$$

$$= 2 \int (1 + \cos x) \, dx$$

$$= 2(x + \sin x) + C.$$

事实上,除了少量简单函数可以利用基本积分公式求出不定积分外,大量初等函数的原函数并不能按上述公式或性质直接求得. 因此,求不定积分需要根据被积函数的特点灵活地使用各种技巧,这就使得积分法成为高等数学中一块富有探索性的园地.

想一想 由于 $\int \dfrac{dx}{\sqrt{1-x^2}} = \arcsin x + C, \int \dfrac{dx}{\sqrt{1-x^2}} = -\arccos x + C$,有人由此得到等式 $\arcsin x = -\arccos x$,即 $\arcsin x + \arccos x = 0$,而我们已知 $\arcsin x + \arccos x = \dfrac{\pi}{2}$,显然 $\arcsin x + \arccos x = 0$ 是错误的,你知道为什么吗?

习题 5.2

1. 求下列不定积分:

(1) $\int (1 + x\sqrt{x}) \, dx$;

(2) $\int \left(\dfrac{2}{\sqrt{x}} - \dfrac{1}{x^2} \right) dx$;

(3) $\int \left(2e^x - \dfrac{1}{x} \right) dx$;

(4) $\int \left(\dfrac{2}{\sqrt{1-x^2}} - \dfrac{3}{1+x^2} \right) dx$;

(5) $\int (2\cos x - \csc^2 x) \, dx$;

(6) $\int e^x (2 - e^{-x} \sin x) \, dx$;

(7) $\int \dfrac{dx}{x^2(1+x^2)}$;

(8) $\int \sec x (\sec x - \cos x) \, dx$;

(9) $\int \dfrac{(1-x)^2}{\sqrt{x}} \, dx$;

(10) $\int \dfrac{dx}{1 + \cos 2x}$;

(11) $\int \dfrac{x^4}{1+x^2} \, dx$;

(12) $\int \cot^2 t \, dt$;

(13) $\int \dfrac{x^2+7x+12}{x+3}dx$；

(14) $\int \dfrac{e^{2t}-1}{e^t+1}dt$；

(15) $\int 10^x \cdot 2^{3x} dx$；

(16) $\int e^{x-3} dx$.

2. 一曲线过点 $(1,-1)$，且在 (x,y) 处切线的斜率为 $3x^2+2$，求该曲线的方程.

3. 有一飞机起飞时的速度为 320km/h，假定飞机从起跑到起飞这段时间内作匀加速直线运动，并用时 30s，问跑道至少应有多长？

5.3 换元积分法

由于微分和积分互为逆运算，因此对应微分的各种方法，就有相应的积分方法，其中，对应复合函数微分法的是换元积分法. 顾名思义，换元积分法就是通过对积分变量进行适当的代换，将要计算的积分变形为基本积分公式中所列出的积分，然后按照基本积分公式算出其积分. 按引入新变量方式的不同，换元积分法通常分为第一换元积分法和第二换元积分法.

5.3.1 第一类换元积分法（凑微分法）

例1 求 $\int (5x+1)^2 dx$.

解 $\int (5x+1)^2 dx = \int (25x^2+10x+1) dx$

$$= \dfrac{25}{3}x^3+5x^2+x+C.$$

—— 这是我们已学过的方法.

考虑到 $(5x+1)^2 dx = \dfrac{1}{5}(5x+1)^2 d(5x+1)$，所以，

$$\int (5x+1)^2 dx = \dfrac{1}{5}\int (5x+1)^2 d(5x+1).$$

若令 $u=5x+1$，$\int (5x+1)^2 dx = \dfrac{1}{5}\int u^2 du = \dfrac{1}{15}u^3+C_1$

$$=\dfrac{1}{15}(5x+1)^3+C_1$$

$$=\dfrac{25}{3}x^3+5x^2+x+C \quad \left(C=\dfrac{1}{15}+C_1\right).$$

显然两种解法所得结果一致，但后者的应用范围更广，如求 $\int (5x+1)^{10} dx$，后者就表现出优势，很简捷.

$$\int (5x+1)^{10} dx = \dfrac{1}{5}\int (5x+1)^{10} d(5x+1)$$

$$=\dfrac{1}{5}\int u^{10} du = \dfrac{1}{55}u^{11}+C = \dfrac{1}{55}(x+1)^{11}+C.$$

一般地，设 $F(u)$ 为 $f(u)$ 的原函数，即 $F'(u)=f(u)$ 或 $\int f(u)du=F(u)+C$，如果 $u=\varphi(x)$，且 $\varphi(x)$ 可微，则

$$\frac{\mathrm{d}}{\mathrm{d}x}F[\varphi(x)] = F'(u)\varphi'(x) = f(u)\varphi'(x) = f[\varphi(x)]\varphi'(x).$$

说明 $F[\varphi(x)]$ 为 $f[\varphi(x)]\varphi'(x)$ 的原函数,即

$$\int f[\varphi(x)]\varphi'(x)\mathrm{d}x = F[\varphi(x)] + C = [F(u) + C]_{u=\varphi(x)} = \left[\int f(u)\mathrm{d}u\right]_{u=\varphi(x)}.$$

因此有

定理 1(第一类换元积分法) 设 $F(u)$ 为 $f(u)$ 的原函数,$u = \varphi(x)$ 可微,则有

$$\int f[\varphi(x)]\varphi'(x)\mathrm{d}x = \left[\int f(u)\mathrm{d}u\right]_{u=\varphi(x)}.$$

第一类换元法提供了计算不定积分的一个新思路,将不易积分的被积表达式变形为易于积分的 $f[\varphi(x)]\varphi'(x)\mathrm{d}x$,再把 $\varphi'(x)\mathrm{d}x$ 凑成 $\mathrm{d}\varphi(x)$(换元,令 $u = \varphi(x)$,则变为易于积分的 $f(u)\mathrm{d}u$),再利用基本积分公式就可求得不定积分的结果. 由于它是将被积表达式通过微分变形凑成基本积分表中的形式,所以我们也称之为**凑微分法**. 凑微分法扩大了积分表的使用范围. 下面按微分变形情况分为下列几种类型讨论:

类型 1. $\mathrm{d}x = \dfrac{1}{a}\mathrm{d}(ax + b)$ ($a \neq 0$,b 为任意常数).

例 2 求 $\int (ax + b)^{10}\mathrm{d}x$ ($a \neq 0$,b 为常数).

解 因为 $\mathrm{d}x = \dfrac{1}{a}\mathrm{d}(ax + b)$,所以

$$\int (ax+b)^{10}\mathrm{d}x = \frac{1}{a}\int (ax+b)^{10}\mathrm{d}(ax+b) \xrightarrow{\diamondsuit\, u = ax+b} \frac{1}{a}\int u^{10}\mathrm{d}u = \frac{1}{11a}u^{11} + C$$

$$\xrightarrow{u = ax+b\ \text{回代}} \frac{1}{11a}(ax+b)^{11} + C.$$

例 3 求 $\int \dfrac{1}{3 + 2x}\mathrm{d}x$.

解 $\int \dfrac{1}{3+2x}\mathrm{d}x = \dfrac{1}{2}\int \dfrac{1}{3+2x}\mathrm{d}(3+2x) \xrightarrow{\diamondsuit\, u=3+2x} \dfrac{1}{2}\int \dfrac{1}{u}\mathrm{d}u = \dfrac{1}{2}\ln|u| + C$

$$\xrightarrow{u = 3+2x\ \text{回代}} \frac{1}{2}\ln|3+2x| + C.$$

在对变量代换比较熟练以后,就不一定要写出中间变量 u.

例 4 求 $\int \dfrac{1}{a^2 + x^2}\mathrm{d}x$ ($a \neq 0$).

解 $\int \dfrac{1}{a^2+x^2}\mathrm{d}x = \dfrac{1}{a^2}\int \dfrac{1}{1+\left(\dfrac{x}{a}\right)^2}\mathrm{d}x = \dfrac{1}{a}\int \dfrac{1}{1+\left(\dfrac{x}{a}\right)^2}\mathrm{d}\left(\dfrac{x}{a}\right) = \dfrac{1}{a}\arctan\dfrac{x}{a} + C.$

例 5 求 $\int \dfrac{1}{x^2 - a^2}\mathrm{d}x$ ($a \neq 0$).

解 $\int \dfrac{1}{x^2 - a^2}\mathrm{d}x = \dfrac{1}{2a}\int \left(\dfrac{1}{x-a} - \dfrac{1}{x+a}\right)\mathrm{d}x$

$$= \frac{1}{2a}\left[\int \frac{1}{x-a}\mathrm{d}(x-a) - \int \frac{1}{x+a}\mathrm{d}(x+a)\right]$$

$$= \frac{1}{2a}[\ln|x-a| - \ln|x+a|] + C = \frac{1}{2a}\ln\left|\frac{x-a}{x+a}\right| + C.$$

类型 2. $x^n \mathrm{d}x = \dfrac{1}{n+1}\mathrm{d}(x^{n+1}+b)$ ($n \neq -1$, b 为任意常数).

例 6 求 $\int x\mathrm{e}^{x^2}\mathrm{d}x$.

解 因为 $x\mathrm{d}x = \dfrac{1}{2}\mathrm{d}(x^2)$,所以

$$\int x\mathrm{e}^{x^2}\mathrm{d}x = \dfrac{1}{2}\int \mathrm{e}^{x^2}\mathrm{d}(x^2) \xrightarrow{\diamondsuit u = x^2} \dfrac{1}{2}\int \mathrm{e}^u \mathrm{d}u$$

$$= \dfrac{1}{2}\mathrm{e}^u + C \xrightarrow{u = x^2 \text{ 回代}} \dfrac{1}{2}\mathrm{e}^{x^2} + C.$$

例 7 求 $\int \dfrac{x}{\sqrt{a^2-x^2}}\mathrm{d}x$.

解 因为 $x\mathrm{d}x = \dfrac{1}{2}\mathrm{d}(x^2) = -\dfrac{1}{2}\mathrm{d}(a^2-x^2)$,所以

$$\int \dfrac{x}{\sqrt{a^2-x^2}}\mathrm{d}x = -\dfrac{1}{2}\int \dfrac{1}{\sqrt{a^2-x^2}}\mathrm{d}(a^2-x^2) \xrightarrow{\diamondsuit u = a^2 - x^2} -\dfrac{1}{2}\int \dfrac{1}{\sqrt{u}}\mathrm{d}u$$

$$= -\sqrt{u} + C \xrightarrow{u = a^2 - x^2 \text{ 回代}} -\sqrt{a^2-x^2} + C.$$

同样,变量代换熟练后也不一定要写出中间变量 u.

例 8 求 $\int \dfrac{1}{x^2}\cos\dfrac{1}{x}\mathrm{d}x$.

解 $\int \dfrac{1}{x^2}\cos\dfrac{1}{x}\mathrm{d}x = \int \left(\cos\dfrac{1}{x}\right)(-1)\mathrm{d}\left(\dfrac{1}{x}\right)$

$$= -\int \cos\dfrac{1}{x}\mathrm{d}\left(\dfrac{1}{x}\right)$$

$$= -\sin\dfrac{1}{x} + C.$$

例 9 求 $\int \dfrac{1}{\sqrt{x}}\mathrm{e}^{3\sqrt{x}}\mathrm{d}x$.

解 $\int \dfrac{1}{\sqrt{x}}\mathrm{e}^{3\sqrt{x}}\mathrm{d}x = 2\int \mathrm{e}^{3\sqrt{x}}\mathrm{d}\sqrt{x} = \dfrac{2}{3}\int \mathrm{e}^{3\sqrt{x}}\mathrm{d}3\sqrt{x} = \dfrac{2}{3}\mathrm{e}^{3\sqrt{x}} + C.$

类型 3. $\dfrac{1}{x}\mathrm{d}x = \mathrm{d}(\ln|x|)$, $\mathrm{e}^x\mathrm{d}x = \mathrm{d}(\mathrm{e}^x)$.

例 10 求 $\int \dfrac{1}{x(1+2\ln x)}\mathrm{d}x$.

解 $\int \dfrac{1}{x(1+2\ln x)}\mathrm{d}x = \int \dfrac{1}{1+2\ln x}(\ln x)'\mathrm{d}x = \dfrac{1}{2}\int \dfrac{1}{1+2\ln x}(1+2\ln x)'\mathrm{d}x$

$$= \dfrac{1}{2}\int \dfrac{1}{1+2\ln x}\mathrm{d}(1+2\ln x)$$

$$= \dfrac{1}{2}\ln|1+2\ln x| + C.$$

例 11 设 $f(x)$ 有一阶连续导数,求 $\int \dfrac{f'(\ln x)}{x} dx$.

解
$$\begin{aligned}
\int \dfrac{f'(\ln x)}{x} dx &= \int f'(\ln x)(\ln x)' dx \\
&= \int f'(\ln x) d(\ln x) \\
&= \int d[f(\ln x)] \\
&= f(\ln x) + C.
\end{aligned}$$

例 12 求 $\int \dfrac{x}{\sqrt{1+x^2}} e^{-\sqrt{1+x^2}} dx$.

解
$$\begin{aligned}
\int \dfrac{x}{\sqrt{1+x^2}} e^{-\sqrt{1+x^2}} dx &= \dfrac{1}{2} \int \dfrac{1}{\sqrt{1+x^2}} e^{-\sqrt{1+x^2}} d(x^2+1) \\
&= \int e^{-\sqrt{1+x^2}} d(\sqrt{x^2+1}) \\
&= -\int e^{-\sqrt{1+x^2}} d(-\sqrt{x^2+1}) \\
&= -e^{-\sqrt{1+x^2}} + C.
\end{aligned}$$

类型 4. $\sin x dx = -d(\cos x)$, $\sec x \tan x dx = d\sec x$, $\sec^2 x dx = d(\tan x)$, $\dfrac{1}{1+x^2} dx = d(\arctan x)$ 等等.

例 13 求 $\int \tan x dx$.

解 $\int \tan x dx = \int \dfrac{\sin x}{\cos x} dx = -\int \dfrac{1}{\cos x} d(\cos x) = -\ln|\cos x| + C$.

例 14 求 $\int \sec x dx$.

解
$$\begin{aligned}
\int \sec x dx &= \int \dfrac{\sec x(\sec x + \tan x)}{\sec x + \tan x} dx \\
&= \int \dfrac{\sec^2 x + \sec x \tan x}{\sec x + \tan x} dx \\
&= \int \dfrac{d(\sec x + \tan x)}{\sec x + \tan x} \\
&= \ln|\sec x + \tan x| + C.
\end{aligned}$$

同理可得, $\int \csc x dx = \ln|\csc x - \cot x| + C$.

例 15 求 $\int \dfrac{\arctan x}{1+x^2} dx$.

解
$$\begin{aligned}
\int \dfrac{\arctan x}{1+x^2} dx &= \int \arctan x d(\arctan x) \\
&= \dfrac{1}{2}(\arctan x)^2 + C.
\end{aligned}$$

类型 5. $\sin^n x dx, \cos^n x dx \ (n \in \mathbb{N})$,当 n 为偶数时,可用三角函数的半角公式,通过降低

幂次的方法来计算；当 n 为奇数时，可直接凑微分．

例 16 求 $\int \cos^2 x \mathrm{d}x$．

解
$$\begin{aligned}\int \cos^2 x \mathrm{d}x &= \int \frac{1+\cos 2x}{2} \mathrm{d}x \\ &= \frac{1}{2}\left[\int \mathrm{d}x + \int \cos 2x \mathrm{d}x\right] \\ &= \frac{x}{2} + \frac{1}{4}\int \cos 2x \mathrm{d}2x \\ &= \frac{x}{2} + \frac{1}{4}\sin 2x + C. \end{aligned}$$

例 17 求 $\int \sin^2 x \cdot \cos^5 x \mathrm{d}x$．

解
$$\begin{aligned}\int \sin^2 x \cdot \cos^5 x \mathrm{d}x &= \int \sin^2 x \cdot \cos^4 x \mathrm{d}(\sin x) \\ &= \int \sin^2 x \cdot (1-\sin^2 x)^2 \mathrm{d}(\sin x) \\ &= \int (\sin^2 x - 2\sin^4 x + \sin^6 x) \mathrm{d}(\sin x) \\ &= \frac{1}{3}\sin^3 x - \frac{2}{5}\sin^5 x + \frac{1}{7}\sin^7 x + C. \end{aligned}$$

类型 6. $\dfrac{Ax+B}{ax^2+bx+c}\mathrm{d}x\ (a \neq 0)$．

有理分式函数是指由两个多项式的商所表示的函数，即具有如下形式的函数：

$$\frac{P(x)}{Q(x)} = \frac{a_0 x^n + a_1 x^{n-1} + \cdots + a_{n-1} x + a_n}{b_0 x^m + b_1 x^{m-1} + \cdots + b_{m-1} x + b_m},$$

其中 m 和 n 都是非负整数；$a_0, a_1, \cdots, a_n$ 及 $b_0, b_1, \cdots, b_m$ 都是实数，并且 $a_0 \neq 0, b_0 \neq 0$．当 $m > n$ 时，称这个有理分式函数是**真分式**；而当 $m \leqslant n$ 时，称这个有理分式函数是**假分式**．

由代数学基本定理知道，假分式总可以化成一个多项式与一个真分式之和的形式．例如

$$\frac{x^3+x+1}{x^2+1} = \frac{x(x^2+1)+1}{x^2+1} = x + \frac{1}{x^2+1}.$$

例 18 求 $\int \dfrac{2x^2+x-1}{1+x^2} \mathrm{d}x$．

解 被积函数 $\dfrac{2x^2+x-1}{1+x^2}$ 是个假分式，将假分式分解为多项式与真分式之和的形式，即

$$\frac{2x^2+x-1}{1+x^2} = \frac{2(x^2+1)+x-3}{1+x^2} = 2 + \frac{x}{1+x^2} - \frac{3}{1+x^2},$$

所以

$$\begin{aligned}\int \frac{2x^2+x-1}{1+x^2} \mathrm{d}x &= \int \left(2 + \frac{x}{1+x^2} - \frac{3}{1+x^2}\right) \mathrm{d}x \\ &= 2x + \frac{1}{2}\ln(1+x^2) - 3\arctan x + C. \end{aligned}$$

例 19 求 $\int \dfrac{x-4}{x^2-2x+5}\mathrm{d}x$.

解 注意到被积函数是个真分式,并且分母的判别式 $\Delta=(-2)^2-4\times1\times5=-16<0$, 分母在实数范围内不能再分解,而 $(x^2-2x+5)'=2x-2=2(x-1)$,于是

$$\dfrac{x-4}{x^2-2x+5}=\dfrac{\dfrac{1}{2}(x^2-2x+5)'-3}{x^2-2x+5}=\dfrac{1}{2}\dfrac{(x^2-2x+5)'}{x^2-2x+5}-\dfrac{3}{4+(x-1)^2},$$

所以

$$\int\dfrac{x-4}{x^2-2x+5}\mathrm{d}x=\dfrac{1}{2}\int\dfrac{(x^2-2x+5)'}{x^2-2x+5}\mathrm{d}x-\dfrac{3}{2}\int\dfrac{\mathrm{d}\left(\dfrac{x-1}{2}\right)}{1+\left(\dfrac{x-1}{2}\right)^2}$$

$$=\dfrac{1}{2}\ln(x^2-2x+5)-\dfrac{3}{2}\arctan\dfrac{x-1}{2}+C.$$

例 20 求 $\int\dfrac{x+3}{x^2-5x+6}\mathrm{d}x$.

解 注意到分母的判别式 $\Delta=(-5)^2-4\times1\times6=1>0$,分母可分解为 $(x-2)(x-3)$, 这样真分式 $\dfrac{x+3}{x^2-5x+6}$ 可拆分成两个真分式之和,即 $\dfrac{x+3}{x^2-5x+6}=\dfrac{6}{x-3}-\dfrac{5}{x-2}$(这个过程称为把真分式化成**部分分式**之和),因此,

$$\int\dfrac{x+3}{x^2-5x+6}\mathrm{d}x=\int\left(\dfrac{6}{x-3}-\dfrac{5}{x-2}\right)\mathrm{d}x$$

$$=\int\dfrac{6}{x-3}\mathrm{d}x-\int\dfrac{5}{x-2}\mathrm{d}x$$

$$=6\ln|x-3|-5\ln|x-2|+C.$$

想一想 若被积函数为 $\dfrac{Ax+B}{ax^2+bx+c}$ $(a\neq0)$,其中分母的判别式 $\Delta=0$,如何积分呢? 计算不定积分: $\int\dfrac{1}{1+2x+x^2}\mathrm{d}x$.

下面我们给出真分式化为部分分式之和的一般规律:

对于真分式 $R(x)=\dfrac{P(x)}{Q(x)}$,在实数范围内将其分母 $Q(x)$ 进行因式分解,分解的结果只会含有两种类型的因式:一种是 $(x-a)^k$,另一种是 $(x^2+px+q)^m$,其中 $p^2-4q<0$,k,m 为非负整数.

(1) 分母 $Q(x)$ 中若有因式 $(x-a)^k$,则化为部分分式后为

$$\dfrac{A_1}{(x-a)^k}+\dfrac{A_2}{(x-a)^{k-1}}+\cdots+\dfrac{A_k}{x-a},\quad \text{其中 } A_1,A_2,\cdots,A_k \text{ 都是常数}.$$

若 $k=2$,则化为部分分式后为 $\dfrac{A_1}{(x-a)^2}+\dfrac{A_2}{x-a}$;

若 $k=1$,则化为部分分式后为 $\dfrac{A}{x-a}$.

(2) 分母中若有因式 $(x^2+px+q)^m$,其中 $p^2-4q<0$,则化为部分分式后为

$$\frac{M_1 x + N_1}{(x^2 + px + q)^m} + \frac{M_2 x + N_2}{(x^2 + px + q)^{m-1}} + \cdots + \frac{M_m x + N_m}{x^2 + px + q},$$

其中 M_i, N_i 都是常数 $(i = 1, 2, \cdots, m)$. 若 $m = 1$,则分解后为 $\dfrac{Mx + N}{x^2 + px + q}$.

因此,有理函数化为部分分式之和后,只出现三类情况:(1) 多项式;(2) $\dfrac{A}{(x-a)^n}$;(3) $\dfrac{Mx + N}{(x^2 + px + q)^n}$. 其中的未知常数 A, M, N 往往可通过所谓的待定系数法来确定. 下面我们通过举例来说明这一方法的运用.

例 21 求 $\displaystyle\int \frac{x^2 + 1}{(x^2 - 1)(x + 1)} dx$.

解
$$\int \frac{x^2 + 1}{(x^2 - 1)(x + 1)} dx = \int \frac{x^2 + 1}{(x - 1)(x + 1)^2} dx.$$

设
$$\frac{x^2 + 1}{(x - 1)(x + 1)^2} = \frac{A}{x - 1} + \frac{B}{x + 1} + \frac{C}{(x + 1)^2},$$

将上式右端通分,由等式两端的分子相等,得

$$x^2 + 1 = A(x+1)^2 + B(x-1)(x+1) + C(x-1) \tag{5-3-1}$$

或
$$x^2 + 1 = (A+B)x^2 + (2A+C)x + (A-B-C) \tag{5-3-1'}$$

比较式 (5-3-1') 两端系数,得 $\begin{cases} A+B=1 \\ 2A+C=0 \\ A-B-C=1 \end{cases}$,

解得未知常数为 $A = \dfrac{1}{2}, B = \dfrac{1}{2}, C = -1$. 于是有理函数 $\dfrac{x^2 + 1}{(x^2 - 1)(x + 1)}$ 化为部分分式之和的形式为

$$\frac{x^2 + 1}{(x^2 - 1)(x + 1)} = \frac{1}{2(x - 1)} + \frac{1}{2(x + 1)} - \frac{1}{(x + 1)^2}.$$

故
$$\int \frac{x^2 + 1}{(x^2 - 1)(x + 1)} dx = \frac{1}{2} \int \frac{1}{x - 1} dx + \frac{1}{2} \int \frac{1}{x + 1} dx - \int \frac{1}{(x + 1)^2} dx$$
$$= \frac{1}{2} \ln|x^2 - 1| + \frac{1}{x + 1} + C.$$

从上例的解题过程中可以看到,用待定系数法确定未知常数需要解方程组,运算较为复杂. 这时也可采用所谓的赋值法:取适当的 x 值代入等式 (5-3-1) 来求出未知常数. 如在式 (5-3-1) 中,令 $x = 1$,得 $A = \dfrac{1}{2}$;令 $x = -1$,得 $C = -1$;令 $x = 0$,得 $A - B - C = 1$,则 $B = \dfrac{1}{2}$.

需要说明的是,上面介绍的求有理函数积分的步骤是普遍适用的,但在具体实施时,要根据被积函数的特点,灵活处理.

5.3.2 第二类换元积分法

第一类换元法的主要特点是:通过选择适当的变量 $u = \varphi(x)$,使不易积分的被积表达式 $g(x)dx$ 化为 $f[\varphi(x)]\varphi'(x)dx = f(u)du$. 此计算格式为

$$\int g(x)\mathrm{d}x = \int f[\varphi(x)]\varphi'(x)\mathrm{d}x = \int f[\varphi(x)]\mathrm{d}\varphi(x)$$
$$= \int f(u)\mathrm{d}u = F(u) + C = F[\varphi(x)] + C,$$

其中 $F(u)$ 是 $f(u)$ 的一个原函数.

但在有的积分中,从 $g(x)\mathrm{d}x$ 中寻找 $u=\varphi(x)$,使得 $g(x)\mathrm{d}x$ 变形为 $f[\varphi(x)]\varphi'(x)\mathrm{d}x$ 比较困难,而选择其反函数 $x=\psi(u)$ 较为容易,也就是说:

在 $g(x)\mathrm{d}x$ 中,设 $x=\psi(u)$,使 $g(x)\mathrm{d}x=g[\psi(u)]\psi'(u)\mathrm{d}u=f(u)\mathrm{d}u$,从而得到

$$\int g(x)\mathrm{d}x = \int g[\psi(u)]\psi'(u)\mathrm{d}u = \int f(u)\mathrm{d}u.$$

如果 $\int f(u)\mathrm{d}u$ 容易积分,问题就基本解决了.

定理 2（第二类换元积分法） 设 $x=\psi(u)$ 是单调的可导函数,且 $\psi'(u)\neq 0$,又设 $f[\psi(u)]\psi'(u)$ 具有原函数,则有

$$\int f(x)\mathrm{d}x = \left[\int f[\psi(u)]\psi'(u)\mathrm{d}u\right]_{u=\psi^{-1}(x)} \tag{5-3-2}$$

其中 $u=\psi^{-1}(x)$ 为 $x=\psi(u)$ 的反函数.

第二类换元积分法的关键在于选择 $x=\psi(u)$ 换元时,要使得换元后的积分容易计算,并注意到定理中 $x=\psi(u)$ 单调可导,且 $\psi'(u)\neq 0$. 那么,如何选择 $x=\psi(u)$ 呢? 这与被积函数有关. 若被积函数中含有根式,则选择变换的目标是去掉根式. 常用的代换有: 三角代换、无理代换、倒代换和万能代换. 我们着重介绍三角代换和无理代换.

1. 三角代换

例 22 求 $\int \sqrt{a^2-x^2}\mathrm{d}x \ (a>0)$.

解 为了去掉二次根式 $\sqrt{a^2-x^2}$,联想到三角函数公式 $1-\sin^2 u=\cos^2 u$,故令 $x=a\sin u, u\in\left(-\dfrac{\pi}{2},\dfrac{\pi}{2}\right)$,则

$$\sqrt{a^2-x^2}=a\cos u, \mathrm{d}x=a\cos u\mathrm{d}u,$$

所以

$$\int \sqrt{a^2-x^2}\mathrm{d}x = \int a\cos u \cdot a\cos u\mathrm{d}u = a^2\int \cos^2 u\mathrm{d}u$$
$$= a^2\int \frac{1+\cos 2u}{2}\mathrm{d}u = a^2\left(\frac{u}{2}+\frac{\sin 2u}{4}\right)+C.$$

为了代回变量 x,我们根据 $x=a\sin u$,借助于直角三角形来实现替换(图 5-3-1).

$$\sin u=\frac{x}{a}, \quad \cos u=\frac{\sqrt{a^2-x^2}}{a},$$

那么 $u=\arcsin\dfrac{x}{a}$,$\sin 2u=2\sin u\cos u=2\dfrac{x}{a}\cdot\dfrac{\sqrt{a^2-x^2}}{a}$;

故 $\int \sqrt{a^2-x^2}\mathrm{d}x = \dfrac{a^2}{2}\arcsin\dfrac{x}{a}+\dfrac{x\sqrt{a^2-x^2}}{2}+C.$

图 5-3-1 变换 $x=a\sin u$ 的辅助图

图 5-3-2 变换 $x=a\tan u$ 的辅助图

例 23 求 $\int \dfrac{1}{\sqrt{x^2+a^2}}dx \ (a>0)$.

解 为了去掉二次根式 $\sqrt{x^2+a^2}$，考虑到三角函数公式 $1+\tan^2 u=\sec^2 u$，故令
$$x=a\tan u, \quad u\in\left(-\dfrac{\pi}{2},\dfrac{\pi}{2}\right),$$
则 $\sqrt{x^2+a^2}=\sqrt{a^2+a^2\tan^2 u}=a\sqrt{1+\tan^2 u}=a\sec u, \quad dx=a\sec^2 u\, du$，
于是
$$\int \dfrac{dx}{\sqrt{x^2+a^2}}=\int \dfrac{a\sec^2 u}{a\sec u}du=\int\sec u\, du=\ln|\sec u+\tan u|+C.$$

根据 $\tan u=\dfrac{x}{a}$ 作辅助三角形(图 5-3-2)，便有 $\sec u=\dfrac{\sqrt{x^2+a^2}}{a}$，且 $\sec u+\tan u>0$，

因此，$\int \sec u\, du=\ln\left(\dfrac{x}{a}+\dfrac{\sqrt{x^2+a^2}}{a}\right)+C_1=\ln(x+\sqrt{x^2+a^2})+C$ （其中 $C=C_1-\ln a$）.

故
$$\int \dfrac{1}{\sqrt{x^2+a^2}}dx=\ln(x+\sqrt{x^2+a^2})+C.$$

例 24 求 $\int \dfrac{1}{\sqrt{x^2-a^2}}dx \ (a>0)$.

解 为了去掉二次根式 $\sqrt{x^2-a^2}$，同样利用三角函数公式 $\sec^2 u-1=\tan^2 u$.

由于函数 $\dfrac{1}{\sqrt{x^2-a^2}}$ 的定义域是 $(-\infty,-a)\cup(a,+\infty)$，我们首先求函数 $\dfrac{1}{\sqrt{x^2-a^2}}$ 在 $(a,+\infty)$ 内的不定积分.

令 $x=a\sec u, 0<u<\dfrac{\pi}{2}$，则
$$dx=a\sec u\cdot\tan u\, du, \quad \sqrt{x^2-a^2}=a\tan u;$$
$$\int \dfrac{1}{\sqrt{x^2-a^2}}dx=\int \dfrac{a\sec u\cdot\tan u\, du}{a\tan u}=\int \sec u\, du=\ln|\sec u+\tan u|+C.$$

因为 $\tan u=\dfrac{\sqrt{x^2-a^2}}{a}, \sec u=\dfrac{x}{a}$，所以
$$\int \dfrac{1}{\sqrt{x^2-a^2}}dx=\ln\left|\dfrac{x}{a}+\dfrac{\sqrt{x^2-a^2}}{a}\right|+C=\ln(x+\sqrt{x^2-a^2})+C_1,$$
其中 $C_1=C-\ln a$.

对于函数 $\dfrac{1}{\sqrt{x^2-a^2}}$ 在 $(-\infty,-a)$ 内的不定积分,令 $x=-u$,则 $u>a$,于是

$$\int \dfrac{\mathrm{d}x}{\sqrt{x^2-a^2}}=-\int \dfrac{\mathrm{d}u}{\sqrt{u^2-a^2}}=-\ln(u+\sqrt{u^2-a^2})+C=-\ln(-x+\sqrt{x^2-a^2})+C$$

$$=\ln\dfrac{-x-\sqrt{x^2-a^2}}{a^2}+C=\ln(-x-\sqrt{x^2-a^2})+C_1,$$

其中 $C_1=C-2\ln a$.

把 $x>a$ 及 $x<-a$ 的结果综合起来,有

$$\int \dfrac{\mathrm{d}x}{\sqrt{x^2-a^2}}=\ln|x+\sqrt{x^2-a^2}|+C.$$

以三角代换来消去二次根式,称这种方法为**三角代换法**. 一般地,根据被积函数的根式类型,常用的变换归纳如下:

(1) 被积函数中含有 $\sqrt{a^2-x^2}$,令 $x=a\sin u, u\in\left(-\dfrac{\pi}{2},\dfrac{\pi}{2}\right)$ 或 $x=a\cos u, u\in(0,\pi)$;

(2) 被积函数中含有 $\sqrt{x^2+a^2}$,令 $x=a\tan u, u\in\left(-\dfrac{\pi}{2},\dfrac{\pi}{2}\right)$ 或 $x=a\cot u, u\in(0,\pi)$;

(3) 被积函数中含有 $\sqrt{x^2-a^2}$,令 $x=a\sec u, u\in\left(0,\dfrac{\pi}{2}\right)$ 或 $x=a\csc u, u\in\left(0,\dfrac{\pi}{2}\right)$.

2. 无理代换

如果被积函数中含有根式 $\sqrt[n]{ax+b}$ 或 $\sqrt[n]{\dfrac{ax+b}{cx+d}}$,为了去掉根式,可令 $u=\sqrt[n]{ax+b}$ 或 $u=\sqrt[n]{\dfrac{ax+b}{cx+d}}$,从中解得 x 为 u 的函数,使无理函数的积分变成有理函数的积分.

例 25 求 $\displaystyle\int \dfrac{1}{x+\sqrt{x}}\mathrm{d}x$.

解 令 $u=\sqrt{x}$,即 $x=u^2(u>0)$,从而 $\mathrm{d}x=2u\mathrm{d}u$,

于是 $\displaystyle\int \dfrac{1}{x+\sqrt{x}}\mathrm{d}x=\int \dfrac{2u}{u+u^2}\mathrm{d}u=2\ln(1+u)+C=2\ln(1+\sqrt{x})+C.$

注意 若被积函数含有两种或两种以上的根式 $\sqrt[k]{x},\cdots,\sqrt[l]{x}$ 时,可采用令 $x=u^n$(其中 n 为各根指数的最小公倍数).

例 26 求 $\displaystyle\int \dfrac{1}{\sqrt{x}(1+\sqrt[3]{x})}\mathrm{d}x$.

解 令 $u=\sqrt[6]{x}$,即 $x=u^6(u>0)$,从而 $\mathrm{d}x=6u^5\mathrm{d}u$,

于是 $\displaystyle\int \dfrac{1}{\sqrt{x}(1+\sqrt[3]{x})}\mathrm{d}x=\int \dfrac{6u^5}{u^3(1+u^2)}\mathrm{d}u=\int \dfrac{6u^2}{1+u^2}\mathrm{d}u=6\int\left(1-\dfrac{1}{1+u^2}\right)\mathrm{d}u$

$$=6(u-\arctan u)+C=6(\sqrt[6]{x}-\arctan\sqrt[6]{x})+C.$$

例 27 求 $\displaystyle\int \dfrac{x^5}{\sqrt{1+x^2}}\mathrm{d}x$.

解 令 $t=\sqrt{1+x^2}$,则 $x^2=t^2-1, x\mathrm{d}x=t\mathrm{d}t$,

于是 $\int \dfrac{x^5}{\sqrt{1+x^2}} dx = \int \dfrac{(t^2-1)^2}{t} t\, dt = \int (t^4 - 2t^2 + 1)\, dt$

$\qquad\qquad = \dfrac{1}{5}t^5 - \dfrac{2}{3}t^3 + t + C = \dfrac{1}{15}(8 - 4x^2 + 3x^4)\sqrt{1+x^2} + C.$

由此可见,采用三角代换化掉根式并不是绝对的,事实上,例 27 题采用三角代换会很烦琐.因此采用什么积分方法需根据被积函数的情况来确定.

3. 倒代换

当被积函数的分母中出现 x^n（n 为正整数）时,特别当 n 较大时,可试作倒代换,令 $x = \dfrac{1}{u}$.

例 28　求 $\int \dfrac{1}{x(x^{10}+1)} dx$.

解　令 $x = \dfrac{1}{u}$,则 $dx = -\dfrac{1}{u^2} du$.

于是　　$\int \dfrac{1}{x(x^{10}+1)} dx = \int \dfrac{-\dfrac{1}{u^2}}{\dfrac{1}{u}\left(\dfrac{1}{u^{10}}+1\right)} du = -\int \dfrac{u^9}{u^{10}+1} du$

$\qquad\qquad = -\dfrac{1}{10}\ln|1+u^{10}| + C = -\dfrac{1}{10}\ln\left|1+\dfrac{1}{x^{10}}\right| + C.$

4. 万能代换

我们称由 $\sin x, \cos x$ 与常数经过有限次四则运算而构成的函数,叫做**三角有理函数**,记作 $R(\sin x, \cos x)$. 如 $\tan x, \cot x, \dfrac{1}{\sin x + \tan x}, \dfrac{1+\sin x}{1+\cos x}$ 等都是三角有理函数.

对于形如 $\int R(\sin x, \cos x) dx$ 的积分,令 $u = \tan \dfrac{x}{2}$,可将积分转化为关于 u 的有理函数的积分.

因为 $u = \tan \dfrac{x}{2}$,则有 $x = 2\arctan u, dx = \dfrac{2}{1+u^2} du$,

于是有　　$\sin x = 2\sin\dfrac{x}{2}\cos\dfrac{x}{2} = \dfrac{2\sin\dfrac{x}{2}\cos\dfrac{x}{2}}{\sin^2\dfrac{x}{2}+\cos^2\dfrac{x}{2}} = \dfrac{2\tan\dfrac{x}{2}}{1+\tan^2\dfrac{x}{2}} = \dfrac{2u}{1+u^2},$

$\qquad\qquad \cos x = \cos^2\dfrac{x}{2} - \sin^2\dfrac{x}{2} = \dfrac{\cos^2\dfrac{x}{2}-\sin^2\dfrac{x}{2}}{\sin^2\dfrac{x}{2}+\cos^2\dfrac{x}{2}} = \dfrac{1-\tan^2\dfrac{x}{2}}{1+\tan^2\dfrac{x}{2}} = \dfrac{1-u^2}{1+u^2}.$

例 29　求 $\int \dfrac{1}{1+\cos x} dx$.

解　设 $u = \tan\dfrac{x}{2}$,则 $\cos x = \dfrac{1-u^2}{1+u^2}, dx = \dfrac{2}{1+u^2} du$,

于是
$$\int \frac{1}{1+\cos x}dx = \int \frac{1}{1+\frac{1-u^2}{1+u^2}} \frac{2}{1+u^2}du$$
$$= \int du = u + C = \tan\frac{x}{2} + C.$$

万能代换虽然可行,但不一定简便,如例 29 可运用三角函数半角公式解得
$$\int \frac{1}{1+\cos x}dx = \int \frac{1}{2\cos^2\frac{x}{2}}dx = \tan\frac{x}{2} + C.$$

例 30 设 $f'(\sin^2 x) = \cos^2 x$,求 $f(x)$.

解 令 $u = \sin^2 x$,则
$$\cos^2 x = 1 - u, \quad f'(u) = 1 - u, \quad f(u) = \int (1-u)du = u - \frac{1}{2}u^2 + C,$$

所以 $f(x) = x - \frac{1}{2}x^2 + C.$

本节中有些积分以后会经常用到,因此基本积分公式表中需补充下列公式:

(14) $\int \tan x \, dx = -\ln|\cos x| + C;$

(15) $\int \cot x \, dx = \ln|\sin x| + C;$

(16) $\int \sec x \, dx = \ln|\sec x + \tan x| + C;$

(17) $\int \csc x \, dx = \ln|\csc x - \cot x| + C;$

(18) $\int \frac{1}{a^2 + x^2}dx = \frac{1}{a}\arctan\frac{x}{a} + C;$

(19) $\int \frac{1}{x^2 - a^2}dx = \frac{1}{2a}\ln\left|\frac{x-a}{x+a}\right| + C;$

(20) $\int \frac{1}{\sqrt{a^2 - x^2}}dx = \arcsin\frac{x}{a} + C;$

(21) $\int \frac{dx}{\sqrt{x^2 \pm a^2}} = \ln|x + \sqrt{x^2 \pm a^2}| + C.$

习题 5.3

1. 用第一类换元积分法求下列不定积分.

(1) $\int (2x-3)^9 dx;$

(2) $\int \frac{dx}{2x-3};$

(3) $\int \frac{dx}{\sqrt{2-3x}};$

(4) $\int \frac{dx}{\sin^2(3-2x)};$

(5) $\int \frac{dx}{\sqrt[3]{2x-1}};$

(6) $\int \frac{dx}{\sqrt{2-x^2}};$

(7) $\int \frac{dx}{2+x^2};$

(8) $\int \frac{x}{2+x^2}dx;$

(9) $\int x\sqrt{3+x^2}\,dx;$

(10) $\int x\cos(3+x^2)dx$;   (11) $\int \dfrac{x}{\sqrt{1-x^2}}dx$;   (12) $\int \dfrac{x^2}{4+x^3}dx$;

(13) $\int x^2\sqrt{3+x^3}dx$;   (14) $\int \dfrac{dx}{\sqrt{3+2x-x^2}}$;   (15) $\int \dfrac{dx}{x^2-4x+5}$;

(16) $\int \dfrac{dx}{(x-2)(x+1)}$;   (17) $\int \dfrac{dx}{3-2x-x^2}$;   (18) $\int e^{1-2x}dx$;

(19) $\int xe^{-x^2}dx$;   (20) $\int \dfrac{dx}{1+e^x}$;   (21) $\int e^x\sin(1+e^x)dx$;

(22) $\int \dfrac{1}{\sqrt{x}}e^{\sqrt{x}}dx$;   (23) $\int \dfrac{\arcsin\sqrt{x}}{\sqrt{x(1-x)}}dx$;   (24) $\int \dfrac{\ln x}{x}dx$;

(25) $\int \dfrac{1+\ln x}{x\ln x}dx$;   (26) $\int \sin^3 x\cos x\,dx$;   (27) $\int \tan^3 x\,dx$;

(28) $\int \sin^3 x\,dx$;   (29) $\int \dfrac{\sin x}{\cos^2 x}dx$;   (30) $\int \dfrac{x+1}{x^2-x-2}dx$.

2. 用第二类换元法求下列不定积分.

(1) $\int \dfrac{dx}{1+\sqrt{x}}$;   (2) $\int \dfrac{dx}{1+\sqrt[3]{x}}$;   (3) $\int \dfrac{1+(\sqrt{x})^3}{1+\sqrt{x}}dx$;

(4) $\int \dfrac{\sqrt{1+x}}{1+\sqrt{1+x}}dx$;   (5) $\int \dfrac{1}{\sqrt{1+e^x}}dx$;   (6) $\int \dfrac{dx}{\sqrt{1+x-x^2}}$;

(7) $\int \dfrac{dx}{\sqrt{12-4x+x^2}}$;   (8) $\int \dfrac{\ln x}{\sqrt{x+1}}dx$;   (9) $\int \dfrac{1}{\sqrt{x}+\sqrt[4]{x}}dx$;

(10) $\int \dfrac{dx}{x\sqrt{x^2-1}}$;   (11) $\int \dfrac{\sqrt{1+x}-1}{\sqrt{1+x}+1}dx$;   (12) $\int \dfrac{1}{1+\sqrt[3]{x+2}}dx$.

5.4 分部积分法

已知两个函数乘积求导法则:设 $u=u(x),v=v(x)$,则有 $(uv)'=u'v+uv'$.现利用这一法则推导出求不定积分的另一基本方法——分部积分法.

由 $(uv)'=u'v+uv'$ 或 $d(uv)=vdu+udv$,两端求不定积分,得

$$\int(uv)'dx=\int vu'dx+\int uv'dx \quad 或 \quad \int d(uv)=\int vdu+\int udv,$$

即

$$\int udv=uv-\int vdu, \tag{5-4-1}$$

或

$$\int uv'dx=uv-\int vu'dx. \tag{5-4-2}$$

式(5-4-1)或式(5-4-2)称为不定积分的**分部积分公式**.

显然,分部积分的意义在于:把 uv' 的不定积分转化为 vu' 的不定积分.

例1 求 $\int x\sin x\,dx$.

解 令 $u=x, dv=\sin x\,dx=-d(\cos x)$,则
$$\int x\sin x\,dx = -\int x\,d(\cos x)$$
$$= -\left(x\cos x - \int \cos x\,dx\right)$$
$$= \sin x - x\cos x + C.$$

注意 本题如果令 $u=\sin x, x\,dx=d\left(\frac{1}{2}x^2\right)$,则
$$\int x\sin x\,dx = \frac{1}{2}\int \sin x\,d(x^2) = \frac{1}{2}\left[x^2\sin x - \int x^2\,d(\sin x)\right] = \frac{1}{2}x^2\sin x - \frac{1}{2}\int x^2\cos x\,dx.$$
而上式右端中的 $\int x^2\cos x\,dx$ 显然比 $\int x\sin x\,dx$ 更难求.

由此可见,应用分部积分法,恰当选取 u、v 是关键,一般情况下 u、v 的选择原则是:
(1) 由 $\varphi(x)\,dx=dv$ 时,v 较容易算出;
(2) $\int v\,du$ 比 $\int u\,dv$ 更容易计算.

例2 求 $\int x e^x\,dx$.

解 令 $u=x, dv=e^x\,dx=d(e^x)$,则
$$\int x e^x\,dx = \int x\,d(e^x) = x e^x - \int e^x\,dx = x e^x - e^x + C.$$

例3 求 $\int x\ln x\,dx$.

解 令 $u=\ln x, dv=x\,dx=d\left(\frac{1}{2}x^2\right)$,则
$$\int x\ln x\,dx = \frac{1}{2}\int \ln x\,d(x^2) = \frac{1}{2}\left(x^2\ln x - \int x^2\,d(\ln x)\right) = \frac{1}{2}\left(x^2\ln x - \int x\,dx\right)$$
$$= \frac{1}{2}\left(x^2\ln x - \frac{1}{2}x^2\right) + C = \frac{1}{2}x^2\ln x - \frac{1}{4}x^2 + C.$$

例4 求 $\int e^{\sqrt{x}}\,dx$.

解 因 $dx=2\sqrt{x}\,d\sqrt{x}$,则
$$\int e^{\sqrt{x}}\,dx = 2\int e^{\sqrt{x}}\cdot\sqrt{x}\,d\sqrt{x} = 2\int \sqrt{x}\,d(e^{\sqrt{x}})$$
$$= 2\left(\sqrt{x}e^{\sqrt{x}} - \int e^{\sqrt{x}}\,d(\sqrt{x})\right) = 2e^{\sqrt{x}}(\sqrt{x}-1) + C.$$

由这些例子看到,应用分部积分法求不定积分时,凑微分是关键的一步,即把被积函数中的一部分和 dx 凑成微分形式 dv,使积分变成 $\int u\,dv$ 的形式,如例1中 $\sin x\,dx=d(-\cos x)$,例2中 $e^x\,dx=d(e^x)$,例3中 $x\,dx=d\left(\frac{1}{2}x^2\right)$,例4中 $e^{\sqrt{x}}\,d\sqrt{x}=d(e^{\sqrt{x}})$. 通常,我们总是从最容易的部分开始试探,可按"指数函数,正、余弦函数,幂函数,对数函数,反三角函数"的次序进行尝

试. 特别地,有时只要把 dx 中的 x 当作 v,这时就不用再凑微分了.

例 5 求 $\int \ln x\,dx$.

解 令 $u = \ln x, dv = dx$.
$$\int \ln x\,dx = x\ln x - \int x\,d(\ln x) = x\ln x - \int x \cdot \frac{1}{x}dx = x\ln x - x + C.$$

例 6 求 $\int \sec^3 x\,dx$.

解
$$\int \sec^3 x\,dx = \int \sec x \sec^2 x\,dx = \int \sec x\,d(\tan x) = \sec x \tan x - \int \tan x\,d(\sec x)$$
$$= \sec x \tan x - \int \tan^2 x \sec x\,dx = \sec x \tan x + \int \sec x\,dx - \int \sec^3 x\,dx,$$

所以,由 $\int \sec^3 x\,dx = \sec x \tan x + \int \sec x\,dx - \int \sec^3 x\,dx$,可得
$$2\int \sec^3 x\,dx = \sec x \tan x + \int \sec x\,dx = \sec x \tan x + \ln|\sec x + \tan x| + C_1,$$

则有
$$\int \sec^3 x\,dx = \frac{1}{2}\sec x \tan x + \frac{1}{2}\ln|\sec x + \tan x| + C.$$

例 6 是用分部积分法求不定积分的一种常见类型,即求 $\int f(x)dx$ 时,多次使用分部积分公式后,得到
$$\int f(x)dx = \Phi(x) + k\int f(x)dx \quad (k \neq 1),$$

于是
$$(1-k)\int f(x)dx = \Phi(x) + C_1,$$

故有
$$\int f(x)dx = \frac{1}{1-k}\Phi(x) + C.$$

这种方法,习惯上称之为"复原法".

例 7 已知 $\dfrac{\sin x}{x}$ 是 $f(x)$ 的原函数,求 $\int xf'(x)dx$.

解 由分部积分公式,得
$$\int xf'(x)dx = \int x\,df(x) = xf(x) - \int f(x)dx = xf(x) - \frac{\sin x}{x} + C.$$

又因 $\dfrac{\sin x}{x}$ 是 $f(x)$ 的原函数,所以
$$f(x) = \left(\frac{\sin x}{x}\right)' = \frac{x\cos x - \sin x}{x^2}.$$

因此有
$$\int xf'(x)dx = \frac{x\cos x - \sin x}{x} - \frac{\sin x}{x} + C = \cos x - \frac{2\sin x}{x} + C.$$

注意 我们知道,初等函数在其定义区间上原函数一定存在,但"原函数存在"与"原函数是初等函数"不是一回事,如:$e^{-x^2}, \sin x^2, \sqrt{1-\frac{1}{2}\sin^2 x}$ 等它们的原函数是存在的,但它们的原函数都不能用初等函数表示. 即

$$\int e^{-x^2} dx, \quad \int \sin x^2 dx, \quad \int \sqrt{1-\frac{1}{2}\sin^2 x} dx$$

都不能用初等函数表示. 如,可以证明:$\int e^{-x^2} dx = C + x - \frac{x^3}{3 \cdot 1!} + \frac{x^5}{5 \cdot 2!} - \frac{x^7}{7 \cdot 3!} + \cdots$. 也就是说初等函数的不定积分不一定是初等函数,即在初等函数的集合中,不定积分运算是不封闭的. 我们习惯上把这种情况称为不定积分"积不出".

到目前为止,我们能够深刻体会到求初等函数的不定积分比求导数要困难得多,它不仅不能像求导那样有章可循,甚至其结果不能用初等函数表示. 尽管如此,我们还是能够通过观察被积函数的结构找到恰当的计算方法和技巧.

下面我们给出计算不定积分的一般程序:
(1) 直接用积分基本公式和性质(熟记基本积分公式!).
(2) 用凑微分法;
(3) 恒等变形简化被积函数;
(4) 根据被积函数的类型,采用对应的积分方法. 如

① 对于两类不同函数的乘积,考虑能否用分部积分法(使用原则:v 容易求得,且 $\int v du$ 易积分;使用经验:"**反对幂三指**",前 u 后 v',这里,"反、对、幂、三、指"分别指反三角函数、对数函数、幂函数、三角函数、指数函数);

② 对于有理函数,重点考虑如何把分式化成部分分式之和;

③ 对于三角有理函数,考虑如何通过变量代换转化为有理函数的积分;

④ 对于根式函数,考虑如何通过变量代换去掉根式.

另外,在实际应用中常常利用积分表来计算不定积分.

例如,计算不定积分 $\int x^2 \arcsin x dx$.

被积函数中含有反三角函数,在积分表中可查得公式:

$$\int x^2 \arcsin \frac{x}{a} dx = \frac{x^3}{3} \arcsin \frac{x}{a} + \frac{1}{9}(x^2 + 2a^2)\sqrt{a^2 - x^2} + C,$$

将 $a = 1$ 代入,得

$$\int x^2 \arcsin x dx = \frac{x^3}{3} \arcsin x + \frac{1}{9}(x^2 + 2)\sqrt{1 - x^2} + C.$$

我们还可运用数学软件计算不定积分,如 MATLAB,Maple 和 Mathematica 等,在本教材(下)附录中,我们以 MATLAB 软件为例,简单介绍了该软件功能,展现了计算机软件在计算与作图中的魅力,旨在引导学生学会使用软件工具,学会利用软件去解决实际问题对于当代大学生是非常必要的.

习题 5.4

1. 求下列不定积分.

(1) $\int x^2 \cos x \, dx$;

(2) $\int x \ln x \, dx$;

(3) $\int \arcsin x \, dx$;

(4) $\int x^2 \arctan x \, dx$;

(5) $\int \dfrac{\arcsin \sqrt{x}}{\sqrt{x}} \, dx$;

(6) $\int \tan^2 x \sec x \, dx$;

(7) $\int e^{-x} \sin 2x \, dx$;

(8) $\int (\ln x)^2 \, dx$;

(9) $\int x \cos^2 x \, dx$;

(10) $\int \sqrt{x} \sin \sqrt{x} \, dx$;

(11) $\int \cos(\ln x) \, dx$;

(12) $\int x \ln \dfrac{1+x}{1-x} \, dx$.

2. 已知 $x^2 \ln x$ 是 $f(x)$ 的一个原函数,求 $\int x f'(x) \, dx$.

3. 已知 $f(x) = \dfrac{e^x}{x}$,求 $\int x f''(x) \, dx$.

扩展阅读

牛顿和莱布尼茨

微积分的产生经历了漫长的历史,从具有代表性的阿基米德到费尔马,再到巴罗,许多大数学家们对微积分的发展作出了重要的贡献. 到了 17 世纪后半叶,牛顿和莱布尼茨以不同的角度、记号与方法,综合发展了前辈的工作,明确给出了求积问题和作切线问题之间的互逆关系,建立了微积分的基本定理——牛顿-莱布尼茨公式,并系统总结出无穷小的算法,至此才真正建立了微积分这门学科. 微积分的产生走过了三个阶段:极限概念;求积的无穷小算法;微分与积分的互逆关系,而最后一步是牛顿和莱布尼茨各自独立完成的,他们为微积分作出了卓越的贡献,从而被人们作为微积分的奠基人载入史册. 因此,恩格斯在论述微积分产生过程时说,微积分"是由牛顿和莱布尼茨大体上完成的,但不是由他们发明的".

艾萨克·牛顿(Isaac Newton,英国,1642—1727)世界著名的数学家、物理学家和天文学家,是自然科学界崇拜的偶像. 仅就数学方面的成就,就使他与古希腊的阿基米德、德国的"数学王子"高斯一起,被称为世界三大数学家. 牛顿的微积分是纯几何的自然延伸,关心的是微积分在物理学中的应用. 他在微积分学上的贡献主要体现在他的三部代表论著里. 1669 年完成的《运用无穷多项方程的分析学》著作中给出了求瞬时变化率的一般方法,给出了微积分基本定理. 1671 年完成的《流数法与无穷级数》著作中,对以物体运动为背景的流数概念作出了进一步的论述,并清楚地阐明了微积分的两类基本问题:已知函数求导数;已知导数求原函数,同时在概念、计算和应用各个方面作了很大的改进. 1676 年,牛顿完成了《求曲边形的面积》,在这里牛顿的微积分思想发生了重大变化,采用了最初比和最后比的方法,并澄清了一些遭到非议的基本概念. 他的这三部论著是微积分发展史上的重要里程碑.

戈特弗里德·威廉·莱布尼茨(Gottfried Wilhelm Leibniz,1646—1716),德国数学家、自然科学家、物理学家、哲学家和历史学家. 历史上少见的通才,被誉为 17 世纪的亚里士多德.1672年莱布尼茨在巴黎受到数学名流惠更斯等人的影响,从哲学和几何学的角度出发,开始了微积分的创造性工作,而莱布尼茨关心的是广泛意义下的微积分,力求创造建立微积分的完善体系.1684年莱布尼茨发表了数学史上第一篇正式的微积分文献《一种求极限值和切线的新方法》,这篇文献中他定义了微分,广泛地采用了微分符号 dx,dy,还给出了和、差、积、商及乘幂的微分法则,同时包括了微分法在求切线、极大、极小值及拐点方面的应用.两年后又发表了一篇积分学论文《深奥的几何与不变量及其无限的分析》,其中首次使用积分符号"$\int$",初步论述了求积与求切线问题是互逆的.值得指出的是在这些论文中广泛使用的 $dx, dy, \dfrac{dy}{dx}, \int f(x)dx$ 等符号,至今为我们所采用.除了微积分符号外,他还创设了其他的数学符号,从而他还以"数学符号大师"的称号闻名于世.

牛顿和莱布尼茨从不同的角度创立了微积分,功绩由他们共享.今天的微积分已成为基本的数学工具而被广泛地应用于自然科学的各个领域.恩格斯说过:"在一切理论成就中,未有像十七世纪下半叶微积分的发明那样被看作人类精神的最高胜利了,如果在某个地方我们看到人类精神的纯粹的和唯一的功绩,那就正是在这里."

总 习 题 5

1. 选择题

(1) 设 $f'(x)=\sin x$,则 $\int f(x)dx = ($).

A. $\cos x + C_1 x + C_2$ B. $-\cos x + C_1 x + C_2$
C. $\sin x + C_1 x + C_2$ D. $-\sin x + C_1 x + C_2$

(2) 若 $I_1 = \int \dfrac{1+x}{x(1+xe^x)}dx, I_2 = \left[\int \dfrac{1}{u(1+u)}du\right]_{u=xe^x}$,则( ).

A. $I_1 = I_2$ B. $I_1 = I_2 - x$ C. $I_1 = -I_2$ D. $I_1 = I_2 + x$

(3) 设 $f(x)$ 的一个原函数为 $\dfrac{e^x}{x}$,则 $\int xf'(x)dx = ($).

A. $\dfrac{e^x}{x} + c$ B. $\dfrac{e^x(x-1)}{x} + c$

C. $\dfrac{e^x(x-2)}{x} + c$ D. $\dfrac{e^x(x+1)}{x} + c$

(4) 若 $\int f(x)dx = F(x) + C$,则 $\int x^2 f(1-x^3)dx = ($).

A. $F(1-x^3) + C$ B. $\dfrac{1}{3}F(1-x^3) + C$

C. $-F(1-x^3) + C$ D. $-\dfrac{1}{3}F(1-x^3) + C$

(5) 设 $F_1(x), F_2(x)$ 是区间 I 内连续函数 $f(x)$ 的两个不同的原函数,且 $f(x) \neq 0$,则在区间 I 内必有( ).

A. $F_1(x) + F_2(x) = C$ B. $F_1(x) \cdot F_2(x) = C$

C. $F_1(x) = CF_2(x)$ D. $F_1(x) - F_2(x) = C$

2. 填空题：

(1) 已知 $f(x)$ 的一个原函数是 $\arctan \dfrac{1}{x}$，则 $f(x) = $ _____；

(2) 若 $\int f(x) \mathrm{d}x = F(x) + C$，则 $\int F(x) f(x) \mathrm{d}x = $ _____；

(3) 若 $f(x) = \mathrm{e}^{-x}$，则 $\int \dfrac{f'(\ln x)}{x} \mathrm{d}x = $ _____；

(4) 若 $f'(\mathrm{e}^x) = 1 + x$，则 $f(x) = $ _____．

3. 求下列不定积分：

(1) $\int \dfrac{x+1}{1+x^2} \mathrm{d}x$；

(2) $\int \dfrac{\mathrm{d}x}{4-9x^2}$；

(3) $\int \dfrac{\mathrm{d}x}{\sqrt{4-9x^2}}$；

(4) $\int \dfrac{x}{1+\cos x} \mathrm{d}x$；

(5) $\int \dfrac{\sqrt[3]{x}}{x(\sqrt{x}+\sqrt[3]{x})} \mathrm{d}x$；

(6) $\int \dfrac{\arctan \sqrt{x}}{\sqrt{x}(1+x)} \mathrm{d}x$；

(7) $\int \left(1 - \dfrac{1}{x^2}\right) \mathrm{e}^{x + \frac{1}{x}} \mathrm{d}x$；

(8) $\int \dfrac{1}{(x^2+1)(x^2+x+1)} \mathrm{d}x$．

4. 设 $f(x) = \begin{cases} \sin 2x, & x < 0, \\ 0, & x = 0, \\ \ln(2x+1), & x > 0, \end{cases}$ 求 $f(x)$ 的一个原函数．

5. 设 $f'(\mathrm{e}^x) = a\sin x + b\cos x$（$a, b$ 为不同时为零的常数），求 $f(x)$．

6. 设 $f(x^2 - 1) = \ln \dfrac{x^2}{x^2 - 2}$，且 $f[\varphi(x)] = \ln x$，求 $\int \varphi(x) \mathrm{d}x$．

7. 已知 $\int \dfrac{x^2}{\sqrt{1-x^2}} \mathrm{d}x = Ax\sqrt{1-x^2} + B\int \dfrac{\mathrm{d}x}{\sqrt{1-x^2}}$，求 A, B．

第 6 章

定积分——连续对象的无穷求和问题

定积分是微积分学中的一个重要概念,它起源于解决图形的面积和体积等实际问题.早在古希腊时代积分的思想就已萌芽,公元前 5 世纪,德汉克利特创立了"原子学说",他把物体看作是由大量微小部分叠合而成,求得锥体体积是等高柱体体积的 1/3;另古希腊阿基米德的"穷竭法"、中国刘微的"割圆术"等在解决一些几何图形的面积和体积等问题中也体现了积分学的思想.直到 17 世纪后叶,牛顿和莱布尼茨各自提出了定积分的概念,揭示了微分与积分之间的互逆关系,给出了计算定积分的一般方法,使定积分成为解决实际问题的有力工具,并将各自独立的微分学和积分学联系在一起,形成了完整的数学理论体系——微积分学.本章将在具体实例的基础上引入定积分的概念,然后讨论它的性质、计算方法与应用.

6.1 定积分的概念和性质

6.1.1 定积分的两个现实原型

原型 1 曲边梯形的面积

在初等数学中,有了三角形的面积公式后,任意直边形的面积都可归结为求三角形的面积.然而,在实际应用中,常常要求以曲线为边的图形(曲边梯形)的面积.

设函数 $y=f(x)$ 在 $[a,b]$ 上连续.由曲线 $y=f(x)$ 与直线 $x=a$、$x=b$、x 轴所围成的图形称为**曲边梯形**(如图 6-1-1).事实上,任一平面图形都可划分成有限个曲边梯形(图 6-1-2).因此求曲边梯形的面积具有普遍的意义.

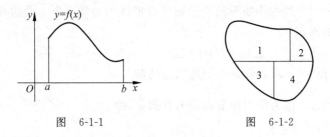

图 6-1-1   图 6-1-2

如何求曲边梯形的面积呢?为讨论方便,假定 $f(x) \geqslant 0$.

若 $f(x)$ 在区间 $[a,b]$ 上是常数,则曲边梯形是矩形,矩形的面积=底×高(图 6-1-3).但是曲边梯形底边上的高 $f(x)$ 在区间 $[a,b]$ 上是变化的,因此不能用它来计算曲边梯形的面积. 然而,由于 $y=f(x)$ 在 $[a,b]$ 上是连续的,即当 $\Delta x\to 0$ 时,$\Delta y\to 0$. 也就是说,当 x 变化很小时,$f(x)$ 的变化也很小(图 6-1-4),所以在 $[x,x+\Delta x]$ 上,当 Δx 很小时,相应的小曲边梯形就可近似看成小矩形. 这样如果我们把区间 $[a,b]$ 划分成许多个小区间,曲边梯形就被分割成许多个相应的小曲边梯形,每个小曲边梯形都可近似看作一个小矩形,那么所有小矩形面积的和就是曲边梯形面积的近似值. 区间 $[a,b]$ 分得越细,这个近似值就越接近于曲边梯形面积的真值. 自然我们想到把区间 $[a,b]$ 无限细分,即让小区间的长度趋于零,这时所有小矩形面积之和的极限如果存在的话,我们自然认为该极限就是曲边梯形的面积值. 按照这样的想法,我们分四步解决曲边梯形的面积问题.

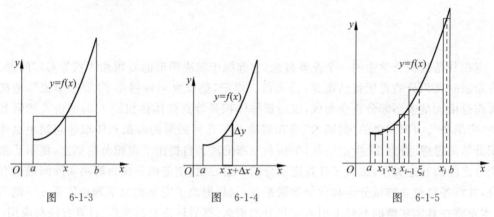

图 6-1-3　　　　　图 6-1-4　　　　　图 6-1-5

第一步:"分"——分总面积为部分面积之和.

如图 6-1-5 所示,在区间 $[a,b]$ 中任意插入 $n-1$ 个分点:$x_1,x_2,\cdots,x_{n-1}$,使得
$$a=x_0<x_1<x_2<\cdots<x_n=b.$$
在每个分点处作与 y 轴平行的直线段,将整个曲边梯形分成 n 个小曲边梯形,设第 i 个小区间 $[x_{i-1},x_i]$ $(i=1,2,\cdots,n)$ 的长度为 Δx_i,$\Delta x_i=x_i-x_{i-1}$;设第 i 个小区间 $[x_{i-1},x_i]$ 上的小曲边梯形的面积为 ΔA_i;整个曲边梯形的面积记为 A,于是
$$A=\Delta A_1+\Delta A_2+\cdots+\Delta A_n=\sum_{i=1}^{n}\Delta A_i.$$

第二步:"近似"——求部分面积的近似值.

当每个小曲边梯形的底边长 $\Delta x_i (i=1,2,\cdots,n)$ 很小时,高度 $f(x)$ 的变化也很小,近似于不变,这时可把小曲边梯形近似看作小矩形,并在小区间 $[x_{i-1},x_i]$ 上任取一点 ξ_i,以 $[x_{i-1},x_i]$ 为底,$f(\xi_i)$ 为高的小矩形的面积则可近似认为是第 i 个小曲边梯形的面积,因此,这个小曲边梯形的面积
$$\Delta A_i\approx f(\xi_i)\cdot \Delta x_i, \quad i=1,2,\cdots,n.$$

第三步:"求和"——求各部分面积近似值的和.

把和 $\sum_{i=1}^{n}f(\xi_i)\Delta x_i$ 作为曲边梯形面积的近似值,即
$$A=\sum_{i=1}^{n}\Delta A_i\approx \sum_{i=1}^{n}f(\xi_i)\Delta x_i.$$

第四步:"取极限"——由近似值求得总面积精确值.

可以看出,对区间$[a,b]$所作的划分越细,上式右端的和式就越接近 A. 记$\lambda=\max\limits_{1\leqslant i\leqslant n}\{\Delta x_i\}$,当 $\lambda\to 0$ 时,如果极限 $\lim\limits_{\lambda\to 0}\sum\limits_{i=1}^{n}f(\xi_i)\Delta x_i$ 存在,则此极限值就是所求曲边梯形的面积值,即

$$A=\lim_{\lambda\to 0}\sum_{i=1}^{n}f(\xi_i)\Delta x_i \tag{6-1-1}$$

这样,计算曲边梯形的面积问题就归结为求"和式 $\sum\limits_{i=1}^{n}f(\xi_i)\Delta x_i$ 的极限"问题.

原型 2 变速直线运动的路程

设物体作变速直线运动,速度 $v(t)$ 是时间 t 的连续函数,且 $v(t)\geqslant 0$. 求物体在时间间隔 $[T_1,T_2]$ 内所经过的路程 S.

由于速度 $v(t)$ 随时间的变化而变化,因此不能用匀速直线运动的公式:路程=速度×时间来计算物体作变速直线运动的路程. 但由于 $v(t)$ 连续,当 t 的变化很小时,速度的变化也非常小,因此在很短的一段时间内,变速直线运动可以近似看成匀速直线运动. 因此,若将时间区间 $[T_1,T_2]$ 分割成若干个时间段,在每个很短的时间段上速度看作不变,求出各个时间段的路程再相加,便得到整个路程的近似值. 最后通过对时间的无限细分过程求得路程的精确值. 其解决问题的思想方法与前述面积问题一样,采用分、近似、求和、取极限的方法来求非匀速直线运动的路程. 具体过程如下:

第一步:"分"——分总路程为部分路程之和.

用分点 $a=t_0<t_1<t_2<\cdots<t_n=b$ 将时间区间 $[T_1,T_2]$ 任意分成 n 个小区间 $[t_{i-1},t_i]$ $(i=1,2,\cdots,n)$,其中第 i 个时间段 $[t_{i-1},t_i]$ 的长度为 $\Delta t_i=t_i-t_{i-1}$,物体在第 i 个时间段内经过的路程为 Δs_i,在时间 $[a,b]$ 里经过的整个路程记为 s,于是

$$s=\Delta s_1+\Delta s_2+\cdots+\Delta s_n=\sum_{i=1}^{n}\Delta s_i.$$

第二步:"近似"——求部分路程的近似值.

当时间的改变量 Δt_i 很小时,这时在 $[t_{i-1},t_i]$ 上变速直线运动可以近似看成匀速直线运动,于是在 $[t_{i-1},t_i]$ 上任取一点 ξ_i,以 $v(\xi_i)$ 来替代 $[t_{i-1},t_i]$ 上各时刻的速度,则有

$$\Delta s_i\approx v(\xi_i)\cdot\Delta t_i,\quad i=1,2,\cdots,n.$$

第三步:"求和"——求各部分路程近似值的和.

由此可得总路程的近似值

$$s=\sum_{i=1}^{n}\Delta s_i\approx\sum_{i=1}^{n}v(\xi_i)\Delta t_i.$$

第四步:"取极限"——由近似值求得总路程精确值.

可以看出,对区间 $[T_1,T_2]$ 所作的划分越细,上式右端的和式就越接近 s. 记 $\lambda=\max\limits_{1\leqslant i\leqslant n}\{\Delta x_i\}$,当 $\lambda\to 0$ 时,如果极限 $\lim\limits_{\lambda\to 0}\sum\limits_{i=1}^{n}v(\xi_i)\Delta x_i$ 存在,则我们自然认为此极限值为所求的总路程,即

$$s=\lim_{\lambda\to 0}\sum_{i=1}^{n}v(\xi_i)\Delta x_i.$$

这样,计算变速直线运动的路程问题,也归结为求"和式 $\sum\limits_{i=1}^{n}v(\xi_i)\Delta x_i$ 的极限"问题.

以上两个例子尽管来自不同领域,其实际意义也不相同,但解决问题的思想方法却完全一样,且最终精确值都为求同一结构的和式的极限. 即

$$
\begin{aligned}
&\text{分割} \quad (\text{目的} \Rightarrow \text{化整为微}) \\
&\Downarrow \qquad\qquad \downarrow \text{求近似(以直代曲,或以均匀代不均匀)} \\
&\text{求和} \quad (\text{目的} \Rightarrow \text{积微为整}) \\
&\Downarrow \qquad\qquad \downarrow \text{无限求和} \\
&\text{取极限} (\text{目的} \Rightarrow \text{精确值} —— \lim_{\lambda \to 0} \sum_{i=1}^{n} f(\xi_i) \Delta x_i)
\end{aligned}
$$

以后我们还会看到,在求变力所做的功、水压力、非均匀细棒的质量、曲线段的长度、空间几何体的体积等许多问题中,都会出现这种形式的极限. 因此,有必要略去问题的实际背景,将其数学模型抽象出来,给出在数学上的统一定义,并对它进行研究. 其研究成果反过来又可用于解决实际问题,其现实意义是不言而喻的.

6.1.2 定积分的定义

定义 1 设函数 $f(x)$ 在区间 $[a,b]$ 上有界,在 $[a,b]$ 中任意插入若干个分点,
$$a = x_0 < x_1 < x_2 < \cdots < x_n = b$$
将 $[a,b]$ 分成 n 个小区间,用 $\Delta x_i = x_i - x_{i-1}$ 表示第 i 个小区间的长度,在 $[x_{i-1}, x_i]$ 上任取一点 ξ_i,作乘积
$$f(\xi_i) \cdot \Delta x_i \quad (i = 1, 2, \cdots, n),$$
并作和
$$\sum_{i=1}^{n} f(\xi_i) \Delta x_i.$$
若当 $\lambda = \max_{1 \leqslant i \leqslant n} \{\Delta x_i\} \to 0$ 时,上式的极限存在,则称函数 $f(x)$ 在区间 $[a,b]$ 上**可积**,并称此极限值为 $f(x)$ 在 $[a,b]$ 上的**定积分**,记作 $\int_a^b f(x) \mathrm{d}x$,即
$$\int_a^b f(x) \mathrm{d}x = \lim_{\lambda \to 0} \sum_{i=1}^{n} f(\xi_i) \Delta x_i.$$
其中 $f(x)$ 叫做被积函数,$f(x) \mathrm{d}x$ 叫做被积表达式,x 叫做积分变量,$[a,b]$ 叫做积分区间,a 叫做积分下限,b 叫做积分上限,$\sum_{i=1}^{n} f(\xi_i) \Delta x_i$ 称为 $f(x)$ 的积分和.

根据定积分的定义,以 $f(x)$ 为曲边,区间 $[a,b]$ 为底的曲边梯形的面积为
$$A = \int_a^b f(x) \mathrm{d}x;$$
以速度 $v(t)$ 作直线运动,在时间段 $[T_1, T_2]$ 内所经过的路程 s 为
$$s = \int_{T_1}^{T_2} v(t) \mathrm{d}t.$$

由此我们看到,导数与定积分都是通过极限来定义的,都是为了解决"变"的问题而引入

的. 解决问题的核心思想都是：在微小局部以"不变"近似代替"变"，并通过取极限，使近似实现精确. 但导数是利用除法 $\left(\dfrac{\Delta y}{\Delta x}\right)$ 获得微小局部的近似值，而定积分是利用乘法 $(f(\xi_i)\Delta x_i)$ 获得微小局部的近似值，并再通过求和获得整体上的近似值 $\left(\sum\limits_{i=1}^{n}f(\xi_i)\Delta x_i\right)$，因此导数是从微观的角度处理"变"问题，极限值 $\lim\limits_{\Delta x\to 0}\dfrac{\Delta y}{\Delta x}$ 反映的是 $f(x)$ 在点 x 处的变化快慢程度，即瞬时变化率；而定积分是从宏观的角度处理"变"的问题，极限值 $\lim\limits_{\lambda\to 0}\sum\limits_{i=1}^{n}f(\xi_i)\Delta x_i$ 反映的是 $f(\xi_i)\Delta x_i$ 无限累加的结果. 因此，导数与定积分是处理均匀量的除法与乘法分别在处理相应非均匀量中的发展，而实现这种发展的基础是极限.

关于定积分概念，应理解以下几点：

(1) 定积分是一个确定的数，这个数只取决于被积函数与积分区间，而与积分变量用什么字母表示无关，即

$$\int_a^b f(x)\mathrm{d}x = \int_a^b f(u)\mathrm{d}u = \int_a^b f(t)\mathrm{d}t.$$

此等式的正确性在几何上是显然，因为对于非负函数 f，这三个积分表示同一个平面图形相应的面积值，只是积分变量的记号不同而已，而这对面积值没有影响.

(2) $f(x)$ 在 $[a,b]$ 上可积，是指不管对区间划分的方式怎样，也不管点 ξ_i 在小区间 $[x_{i-1},x_i]$ 上如何选取，只要 $\lambda\to 0$，极限值总是唯一确定的.

(3) 在定积分的定义中，仅考虑下限 a 小于上限 b 的情形；当 $b<a$ 时，同样可以给出定积分的定义，只不过规定分点的大小顺序为

$$a=x_0>x_1>x_2>\cdots>x_n=b,$$

这时，$\Delta x_i=x_i-x_{i-1}<0$，于是有

$$\int_a^b f(x)\mathrm{d}x = -\int_b^a f(x)\mathrm{d}x. \tag{6-1-2}$$

此等式说明：将积分上下限互换时，应改变积分的符号.

特别当 $b=a$ 时，规定

$$\int_a^a f(x)\mathrm{d}x = 0. \tag{6-1-3}$$

事实上，由式(6-1-2)，得 $\int_a^a f(x)\mathrm{d}x = -\int_a^a f(x)\mathrm{d}x$，所以 $\int_a^a f(x)\mathrm{d}x = 0$. 因此这样的规定是合理的.

从几何上也可得到验证：曲边梯形的底边缩成一点时，其面积显然为零.

(4) 定积分定义中，要求 $f(x)$ 在 $[a,b]$ 上有界，这不意味着有界函数就一定可积，也就是说：有界函数不一定可积. 如

例 1 讨论函数 $D(x)=\begin{cases}1, & x \text{ 为有理数}, \\ 0, & x \text{ 为无理数}\end{cases}$ 在 $[0,1]$ 上的可积性.

解 显然 $|D(x)|\leqslant 1$，即函数是有界的.

把区间 $[0,1]$ 分成 n 等份，分点为

$$x_i = \frac{i}{n}, \quad i = 1, 2, \cdots, n-1.$$

每个小区间长度为

$$\Delta x_i = \frac{1}{n}, \quad i = 1, 2, \cdots, n.$$

由于在区间 $[0,1]$ 的任一子区间上,总能取到有理数,也总能取到无理数,因此不妨设 ξ_i 为 (x_{i-1}, x_i) 内的有理数,η_i 为 (x_{i-1}, x_i) 内的无理数,分别作和式

$$S_n = \sum_{i=1}^{n} D(\xi_i) \Delta x_i = \sum_{i=1}^{n} 1 \cdot \Delta x_i = 1,$$

$$S_n' = \sum_{i=1}^{n} D(\eta_i) \Delta x_i = \sum_{i=1}^{n} 0 \cdot \Delta x_i = 0,$$

于是 $\lim_{n\to\infty} S_n = 1, \lim_{n\to\infty} S_n' = 0$. 所以函数 $D(x)$ 在 $[0,1]$ 上是不可积的.

那么,哪些函数是可积的呢?可以证明:

定理 1 在闭区间 $[a,b]$ 上连续的函数必在 $[a,b]$ 上可积.

定理 2 在区间 $[a,b]$ 上有界且只有有限个间断点的函数必在 $[a,b]$ 上可积.

幸运的是我们熟悉的初等函数在其定义域内的任一闭子区间上都是可积的.

例 2 利用定积分的定义计算定积分 $\int_0^1 x^2 \mathrm{d}x$.

解 因函数 $y = x^2$ 在闭区间 $[0,1]$ 上是连续的,所以定积分 $\int_0^1 x^2 \mathrm{d}x$ 一定存在,从而此定积分的值与区间的划分及 ξ_i 的取法无关,因此为了计算方便,不妨将区间 $[0,1]$ 分成 n 等份(图 6-1-6),分点为

$$x_i = \frac{i}{n} \quad (i = 1, 2, \cdots, n-1);$$

每个小区间长度为

$$\Delta x_i = \frac{1}{n} \quad (i = 1, 2, \cdots, n);$$

取 $\xi_i = \frac{i}{n}$ $(i = 1, 2, \cdots, n)$,作积分和

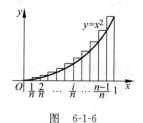

图 6-1-6

$$\sum_{i=1}^{n} f(\xi_i) \Delta x_i = f(\xi_1) \Delta x_1 + f(\xi_2) \Delta x_2 + \cdots + f(\xi_n) \Delta x_n$$

$$= \frac{1}{n} \left[f\left(\frac{1}{n}\right) + f\left(\frac{2}{n}\right) + \cdots + f\left(\frac{n}{n}\right) \right]$$

$$= \sum_{i=1}^{n} \left(\frac{i}{n}\right)^2 \cdot \frac{1}{n}$$

$$= \frac{1}{n^3} \sum_{i=1}^{n} i^2 = \frac{1}{n^3} \cdot \frac{1}{6} n(n+1)(2n+1)$$

$$= \frac{1}{6} \left(1 + \frac{1}{n}\right) \left(2 + \frac{1}{n}\right).$$

这里 $\lambda = \dfrac{1}{n}$,当 $\lambda \to 0$ 时,$n \to \infty$,所以

$$\int_0^1 x^2 \mathrm{d}x = \lim_{\lambda \to 0} \sum_{i=1}^n f(\xi_i) \Delta x_i = \lim_{n \to \infty} \dfrac{1}{6}\left(1 + \dfrac{1}{n}\right)\left(2 + \dfrac{1}{n}\right) = \dfrac{1}{3}.$$

6.1.3 定积分的几何意义

(1) 若 $f(x) \geqslant 0$,则定积分 $\int_a^b f(x)\mathrm{d}x$ 表示图 6-1-7 所示的曲边梯形的面积 A,即 $\int_a^b f(x)\mathrm{d}x = A$.

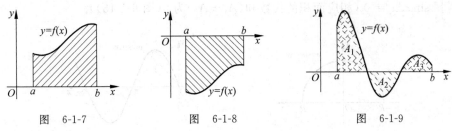

图 6-1-7　　　　　　图 6-1-8　　　　　　图 6-1-9

(2) 若 $f(x) \leqslant 0$,则

$$A = \lim_{\lambda \to 0} \sum_{i=1}^n [-f(\xi_i)]\Delta x_i = -\lim_{\lambda \to 0} \sum_{i=1}^n f(\xi_i)\Delta x_i = -\int_a^b f(x)\mathrm{d}x,\text{从而有} \int_a^b f(x)\mathrm{d}x = -A.$$

这就是说,当 $f(x) \leqslant 0$ 时,定积分 $\int_a^b f(x)\mathrm{d}x$ 等于相应曲边梯形面积的负值(图 6-1-8).

(3) 如果在 $[a,b]$ 上 $f(x)$ 的值有正也有负,则积分 $\int_a^b f(x)\mathrm{d}x$ 表示介于 x 轴、曲线 $y = f(x)$ 及直线 $x = a$,$x = b$ 之间各部分面积的代数和. 即在 x 轴上方的图形面积减去 x 轴下方的图形面积. 例如,图 6-1-9 所示的曲线 $y = f(x)$ 在区间 $[a,b]$ 上的定积分为

$$\int_a^b f(x)\mathrm{d}x = A_1 - A_2 + A_3.$$

由此可根据定积分的几何意义求出一些定积分的值.

例 3 求 $\int_0^1 (1-x)\mathrm{d}x$.

解 在几何上,$\int_0^1 (1-x)\mathrm{d}x$ 表示以 $y = 1-x$ 为曲边,以区间 $[0,1]$ 为底的曲边梯形的面积(图 6-1-10). 由于以 $y = 1-x$ 为曲边,以区间 $[0,1]$ 为底的曲边梯形是直角三角形,其底边长及高均为 1,所以

$$\int_0^1 (1-x)\mathrm{d}x = \dfrac{1}{2} \times 1 \times 1 = \dfrac{1}{2}.$$

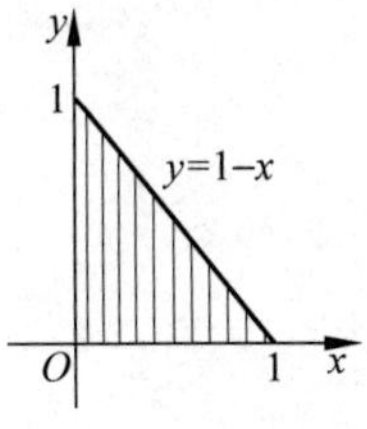

图 6-1-10 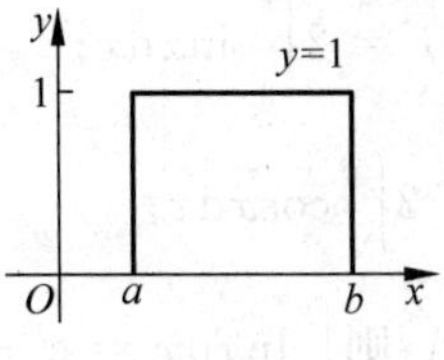　　　　　　图 6-1-11

例 4 利用定积分的几何意义说明下列结论：

(1) $\int_a^b dx = \int_a^b 1 \cdot dx = b-a$（高为 1，底为 $b-a$ 的矩形面积（图 6-1-11））；

(2) $\int_a^b 0 \cdot dx = 0$（高为 0，底为 $b-a$ 的矩形面积为 0）；

(3) $\int_0^a x dx = \frac{1}{2}a^2$（高为 a，底为 a 的直角三角形面积）；

(4) $\int_{-R}^R \sqrt{R^2-x^2} dx = \frac{1}{2}\pi R^2$（半径为 R 的上半圆的面积（图 6-1-12））；

(5) $\int_0^{2\pi} \sin x dx = 0$（相应面积的代数和 (A_1-A_2) 为 0（图 6-1-13））.

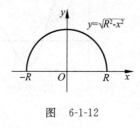

图 6-1-12

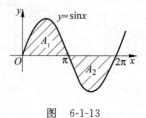

图 6-1-13

习题 6.1

1. 填空题：

(1) 函数 $f(x)$ 在 $[a,b]$ 上的定积分是其积分和的极限，即 $\int_a^b f(x)dx =$ _____ . 定积分的值只与 _____ 及 _____ 有关，而与 _____ 的记法无关，因此 $\int_a^b f(t)dt =$ _____ .

(2) 定积分的几何意义是 _____ ；区间 $[a,b]$ 长度的定积分表示 _____ ；曲线 $y=-\sqrt{1-x^2}$ 与 x 轴所围成的面积用定积分表示是 _____ .

2. 利用定积分定义计算下列定积分.

(1) $\int_{-2}^2 5 dx$； (2) $\int_0^2 (x+1) dx$.

3. 利用定积分的几何意义，求下列定积分的值.

(1) $\int_0^1 2x dx$； (2) $\int_0^1 \sqrt{1-x^2} dx$.

4. 利用定积分的几何意义，说明下列等式.

(1) $\int_{-\pi}^{\pi} \sin x dx = 0$；

(2) $\int_{-\pi}^{\pi} |\sin x| dx = 2\int_0^{\pi} \sin x dx$；

(3) $\int_{-\frac{\pi}{2}}^{\frac{\pi}{2}} \cos x dx = 2\int_0^{\frac{\pi}{2}} \cos x dx$；

(4) 设 $\int_0^1 e^x dx = A$，则 $\int_1^e \ln x dx = e - A$.

6.2 定积分的基本性质

假定本节所涉及的定积分都是存在的.

性质 1 被积函数的常数因子可以提到积分号前. 即
$$\int_a^b kf(x)\mathrm{d}x = k\int_a^b f(x)\mathrm{d}x \quad (k \text{ 为常数}).$$

证 $\displaystyle\int_a^b kf(x)\mathrm{d}x = \lim_{\lambda \to 0}\sum_{i=1}^n kf(\xi_i)\Delta x_i = k\lim_{\lambda \to 0}\sum_{i=1}^n f(\xi_i)\Delta x_i = k\int_a^b f(x)\mathrm{d}x.$

性质 2 函数代数和的定积分等于它们定积分的代数和. 即
$$\int_a^b [f(x) \pm g(x)]\mathrm{d}x = \int_a^b f(x)\mathrm{d}x \pm \int_a^b g(x)\mathrm{d}x.$$

证 $\displaystyle\int_a^b [f(x) \pm g(x)]\mathrm{d}x = \lim_{\lambda \to 0}\sum_{i=1}^n [f(\xi_i) \pm g(\xi_i)]\Delta x_i$
$$= \lim_{\lambda \to 0}\sum_{i=1}^n f(\xi_i)\Delta x_i \pm \lim_{\lambda \to 0}\sum_{i=1}^n g(\xi_i)\Delta x_i$$
$$= \int_a^b f(x)\mathrm{d}x \pm \int_a^b g(x)\mathrm{d}x.$$

这个性质可推广到有限多个函数代数和的情形.

性质 3 不论 a, b, c 三点的相互位置如何,恒有
$$\int_a^b f(x)\mathrm{d}x = \int_a^c f(x)\mathrm{d}x + \int_c^b f(x)\mathrm{d}x.$$

证 不妨设 $a < c < b$.

因为函数 $f(x)$ 在区间 $[a, b]$ 上可积,所以无论区间 $[a, b]$ 怎样划分,积分和的极限总是不变的. 因此在划分区间时,可以使 c 永远成为分点. 那么,函数 $f(x)$ 在 $[a, b]$ 上的积分和等于 $[a, c]$ 上的积分和加上 $[c, b]$ 上的积分和,即
$$\sum_{[a,b]} f(\xi_i)\Delta x_i = \sum_{[a,c]} f(\xi_i)\Delta x_i + \sum_{[c,b]} f(\xi_i)\Delta x_i.$$

令 $\lambda \to 0$,上式两端同时取极限,即得
$$\int_a^b f(x)\mathrm{d}x = \int_a^c f(x)\mathrm{d}x + \int_c^b f(x)\mathrm{d}x.$$

若 $a < b < c$,由于 $\displaystyle\int_a^c f(x)\mathrm{d}x = \int_a^b f(x)\mathrm{d}x + \int_b^c f(x)\mathrm{d}x,$

于是得 $\displaystyle\int_a^b f(x)\mathrm{d}x = \int_a^c f(x)\mathrm{d}x - \int_b^c f(x)\mathrm{d}x = \int_a^c f(x)\mathrm{d}x + \int_c^b f(x)\mathrm{d}x.$

事实上,不论 a, b, c 三点的相互位置如何,恒有 $\displaystyle\int_a^b f(x)\mathrm{d}x = \int_a^c f(x)\mathrm{d}x + \int_c^b f(x)\mathrm{d}x$ 成立.

这一性质表明定积分对于积分区间具有**可加性**.

性质 4 若在区间 $[a, b]$ 上, $f(x) \geqslant 0$,则 $\displaystyle\int_a^b f(x)\mathrm{d}x \geqslant 0.$

证 因为 $f(x) \geqslant 0$,故 $f(\xi_i) \geqslant 0 \; (i = 1, 2, \cdots, n)$,又 $\Delta x_i \geqslant 0 \; (i = 1, 2, \cdots, n)$,所以

$$\sum_{i=1}^{n} f(\xi_i) \Delta x_i \geqslant 0,$$

令 $\lambda = \max\{\Delta x_1, \Delta x_2, \cdots, \Delta x_n\} \to 0$,得到 $\lim\limits_{\lambda \to 0} \sum\limits_{i=1}^{n} f(\xi_i) \Delta x_i \geqslant 0$(根据极限的保号性).

即
$$\int_a^b f(x) \mathrm{d}x \geqslant 0.$$

推论 1 若在区间 $[a,b]$ 上,$f(x) \leqslant g(x)$,则 $\int_a^b f(x) \mathrm{d}x \leqslant \int_a^b g(x) \mathrm{d}x$.

推论 2 $\left| \int_a^b f(x) \mathrm{d}x \right| \leqslant \int_a^b |f(x)| \mathrm{d}x.$

例 1 比较下列定积分 $\int_0^{-2} \mathrm{e}^x \mathrm{d}x$ 和 $\int_0^{-2} x \mathrm{d}x$ 的大小.

解 因为当 $x \in [-2, 0]$ 时,有 $x < \mathrm{e}^x$,有
$$\int_{-2}^0 x \mathrm{d}x < \int_{-2}^0 \mathrm{e}^x \mathrm{d}x,$$

所以,
$$\int_0^{-2} x \mathrm{d}x > \int_0^{-2} \mathrm{e}^x \mathrm{d}x.$$

性质 5(估值定理)

设函数 $f(x)$ 在区间 $[a,b]$ 上的最小值与最大值分别为 m 与 M,则
$$m(b-a) \leqslant \int_a^b f(x) \mathrm{d}x \leqslant M(b-a).$$

证 因为 $m \leqslant f(x) \leqslant M$,由性质 4 推论 1 得
$$\int_a^b m \mathrm{d}x \leqslant \int_a^b f(x) \mathrm{d}x \leqslant \int_a^b M \mathrm{d}x.$$

即
$$m \int_a^b \mathrm{d}x \leqslant \int_a^b f(x) \mathrm{d}x \leqslant M \int_a^b \mathrm{d}x.$$

故
$$m(b-a) \leqslant \int_a^b f(x) \mathrm{d}x \leqslant M(b-a).$$

利用这个性质,由被积函数在积分区间上的最小值及最大值,可以估计出积分值的大致范围.

在几何上,性质 5 有明显的几何意义:若 $f(x) \geqslant 0$ ($x \in [a,b]$),则以 $[a,b]$ 为底,高为 $f(x)$ 的曲边梯形的面积,介于以 $[a,b]$ 为底,高分别为 m 和 M 的两个矩形面积之间(图 6-2-1).

例 2 估计定积分 $\int_0^\pi \dfrac{1}{2 + \sin^{\frac{3}{2}} x} \mathrm{d}x$ 的值.

解 当 $x \in [0, \pi]$ 时,$0 \leqslant \sin x \leqslant 1$,所以
$$0 \leqslant \sin^{\frac{3}{2}} x \leqslant 1,$$

由此有
$$2 \leqslant 2 + \sin^{\frac{3}{2}} x \leqslant 3, \quad \frac{1}{3} \leqslant \frac{1}{2 + \sin^{\frac{3}{2}} x} \leqslant \frac{1}{2},$$

于是由估值定理有
$$\frac{\pi}{3} \leqslant \int_0^\pi \frac{1}{2 + \sin^{\frac{3}{2}} x} \mathrm{d}x \leqslant \frac{\pi}{2}.$$

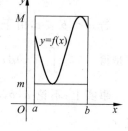

图 6-2-1

性质 6(定积分中值定理)

如果函数 $f(x)$ 在区间 $[a,b]$ 上连续,则在 $[a,b]$ 上至少存在一点 ξ,使得下式成立:
$$\int_a^b f(x)\mathrm{d}x = f(\xi)(b-a), \quad \xi \in [a,b].$$

这个公式称为**积分中值公式**.

证 把性质 5 中的不等式各除以 $b-a$,得
$$m \leqslant \frac{1}{b-a}\int_a^b f(x)\mathrm{d}x \leqslant M.$$

这说明 $\frac{1}{b-a}\int_a^b f(x)\mathrm{d}x$ 介于 $f(x)$ 的最小值与最大值之间. 故根据连续函数的介值定理,在 $[a,b]$ 上至少存在一点 ξ,使
$$f(\xi) = \frac{1}{b-a}\int_a^b f(x)\mathrm{d}x,$$

即
$$\int_a^b f(x)\mathrm{d}x = f(\xi)(b-a).$$

显然,积分中值公式不论 $a<b$ 或 $a>b$ 都是成立的.

公式中,$f(\xi) = \frac{1}{b-a}\int_a^b f(x)\mathrm{d}x$ 称为函数 $f(x)$ 在区间 $[a,b]$ 上的**平均值**. 这是算术平均值在连续情形下的推广.

这个定理有明显的几何意义:对曲边连续的曲边梯形,总存在一个以 $b-a$ 为底,以 $[a,b]$ 上一点 ξ 的纵坐标 $f(\xi)$ 为高的矩形,其矩形面积等于曲边梯形的面积,如图 6-2-2 所示. 因此从几何角度看,$f(\xi)$ 可以看作曲边梯形的曲顶的平均高度;从函数值角度上看,$f(\xi)$ 是 $f(x)$ 在 $[a,b]$ 上的平均值. 因此积分中值定理解决了如何求一个连续变化量的平均值问题. 如物体以变速 $v(t)$ 作直线运动,则运动物体在 $[T_1, T_2]$ 这段时间内的平均速度为 $\frac{1}{T_2-T_1}\int_{T_1}^{T_2} v(t)\mathrm{d}t$;这样,从 0 秒到 T 秒这段时间内自由落体的平均速度 $\overline{v} = \frac{1}{T-0}\int_0^T gt\mathrm{d}t = \frac{1}{T} \cdot \frac{gT^2}{2} = \frac{1}{2}gT$,即为末速度的一半.

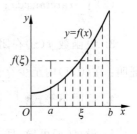

图 6-2-2

例 3 求函数 $f(x)=4-x$ 在 $[0,3]$ 上的平均值.

解 $f(x)$ 在 $[0,3]$ 上的平均值
$$\frac{1}{b-a}\int_a^b f(x)\mathrm{d}x = \frac{1}{3-0}\int_0^3 (4-x)\mathrm{d}x = \frac{5}{2}.$$

当 $4-x=\frac{5}{2}$,得到 $x=\frac{3}{2}$,即函数在 $x=\frac{3}{2}$ 处的函数值等于它在 $[0,3]$ 上的平均值.

图 6-2-3 显示,以 $[0,3]$ 为底、$\frac{5}{2}$ 为高的矩形的面积等于 $y=4-x$ 与 $x=0, y=0$ 以及 $x=3$ 围成的梯形面积.

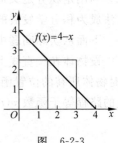

图 6-2-3

例 4 设函数 $f(x)$ 在闭区间 $[0,1]$ 上连续,在开区间 $(0,1)$ 内可导,且

$$3\int_{\frac{2}{3}}^{1} f(x)dx = f(0),$$

证明在 $(0,1)$ 内至少存在一点 ξ,使得 $f'(\xi)=0$.

证 由积分中值定理知,在 $\left[\dfrac{2}{3},1\right]$ 上存在一点 η,使

$$3\int_{\frac{2}{3}}^{1} f(x)dx = 3f(\eta)\left(1-\frac{2}{3}\right) = f(\eta) = f(0),$$

故 $f(x)$ 在闭区间 $[0,\eta]$ 上满足罗尔定理条件,即 $f(x)$ 在闭区间 $[0,\eta]$ 上连续,在开区间 $(0,\eta)$ 内可导,$f(\eta)=f(0)$,因此至少存在一点 $\xi \in (0,\eta) \subset (0,1)$,使得 $f'(\xi)=0$.

习题 6.2

1. 下列两积分的大小关系是:

(1) $\int_{1}^{2} \ln x \, dx$ _____ $\int_{1}^{2} (\ln x)^2 \, dx$; (2) $\int_{1}^{2} x^2 \, dx$ _____ $\int_{1}^{2} x^3 \, dx$;

(3) $\int_{0}^{1} x \, dx$ _____ $\int_{0}^{1} \ln(1+x) \, dx$; (4) $\int_{0}^{1} e^x \, dx$ _____ $\int_{0}^{1} (1+x) \, dx$.

2. 估计下列各积分的值.

(1) $\int_{1}^{4} \sqrt{x^2+1} \, dx$; (2) $\int_{\frac{\pi}{4}}^{\frac{5}{4}\pi} (1+\sin^2 x) \, dx$;

(3) $\int_{\frac{1}{\sqrt{3}}}^{\sqrt{3}} x \arctan x \, dx$; (4) $\int_{\frac{\pi}{4}}^{\frac{\pi}{2}} \dfrac{\sin x}{x} \, dx$.

3. 设函数 $f(x)$ 在闭区间 $[0,1]$ 上连续,在开区间 $(0,1)$ 内可导,且 $2\int_{0}^{\frac{1}{2}} f(x)dx = f(1)$,证明:在 $(0,1)$ 内至少存在一点 ξ,使得 $f'(\xi)=0$.

4. 证明不等式:$\int_{1}^{2} \sqrt{x+1} \, dx \geqslant \sqrt{2}$.

5. 设 $f(x)$ 可导,且 $\lim\limits_{x \to +\infty} f(x) = 1$,求 $\lim\limits_{x \to +\infty} \int_{x}^{x+2} t \sin \dfrac{3}{t} f(t) \, dt$.

6.3 微积分基本公式

积分学中有两个基本计算问题:第一个是求原函数问题;第二个是定积分的计算问题. 如果利用定积分定义进行计算,一般是相当困难的. 因此,寻求简便且有效的计算定积分的方法成为积分学发展的关键.

下面从实际问题中寻求导数与定积分之间的联系.

设物体在一直线上运动,在这直线上取定原点、正向及单位长度,使其成为数轴. 设时刻 t 时物体所在的位置函数为 $s(t)$,速度为 $v(t)(v(t) \geqslant 0)$,则物体在时间区间 $[T_1, T_2]$ 内所走过的路程等于函数 $v(t)$ 在区间 $[T_1, T_2]$ 上的定积分,即

$$s = \int_{T_1}^{T_2} v(t) \, dt;$$

另一方面,这段路程又可表示为位置函数 $s(t)$ 在区间 $[T_1,T_2]$ 上的增量,即
$$s = s(T_2) - s(T_1);$$
这样,我们在位置函数 $s(t)$ 和速度函数 $v(t)$ 之间建立了如下的关系式:
$$\int_{T_1}^{T_2} v(t)\mathrm{d}t = s(T_2) - s(T_1).$$

我们已知,位置函数 $s(t)$ 的导数是速度函数 $v(t)$,即 $s(t)$ 是 $v(t)$ 的原函数,所以上式说明:$v(t)$ 在 $[T_1,T_2]$ 上的定积分等于其原函数 $s(t)$ 在区间 $[T_1,T_2]$ 上的增量. 这就是说,速度函数 $v(t)$ 的定积分与其原函数之间存在某种内在联系. 这种联系是偶然的还是普遍的呢? 换句话说,我们要解决两个问题:

问题 1:区间 $[a,b]$ 上的可积函数 $f(x)$ 必有原函数 $F(x)$ 吗?

问题 2:若 $F(x)$ 是 $f(x)$ 的原函数,等式 $\int_a^b f(x)\mathrm{d}x = F(b) - F(a)$ 一定成立吗?

直观想象,$f(x)$ 在区间 $[a,b]$ 上可积,是指定积分 $\int_a^b f(x)\mathrm{d}x$ 存在,也即极限 $\lim\limits_{n\to\infty}\sum\limits_{i=1}^n f(\xi_i)\Delta x_i$ 存在,这个极限是一个确定的数值,也就是说定积分 $\int_a^b f(x)\mathrm{d}x$ 应是一个确定的数值. 而若 $F(x)$ 为 $f(x)$ 的原函数,其数学含义为 $F'(x)=f(x)$,或 $\int f(x)\mathrm{d}x = F(x)+C$,似乎定积分与原函数这两个概念毫不相干. 而事实上,早在 17 世纪后叶,牛顿和莱布尼茨发现这两个不同概念之间存在深刻的内在联系,即**微积分基本定理**,并由此产生了著名的**牛顿-莱布尼茨公式**,也正是这个公式将微分学与积分学联系在一起,构成变量数学的基础学科——微积分学,从而带来了面积、体积、变力做功等计算的一场革命,有效地解决了初等数学无法解决的问题.

为了推导出牛顿-莱布尼茨公式,我们首先来认识函数的一种新的表现形式.

6.3.1 积分上限函数及其导数

设函数 $f(x)$ 在区间 $[a,b]$ 上连续,$x\in[a,b]$,则 $f(x)$ 在 $[a,x]$ 上连续,故积分 $\int_a^x f(x)\mathrm{d}x$ 存在,为避免上限与积分变量混淆,将它改记为 $\int_a^x f(t)\mathrm{d}t$. 显然,对于 $[a,b]$ 上任一点 x,都有一个确定的积分值 $\int_a^x f(t)\mathrm{d}t$ 与之对应(图 6-3-1),所以它在 $[a,b]$ 上定义了一个函数,称为**积分上限函数**,记作 $\Phi(x)$. 即
$$\Phi(x) = \int_a^x f(t)\mathrm{d}t \ (a\leqslant x\leqslant b).$$

这个函数 $\Phi(x)$ 具有如下的重要性质:

定理 1(微积分基本定理) 如果 $f(x)$ 在区间 $[a,b]$ 上连续,则积分上限函数 $\Phi(x) = \int_a^x f(t)\mathrm{d}t$ 在 $[a,b]$ 上可导,且

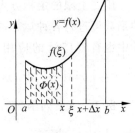

图 6-3-1

$$\Phi'(x) = \left(\int_a^x f(t)\,dt\right)'_x = f(x) \ (a \leqslant x \leqslant b).$$

证 当上限在点 x 处有增量 $\Delta x\ (a \leqslant x + \Delta x \leqslant b)$ 时,

$$\Delta \Phi = \Phi(x + \Delta x) - \Phi(x)$$
$$= \int_a^{x+\Delta x} f(t)\,dt - \int_a^x f(t)\,dt = \int_x^{x+\Delta x} f(t)\,dt.$$

由积分中值定理,得

$$\Delta \Phi = f(\xi) \cdot \Delta x \quad (\xi \text{ 介于 } x \text{ 与 } x + \Delta x \text{ 之间}),$$

故

$$\frac{\Delta \Phi}{\Delta x} = f(\xi).$$

当 $\Delta x \to 0$ 时,$\xi \to x$. 再由 $f(x)$ 的连续性,得

$$\Phi'(x) = \lim_{\Delta x \to 0} \frac{\Delta \Phi}{\Delta x} = \lim_{\xi \to x} f(\xi) = f(x).$$

定理 1 说明,积分上限的函数 $\Phi(x) = \int_a^x f(t)\,dt$ 的导数就是 $f(x)$,也就是 $\Phi(x) = \int_a^x f(t)\,dt$ 是 $f(x)$ 的一个原函数,因此函数 $\int_a^x f(t)\,dt$ 显现出非常重要的地位. 从理论上讲,它是第 5 章中给出的原函数存在定理"连续函数存在原函数"的最好的诠释. 即

推论 1 若函数 $f(x)$ 在区间 $[a,b]$ 上连续,则变上限函数 $\int_a^x f(t)\,dt$ 是 $f(x)$ 在 $[a,b]$ 上的一个原函数.

同时我们看到,定理 1 建立了微分与积分之间的联系,因此,定理 1 也称为**微积分基本定理**.

推论 2 若函数 $f(x)$ 在区间在 $[a,b]$ 上连续,则 $\int f(x)\,dx = \int_a^x f(t)\,dt + C, x \in [a,b]$.

在第 5 章,我们曾经列举了一些积分:

$$\int e^{-x^2}\,dx, \quad \int \sqrt{1 - \frac{1}{2}\sin^2 x}\,dx,$$

当时说其被积函数的原函数不能用初等函数表示. 现在根据微积分基本定理,我们不仅肯定了它们的原函数一定存在,而且说明了 $\int_0^x e^{-x^2}\,dx, \int_0^x \sqrt{1 - \frac{1}{2}\sin^2 x}\,dx$ 就是它们各自被积函数的一个原函数.

用变上限的定积分来表示函数,可认为是函数的一种新的表现形式,而用这种形式表示的函数可进行各种运算,如求极限,求导数,求积分,不等式的证明等等,在物理、化学、统计学中也有着广泛的应用. 例如弗雷斯纳尔(Augustin Fresnel,法国著名物理学家)函数 $S(x) = \int_0^x \sin\left(\frac{\pi t^2}{2}\right)dt$,这个函数最初出现在光波衍射理论中,现也应用于高速公路设计中.

例 1 求下列函数的导数:

(1) $\int_0^x e^{-t}\,dt$;

(2) $\int_x^1 \sec t^2\,dt$;

(3) $\int_a^{x^2} \sin t^2\,dt$;

(4) $\int_0^x xe^{-t}\,dt$.

解 (1) 由定理 1 得 $\left[\int_0^x e^{-t} dt\right]' = e^{-x}$.

(2) 因为 $\int_x^1 \sec t^2 dt = -\int_1^x \sec t^2 dt$, 所以

$$\left[\int_x^1 \sec t^2 dt\right]' = \left[-\int_1^x \sec t^2 dt\right]' = -\sec x^2.$$

(3) 设 $\Phi(u) = \int_a^u \sin t^2 dt$, 则 $\int_a^{x^2} \sin t^2 dt = \Phi(x^2)$.

根据复合函数求导法则, 有

$$\frac{d}{dx}\int_a^{x^2} \sin t^2 dt = \frac{d}{du}\Phi(u) \cdot \frac{du}{dx} = \frac{d}{du}\int_a^u \sin t^2 dt \cdot \frac{du}{dx}$$
$$= \sin u^2 \cdot 2x = 2x\sin x^4.$$

(4) 因为 $\int_0^x x e^{-t} dt = x\int_0^x e^{-t} dt$, 所以

$$\left[\int_0^x x e^{-t} dt\right]' = \left[x\int_0^x e^{-t} dt\right]' = \int_0^x e^{-t} dt + x e^{-x}.$$

注意 $\int_a^x g(x)f(t) dt = g(x)\int_a^x f(t) dt$, 即被积函数中凡是与积分变量 t 无关的乘积因子, 在积分过程中都可暂时视为常数, 这样就可以提到积分号前面.

例 2 求 $\lim\limits_{x \to 0} \dfrac{x^2 - \int_0^{x^2} \cos t^2 dt}{x^{10}}$.

解 此极限为 $\dfrac{0}{0}$ 型, 用洛必达法则求解, 故

$$\lim_{x \to 0} \frac{x^2 - \int_0^{x^2} \cos t^2 dt}{x^{10}} = \lim_{x \to 0} \frac{2x - 2x\cos x^4}{10 x^9} = \lim_{x \to 0} \frac{1 - \cos x^4}{5 x^8} = \lim_{x \to 0} \frac{\frac{1}{2}x^8}{5 x^8} = \frac{1}{10}.$$

6.3.2 牛顿-莱布尼茨公式

定理 2 如果函数 $F(x)$ 是连续函数 $f(x)$ 在区间 $[a,b]$ 上的一个原函数, 则

$$\int_a^b f(x) dx = F(b) - F(a). \tag{6-3-1}$$

证 已知 $F(x)$ 是连续函数 $f(x)$ 的一个原函数. 根据定理 1 知道, 积分上限函数

$$\int_a^x f(t) dt$$

也是 $f(x)$ 的一个原函数, 因此这两个原函数至多相差一个常数 C, 即

$$F(x) = \int_a^x f(t) dt + C.$$

在上式中令 $x = a$, 得 $C = F(a)$; 再令 $x = b$, 得 $F(b) = \int_a^b f(t) dt + F(a)$.

所以

$$\int_a^b f(x) dx = F(b) - F(a).$$

公式 (6-3-1) 称为**牛顿-莱布尼茨公式**.

牛顿-莱布尼茨公式表明: 一个连续函数在区间 $[a,b]$ 上的定积分等于它的任意一个原

函数在区间 $[a,b]$ 上的增量. 因此, 求定积分 $\int_a^b f(x)\mathrm{d}x$ 可通过下列步骤来完成.

(1) 求 $f(x)$ 的不定积分 $\int f(x)\mathrm{d}x$, 从而得到 $f(x)$ 的原函数 $F(x)$;

(2) 求原函数 $F(x)$ 在区间 $[a,b]$ 上的增量.

牛顿-莱布尼茨公式在定积分与不定积分之间架起了一座桥梁, 从此定积分的计算有了一种有效且简便的方法, 定积分的应用因此也变得更加广泛. 故通常也将公式(6-3-1)称为**微积分基本公式**. 该公式在运用时常写成如下形式:

$$\int_a^b f(x)\mathrm{d}x = F(x)\Big|_a^b = F(b) - F(a). \tag{6-3-2}$$

例 3 求定积分 $\int_0^1 x^3 \mathrm{d}x$.

解 因为函数 x^3 在积分区间 $[0,1]$ 上连续(以后不再强调), 且 $\frac{1}{4}x^4$ 是 x^3 的一个原函数, 所以由牛顿-莱布尼茨公式, 得

$$\int_0^1 x^3 \mathrm{d}x = \frac{1}{4}x^4 \Big|_0^1 = \frac{1}{4}.$$

例 4 求 $\int_{-1}^{\sqrt{3}} \frac{1}{1+x^2}\mathrm{d}x$.

解 因为 $\arctan x$ 是 $\frac{1}{1+x^2}$ 的一个原函数, 所以

$$\int_{-1}^{\sqrt{3}} \frac{1}{1+x^2}\mathrm{d}x = [\arctan x]\Big|_{-1}^{\sqrt{3}} = \arctan\sqrt{3} - \arctan(-1) = \frac{7}{12}\pi.$$

例 5 求 $\int_{-2}^2 \max\{x, x^2\}\mathrm{d}x$.

解 因 $\max\{x, x^2\} = \begin{cases} x, & 0 \leqslant x \leqslant 1, \\ x^2, & -2 \leqslant x \leqslant 0, 1 \leqslant x \leqslant 2, \end{cases}$ 所以

$$\int_{-2}^2 \max\{x, x^2\}\mathrm{d}x = \int_{-2}^0 x^2 \mathrm{d}x + \int_0^1 x \mathrm{d}x + \int_1^2 x^2 \mathrm{d}x = \frac{11}{2}.$$

例 6 求由 $y = \sin x, y = 0, x = \frac{3}{2}\pi$ 围成的图形的面积.

解 $A = \int_0^{\pi}(\sin x - 0)\mathrm{d}x + \int_{\pi}^{\frac{3}{2}\pi}(0 - \sin x)\mathrm{d}x = -\cos x\Big|_0^{\pi} + \cos x\Big|_{\pi}^{\frac{3}{2}\pi} = 3.$

注 若认为 $A = \int_0^{\frac{3}{2}\pi} \sin x \mathrm{d}x$ 则是错误的. 因为此处 $y = \sin x$ 不总是大于 0, 而定积分的几何意义是相应面积的代数和.

例 7 设 $f(x) = \frac{1}{1+x^2} + x^3 \int_0^1 f(x)\mathrm{d}x$. 求 $\int_0^1 f(x)\mathrm{d}x$.

解 因为定积分 $\int_0^1 f(x)\mathrm{d}x$ 是一个常数, 所以, 可设 $\int_0^1 f(x)\mathrm{d}x = A$, 故

$$f(x) = \frac{1}{1+x^2} + x^3 A.$$

上式两边在 $[0,1]$ 上积分, 得

$$A = \int_0^1 f(x)\mathrm{d}x = \int_0^1 \frac{1}{1+x^2}\mathrm{d}x + \int_0^1 x^3 A \mathrm{d}x = \arctan x \Big|_0^1 + A \cdot \frac{x^4}{4}\Big|_0^1 = \frac{\pi}{4} + \frac{A}{4},$$

移项后,得 $\frac{3}{4}A = \frac{\pi}{4}$,所以

$$A = \int_0^1 f(x)\mathrm{d}x = \frac{\pi}{3}.$$

例 8 已知某化工产品投资 x 万元的边际利润函数为 $L'(x) = 0.15(1 - 0.1\mathrm{e}^{-0.1x})$(万元),现计划投资 20 万元,可望获利多少?

解 设投资 x 万元的利润为 $L(x)$,则边际利润为 $L'(x) = 0.15(1 - 0.1\mathrm{e}^{-0.1x})$,因此投资 20 万元时的利润

$$\begin{aligned} L &= \int_0^{20} L'(x)\mathrm{d}x = \int_0^{20} 0.15(1 - 0.1\mathrm{e}^{-0.1x})\mathrm{d}x \\ &= 0.15\left[\int_0^{20}\mathrm{d}x - \int_0^{20} 0.1\mathrm{e}^{-0.1x}\mathrm{d}x\right] \\ &= 0.15(x + \mathrm{e}^{-0.1x})\Big|_0^{20} \approx 2.87. \end{aligned}$$

所以投资 20 万元时,可望获利 2.87 万元.

例 9 (改进的定积分中值定理) 如果函数 $f(x)$ 在区间 $[a,b]$ 上连续,则在 (a,b) 内至少存在一点 ξ,使得

$$\int_a^b f(x)\mathrm{d}x = f(\xi)(b-a) \quad (a < \xi < b).$$

证 设 $F(x)$ 是连续函数 $f(x)$ 的一个原函数,则在区间 $[a,b]$ 上,$F'(x) = f(x)$. 根据牛顿-莱布尼茨公式,有 $\int_a^b f(x)\mathrm{d}x = F(b) - F(a)$.

显然函数 $F(x)$ 在区间 $[a,b]$ 上满足微分中值定理的条件,因此,在开区间 (a,b) 内至少存在一点 ξ,使得 $F(b) - F(a) = F'(\xi)(b-a)(a < \xi < b)$,故

$$\int_a^b f(x)\mathrm{d}x = f(\xi)(b-a) \quad (a < \xi < b).$$

例 10 设甲、乙两人百米赛跑成绩一样,那么( ).

(1) 甲、乙两人在途中每个时刻的瞬时速度必定一样;

(2) 甲、乙两人在途中每个时刻的瞬时速度必定不一样;

(3) 甲、乙两人至少在途中某个时刻的瞬时速度必定一样;

(4) 甲、乙两人到达终点的瞬时速度必定一样.

解 甲、乙两人的瞬时速度分别为 $v_1(t)$ 和 $v_2(t)$,百米途中所用时间都为 T,于是

$$\int_0^T v_1(t)\mathrm{d}t = \int_0^T v_2(t)\mathrm{d}t, \quad 即 \quad \int_0^T [v_1(t) - v_2(t)]\mathrm{d}t = 0;$$

由改进的定积分中值定理,得

$$\int_0^T [v_1(t) - v_2(t)]\mathrm{d}t = [v_1(\xi) - v_2(\xi)]T,$$

因此,$[v_1(\xi) - v_2(\xi)] = 0$,即 $v_1(\xi) = v_2(\xi)(0 < \xi < T)$,所以甲、乙两人至少在途中某个时刻的瞬时速度是一样的. 故应选(3).

习题 6.3

1. 计算下列各导数.

   (1) $\dfrac{\mathrm{d}}{\mathrm{d}x}\displaystyle\int_0^{x^2}\sqrt{1+t^2}\,\mathrm{d}t$；

   (2) $\dfrac{\mathrm{d}}{\mathrm{d}x}\displaystyle\int_{x^2}^{x^3}\dfrac{1}{\sqrt{1+t^4}}\mathrm{d}t$.

2. 求由 $\displaystyle\int_0^y e^t\mathrm{d}t+\int_0^x \cos t\,\mathrm{d}t=0$ 所确定的隐函数 y 对 x 的导数 $\dfrac{\mathrm{d}y}{\mathrm{d}x}$.

3. 当 x 为何值时，函数 $I(x)=\displaystyle\int_0^x t\mathrm{e}^{-t^2}\mathrm{d}t$ 有极值？

4. 设 $f(x)=\begin{cases}x+1,& x\leqslant 1,\\ \dfrac{1}{2}x^2,& x>1,\end{cases}$ 求 $\displaystyle\int_0^2 f(x)\mathrm{d}x$.

5. 设 $x=\displaystyle\int_e^t \dfrac{1}{\ln u}\mathrm{d}u,\ y=\int_e^t \dfrac{\sin u}{u}\mathrm{d}u$，求 $\dfrac{\mathrm{d}y}{\mathrm{d}x}$.

6. 求极限.

   (1) $\displaystyle\lim_{n\to\infty}\left(\dfrac{n}{n^2+1}+\dfrac{n}{n^2+2^2}+\cdots+\dfrac{n}{n^2+n^2}\right)$；

   (2) $\displaystyle\lim_{x\to 0}\dfrac{\displaystyle\int_0^x \cos t^2\,\mathrm{d}t}{x}$.

7. 计算下列积分.

   (1) $\displaystyle\int_0^1 (x^2+x+1)\mathrm{d}x$；

   (2) $\displaystyle\int_{-2}^{-1}\left(1+\dfrac{1}{x}\right)^2\mathrm{d}x$；

   (3) $\displaystyle\int_0^2 |\mathrm{e}^x-\mathrm{e}|\,\mathrm{d}x$；

   (4) $\displaystyle\int_0^\pi \sqrt{1+\cos 2x}\,\mathrm{d}x$.

8. 求函数 $f(x)=\displaystyle\int_0^x \dfrac{3t+1}{t^2-t+1}\mathrm{d}t$ 在区间 $[0,1]$ 上的最大值与最小值.

9. 设 $f(x)$ 在闭区间 $[a,b]$ 上连续且单调减少，$F(x)=\dfrac{1}{x-a}\displaystyle\int_a^x f(t)\mathrm{d}t$，证明 $F(x)$ 在区间 (a,b) 内单调减少.

10. 设 $f(x)$ 在区间 $[a,b]$ 上连续且 $f(x)>0$，$F(x)=\displaystyle\int_a^x f(t)\mathrm{d}t+\int_b^x \dfrac{\mathrm{d}t}{f(t)}$，证明：

    (1) $F'(x)\geqslant 2$；

    (2) 方程 $F(x)=0$ 在 (a,b) 内有且仅有一个根.

11. 设函数 $f(x)$ 在区间 $[a,b]$ 上连续，且 $f(x)>0$，证明曲线 $y=\displaystyle\int_a^x f(t)(x-t)\mathrm{d}t$ 在区间 $[a,b]$ 上是凹的.

12. 设生产某种商品每天的固定成本为 200 元，边际成本函数 $C'(x)=0.04x+2$(元/单位)，求总成本函数 $C(x)$. 如果这种商品的单价为 18 元，且产品供不应求，求总利润函数 $L(x)$，并决策每天生产多少单位可获得最大利润？

6.4 定积分的换元积分法与分部积分法

由牛顿-莱布尼茨公式可知,定积分的计算问题可归结为求被积函数的原函数在积分区间的增量问题,从而求不定积分时应用的换元法或分部积分法在求定积分时仍适用. 本节将讨论定积分的这两种计算方法.

6.4.1 定积分的换元积分法

定理 假设函数 $f(x)$ 在区间 $[a,b]$ 上连续,函数 $x=\varphi(t)$ 满足条件:

(1) $\varphi(\alpha)=a, \varphi(\beta)=b$,且 $a \leqslant \varphi(t) \leqslant b$;

(2) $x=\varphi(t)$ 在 $[\alpha,\beta]$(或 $[\beta,\alpha]$)上具有连续导数,

则有定积分换元公式

$$\int_a^b f(x)\mathrm{d}x = \int_\alpha^\beta f[\varphi(t)]\varphi'(t)\mathrm{d}t.$$

证 由条件知,$f(x)$ 在区间 $[a,b]$ 上连续,因而 $f(x)$ 在区间 $[a,b]$ 上是可积的,不妨设 $F(x)$ 是 $f(x)$ 的一个原函数,则有

$$\int_a^b f(x)\mathrm{d}x = F(b) - F(a).$$

又因为 $x=\varphi(t)$ 在 $[\alpha,\beta]$(或 $[\beta,\alpha]$)上具有连续导数,则 $f[\varphi(t)]\varphi'(t)$ 在区间 $[\alpha,\beta]$(或 $[\beta,\alpha]$)上也是连续的,因而也是可积的.

另一方面,因为 $\{F[\varphi(t)]\}' = F'[\varphi(t)]\varphi'(t) = f[\varphi(t)]\varphi'(t)$,所以 $F[\varphi(t)]$ 是 $f[\varphi(t)]\varphi'(t)$ 的一个原函数,从而

$$\int_\alpha^\beta f[\varphi(t)]\varphi'(t)\mathrm{d}t = F[\varphi(\beta)] - F[\varphi(\alpha)] = F(b) - F(a),$$

所以

$$\int_a^b f(x)\mathrm{d}x = \int_\alpha^\beta f[\varphi(t)]\varphi'(t)\mathrm{d}t.$$

这个公式与不定积分换元公式类似,不同之处在于:在改变积分变量的同时要改变相应的积分上下限,然后对新变量进行积分,即换元必换限.

例 1 计算 $\int_0^4 \dfrac{1}{1+\sqrt{x}}\mathrm{d}x$.

解 为了去掉被积函数中的根式,令 $\sqrt{x}=t$,则有

$$x=t^2, \quad \mathrm{d}x = 2t\mathrm{d}t, \quad \frac{1}{1+\sqrt{x}} = \frac{1}{1+t}.$$

当 $x=0$ 时,$t=0$;当 $x=4$ 时,$t=2$.

由定积分换元公式,得

$$\int_0^4 \frac{1}{1+\sqrt{x}}\mathrm{d}x = \int_0^2 \frac{2t}{1+t}\mathrm{d}t = 2\int_0^2 \left(1 - \frac{1}{1+t}\right)\mathrm{d}t$$

$$= 2\Big[t - \ln(1+t)\Big]_0^2 = 2(2-\ln 3).$$

例 2 计算 $\int_1^2 \dfrac{\sqrt{x-1}}{x}dx$.

解 令 $\sqrt{x-1}=t$，则 $x=1+t^2$，$dx=2tdt$. 当 $x=1$ 时，$t=0$；当 $x=2$ 时，$t=1$. 于是

$$\int_1^2 \dfrac{\sqrt{x-1}}{x}dx = \int_0^1 \dfrac{t}{1+t^2}\cdot 2tdt = 2\int_0^1\left(1-\dfrac{1}{1+t^2}\right)dt$$

$$= 2(t-\arctan t)\big|_0^1 = 2\left(1-\dfrac{\pi}{4}\right).$$

例 3 计算 $\int_0^a \sqrt{a^2-x^2}\,dx\,(a>0)$.

解 令 $x=a\sin t$，则 $dx=a\cos t dt$. 当 $x=0$ 时，$t=0$；当 $x=a$ 时，$t=\dfrac{\pi}{2}$. 故

$$\int_0^a \sqrt{a^2-x^2}\,dx = \int_0^{\frac{\pi}{2}} a\cos t\cdot a\cos t\,dt$$

$$= \dfrac{a^2}{2}\int_0^{\frac{\pi}{2}}(1+\cos 2t)dt$$

$$= \dfrac{a^2}{2}\left(t+\dfrac{1}{2}\sin 2t\right)\Big|_0^{\frac{\pi}{2}} = \dfrac{\pi a^2}{4}.$$

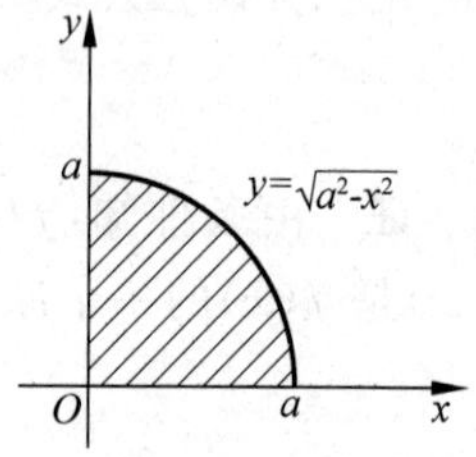

显然，这个定积分的值就是圆 $x^2+y^2=a^2$ 在第一象限那部分的面积(图 6-4-1).

图 6-4-1

例 4 计算 $\int_0^{\frac{\pi}{2}} \cos^5 x\sin x\,dx$.

解法 1 令 $t=\cos x$，则 $dt=-\sin x\,dx$. 当 $x=0$ 时，$t=1$；当 $x=\dfrac{\pi}{2}$ 时，$t=0$，于是

$$\int_0^{\frac{\pi}{2}} \cos^5 x\sin x\,dx = -\int_1^0 t^5 dt = -\dfrac{1}{6}t^6\Big|_1^0 = \dfrac{1}{6}.$$

解法 2 $\int_0^{\frac{\pi}{2}} \cos^5 x\sin x\,dx = -\int_0^{\frac{\pi}{2}} \cos^5 x\,d\cos x$

$$= -\dfrac{1}{6}\cos^6 x\Big|_0^{\frac{\pi}{2}} = -\left(0-\dfrac{1}{6}\right) = \dfrac{1}{6}.$$

从解法 2 中看到，如果不明显地写出新变量 t，那么定积分的上、下限不要改变.

例 5 设 $f(x)$ 在 $[-a,a]$ 上连续，证明：

(1) 若 $f(x)$ 为奇函数，则 $\int_{-a}^a f(x)dx = 0$；

(2) 若 $f(x)$ 为偶函数，则 $\int_{-a}^a f(x)dx = 2\int_0^a f(x)dx$.

证 由于 $\int_{-a}^a f(x)dx = \int_{-a}^0 f(x)dx + \int_0^a f(x)dx$，对该式右端第一个积分作变换 $x=-t$，有

$$\int_{-a}^0 f(x)dx = -\int_a^0 f(-t)dt = \int_0^a f(-t)dt = \int_0^a f(-x)dx.$$

故

$$\int_{-a}^a f(x)dx = \int_0^a [f(-x)+f(x)]dx.$$

(1) 当 $f(x)$ 为奇函数时(图 6-4-2),$f(-x)=-f(x)$,故
$$\int_{-a}^{a} f(x)\mathrm{d}x = \int_{0}^{a} 0\mathrm{d}x = 0.$$

(2) 当 $f(x)$ 为偶函数时(图 6-4-3),$f(-x)=f(x)$,故
$$\int_{-a}^{a} f(x)\mathrm{d}x = \int_{0}^{a} 2f(x)\mathrm{d}x = 2\int_{0}^{a} f(x)\mathrm{d}x.$$

习惯上,常将例 5 结论简称为定积分的**"偶倍奇零"**性,根据这一性质,能方便地求出一些定积分的值.例如

$$\int_{-1}^{1} (x+\sqrt{4-x^2})^2 \mathrm{d}x = \int_{-1}^{1} (4 + 2x\sqrt{4-x^2})\mathrm{d}x$$
$$= 4\int_{-1}^{1} \mathrm{d}x + 0 = 8.$$

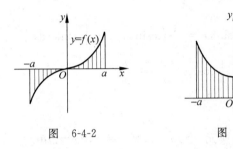

图 6-4-2   图 6-4-3

根据定积分的几何意义,从几何直观上也可验证例 5 的结论是正确的.这里为了叙述简便起见,不妨假设 $f(x)\geqslant 0(0\leqslant x\leqslant a)$.图 6-4-2 显示:奇函数 $f(x)$ 所对应的曲边梯形关于原点是对称的,而奇函数 $f(x)$ 在对称区间上的积分值等于位于 y 轴两侧曲边梯形面积的差,故其积分值为零;图 6-4-3 显示:偶函数 $f(x)$ 所对应的曲边梯形关于 y 轴是对称的,而偶函数 $f(x)$ 在对称区间上的积分值等于位于 y 轴两侧曲边梯形面积的和,故其积分值为右侧曲边梯形面积的两倍.

例 6 设 T 为可积函数 $f(x)$ 的周期,a 为任一常数,证明:$\int_{a}^{a+T} f(x)\mathrm{d}x = \int_{0}^{T} f(x)\mathrm{d}x$.

证 因为
$$\int_{a}^{a+T} f(x)\mathrm{d}x = \int_{a}^{0} f(x)\mathrm{d}x + \int_{0}^{T} f(x)\mathrm{d}x + \int_{T}^{T+a} f(x)\mathrm{d}x, \tag{6-4-1}$$

就定积分 $\int_{T}^{T+a} f(x)\mathrm{d}x$ 而言,令 $x = t + T$,则当 $x = T$ 时,$t = 0$;当 $x = T + a$ 时,$t = a$.于是

$$\int_{T}^{T+a} f(x)\mathrm{d}x = \int_{0}^{a} f(t+T)\mathrm{d}t = \int_{0}^{a} f(t)\mathrm{d}t = -\int_{a}^{0} f(t)\mathrm{d}t.$$

将上式代入式(6-4-1)中,即得结论:
$$\int_{a}^{a+T} f(x)\mathrm{d}x = \int_{0}^{T} f(x)\mathrm{d}x.$$

结果表明:周期为 T 的函数,在任一长度为 T 的区间上的积分值都相等.

6.4.2 定积分的分部积分法

设函数 $u(x)$ 与 $v(x)$ 都在区间 $[a,b]$ 上具有连续的导数,由微分法则 $\mathrm{d}(uv) = u\mathrm{d}v + v\mathrm{d}u$,得
$$u\mathrm{d}v = \mathrm{d}(uv) - v\mathrm{d}u.$$

等式两边同时在区间 $[a,b]$ 上积分,有

$$\int_a^b u\,dv = (uv)\Big|_a^b - \int_a^b v\,du. \tag{6-4-2}$$

式(6-4-2)称为**定积分的分部积分公式**.

注意 此公式与不定积分的分部积分公式相似,但每一项都带有积分限.

例 7 计算 $\int_1^e \ln x\,dx$.

解 令 $u=\ln x, dv=dx$,则 $du=\dfrac{dx}{x}, v=x$,故

$$\int_1^e \ln x\,dx = \Big[x\ln x\Big]\Big|_1^e - \int_1^e x\cdot\frac{dx}{x} = (e-0)-(e-1)=1.$$

例 8 计算 $\int_0^\pi x\cos 3x\,dx$.

解
$$\int_0^\pi x\cos 3x\,dx = \frac{1}{3}\int_0^\pi x\,d\sin 3x = \frac{1}{3}\left(x\sin 3x\Big|_0^\pi - \int_0^\pi \sin 3x\,dx\right)$$
$$= \frac{1}{3}\left(0 + \frac{1}{3}\cos 3x\Big|_0^\pi\right) = -\frac{2}{9}.$$

例 9 计算 $\int_0^1 e^{\sqrt{x}}\,dx$.

解 先利用定积分的换元法换元. 令 $\sqrt{x}=t$,则 $x=t^2, dx=2t\,dt$.

当 $x=0$ 时, $t=0$;当 $x=1$ 时, $t=1$. 于是 $\int_0^1 e^{\sqrt{x}}\,dx = 2\int_0^1 te^t\,dt$.

再利用定积分的分部积分法,得 $\int_0^1 e^{\sqrt{x}}\,dx = 2\int_0^1 t\,de^t = 2\left(te^t\Big|_0^1 - \int_0^1 e^t\,dt\right) = 2[e-(e-1)] = 2$.

例 10 设 $I_n = \int_0^{\frac{\pi}{2}} \sin^n x\,dx$,证明:

(1) 当 n 为正偶数时, $I_n = \dfrac{n-1}{n}\cdot\dfrac{n-3}{n-2}\cdot\cdots\cdot\dfrac{3}{4}\cdot\dfrac{1}{2}\cdot\dfrac{\pi}{2}$;

(2) 当 n 为大于 1 的正奇数时, $I_n = \dfrac{n-1}{n}\cdot\dfrac{n-3}{n-2}\cdot\cdots\cdot\dfrac{4}{5}\cdot\dfrac{2}{3}$.

证
$$I_n = \int_0^{\frac{\pi}{2}} \sin^n x\,dx = -\int_0^{\frac{\pi}{2}} \sin^{n-1}x\,d\cos x$$
$$= -\Big[\cos x\sin^{n-1}x\Big]_0^{\frac{\pi}{2}} + \int_0^{\frac{\pi}{2}} \cos x\,d\sin^{n-1}x$$
$$= (n-1)\int_0^{\frac{\pi}{2}} \cos^2 x\sin^{n-2}x\,dx$$
$$= (n-1)\int_0^{\frac{\pi}{2}} (\sin^{n-2}x - \sin^n x)\,dx$$
$$= (n-1)\int_0^{\frac{\pi}{2}} \sin^{n-2}x\,dx - (n-1)\int_0^{\frac{\pi}{2}} \sin^n x\,dx$$
$$= (n-1)I_{n-2} - (n-1)I_n,$$

由此得

$$I_n = \frac{n-1}{n}I_{n-2}.$$

重复利用递推公式,得

$$I_{2m} = \frac{2m-1}{2m} \cdot \frac{2m-3}{2m-2} \cdot \frac{2m-5}{2m-4} \cdot \cdots \cdot \frac{3}{4} \cdot \frac{1}{2} I_0,$$

$$I_{2m+1} = \frac{2m}{2m+1} \cdot \frac{2m-2}{2m-1} \cdot \frac{2m-4}{2m-3} \cdot \cdots \cdot \frac{4}{5} \cdot \frac{2}{3} I_1 \quad (m=1,2,\cdots),$$

而 $I_0 = \int_0^{\frac{\pi}{2}} \mathrm{d}x = \frac{\pi}{2}, \quad I_1 = \int_0^{\frac{\pi}{2}} \sin x \mathrm{d}x = 1,$

因此

$$I_{2m} = \frac{2m-1}{2m} \cdot \frac{2m-3}{2m-2} \cdot \frac{2m-5}{2m-4} \cdot \cdots \cdot \frac{3}{4} \cdot \frac{1}{2} \cdot \frac{\pi}{2},$$

$$I_{2m+1} = \frac{2m}{2m+1} \cdot \frac{2m-2}{2m-1} \cdot \frac{2m-4}{2m-3} \cdot \cdots \cdot \frac{4}{5} \cdot \frac{2}{3} \quad (m=1,2,\cdots).$$

利用定积分的换元积分法,可证得

$$\int_0^{\frac{\pi}{2}} \sin^n x \mathrm{d}x = \int_0^{\frac{\pi}{2}} \cos^n x \mathrm{d}x.$$

记

$$n!! = n(n-2)(n-4)\cdots 4 \cdot 2 \quad (当 n 为正偶数时),$$
$$n!! = n(n-2)(n-4)\cdots 3 \cdot 1 \quad (当 n 为正奇数时),$$

则

$$\int_0^{\frac{\pi}{2}} \sin^n x \mathrm{d}x = \int_0^{\frac{\pi}{2}} \cos^n x \mathrm{d}x = \begin{cases} \dfrac{(n-1)!!}{n!!} \cdot \dfrac{\pi}{2}, & n \text{ 为正偶数}, \\ \dfrac{(n-1)!!}{n!!}, & n \text{ 为大于 1 的正奇数}. \end{cases}$$

如

$$\int_0^{\frac{\pi}{2}} \sin^5 x \mathrm{d}x = \frac{4}{5} \cdot \frac{2}{3} = \frac{8}{15}.$$

$$\int_0^{\frac{\pi}{2}} \cos^{100} x \mathrm{d}x = \frac{99!!}{100!!} \cdot \frac{\pi}{2}.$$

$$\int_0^1 x^4 \sqrt{1-x^2} \mathrm{d}x = \int_0^{\frac{\pi}{2}} \sin^4 u \cos^2 u \mathrm{d}u = \int_0^{\frac{\pi}{2}} \sin^4 u (1-\sin^2 u) \mathrm{d}u$$
$$= \frac{3\pi}{16} - \frac{5\pi}{32} = \frac{\pi}{32}.$$

习题 6.4

1. 填空题:

(1) $\int_0^{\sqrt{2}} \sqrt{2-x^2} \mathrm{d}x = $ _____;

(2) $\int_{-\frac{1}{2}}^{\frac{1}{2}} \dfrac{(\arcsin x)^2}{\sqrt{1-x^2}} \mathrm{d}x = $ _____;

(3) $\int_{-5}^{5} \mathrm{d}x^2 = $ _____;

(4) $\int_0^{\frac{\pi}{2}} \sin^6 x \mathrm{d}x = $ _____.

2. 利用函数的奇偶性计算下列积分:

(1) $\int_{-\pi}^{\pi} x \sin^2 x \mathrm{d}x$;

(2) $\int_{-1}^{1} \dfrac{x^3 + |x|}{1+x^2} \mathrm{d}x$;

(3) $\int_{-1}^{1} (x + \sqrt{1-x^2})^2 \mathrm{d}x$;

(4) $\int_{-1}^{1} (x+2)\sqrt{1-x^2} \mathrm{d}x$.

3. 计算下列积分：

(1) $\int_{\frac{\pi}{3}}^{\pi} \sin\left(x+\frac{\pi}{3}\right) dx$；

(2) $\int_{-2}^{1} \frac{1}{(11+5x)^3} dx$；

(3) $\int_{1}^{e^2} \frac{1}{x\sqrt{1+\ln x}} dx$；

(4) $\int_{\frac{\pi}{6}}^{\frac{\pi}{2}} \cos^2 x\, dx$.

4. 计算下列积分：

(1) $\int_{0}^{1} xe^x dx$；

(2) $\int_{1}^{4} \frac{\ln x}{\sqrt{x}} dx$；

(3) $\int_{0}^{1} x\arctan x\, dx$；

(4) $\int_{1}^{e} \sin(\ln x) dx$；

(5) $\int_{0}^{1} \ln(x+\sqrt{1+x^2})\, dx$；

(6) $\int_{\frac{1}{2}}^{1} e^{\sqrt{2x-1}} dx$.

5. 设 $f(x)$ 是连续函数，证明：

(1) 当 $f(x)$ 为偶函数时，$\Phi(x) = \int_{0}^{x} f(x) dx$ 为奇函数；

(2) 当 $f(x)$ 为奇函数时，$\Phi(x) = \int_{0}^{x} f(x) dx$ 为偶函数.

6. 证明：

(1) $\int_{0}^{1} x^m (1-x)^n dx = \int_{0}^{1} x^n (1-x)^m dx \quad (m,n \in \mathbb{N})$；

(2) $\int_{x}^{1} \frac{1}{1+x^2} dx = \int_{1}^{\frac{1}{x}} \frac{1}{1+x^2} dx \quad (x > 0)$.

7. 设 $f(x)$ 在 $[a,b]$ 上连续，证明：$\int_{a}^{b} f(x) dx = \int_{a}^{b} f(a+b-x) dx$.

8. 证明：$\int_{-a}^{a} f(x) dx = \int_{0}^{a} [f(x) + f(-x)] dx$，并计算积分 $\int_{-\frac{\pi}{4}}^{\frac{\pi}{4}} \frac{dx}{1+\sin x}$.

9. 若 $f''(x)$ 在区间 $[0,\pi]$ 上连续，$f(0)=2, f(\pi)=1$，证明：$\int_{0}^{\pi} [f(x)+f''(x)]\sin x\, dx = 3$.

6.5 广义积分

前面讨论的定积分，有两个最基本的约束：积分区间有限、被积函数有界. 但在实际问题中还会遇到无穷区间上的积分以及无界函数的积分. 如物理学中，a 点处的电位就是单位正试验电荷从 a 点移动到无穷远处时电场力所做的功，这是电场力在无穷区间上所做的功. 因此需要将定积分的概念加以推广，我们把无穷区间上的积分和无界函数的积分统称为**广义积分**，相应的，前面的定积分则称为**常义积分**.

6.5.1 无穷区间上的广义积分

我们先来看一个例子.

如图 6-5-1(a)所示，试求由曲线 $y = \frac{1}{x^2}$ ($x \geq 1$)，x 轴以及直线 $x = 1$ 所"界定"的无限区域的"面积"S. 这个"面积"是无穷大？这个"面积"如何计算？对于这样的问题，我们设想分成两步来讨论：

第一步：计算由曲线 $y=\dfrac{1}{x^2}$，x 轴，直线 $x=1$ 以及 $x=a((a>1))$ 所围成的曲边梯形（图 6-5-1(b)）的面积 $S(a)$．这是个典型的定积分问题，易得

$$S(a)=\int_1^a \dfrac{1}{x^2}\mathrm{d}x=1-\dfrac{1}{a}.$$

第二步：求无限区域（图 6-5-1(a)）的"面积" S．因为面积累积区域是 $[1,+\infty)$，所以不能再通过区间划分、近似、求和、取极限来完成．但我们自然相信：如果极限 $\lim\limits_{a\to+\infty}\int_1^a \dfrac{1}{x^2}\mathrm{d}x$ 存在，此极限值就是这个无限区域的面积值，即面积为

$$\lim_{a\to+\infty}S(a)=\lim_{a\to+\infty}\int_1^a \dfrac{1}{x^2}\mathrm{d}x=1.$$

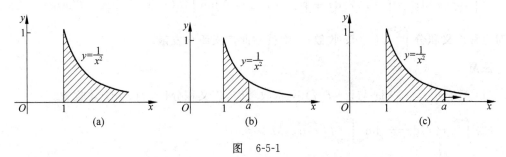

图 6-5-1

直观上，如图 6-5-1(c) 所示，当 $a\to+\infty$ 时，阴影部分向右无限延伸，其面积趋于极限值 1，这个极限值就是位于曲线 $y=\dfrac{1}{x^2}(x\geqslant 1)$，$x$ 轴以及直线 $x=1$ 的右侧无限区域的面积．

一般地，给出下列定义：

定义 1 设函数 $f(x)$ 在 $[a,+\infty)$ 上连续，取 $b>a$，如果极限

$$\lim_{b\to+\infty}\int_a^b f(x)\mathrm{d}x$$

存在，则称此极限为**函数 $f(x)$ 在无穷区间 $[a,+\infty)$ 上的广义积分**，记作 $\int_a^{+\infty}f(x)\mathrm{d}x$，即

$$\int_a^{+\infty}f(x)\mathrm{d}x=\lim_{b\to+\infty}\int_a^b f(x)\mathrm{d}x.$$

这时也称**广义积分** $\int_a^{+\infty}f(x)\mathrm{d}x$ **收敛**；如果上述极限不存在，就称此**广义积分发散**．

根据广义积分的定义，图 6-5-1(a) 中的面积 S 可表示为：$S=\int_1^{+\infty}\dfrac{1}{x^2}\mathrm{d}x=1$．而 $\int_0^{+\infty}x\mathrm{d}x$ 是发散的，因为 $\int_0^a x\mathrm{d}x=\dfrac{1}{2}a^2$，$\lim\limits_{a\to+\infty}\int_0^a x\mathrm{d}x=\lim\limits_{a\to+\infty}\dfrac{1}{2}a^2=\infty$．

类似定义：

(1) 设函数 $f(x)$ 在 $(-\infty,b]$ 上连续，取 $a<b$，如果极限

$$\lim_{a\to-\infty}\int_a^b f(x)\mathrm{d}x$$

存在,则称此极限为**函数 $f(x)$ 在无穷区间 $(-\infty,b]$ 上的广义积分**,记作 $\int_{-\infty}^{b}f(x)dx$,即

$$\int_{-\infty}^{b}f(x)dx = \lim_{a\to -\infty}\int_{a}^{b}f(x)dx.$$

这时也称广义积分 $\int_{-\infty}^{b}f(x)dx$ **收敛**;如果上述极限不存在,就称此**广义积分发散**.

(2) 设函数 $f(x)$ 在 $(-\infty,+\infty)$ 上连续,如果广义积分

$$\int_{-\infty}^{0}f(x)dx \quad 和 \quad \int_{0}^{+\infty}f(x)dx$$

都收敛,则称上述两个广义积分之和为**函数 $f(x)$ 在无穷区间 $(-\infty,+\infty)$ 上的广义积分**,记作 $\int_{-\infty}^{+\infty}f(x)dx$,即

$$\int_{-\infty}^{+\infty}f(x)dx = \int_{-\infty}^{0}f(x)dx + \int_{0}^{+\infty}f(x)dx = \lim_{a\to -\infty}\int_{a}^{0}f(x)dx + \lim_{b\to +\infty}\int_{0}^{b}f(x)dx.$$

这时也称广义积分 $\int_{-\infty}^{+\infty}f(x)dx$ **收敛**;否则就称此**广义积分发散**.

注意

(1) 只有 $\int_{-\infty}^{0}f(x)dx$ 与 $\int_{0}^{+\infty}f(x)dx$ 都收敛时,广义积分 $\int_{-\infty}^{+\infty}f(x)dx$ 才收敛.

(2) $\int_{-\infty}^{+\infty}f(x)dx \neq \lim_{M\to +\infty}\int_{-M}^{M}f(x)dx, M>0$.

如 $\lim_{M\to +\infty}\int_{-M}^{M}xdx = 0$,而 $\int_{0}^{+\infty}xdx$ 是发散的,所以 $\int_{-\infty}^{+\infty}xdx$ 是发散的,也就是说 $\int_{-\infty}^{+\infty}xdx$ 不等于一个确定的数值.

(3) 广义积分与定积分虽然都是积分,但广义积分不是定积分,而是定积分的极限,所以不能把定积分的有关性质与结论套用到广义积分上.如,不能把定积分的"偶倍奇零"结论用到广义积分上.如 $\int_{-\infty}^{+\infty}xdx \neq 0, \int_{-\infty}^{+\infty}xdx$ 是发散的.

若 $F(x)$ 是 $f(x)$ 的一个原函数,记

$$F(+\infty) = \lim_{x\to +\infty}F(x), \quad F(-\infty) = \lim_{x\to -\infty}F(x),$$

当相应的极限存在时,此广义积分可表示为

$$\int_{a}^{+\infty}f(x)dx = F(x)\Big|_{a}^{+\infty} = F(+\infty) - F(a);$$

$$\int_{-\infty}^{b}f(x)dx = F(x)\Big|_{-\infty}^{b} = F(b) - F(-\infty);$$

$$\int_{-\infty}^{+\infty}f(x)dx = F(x)\Big|_{-\infty}^{+\infty} = F(+\infty) - F(-\infty).$$

理论上讲,对于广义积分首先要判定它的敛散性,然后才能求其值.但如果能求出被积函数的一个原函数,则可以通过求极限,同时解决敛散问题和求值问题.

例1 计算广义积分 $\int_{0}^{+\infty}xe^{-x^2}dx$.

解 对于任意的 $b>0$,有

$$\int_{0}^{b}xe^{-x^2}dx = -\frac{1}{2}\int_{0}^{b}e^{-x^2}d(-x^2) = -\frac{1}{2}e^{-x^2}\Big|_{0}^{b} = -\frac{1}{2}(e^{-b^2}-1),$$

所以 $\int_0^{+\infty} x\mathrm{e}^{-x^2}\,\mathrm{d}x = \lim_{b\to+\infty}\int_0^b x\mathrm{e}^{-x^2}\,\mathrm{d}x = -\frac{1}{2}\lim_{b\to+\infty}(\mathrm{e}^{-b^2}-1) = \frac{1}{2}.$

在理解广义积分定义的实质后,上述的求解过程可直接写成

$$\int_0^{+\infty} x\mathrm{e}^{-x^2}\,\mathrm{d}x = -\frac{1}{2}\mathrm{e}^{-x^2}\Big|_0^{+\infty} = \frac{1}{2}.$$

例 2 计算广义积分 $\int_{-\infty}^{+\infty}\frac{1}{1+x^2}\,\mathrm{d}x$.

解 $\int_{-\infty}^{+\infty}\frac{1}{1+x^2}\,\mathrm{d}x = \arctan x\Big|_{-\infty}^{+\infty} = \lim_{x\to+\infty}\arctan x - \lim_{x\to-\infty}\arctan x = \frac{\pi}{2}-\left(-\frac{\pi}{2}\right) = \pi.$

直观上,如图 6-5-2 所示,当 $a\to-\infty, b\to+\infty$ 时,位于曲线 $\frac{1}{1+x^2}$ 下方和 x 轴上方的图形的面积趋于极限值 π.

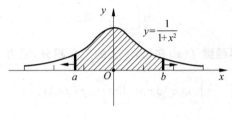

图 6-5-2

6.5.2 无界函数的广义积分

现在我们把定积分概念推广到有限区间上的无界函数的情形.

如图 6-5-3(a)所示,试求以曲线 $y=\frac{1}{\sqrt{x}}$ 为曲顶, x 轴、y 轴以及 $x=2$ 的左侧所围成的平面图形的面积.

由于这是求平面上无限区域的面积问题,对于这个问题,我们同样设想分成两步来讨论:

第一步:计算由曲线 $y=\frac{1}{\sqrt{x}}$, x 轴,直线 $x=2$ 以及 $x=\varepsilon(0<\varepsilon<2)$ 所围成的曲边梯形(图 6-5-3(b))的面积 $S(\varepsilon)$,这也是个典型的定积分问题,易得

$$S(\varepsilon) = \int_\varepsilon^2 \frac{1}{\sqrt{x}}\,\mathrm{d}x = (2\sqrt{x})\Big|_\varepsilon^2 = 2(\sqrt{2}-\sqrt{\varepsilon}).$$

第二步:若要求由 $x=2, y=\frac{1}{\sqrt{x}}$, x 轴和 y 轴所"界定"的区域的"面积"S,则因为函数 $y=\frac{1}{\sqrt{x}}$ 在 $x=0$ 处无定义,且在 $(0,2]$ 上无界,因此这也不是定积分问题了.但是我们仍然相信:如果极限 $\lim_{\varepsilon\to 0^+}\int_\varepsilon^2\frac{1}{\sqrt{x}}\,\mathrm{d}x$ 存在,此极限值就是这个无限区域的面积值,即图 6-5-3(c)中阴影部分的面积为

$$S = \lim_{\varepsilon\to 0^+}\int_\varepsilon^2 \frac{1}{\sqrt{x}}\,\mathrm{d}x = \lim_{\varepsilon\to 0^+}2(\sqrt{2}-\sqrt{\varepsilon}) = 2\sqrt{2}.$$

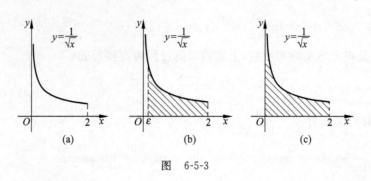

图 6-5-3

一般地,给出下列定义:

定义 2 设函数 $f(x)$ 在 $(a,b]$ 上连续,$\lim\limits_{x \to a^+} f(x) = \infty$. 如果极限

$$\lim_{\varepsilon \to 0^+} \int_{a+\varepsilon}^{b} f(x)\,dx$$

存在,则称此极限值为**无界函数** $f(x)$ **在** $(a,b]$ **上的广义积分**,记为 $\int_a^b f(x)\,dx$,即

$$\int_a^b f(x)\,dx = \lim_{\varepsilon \to 0^+} \int_{a+\varepsilon}^{b} f(x)\,dx.$$

这时也称广义积分 $\int_a^b f(x)\,dx$ **收敛**;若极限不存在,则称广义积分 $\int_a^b f(x)\,dx$ **发散**. 其中称 a 为函数 $f(x)$ 的**瑕点**,无界函数的广义积分也称为**瑕积分**.

这样图 6-5-3(a)所示的平面图形的面积 S 可表示为 $S = \int_0^2 \frac{1}{\sqrt{x}}\,dx$.

类似地,设函数 $f(x)$ 在 $[a,b)$ 上连续,$\lim\limits_{x \to b^-} f(x) = \infty$. 如果

$$\lim_{\varepsilon \to 0^+} \int_a^{b-\varepsilon} f(x)\,dx$$

存在,则定义

$$\int_a^b f(x)\,dx = \lim_{\varepsilon \to 0^+} \int_a^{b-\varepsilon} f(x)\,dx.$$

若极限不存在,则称广义积分 $\int_a^b f(x)\,dx$ **发散**.

设函数 $f(x)$ 在 $[a,b]$ 上除 $c(a<c<b)$ 点外连续,c 为 $f(x)$ 的瑕点,如果两个广义积分

$$\int_a^c f(x)\,dx \text{ 与 } \int_c^b f(x)\,dx$$

都收敛,则定义

$$\int_a^b f(x)\,dx = \int_a^c f(x)\,dx + \int_c^b f(x)\,dx$$
$$= \lim_{\varepsilon \to 0^+} \int_a^{c-\varepsilon} f(x)\,dx + \lim_{\varepsilon \to 0^+} \int_{c+\varepsilon}^b f(x)\,dx.$$

否则,称广义积分发散.

对于瑕积分首先要判定它的敛散性,然后才能求其值. 但若能求出被积函数的一个原函数,则可以通过求极限同时解决敛散问题和求值问题.

例 3 求广义积分 $\int_0^1 \dfrac{\mathrm{d}x}{\sqrt{1-x^2}}$.

解 这是一个以 $x=1$ 为瑕点的瑕积分. 因为

$$\int_0^{1-\varepsilon} \dfrac{\mathrm{d}x}{\sqrt{1-x^2}} = \arcsin x \Big|_0^{1-\varepsilon} = \arcsin(1-\varepsilon),$$

所以 $\int_0^1 \dfrac{\mathrm{d}x}{\sqrt{1-x^2}} = \lim\limits_{\varepsilon\to 0^+} \int_0^{1-\varepsilon} \dfrac{\mathrm{d}x}{\sqrt{1-x^2}} = \lim\limits_{\varepsilon\to 0^+} \arcsin(1-\varepsilon) = \dfrac{\pi}{2}$.

例 4 讨论广义积分 $\int_{-1}^1 \dfrac{1}{x^2}\mathrm{d}x$ 的敛散性.

解 被积函数 $\dfrac{1}{x^2}$ 在区间 $[-1,0)$ 及 $(0,1]$ 上连续, 且 $\lim\limits_{x\to 0} \dfrac{1}{x^2} = \infty$. 由于

$$\int_{-1}^0 \dfrac{1}{x^2}\mathrm{d}x = \lim\limits_{\varepsilon\to 0^+} \int_{-1}^{-\varepsilon} \dfrac{1}{x^2}\mathrm{d}x = \lim\limits_{\varepsilon\to 0^+}\left[-\dfrac{1}{x}\Big|_{-1}^{-\varepsilon}\right] = \lim\limits_{\varepsilon\to 0^+}\left(\dfrac{1}{\varepsilon}-1\right) = +\infty,$$

所以广义积分 $\int_{-1}^1 \dfrac{1}{x^2}\mathrm{d}x$ 发散.

注 解本题时, 如果忽略了瑕点 $x=0$, 而错误地直接套用牛顿-莱布尼茨公式, 就会产生错误的结果 $\int_{-1}^1 \dfrac{1}{x^2}\mathrm{d}x = \left(-\dfrac{1}{x}\right)\Big|_{-1}^1 = -1-1 = -2$.

想一想 $\int_a^b f(x)\mathrm{d}x$ 所表示的一定是定积分吗?

习题 6.5

1. 计算下列广义积分:

(1) $\int_3^{+\infty} \dfrac{2}{x^2}\mathrm{d}x$; (2) $\int_2^{+\infty} x\mathrm{d}x$;

(3) $\int_{-\infty}^0 x\mathrm{e}^{-3x^2}\mathrm{d}x$; (4) $\int_{-\infty}^{+\infty} \dfrac{x}{1+x^2}\mathrm{d}x$.

2. 求满足下列方程的 k 值:

(1) $\int_0^{+\infty} \mathrm{e}^{-kx}\mathrm{d}x = 1$; (2) $\int_{-\infty}^{-1} \dfrac{1}{x^k}\mathrm{d}x = \dfrac{1}{3}$.

3. 计算下列广义积分:

(1) $\int_2^5 \dfrac{1}{\sqrt{x-2}}\mathrm{d}x$; (2) $\int_0^3 \dfrac{1}{x-1}\mathrm{d}x$.

4. 已知 $f(x) = \begin{cases} 0, & -\infty < x \leqslant 0, \\ \dfrac{1}{2}x, & 0 < x \leqslant 2, \\ 1, & 2 < x, \end{cases}$ 试用分段函数表示 $\int_{-\infty}^x f(t)\mathrm{d}t$.

6.6 定积分的应用

6.6.1 定积分的微元法

定积分是求某种量 A 的数学模型,前面讨论的曲边梯形的面积、变速直线运动的路程等问题的解决过程都是这一模型的具体体现,其实质就是"微分求和". 为了深刻领会利用定积分解决实际问题的基本思想和方法——**微元法**,我们首先回顾曲边梯形的面积问题.

假设曲边梯形由连续曲线 $y=f(x)(f(x)>0)$、x 轴与两条直线 $x=a$、$x=b$ $(a<b)$ 所围成,则其面积 $A=\int_a^b f(x)\mathrm{d}x$.

面积能表示为定积分的步骤如下:

第一步:把区间 $[a,b]$ 分成 n 个长度为 Δx_i 的小区间,相应的曲边梯形被分为 n 个小曲边梯形,第 i 个小曲边梯形的面积为 ΔA_i,则 $A=\sum_{i=1}^n \Delta A_i$;

第二步:计算 ΔA_i 的近似值,$\Delta A_i \approx f(\xi_i)\Delta x_i$,$\xi_i \in [x_{i-1},x_i]$;

第三步:求和,得 A 的近似值 $A \approx \sum_{i=1}^n f(\xi_i)\Delta x_i$;

第四步:求极限,得 A 的精确值 $A=\lim_{\lambda \to 0}\sum_{i=1}^n f(\xi_i)\Delta x_i = \int_a^b f(x)\mathrm{d}x$.

由上述过程可见,当把 $[a,b]$ 分割成 n 个小区间时,所求面积 A(**总量**)也被相应分割成 n 个小曲边梯形面积(**部分量**),而总量 A 等于各部分量之和 $\left(\text{即 } A=\sum_{i=1}^n \Delta A_i\right)$,这一性质称为总量对于区间 $[a,b]$ 具有**可加性**.

若用 ΔA 表示任一小区间 $[x,x+\mathrm{d}x]$ 上的窄曲边梯形的面积,则 $A=\sum \Delta A$,并取 ξ 为区间 $[x,x+\mathrm{d}x]$ 的左端点 x,以点 x 处的函数值 $f(x)$ 为高,$\mathrm{d}x$ 为底的小矩形的面积 $f(x)\mathrm{d}x$(**面积微元**,记为 $\mathrm{d}A$)作为 ΔA 的近似值(图 6-6-1),即 $\Delta A \approx f(x)\mathrm{d}x$,于是 $A \approx \sum f(x)\mathrm{d}x$,再求极限,得总量面积 A 的精确值

$$A = \lim \sum f(x)\mathrm{d}x = \int_a^b f(x)\mathrm{d}x.$$

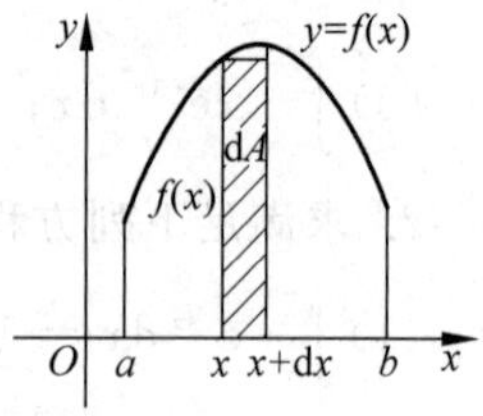

图 6-6-1

下面我们说明利用面积微元 $f(x)\mathrm{d}x$ 近似代替 ΔA 的合理性,我们由果索因.

若 $y=f(x)$ 在 $[a,b]$ 上连续,则 $A(x)=\int_a^x f(t)\mathrm{d}t$ 一定存在,并且 $A=\int_a^b f(x)\mathrm{d}x$ 实际上就是 $A(b)=\int_a^b f(t)\mathrm{d}t$.

因为 $\Delta A = A(x+\Delta x)-A(x) = \int_a^{x+\Delta x} f(t)\mathrm{d}t - \int_a^x f(t)\mathrm{d}t$

$= \int_x^{x+\Delta x} f(t)\mathrm{d}t = f(\xi)\Delta x$(积分中值定理),$\xi \in [x,x+\Delta x]$;

又因为 $y=f(x)$ 在 $[a,b]$ 上连续，则当 Δx 很小时，$f(x)$ 的变化很小，所以
$$f(\xi) \approx f(x),$$
$$\Delta A = f(\xi)\Delta x \approx f(x)\Delta x = f(x)\mathrm{d}x;$$
即面积微元为 $f(x)\mathrm{d}x$.

另一方面
$$\mathrm{d}A = \left(\int_a^x f(x)\mathrm{d}x\right)' \mathrm{d}x = f(x)\mathrm{d}x.$$

由微分定义
$$\Delta A = A'(x)\Delta x + o(\Delta x) = f(x)\mathrm{d}x + o(\Delta x) = \mathrm{d}A + o(\Delta x).$$

上式说明了面积微元 $f(x)\mathrm{d}x$ 是面积函数 $A(x)$ 的微分，是 ΔA 的线性主部 $\mathrm{d}A$，$\Delta A - f(x)\mathrm{d}x$ 是关于 Δx 的高阶无穷小，因而用面积微元 $f(x)\mathrm{d}x$ 近似代替 ΔA 是合理的.

这样，利用定积分求面积的步骤在认清实质的情况下可简化为：

先求微元 $\mathrm{d}A$，再写积分 $\int_a^b \mathrm{d}A$，即得总量 A. 这种求总量 A 的方法称为**微元法**，也称**元素法**. 其主要步骤：

(1) 由分割写微元

根据问题，选取一个积分变量，确定积分变量的变化区间，选取相应的区间微元 $[x, x+\mathrm{d}x]$，并求出总量 A 的微元 $\mathrm{d}A$
$$\mathrm{d}A = f(x)\mathrm{d}x;$$

(2) 由微元累加得积分

根据 $\mathrm{d}A = f(x)\mathrm{d}x$ 写出表示总量 A 的定积分
$$A = \int_a^b f(x)\mathrm{d}x.$$

应用微元法解决实际问题时，应注意以下两点：

(1) 所求量 A 对于区间 $[a,b]$ 具有可加性，即如果把区间 $[a,b]$ 分成许多部分区间，则 A 相应地分成许多部分量，而且 A 等于所有部分量之和. 这一要求是由定积分概念本身所决定的.

(2) 使用微元法的关键是正确写出部分量的近似表达式 $f(x)\mathrm{d}x$，要求 $f(x)\mathrm{d}x$ 是 ΔA 的线性主部. 因此，在实际应用中要注意 $\mathrm{d}A = f(x)\mathrm{d}x$ 的合理性.

6.6.2 定积分在几何学上的应用

1. 平面图形的面积

本节中将计算一些比较复杂的平面图形面积.

(1) 直角坐标系下平面图形的面积

若平面图形是由连续曲线 $y=f(x)$，$y=g(x)$ 和直线 $x=a$，$x=b$ 所围成（图 6-6-2），由微元法，取区间微元 $[x, x+\mathrm{d}x] \subset [a,b]$，$[x, x+\mathrm{d}x]$ 上对应的窄条面积 ΔA 近似于高为 $|f(x)-g(x)|$，底为 $\mathrm{d}x$ 的小矩形的面积，于是面积微元 $\mathrm{d}A = |f(x)-g(x)|\mathrm{d}x$，所以平面图形面积为

$$A = \int_a^b |f(x) - g(x)| \, dx. \tag{6-6-1}$$

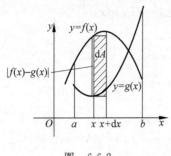

图 6-6-2

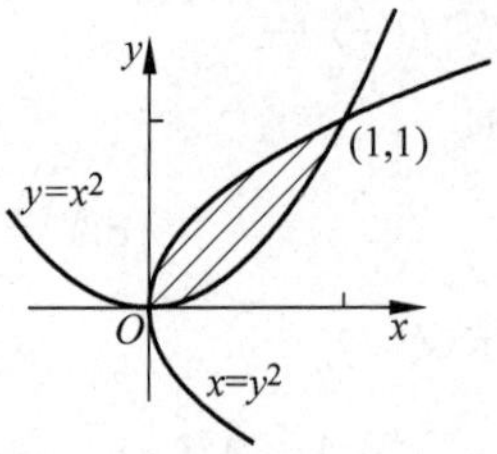

图 6-6-3

例 1 求两条抛物线 $x = y^2, y = x^2$ 所围成图形的面积(图 6-6-3).

解 求两条抛物线 $x = y^2, y = x^2$ 的交点坐标.

解方程组 $\begin{cases} y^2 = x, \\ y = x^2, \end{cases}$ 得两组解：$\begin{cases} x = 0, \\ y = 0, \end{cases}$ 及 $\begin{cases} x = 1, \\ y = 1, \end{cases}$ 即两抛物线交点为 $(0,0), (1,1)$.

由式(6-6-1)得

$$A = \int_0^1 (\sqrt{x} - x^2) \, dx = \left[\frac{2}{3} x^{\frac{3}{2}} - \frac{x^3}{3} \right]_0^1 = \frac{1}{3}.$$

若平面图形是由连续曲线 $x = \varphi(y), x = \psi(y)$ 和直线 $y = c, y = d$ 所围成(图 6-6-4),由微元法,取区间微元 $[y, y + dy] \subset [c, d]$, $[y, y + dy]$ 上对应的窄条面积 ΔA 近似于高为 $|\psi(y) - \varphi(y)|$,底为 dy 的小矩形的面积,于是面积微元 $dA = |\psi(y) - \varphi(y)| \, dy$,所以平面图形面积为

$$A = \int_c^d |\psi(y) - \varphi(y)| \, dy. \tag{6-6-2}$$

例 2 求由曲线 $y^2 = 2x$ 和直线 $y = x - 4$ 所围成的图形的面积(图 6-6-5).

解 求曲线 $y^2 = 2x$ 和直线 $y = x - 4$ 的交点的坐标.

解方程组：$\begin{cases} y^2 = 2x, \\ y = x - 4, \end{cases}$ 得两曲线的交点分别为 $(2, -2)$ 与 $(8, 4)$.

若以 y 为积分变量,由式(6-6-2)得

$$A = \int_{-2}^4 \left(y + 4 - \frac{y^2}{2} \right) dy = \left(\frac{y^2}{2} + 4y - \frac{y^3}{6} \right) \Big|_{-2}^4 = 18.$$

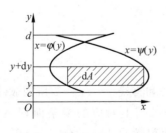

图 6-6-4

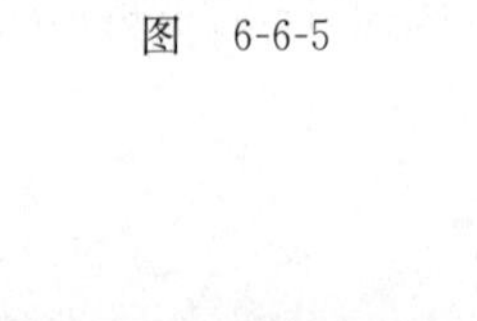

图 6-6-5

若以 x 为积分变量,见图 6-6-6,所求面积应写为

$$A = \int_0^2 [\sqrt{2x} - (-\sqrt{2x})]dx + \int_2^8 [\sqrt{2x} - (x-4)]dx$$
$$= \frac{4\sqrt{2}}{3} x^{\frac{3}{2}} \Big|_0^2 + \sqrt{2} \cdot \frac{2}{3} x^{\frac{3}{2}} \Big|_2^8 - \left(\frac{x^2}{2} - 4x\right)\Big|_2^8 = 18.$$

显然,本题选择 x 为积分变量,计算过程较为复杂. 因此,在实际应用中,应根据具体情况合理选择积分变量,以达到简化计算的目的.

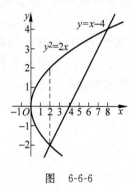

图 6-6-6

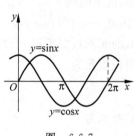

图 6-6-7

想一想 如何用定积分表示由曲线 $y = \sin x, y = \cos x$ 和直线 $x = 2\pi$ 及 y 轴所围成平面图形(图 6-6-7)的面积呢?

例 3 求圆 $x^2 + y^2 = r^2 (r > 0)$ 的面积.

解 如图 6-6-8 所示,若圆在第一象限的面积为 A_1,则圆的面积为 $4A_1$,其中 $A_1 = \int_0^r y dx$.

于是
$$A_1 = \int_0^r y dx = \int_0^r \sqrt{r^2 - x^2} dx.$$

令 $x = r\sin t \left(0 \leqslant t \leqslant \frac{\pi}{2}\right)$,则 $\sqrt{r^2 - x^2} = \sqrt{r^2(1 - \sin^2 t)} = r\cos t$, $dx = r\cos t dt$,

则有 $\int_0^r \sqrt{r^2 - x^2} dx = \int_0^{\frac{\pi}{2}} r\cos t \cdot r\cos t dt = r^2 \int_0^{\frac{\pi}{2}} \cos^2 t dt = r^2 \int_0^{\frac{\pi}{2}} \frac{1 + \cos 2t}{2} dt = \frac{\pi}{4} r^2.$

所以,圆面积为 $4S_1 = \pi r^2$.

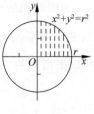

图 6-6-8

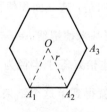

图 6-6-9

另外,我们还可利用圆内接正多边形面积无限逼近的方法求得圆的面积. 如图 6-6-9 所示,设 $A_1 A_2 A_3 \cdots A_n$ 是圆的内接正 n 边形,$\angle A_1 O A_2 = \alpha = \frac{2\pi}{n}$,则 $\triangle A_1 O A_2$ 的面积:

$$S_{\triangle A_1 O A_2} = \frac{1}{2} r^2 \sin \alpha.$$

那么,正 n 边形的面积: $S_n = \frac{n}{2}r^2\sin\alpha = \frac{n}{2}r^2\sin\frac{2\pi}{n}$,

所以,圆面积为 $\lim\limits_{n\to\infty}S_n = \lim\limits_{n\to\infty}\frac{n}{2}r^2\sin\frac{2\pi}{n} = \pi r^2 \lim\limits_{n\to\infty}\frac{\sin\frac{2\pi}{n}}{\frac{2\pi}{n}} = \pi r^2$.

(2) 极坐标系下平面图形的面积

设曲线的极坐标方程为 $r=r(\theta)$. 由连续曲线 $r=r(\theta)$ 及射线 $\theta=\alpha$、$\theta=\beta$ 围成的平面图形称为**曲边扇形**. 怎样求曲边扇形的面积呢?

见图 6-6-10,由于曲线 $r=r(\theta)$ 在 $[\alpha,\beta]$ 上是连续的,那么 $r=r(\theta)$ 在区间微元 $[\theta,\theta+\mathrm{d}\theta]$ 上也是连续的,因此 $r=r(\theta)$ 在区间 $[\theta,\theta+\mathrm{d}\theta]$ 上的改变量 Δr 很小. 于是相应区间 $[\theta,\theta+\mathrm{d}\theta]$ 上的小曲边扇形的面积近似于以 $r(\theta)$ 为半径,$\mathrm{d}\theta$ 为中心角的圆扇形的面积,从而在极坐标系下曲边扇形的面积微元为

$$\mathrm{d}A = \frac{1}{2}r^2(\theta)\mathrm{d}\theta.$$

所求曲边扇形的面积为

$$A = \int_\alpha^\beta \frac{1}{2}r^2(\theta)\mathrm{d}\theta. \tag{6-6-3}$$

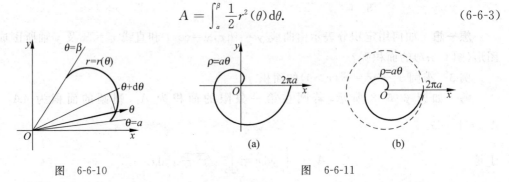

图 6-6-10　　　　　　　　　　图 6-6-11

例 4 计算阿基米德螺线 $\rho=a\theta$ $(0\leqslant\theta\leqslant 2\pi)$ 与极轴所围成平面图形的面积(图 6-6-11(a)).

解 由极坐标下曲边扇形的面积计算公式,此平面图形的面积为

$$S = \int_0^{2\pi} \frac{1}{2}(a\theta)^2\mathrm{d}\theta = \frac{a^2\theta^3}{6}\Big|_0^{2\pi} = \frac{4}{3}\pi^3 a^2.$$

值得我们留意的是:这一面积值恰好等于半径为 $2\pi a$ 的圆面积的 $\frac{1}{3}$,见图 6-6-11(b). 更一般地,可以验证阿基米德螺线 $\rho=a\theta$ 位于 $0\leqslant\theta\leqslant\theta_0\leqslant 2\pi$ 的一段弧与射线 $\theta=\theta_0$ 所围成图形(图 6-6-12)的面积也恰好等于半径为 $a\theta_0$,顶角为 θ_0 的圆扇形面积的 $\frac{1}{3}$. 早在两千多年前,阿基米德采用穷竭法就得到了这个结果.

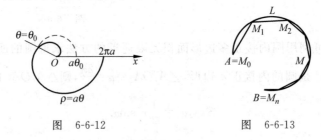

图 6-6-12　　　　　　　　　　图 6-6-13

2. 平面曲线的弧长

定义 1 设 A,B 是曲线弧 L 上的两个端点. 在曲线弧 L 上任取分点 $A=M_0,M_1,\cdots,M_{i-1},M_i,\cdots,M_n=B$,并依次连接相邻的分点得一内接折线(图 6-6-13). 当分点的数目无限增加且每个小段弧 $\overparen{M_{i-1}M_i}$ 都缩向一点时,如果此折线的长 $\sum\limits_{i=1}^{n}|M_{i-1}M_i|$ 的极限存在,则称此极限为**曲线弧 AB 的弧长**,并称此曲线弧 $\overparen{AB}$ 是**可求长**的.

定理 光滑曲线弧是可求长的.

设曲线 $y=f(x)$ 在区间 $[a,b]$ 上具有一阶连续导数,求此曲线所对应弧段 $\overparen{AB}$ 的弧长 s.

如果我们将点 A 选作起点,把弧段 $\overparen{AP}$ 看作动点 $P(x,y)$ 的运动轨迹,则弧段 $\overparen{AP}$ 的弧长是 x 的函数,记为 $s(x)$. 若动点的轨迹是直线,显然直线的长度随着 x 的变化是均匀的 (图 6-6-14),也就是在相同长度的子区间上所对应的弧长相同,这时 $s'(x)$ 是常数;若动点的轨迹是曲线弧,那么曲线弧的弧长随着 x 的变化是非均匀的(图 6-6-15),也就是在相同长度的子区间上所对应的弧长是不相同的,这时 $s'(x)$ 不是常数. 那么,如何求曲线弧 $\overparen{AB}$ 的弧长 s 呢? 因为光滑曲线弧 $\overparen{AB}$ 是可求长的,故可利用定积分的微元法来计算曲线的弧长.

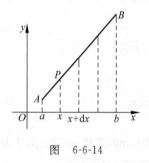

图 6-6-14

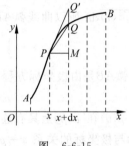

图 6-6-15

如图 6-6-15 所示,任意划分区间 $[a,b]$,得区间微元 $[x,x+\mathrm{d}x]$,故在 $[x,x+\mathrm{d}x]$ 上可以把非均匀变化的弧长近似看成是均匀变化的弧长,也就是让动点在子区间 $[x,x+\mathrm{d}x]$ 上以点 P 处的变化率 $f'(x)$ 移动,即沿曲线在点 P 处的切线方向移动到 Q'. 这样小弧段 $\overparen{PQ}$ 的弧长近似于相应切线段的长 $|PQ'|$. 而切线段的长 $|PQ'|$ 为 $\sqrt{(\mathrm{d}x)^2+(\mathrm{d}y)^2}$,于是弧长微元为

$$\mathrm{d}s=\sqrt{(\mathrm{d}x)^2+(\mathrm{d}y)^2}=\sqrt{1+y'^2}\,\mathrm{d}x, \tag{6-6-4}$$

所以曲线所对应弧段 $\overparen{AB}$ 的弧长 s 为

$$s=\int_a^b\sqrt{1+y'^2}\,\mathrm{d}x. \tag{6-6-5}$$

另从图 6-6-15 中容易得到,变弧 $\overparen{AP}$ 的弧长为 $s(x)=\int_a^x\sqrt{1+y'^2}\,\mathrm{d}x$. 由于 y' 在区间 $[a,b]$ 上是连续的,所以 $s'(x)=\sqrt{1+y'^2}$,则

$$\mathrm{d}s=\sqrt{1+y'^2}\,\mathrm{d}x, \tag{6-6-6}$$

式(6-6-6)是弧长函数 $s(x)$ 的微分,称为**弧微分**,它也可表示为 $\mathrm{d}s=\sqrt{\mathrm{d}x^2+\mathrm{d}y^2}$.

比较式(6-6-4)与式(6-6-6),可见我们建立的弧长微元实际上就是弧微分,自然弧长微元是弧长增量 $\Delta s(x)$ 的线性主部.

例 5 在图 6-6-16 中,$A(0,r)$、$B(b,\sqrt{r^2-b^2})$ 为圆周 $x^2+y^2=r^2$ 上的两点,求第一象限

内圆弧$\overset{\frown}{AB}$的弧长 s.

解 由圆方程 $x^2+y^2=r^2$，得圆弧方程：$y=\sqrt{r^2-x^2}$，于是

$$y'=-\frac{x}{\sqrt{r^2-x^2}}, \quad \sqrt{1+y'^2}=\sqrt{1+\left(-\frac{x}{\sqrt{r^2-x^2}}\right)^2}=\frac{r}{\sqrt{r^2-x^2}}.$$

因此，由弧长计算公式(6-6-5)得

$$s=\int_0^b\sqrt{1+y'^2}\,dx=\int_0^b\frac{r}{\sqrt{r^2-x^2}}\,dx=r\arcsin\frac{x}{r}\Big|_0^b=r\arcsin\frac{b}{r}.$$

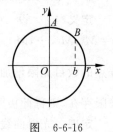

图 6-6-16

特别地，当 $b=r$ 时，弧长 $s=r\arcsin\frac{r}{r}=\frac{\pi r}{2}$，于是半径为 r 的圆周长为 $4\cdot\frac{\pi r}{2}=2\pi r$.

注 (1) 若曲线弧$\overset{\frown}{AB}$的方程是由参数

$$\begin{cases} x=\varphi(t), \\ y=\psi(t), \end{cases} \alpha\leqslant t\leqslant\beta$$

给出的，其中 $\varphi(t),\psi(t)$ 在 $[\alpha,\beta]$ 上具有连续的导数，且 $\varphi'^2(t)+\psi'^2(t)\neq 0$，于是弧长微元 $ds=\sqrt{\varphi'^2(t)+\psi'^2(t)}\,dt$. 所以曲线弧$\overset{\frown}{AB}$的弧长 s 为

$$s=\int_\alpha^\beta\sqrt{\varphi'^2(t)+\psi'^2(t)}\,dt. \tag{6-6-7}$$

(2) 若曲线弧$\overset{\frown}{AB}$是由极坐标方程

$$\rho=\rho(\theta), \quad \alpha\leqslant\theta\leqslant\beta$$

给出的，其中 $\rho=\rho(\theta)$ 在 $[\alpha,\beta]$ 上具有连续导数.

由直角坐标与极坐标的关系 $x=\rho(\theta)\cos\theta, y=\rho(\theta)\sin\theta$，其中 $\alpha\leqslant\theta\leqslant\beta$，于是弧长微元为

$$ds=\sqrt{x'^2(\theta)+y'^2(\theta)}\,d\theta=\sqrt{\rho^2(\theta)+\rho'^2(\theta)}\,d\theta. \tag{6-6-8}$$

从而所求弧长公式为

$$s=\int_\alpha^\beta\sqrt{\rho^2(\theta)+\rho'^2(\theta)}\,d\theta. \tag{6-6-9}$$

例 6 已知椭圆的参数方程为 $\begin{cases} x=a\cos t, \\ y=b\sin t, \end{cases} 0\leqslant t<2\pi$，求椭圆的周长(图 6-6-17).

解 因为弧微分

$$ds=\sqrt{\varphi'^2(t)+\psi'^2(t)}\,dt=\sqrt{a^2\sin^2 t+b^2\cos^2 t}\,dt,$$

又因为曲线关于 x 轴和 y 轴对称，因此根据公式(6-6-7)可得椭圆周长的计算公式

$$s=4\int_0^{\frac{\pi}{2}}\sqrt{a^2\sin^2 t+b^2\cos^2 t}\,dt=4\int_0^{\frac{\pi}{2}}\sqrt{a^2-(a^2-b^2)\cos^2 t}\,dt$$

$$=4a\int_0^{\frac{\pi}{2}}\sqrt{1-\frac{a^2-b^2}{a^2}\cos^2 t}\,dt.$$

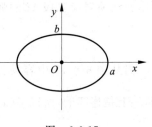

图 6-6-17

若令 $\varepsilon=\frac{\sqrt{a^2-b^2}}{a}$，由椭圆的性质：$a^2-b^2=c^2$ 和椭圆的离心率定义 $\varepsilon=\frac{c}{a}(0<\varepsilon<1)$，则有

$$s = 4a\int_0^{\frac{\pi}{2}} \sqrt{1-\varepsilon^2\cos^2 t}\,dt, \quad 其中 0 < \varepsilon < 1.$$

积分 $\int_0^t \sqrt{1-\varepsilon^2\cos^2 t}\,dt\left(0 \leqslant t \leqslant \dfrac{\pi}{2}\right)$ 称为**椭圆积分**. 研究表明：$\int_0^{\frac{\pi}{2}}\sqrt{1-\varepsilon^2\cos^2 t}\,dt$ 是不可积的，但积分 $\int_0^{\frac{\pi}{2}}\sqrt{1-\varepsilon\cos^2 t}\,dt$ 却是非常重要的. 到目前为止，椭圆周长还没有精确的初等公式，但有上述非初等的积分形式的表达式及其级数展开式(第 8 章). 我们也可以在 MATLAB，Maple 等数学软件中通过直接调用椭圆积分函数求得.

想一想 有人认为：要求曲线弧 $\overparen{AB}$ 的弧长 s，可取弧长微元为 dx，即 $ds = dx$，这样曲线所对应弧段 $\overparen{AB}$ 的弧长 $s = \int_a^b dx$. 你认为这样得到的弧长微元 ds 对吗？

3. 体积

(1) 旋转体的体积

一个平面图形绕该平面内一条定直线旋转一周而成的立体称为**旋转体**，该直线称为**旋转轴**. 圆柱、圆锥、圆台、球体等都是旋转体(图 6-6-18).

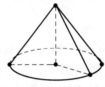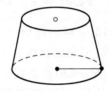

图 6-6-18

现在我们计算由连续曲线 $y=f(x)$，直线 $x=a,x=b$ 与 x 轴所围成的曲边梯形绕 x 轴旋转一周所成旋转体的体积(图 6-6-19).

取 x 为积分变量，$[a,b]$ 为积分区间. 设想用垂直于 x 轴的一组平行平面将旋转体分割成许多立体小薄片，其断面都是圆，只是半径不同. 任取区间 $[a,b]$ 上区间微元 $[x, x+dx]$ 上的一小薄片，它的体积近似于以 $f(x)$ 为底面半径，dx 为高的扁圆柱体的体积(图 6-6-19)，即该旋转体的体积微元为

$$dV = \pi [f(x)]^2 dx.$$

于是，所求旋转体体积为

$$V = \int_a^b \pi [f(x)]^2 dx. \tag{6-6-10}$$

图 6-6-19

这就是以 x 轴为旋转轴的旋转体体积计算公式.

类似地，由连续曲线 $x=\varphi(y)$，直线 $y=c, y=d$ 与 y 轴所围成的曲边梯形绕 y 轴旋转一周所围成旋转体的体积为

$$V = \int_c^d \pi [\varphi(y)]^2 dy. \tag{6-6-11}$$

这就是以 y 轴为旋转轴的旋转体体积计算公式.

例 7 求由抛物线 $y=x^2$，直线 $x=2$ 与 x 轴所围成的平面图形绕 x 轴旋转一周所得立

体的体积.

解 取 x 为积分变量,积分区间为 $[0,2]$. 由式 (6-6-10) 可得该旋转体(图 6-6-20)的体积为

$$V = \int_0^2 \pi y^2 \mathrm{d}x = \int_0^2 \pi x^4 \mathrm{d}x = \left[\frac{\pi}{5}x^5\right]_0^2 = \frac{32}{5}\pi.$$

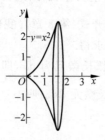

图 6-6-20

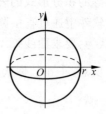

图 6-6-21

类似的,将圆 $x^2+y^2=r^2$ 绕 x 轴旋转一周而成的旋转体是球(图 6-6-21),此球的体积为

$$V = \int_{-r}^{r} \pi y^2 \mathrm{d}x = \pi \int_{-r}^{r} (r^2-x^2)\mathrm{d}x = \frac{4}{3}\pi r^3.$$

(2) 平行截面面积为已知的立体的体积

设一立体被垂直于某直线(可设此直线为 x 轴)的平面所截,截面面积 $A(x)$ 是 x 的连续函数,立体位于过点 $x=a, x=b(a<b)$ 且垂直于 x 轴的两个平面之间(图 6-6-22). 虽然这类立体一般不是旋转体,但它的体积可仿旋转体体积的求法,利用定积分来求得.

取 x 为积分变量,$x \in [a,b]$. 任取一区间微元 $[x, x+\mathrm{d}x]$,相应于该微元的一薄片的体积近似于底面积为 $A(x)$,高为 $\mathrm{d}x$ 的扁柱体的体积,即体积微元为

$$\mathrm{d}V = A(x)\mathrm{d}x,$$

于是,该立体的体积为

$$V = \int_a^b A(x)\mathrm{d}x. \tag{6-6-12}$$

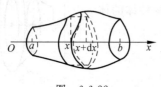

图 6-6-22

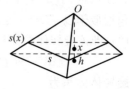

图 6-6-23

例 8 求底面积为 S,高为 h 的棱锥的体积.

解 如图 6-6-23 所示,设距顶点 O 为 x 处的截面积为 $S(x)$,那么,

$$S(x) : S = x^2 : h^2,$$

即

$$S(x) = \frac{S}{h^2}x^2,$$

因此,所求棱锥的体积为

$$V = \int_0^h S(x)\mathrm{d}x = \int_0^h \frac{S}{h^2}x^2 \mathrm{d}x = \frac{1}{3}Sh.$$

6.6.3 定积分在物理与经济中的应用

1. 变力沿直线所做的功

由物理学知道,如果物体在作直线运动的过程中受到常力 F 的作用,且力 F 的方向与物体运动的方向一致,那么当物体移动了距离 s 时,力 F 对物体所做的功为 $W = F \cdot s$.

如果物体在运动过程中受到变力的作用,则可用定积分的微元法来计算变力 $F(x)$ 对物体所做的功. 假设 $F(x)$ 是 $[a,b]$ 上的连续函数,下面我们讨论物体在变力 $F(x)$ 的作用下,从点 a 移动到点 b 时变力 $F(x)$ 对物体所做的功 W.

取 x 为积分变量,$[a,b]$ 为积分区间. 任意划分区间 $[a,b]$,得区间微元 $[x, x+\mathrm{d}x]$,故在 $[x, x+\mathrm{d}x]$ 上可把变力做功近似看成是物体在点 x 处受到的常力 $F(x)$ 做功,则功微元为
$$\mathrm{d}W = F(x)\mathrm{d}x,$$
于是,当物体从点 a 移动到点 b 时,变力 $F(x)$ 对物体所做的功为
$$W = \int_a^b F(x)\mathrm{d}x.$$

例 9 在位于坐标原点带有电量 $+q$ 的点电荷所形成的电场中,位于点 r 处的单位正电荷受到电场力的作用,此作用力的大小为 $F(r) = k\dfrac{q}{r^2}$(其中 k 为静电力常量),见图 6-6-24. 试求:

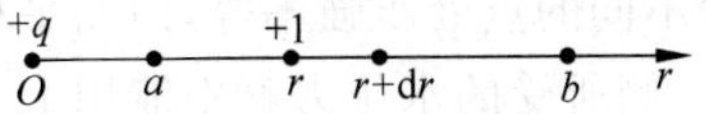

图 6-6-24

(1) 当这个单位正电荷在电场中由 a 点移动到 b 点时,电场力所做的功;
(2) 当这个单位正电荷在电场中从 a 点移动到无穷远处时,电场力所做的功.

解 由条件知:电场对单位正电荷的作用力为 $F(r) = k\dfrac{q}{r^2}$,因此这是个变力对单位正电荷做功的问题. 取 r 为积分变量,在区间微元 $[r, r+\mathrm{d}r]$ 上,电场力对单位正电荷所作的功近似于 $k\dfrac{q}{r^2}\mathrm{d}r$,即功微元为 $\mathrm{d}W = k\dfrac{q}{r^2}\mathrm{d}r$. 于是,

(1) 由 a 点移动到 b 点时,电场力所做的功为
$$w(b) = \int_a^b k\dfrac{q}{r^2}\mathrm{d}r = kq\left(\dfrac{1}{a} - \dfrac{1}{b}\right);$$

(2) 从 a 点移动到无穷远处时,电场力所做的功为
$$\int_a^{+\infty} k\dfrac{q}{r^2}\mathrm{d}r.$$
即
$$\lim_{b \to +\infty} w(b) = \lim_{b \to +\infty} \int_a^b k\dfrac{q}{r^2}\mathrm{d}r = \lim_{b \to +\infty} kq\left(\dfrac{1}{a} - \dfrac{1}{b}\right) = \dfrac{kq}{a}.$$

例 10 设有一个半径为 1m 的半球形水池,池内储满了水,若要把池内的水全部抽出,问至少需做多少功?

解 我们知道,要将池中的水抽出,至少要将池中的水提升到池的上口面. 而在提升水的过程中,需要克服重力做功. 因此,本题实际上就是要计算克服水重力所做的功的大小. 注意到,在同一深度 x 的单位质点所需做的功是相同的,而对不同深度 x 的单位质点所需做的

功是不同的.

首先建立如图 6-6-25 所示的坐标系,将原点置于球心处.半球形可看作是 xOy 面上曲线 $y=\sqrt{1-x^2}$ 绕 x 轴旋转一周而成的旋转体.设水距离池口的深度 x(单位为 m)为积分变量,$x\in[0,1]$.任意划分区间$[0,1]$,得区间微元$[x,x+\mathrm{d}x]$.因此,相应区间$[x,x+\mathrm{d}x]$上的一薄层水的高度为 $\mathrm{d}x$.若重力加速度 $g=9.8\mathrm{m/s^2}$,水密度 $\rho=1\mathrm{t/m^3}$,则这薄层水的重力近似地为

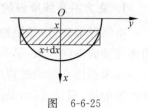

图 6-6-25

$$9.8\pi y^2\mathrm{d}x=9.8\pi(1-x^2)\mathrm{d}x.$$

将这薄层水提到池口的距离为 x,故功微元为

$$\mathrm{d}W=9.8\pi y^2\mathrm{d}x\cdot x=9.8\pi(x-x^3)\mathrm{d}x.$$

于是所求功为

$$W=\int_0^1 9.8\pi(x-x^3)\mathrm{d}x=9.8\pi\left(\frac{1}{2}x^2-\frac{1}{4}x^4\right)\Big|_0^1\approx 7.7\times 10^3(\mathrm{J}).$$

2. 水压力

我们知道,液体压强为 $p=\rho gh$,其中 ρ 为液体的密度,g 为重力加速度,h 为液体的深度.如果有一面积为 A 的平板水平放置在水深为 h 处,则平板所受的水压力为 $P=pA$.如果平板铅直放置在水中,由于水深不同的点处压强不等,因而平板一侧不同深度处所受的水压力也不相同.这种情况下,平板一侧所受的水压力就不能用上述方法来求得.而此时,我们可利用定积分的微元法来求得平板一侧的压力.下面通过举例来说明这一计算方法.

例 11 设某水库的闸门为一等腰梯形(图 6-6-26),求当水库的水位达到闸门顶端时,闸门所受的水压力.

解 以闸门的长底边的中点为原点,建立如图 6-6-26 所示的坐标系.

由于闸门关于 x 轴对称,因此只要计算一半闸门的水压力,然后再乘以 2 就得到闸门所受总的水压力.

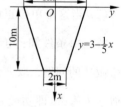

图 6-6-26

取水深 x 为积分变量,$x\in[0,10]$,相应于$[0,10]$上的区间微元$[x,x+\mathrm{d}x]$的高度为 $\mathrm{d}x$.若重力加速度 $g=9.8\mathrm{m/s^2}$,水密度 $\rho=1\mathrm{t/m^3}$,水下 x 处的压强为 ρgx,所以,水下 x 处相应于$[x,x+\mathrm{d}x]$的窄条上各点处的压强近似于 ρgx,这个窄条的面积近似于 $y\mathrm{d}x$.因此,这窄条一侧所受水压力的近似值,即压力微元为

$$\mathrm{d}P=\rho gxy\mathrm{d}x.$$

于是所求水压力为

$$P=2\int_0^{10}\rho gxy\mathrm{d}x=2\times 9.8\int_0^{10}x\left(3-\frac{1}{5}x\right)\mathrm{d}x=9.8\times\left[3x^2-\frac{2}{15}x^3\right]_0^{10}\approx 1633.3(\mathrm{kN}).$$

3. 资本现值与投资问题

在第 2 章中我们已知,设有 P 元货币,若按年利率 r 作连续复利计算,则 t 年后的价值为 Pe^{rt} 元;反之,若 t 年后要有货币 P 元,则按连续复利计算,现在应有 Pe^{-rt} 元,称此为**资本现值**.

在日常生活中，支付或获得某个款项时，通常是把这些款项当成离散地支付或获取．但对于一个大公司（如大商场）而言，它的收入一般来说是随时流进的，因此收入流进公司的速率是可以表示为随时间变化的连续函数．假设在时间区间 $[0,T]$ 内，t 时刻的单位时间收入为 $f(t)$（收入率），若按年利率为 r 作连续复利计算，则在时间区间 $[t,t+\mathrm{d}t]$ 内应收入的数额近似于 $f(t)\mathrm{d}t$．因此在区间 $[t,t+\mathrm{d}t]$ 上的收入现值近似于 $f(t)\mathrm{e}^{-rt}\mathrm{d}t$，根据定积分微元法的思想，则在 $[0,T]$ 内得到的总收入的现值为

$$\int_0^T f(t)\mathrm{e}^{-rt}\mathrm{d}t.$$

例 12 若一企业投资某项目，投资成本 $A=800$（万元），年利率为 5%，设在 20 年中的均匀收入率为 200（万元/年），试求这 20 年中该项投资的纯收入的贴现值．

解 由条件知：收入率 $f(t)=200$（万元/年），年利率 $r=5\%$，故投资后的 20 年中获得总收入的现值为

$$B=\int_0^{20}200\mathrm{e}^{-0.05t}\mathrm{d}t=\frac{200}{0.05}(1-\mathrm{e}^{-0.05\times 20})\approx 2528.5\text{（万元）}.$$

从而，投资所获得的纯收入的贴现值为

$$R=B-A=2528.5-800=1728.5\text{（万元）}.$$

习题 6.6

1. 求下列图形中阴影部分的面积：

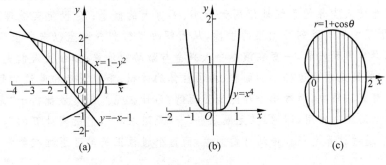

(a)   (b)   (c)

第 1 题图

2. 求曲线 $y=\ln x$，y 轴与直线 $y=\ln a$，$y=\ln b(b>a>0)$ 围成的图形面积．

3. 求曲线 $y=\mathrm{e}^x$，$y=\mathrm{e}^{-x}$ 与直线 $x=1$ 围成的图形面积．

4. 求摆线 $x=a(\theta-\sin\theta)$，$y=a(1-\cos\theta)$ 的一拱（$0\leqslant\theta\leqslant 2\pi$）与 x 轴围成的图形面积．

5. 求曲线 $y=\ln x$ 上相应于 $\sqrt{3}\leqslant x\leqslant\sqrt{8}$ 的一段弧的弧长．

6. 求直线 $\frac{x}{2}+y=1$ 及两条坐标轴围成的三角形绕 x 轴旋转而成的旋转体的体积．

7. 用定积分求椭球体 $\frac{x^2}{a^2}+\frac{y^2}{b^2}+\frac{z^2}{c^2}\leqslant 1$ 的体积．

8. 求曲线 $y=\sin x$ 和它在 $x=\frac{\pi}{2}$ 处的切线，以及 $x=0$，$x=\pi$ 所围成图形的面积，并求此图形绕 Ox 轴旋转所成旋转体的体积．

9. 求阿基米德螺线 $\rho=a\theta$ $(a>0)$ 相应于 θ 从 0 到 2π 一段的弧长.

10. 一物体按规律 $x=Ct^3$ (C 为常数)作直线运动,媒质的阻力与速度的平方成正比. 计算物体由 $x=0$ 移至 $x=a$ 时,克服媒质阻力所做的功.

11. 一圆柱形储水桶高为 5m,底圆半径为 3m,桶内盛满水,试问要把桶内的水全部吸出,需要做多少功?

12. 设某种产品每天生产 x 件时的总成本为 $C(x)$(元),其边际成本为 $C'(x)=20+\dfrac{15}{\sqrt{x}}$ (元/件),求日产量从 100 件到 400 件时的总成本和平均成本.

13. 有一大型投资项目,投资成本 $A=10000$(万元),年利率为 5%,每年的均匀收入率为 2000(万元),试求该投资为无限期时的纯收入的贴现值.

扩展阅读

微积分中的"无限"

无限对于数学来说至关重要,从数学产生开始,人们就在和个数是无限的自然数、整数、有理数等打交道. 而在对变量的研究中,微积分则更多地体现在"无限"的领域中,极限就是以无限为基础的,导数和积分都属于"无限"的范畴,可以说无限贯穿微积分始终. 早在公元五世纪,亚里士多德首先发现了无穷的数学概念;英国数学家约翰·沃利斯首先引用了"∞"符号;为了求面积,15 世纪前人们就开始萌发"无限细分"、"无限求和"的微积分思想;17 世纪微积分的诞生使人类开始系统地使用无穷小、无穷大的概念;19 世纪实数理论完整的建立,人们才掌握了利用有限刻画无限的手段,从而解决了微积分诞生以来所出现的悖论. 微积分从萌芽到诞生再到发展,一直在演奏令人兴奋与激动的乐章. 如今让人们充分感受到了微积分的魅力,特别是求曲边梯形的面积、曲顶柱体的体积、变力做功和曲线的弧长等问题,这些初等数学都无法解决,而微积分却能迎刃而解,为什么呢?此奥妙就在于"无限"在处理非均匀变化量问题中的作用,即通过"无限细分"与"无限求和",把所需计算的总量转化为一个定积分,最后通过计算定积分得到总量的值,而这个过程正是辩证思维在数学中的一个具体运用. 比如,根据定积分的定义 $\int_a^b f(x)dx = \lim\limits_{\lambda \to 0} \sum\limits_{i=1}^n f(\xi_i)\Delta x_i$,在取极限过程中,当 $n\to\infty$ 时,一方面使积分和 $\sum\limits_{i=1}^n f(\xi_i)\Delta x_i$ 中的 $f(\xi_i)\Delta x_i$ 转化为总量 U 的微元 $dU=f(x)dx$,这是对总量 U 的一次否定,是对总量 U 的无限细分,这次否定的结果得到了 U 的微分 dU;另一方面,当 $n\to\infty$ 时,积分和 $\sum\limits_{i=1}^n f(\xi_i)\Delta x_i$ 转化为对微元 dU 的无限求和,这是对 dU 的一次否定,是对 dU 的无限累加,这次否定的结果得到了总量 U. 正是这种量变与质变以及否定之否定的辩证思维在求定积分过程中的运用,才使得定积分显现出惊人的威力.

现实中,数学中的无限在生活中也有充分的反映,如每一块小砖头都是"直"的,而由许多的小砖头砌起的大烟囱是"圆"的;用锉刀锉零件,每一锉锉下去都是直的,可锉的次数很多时,就可锉出一个光滑的零件;平面几何图形是不规则的,但我们可用许多规则的小矩形去"粘贴"它,从而得到不规则图形的面积(如图 1、图 2),等等,定积分定义就是从这些实例中抽象出来的.

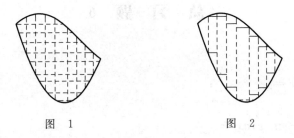

图 1　　　　　　　图 2

　　理论上,能否将定积分定义中的有限区间和有界被积函数延伸到无限区间和无界函数上呢?结论是否定的.因为对于无限区间而言,用一系列的分点分区间成 n 个小区间,总有小区间是无限区间,对于无限区间没有长度可言,因此,得不到特定的和式,自然无法求出相应的极限.对于无界函数,特定和式会因 ξ 选取的不同而出现大幅度的变动,使得相应的极限不存在.如

$$f(x)=\begin{cases}\dfrac{1}{\sqrt{x}}, & x\in(0,1],\\ 0, & x=0.\end{cases}$$

用分点 $x_1<x_2<\cdots<x_{n-1}$ 将 $[0,1]$ 分成 n 个等长度的小区间,每个小区间的长度为 $\dfrac{1}{n}$,在 Δx_1 中取点 $\xi_1=\dfrac{1}{n^4},\xi_i=\dfrac{i}{n},i=2,3,\cdots,n$,则特定和式

$$\sqrt{n^4}\cdot\dfrac{1}{n}+\dfrac{\sqrt{n}}{\sqrt{2}}\cdot\dfrac{1}{n}+\dfrac{\sqrt{n}}{\sqrt{3}}\cdot\dfrac{1}{n}+\cdots+\dfrac{\sqrt{n}}{\sqrt{n}}\cdot\dfrac{1}{n}>n,$$

显然,当 $n\to\infty$ 时,特定和式趋于 $+\infty$.

　　有限与无限,是数学中的对立与统一体,两者之间既有区别也有联系,本质上的区别主要有两点:(1)在无限集中,"部分等同全体".对无穷思想理解极为深刻的德国数学家康托,是集合论的创始人,他认为无穷总体在数学中是无穷集合,无穷集合是一个现实的,存在着的实体,他用"一一对应"创立了集合论,说明自然数集与其平方数集对等,$[0,1]$ 上的数与所有的实数一样多,揭示了无穷集合中"部分等同全体"这一本质特征.而有限集中的部分是小于整体的.(2)"有限"条件下的正确结论,在"无限"条件下不一定成立.如将 n 个正 1 和 n 个负 1 相加,将其中的项任意加括号结果总是为 0,而

$$[1+(-1)]+[1+(-1)]+\cdots+[1+(-1)]+\cdots=0,$$
$$1+[(-1)+1]+[(-1)+1]+\cdots+[(-1)+1]+\cdots=1.$$

显然,无限多个正 1 和负 1 相加的条件下,用两种不同方式加括号,得到不同的和,也就是说,对于无穷多个数的加法运算,其结合律是不成立的.可两者之间也有一定的联系,如数学归纳法是通过有限的步骤,证明无限个命题的方法;数列的通项就是用一个有限的公式来表示该数列无限多项;极限就是通过有限情况的"趋势"分析,获得无限过程的终极值.

总 习 题 6

1. 填空题：

(1) $\dfrac{d}{dx}\int_0^1 \sin x^2 dx = $ _____ ；

(2) $\int_{-\frac{\pi}{2}}^{\frac{\pi}{2}} (\sin^6 x - \sin^7 x) dx = $ _____ ；

(3) 设 $\Phi(x) = \int_a^{x^2} \sin 2x dx$，则 $\Phi'(x) = $ _____ ；

(4) $\int_{-2}^2 \ln(x + \sqrt{1+x^2}) dx = $ _____ ；

(5) $\int_{2x+1}^1 f(t) dt = (x+1)^2$，则 $f(1) = $ _____ ；

(6) $\dfrac{d}{dx}\int_0^{-x} f(t) dt = $ _____ ；

(7) 设 $\varphi(x)$ 在 $[a,b]$ 上连续，$f(x) = (x-b)\int_a^x \varphi(t) dt$，由罗尔定理，必存在 $\xi \in (a,b)$，使得 $f'(\xi) = $ _____ ；

(8) 曲线 $y = \int_0^x (t-1)(t-2) dt$ 在点 $(0,0)$ 处的切线方程为 _____ .

2. 利用定积分中值定理证明：$\lim\limits_{n\to\infty}\int_n^{n+p} \dfrac{\sin x}{x} dx = 0$.

3. 计算下列积分：

(1) $\int_0^1 \dfrac{\sqrt{x}}{2-\sqrt{x}} dx$；

(2) $\int_0^{\frac{4}{3}} \sqrt{1+x^2} dx$；

(3) $\int_{\frac{1}{\sqrt{2}}}^1 \dfrac{\sqrt{1-x^2}}{x^2} dx$；

(4) $\int_0^1 \dfrac{\ln(1+x)}{(2-x)^2} dx$；

(5) $\int_{-1}^1 (x + \sqrt{1-x^2})^2 dx$；

(6) $\int_{-1}^3 |2-x| dx$.

4. 计算下列各题：

(1) $\int_1^2 \dfrac{x}{\sqrt{x-1}} dx$；

(2) 已知 $\lim\limits_{x\to+\infty}\left(\dfrac{x+c}{x-c}\right)^x = \int_{-\infty}^c t e^{2t} dt$，求 c 的值.

5. 计算极限. $\lim\limits_{x\to+\infty} \dfrac{\int_0^x (\arctan t)^2 dt}{\sqrt{x^2+1}}$.

6. 设 $\operatorname{sgn} x = \begin{cases} 1, & x>0, \\ 0, & x=0, \\ -1, & x<0, \end{cases}$ 求 $\Phi(x) = \int_0^x \operatorname{sgn} x dx$，并讨论 $\Phi(x)$ 的连续性和可导性.

7. 设 $f(x)=\begin{cases} \dfrac{1}{1+x}, & \text{当 } x\geqslant 0 \text{ 时,} \\ \dfrac{1}{1+e^x}, & \text{当 } x<0 \text{ 时,} \end{cases}$ 求 $\int_0^2 f(x-1)dx$.

8. 利用定积分的定义计算 $\lim\limits_{n\to\infty}\dfrac{1}{n^2}(\sqrt{n}+\sqrt{2n}+\cdots+\sqrt{n^2})$.

9. 设 $g(x)$ 是 $[a,b]$ 上的连续函数,$f(x)=\int_a^x g(t)dt$,试证在 (a,b) 内方程 $g(x)-\dfrac{f(b)}{b-a}=0$ 至少有一个根.

10. 求曲线 $y=xe^{-x}(x\geqslant 0)$,$y=0$ 和 $x=a$ 所围成的图形绕 Ox 轴旋转所得旋转体的体积 V,并求 $\lim\limits_{a\to+\infty} V$.

11. 求球面 $x^2+y^2+z^2=9$ 与旋转锥面 $x^2+y^2=8z^2$ 之间包含 z 轴的部分的体积 V.

12. 给定曲线方程 $y=e^{-x}(x\geqslant 0)$,(1)把曲线 $y=e^{-x}$,x 轴,y 轴和直线 $x=\xi(\xi>0)$ 所围平面图形绕 x 轴旋转一周,得一旋转体,求此旋转体体积 $V(\xi)$;求满足 $V(a)=\dfrac{1}{2}\lim\limits_{\xi\to+\infty}V(\xi)$ 的 a;(2)在此曲线上找一点,使过该点的切线与两个坐标轴所夹平面图形的面积最大,并求出该面积.

13. 计算星形线 $x=a\cos^3 t, y=a\sin^3 t$ 的全长.

14. 设 40N 的力使弹簧从自然长度 10cm 拉长成 15cm,问需要做多大的功才能克服弹性恢复力,将伸长的弹簧从 15cm 处再拉长 3cm.

15. 在区间 $[1,e]$ 内求一点 x_0,使 $y=\sqrt{\ln x}, y=0, y=1$ 及 $x=x_0$ 所围成两块面积之和为最小.

16. 已知生产某商品 x 单位时,边际收益函数为 $200-\dfrac{x}{50}$(元/单位),求生产该产品从 1000 单位到 2000 单位时的总收益与平均收益.

17. 设 $f(x)$ 为一次函数,试证明 $\int_a^b f(x)dx = f\left(\dfrac{a+b}{2}\right)(b-a)$.

附录1 常用的曲线及其方程

(1) 三次抛物线

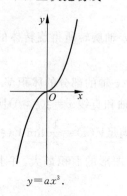

$y = ax^3.$

(2) 半立方抛物线

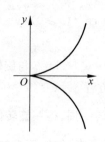

$y^2 = ax^3.$

(3) 概率曲线

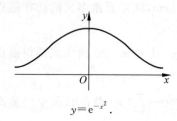

$y = e^{-x^2}.$

(4) 箕舌线

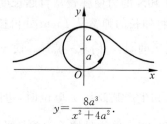

$y = \dfrac{8a^3}{x^2 + 4a^2}.$

(5) 蔓叶线

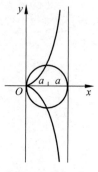

$y^2(2a - x) = x^3.$

(6) 笛卡儿叶形线

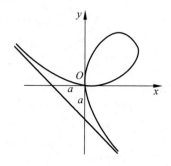

$x^3 + y^3 - 3axy = 0.$
$x = \dfrac{3at}{1 + t^3}, y = \dfrac{3at^2}{1 + t^3}.$

(7) 星形线(内摆线的一种)　　　　　(8) 摆线

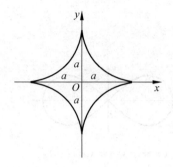

$$x^{\frac{2}{3}}+y^{\frac{2}{3}}=a^{\frac{2}{3}}.$$
$$\begin{cases} x=a\cos^3\theta, \\ y=a\sin^3\theta. \end{cases}$$

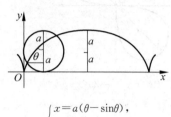

$$\begin{cases} x=a(\theta-\sin\theta), \\ y=a(1-\cos\theta). \end{cases}$$

(9) 心形线(外摆线的一种)　　　　　(10) 阿基米德螺线

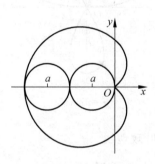

$$x^2+y^2+ax=a\sqrt{x^2+y^2},$$
$$r=a(1-\cos\theta).$$

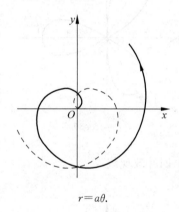

$$r=a\theta.$$

(11) 对数螺线　　　　　　　　　　(12) 双曲螺线

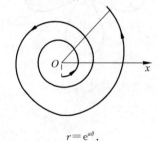

$$r=e^{a\theta}.$$

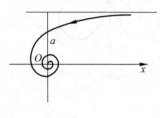

$$r\theta=a.$$

(13) 伯努利双纽线

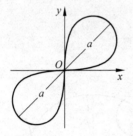

$(x^2+y^2)^2 = 2a^2xy,$
$r^2 = a^2\sin2\theta.$

(14) 伯努利双纽线

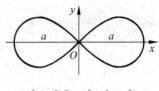

$(x^2+y^2)^2 = a^2(x^2-y^2),$
$r^2 = a^2\cos2\theta.$

(15) 三叶玫瑰线

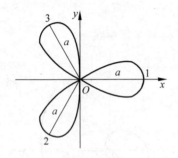

$r = a\cos3\theta.$

(16) 三叶玫瑰线

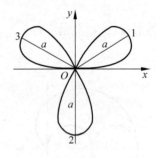

$r = a\sin3\theta.$

(17) 四叶玫瑰线

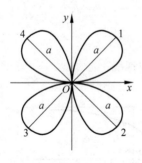

$r = a\sin2\theta.$

(18) 四叶玫瑰线

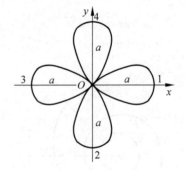

$r = a\cos2\theta.$

附录2 积 分 表

(一) 含有 $ax+b$ 的积分

1. $\int \dfrac{\mathrm{d}x}{ax+b} = \dfrac{1}{a}\ln|ax+b|+C.$

2. $\int (ax+b)^\mu \mathrm{d}x = \dfrac{1}{a(\mu+1)}(ax+b)^{\mu+1}+C \ (\mu \neq -1).$

3. $\int \dfrac{x^2}{ax+b}\mathrm{d}x = \dfrac{1}{a^3}\left[\dfrac{1}{2}(ax+b)^2 - 2b(ax+b) + b^2\ln|ax+b|\right]+C.$

4. $\int \dfrac{\mathrm{d}x}{x(ax+b)} = -\dfrac{1}{b}\ln\left|\dfrac{ax+b}{x}\right|+C.$

5. $\int \dfrac{\mathrm{d}x}{x^2(ax+b)} = -\dfrac{1}{bx} + \dfrac{a}{b^2}\ln\left|\dfrac{ax+b}{x}\right|+C.$

6. $\int \dfrac{x}{(ax+b)^2}\mathrm{d}x = \dfrac{1}{a^2}\left(\ln|ax+b| + \dfrac{b}{ax+b}\right)+C.$

7. $\int \dfrac{x}{(ax+b)^2}\mathrm{d}x = \dfrac{1}{a^3}\left(ax+b - 2b\ln|ax+b| - \dfrac{b^2}{ax+b}\right)+C.$

8. $\int \dfrac{\mathrm{d}x}{x(ax+b)^2} = \dfrac{1}{b(ax+b)} - \dfrac{1}{b^2}\ln\left|\dfrac{ax+b}{x}\right|+C.$

(二) 含有 $\sqrt{ax+b}$ 的积分

9. $\int \sqrt{ax+b}\,\mathrm{d}x = \dfrac{2}{3a}\sqrt{(ax+b)^3}+C.$

10. $\int x\sqrt{ax+b}\,\mathrm{d}x = \dfrac{2}{15a^2}(3ax-2b)\sqrt{(ax+b)^3}+C.$

11. $\int x^2\sqrt{ax+b}\,\mathrm{d}x = \dfrac{2}{105a^3}(15a^2x^2 - 12abx + 8b^2)\sqrt{(ax+b)^3}+C.$

12. $\int \dfrac{x}{\sqrt{ax+b}}\mathrm{d}x = \dfrac{2}{3a^2}(ax-2b)\sqrt{ax+b}+C.$

13. $\int \dfrac{x^2}{\sqrt{ax+b}}\mathrm{d}x = \dfrac{2}{15a^3}(3a^2x^2 - 4abx + 8b^2)\sqrt{ax+b}+C.$

14. $\int \dfrac{\mathrm{d}x}{x\sqrt{ax+b}} = \begin{cases} \dfrac{1}{\sqrt{b}}\ln\left|\dfrac{\sqrt{ax+b}-\sqrt{b}}{\sqrt{ax+b}+\sqrt{b}}\right|+C & (b>0), \\ \dfrac{2}{\sqrt{-b}}\arctan\sqrt{\dfrac{ax+b}{-b}}+C & (b<0). \end{cases}$

15. $\int \dfrac{\mathrm{d}x}{x^2\sqrt{ax+b}} = -\dfrac{\sqrt{ax+b}}{bx} - \dfrac{a}{2b}\int \dfrac{\mathrm{d}x}{x\sqrt{ax+b}}.$

16. $\int \dfrac{\sqrt{ax+b}}{x}\mathrm{d}x = 2\sqrt{ax+b} + b\int \dfrac{\mathrm{d}x}{x\sqrt{ax+b}}.$

17. $\int \dfrac{ax+b}{x^2}\mathrm{d}x = -\dfrac{\sqrt{ax+b}}{x} + \dfrac{a}{2}\int \dfrac{\mathrm{d}x}{x\sqrt{ax+b}}.$

(三) 含有 $x^2 \pm a^2$ 的积分

18. $\int \dfrac{\mathrm{d}x}{x^2+a^2} = \dfrac{1}{a}\arctan \dfrac{x}{a} + C.$

19. $\int \dfrac{\mathrm{d}x}{(x^2+a^2)^n} = \dfrac{x}{2(n-1)a^2(x^2+a^2)^{n-1}} + \dfrac{2n-3}{2(n-1)a^2}\int \dfrac{\mathrm{d}x}{(x^2+a^2)^{n-1}}.$

20. $\int \dfrac{\mathrm{d}x}{x^2-a^2} = \dfrac{1}{2a}\ln\left|\dfrac{x-a}{x+a}\right| + C.$

(四) 含有 $ax^2+b\,(a>0)$ 的积分

21. $\int \dfrac{\mathrm{d}x}{ax^2+b} = \begin{cases} \dfrac{1}{\sqrt{ab}}\arctan\sqrt{\dfrac{a}{b}}x + C & (b>0), \\ \dfrac{1}{2\sqrt{-ab}}\ln\left|\dfrac{\sqrt{a}x-\sqrt{-b}}{\sqrt{a}x+\sqrt{-b}}\right| + C & (b<0). \end{cases}$

22. $\int \dfrac{x}{ax^2+b}\mathrm{d}x = \dfrac{1}{2a}\ln|ax^2+b| + C.$

23. $\int \dfrac{x^2}{ax^2+b}\mathrm{d}x = \dfrac{x}{a} - \dfrac{b}{a}\int \dfrac{\mathrm{d}x}{ax^2+b}.$

24. $\int \dfrac{\mathrm{d}x}{x(ax^2+b)} = \dfrac{1}{2b}\ln \dfrac{x^2}{|ax^2+b|} + C.$

25. $\int \dfrac{\mathrm{d}x}{x^2(ax^2+b)} = -\dfrac{1}{bx} - \dfrac{a}{b}\int \dfrac{\mathrm{d}x}{ax^2+b}.$

26. $\int \dfrac{\mathrm{d}x}{x^3(ax^2+b)} = \dfrac{a}{2b^2}\ln \dfrac{|ax^2+b|}{x^2} - \dfrac{1}{2bx^2} + C.$

27. $\int \dfrac{\mathrm{d}x}{(ax^2+b)^2} = \dfrac{x}{2b(ax^2+b)} + \dfrac{1}{2b}\int \dfrac{\mathrm{d}x}{ax^2+b}.$

(五) 含有 $ax^2+bx+c\,(a>0)$ 的积分

28. $\int \dfrac{\mathrm{d}x}{ax^2+bx+c} = \begin{cases} \dfrac{2}{\sqrt{4ac-b^2}}\arctan \dfrac{2ax+b}{\sqrt{4ac-b^2}} + C & (b^2<4ac), \\ \dfrac{1}{\sqrt{b^2-4ac}}\ln\left|\dfrac{2ax+b-\sqrt{b^2-4ac}}{2ax+b+\sqrt{b^2-4ac}}\right| + C & (b^2>4ac). \end{cases}$

29. $\int \dfrac{x}{ax^2+bx+c}\mathrm{d}x = \dfrac{1}{2a}\ln|ax^2+bx+c| - \dfrac{b}{2a}\int \dfrac{\mathrm{d}x}{ax^2+bx+c}.$

(六) 含有 $\sqrt{x^2+a^2}\,(a>0)$ 的积分

30. $\int \dfrac{\mathrm{d}x}{\sqrt{x^2+a^2}} = \operatorname{arsh}\dfrac{x}{a} + C_1 = \ln(x+\sqrt{x^2+a^2}) + C.$

31. $\int \dfrac{\mathrm{d}x}{\sqrt{(x^2+a^2)^3}} = \dfrac{x}{a^2 \sqrt{x^2+a^2}} + C.$

32. $\int \dfrac{x}{\sqrt{x^2+a^2}} \mathrm{d}x = \sqrt{x^2+a^2} + C.$

33. $\int \dfrac{x}{\sqrt{(x^2+a^2)^3}} \mathrm{d}x = -\dfrac{1}{\sqrt{x^2+a^2}} + C.$

34. $\int \dfrac{x^2}{\sqrt{x^2+a^2}} \mathrm{d}x = \dfrac{x}{2}\sqrt{x^2+a^2} - \dfrac{a^2}{2}\ln(x+\sqrt{x^2+a^2}) + C.$

35. $\int \dfrac{x^2}{\sqrt{(x^2+a^2)^3}} \mathrm{d}x = -\dfrac{x}{\sqrt{x^2+a^2}} + \ln(x+\sqrt{x^2+a^2}) + C.$

36. $\int \dfrac{\mathrm{d}x}{x\sqrt{x^2+a^2}} = \dfrac{1}{a}\ln \dfrac{\sqrt{x^2+a^2}-a}{|x|} + C.$

37. $\int \dfrac{\mathrm{d}x}{x^2 \sqrt{x^2+a^2}} = -\dfrac{\sqrt{x^2+a^2}}{a^2 x} + C.$

38. $\int \sqrt{x^2+a^2}\, \mathrm{d}x = \dfrac{x}{2}\sqrt{x^2+a^2} + \dfrac{a^2}{2}\ln(x+\sqrt{x^2+a^2}) + C.$

39. $\int \sqrt{(x^2+a^2)^3}\, \mathrm{d}x = \dfrac{x}{8}(2x^2+5a^2)\sqrt{x^2+a^2} + \dfrac{3}{8}a^4\ln(x+\sqrt{x^2+a^2}) + C.$

40. $\int x\sqrt{x^2+a^2}\, \mathrm{d}x = \dfrac{1}{3}\sqrt{(x^2+a^2)^3} + C.$

41. $\int x^2 \sqrt{x^2+a^2}\, \mathrm{d}x = \dfrac{x}{8}(2x^2+a^2)\sqrt{x^2+a^2} - \dfrac{a^4}{8}\ln(x+\sqrt{x^2+a^2}) + C.$

42. $\int \dfrac{\sqrt{x^2+a^2}}{x} \mathrm{d}x = \sqrt{x^2+a^2} + a\ln \dfrac{\sqrt{x^2+a^2}-a}{|x|} + C.$

43. $\int \dfrac{\sqrt{x^2+a^2}}{x^2} \mathrm{d}x = -\dfrac{\sqrt{x^2+a^2}}{x} + \ln(x+\sqrt{x^2+a^2}) + C.$

(七) 含有 $\sqrt{x^2-a^2}\,(a>0)$ 的积分

44. $\int \dfrac{\mathrm{d}x}{\sqrt{x^2-a^2}} = \dfrac{x}{|x|}\operatorname{arch} \dfrac{|x|}{a} + C_1 = \ln|x+\sqrt{x^2-a^2}| + C.$

45. $\int \dfrac{\mathrm{d}x}{\sqrt{(x^2-a^2)^3}} = -\dfrac{x}{a^2 \sqrt{x^2-a^2}} + C.$

46. $\int \dfrac{x}{\sqrt{x^2-a^2}} \mathrm{d}x = \sqrt{x^2-a^2} + C.$

47. $\int \dfrac{x}{\sqrt{(x^2-a^2)^3}} \mathrm{d}x = -\dfrac{1}{\sqrt{x^2-a^2}} + C.$

48. $\int \dfrac{x^2}{\sqrt{x^2-a^2}} \mathrm{d}x = \dfrac{x}{2}\sqrt{x^2-a^2} + \dfrac{a^2}{2}\ln|x+\sqrt{x^2-a^2}| + C.$

49. $\int \dfrac{x^2}{\sqrt{(x^2-a^2)^3}} \mathrm{d}x = -\dfrac{x}{\sqrt{x^2-a^2}} + \ln|x+\sqrt{x^2-a^2}| + C.$

50. $\int \dfrac{\mathrm{d}x}{x\sqrt{x^2-a^2}} = \dfrac{1}{a}\arctan\dfrac{a}{|x|} + C.$

51. $\int \dfrac{\mathrm{d}x}{x^2\sqrt{x^2-a^2}} = \dfrac{\sqrt{x^2-a^2}}{a^2 x} + C.$

52. $\int \sqrt{x^2-a^2}\,\mathrm{d}x = \dfrac{x}{2}\sqrt{x^2-a^2} - \dfrac{a^2}{2}\ln|x+\sqrt{x^2-a^2}| + C.$

53. $\int \sqrt{(x^2-a^2)^3}\,\mathrm{d}x = \dfrac{x}{8}(2x^2-5a^2)\sqrt{x^2-a^2} + \dfrac{3}{8}a^4\ln|x+\sqrt{x^2-a^2}| + C.$

54. $\int x\sqrt{x^2-a^2}\,\mathrm{d}x = \dfrac{1}{3}\sqrt{(x^2-a^2)^3} + C.$

55. $\int x^2\sqrt{x^2-a^2}\,\mathrm{d}x = \dfrac{x}{8}(2x^2-a^2)\sqrt{x^2-a^2} - \dfrac{a^4}{8}\ln|x+\sqrt{x^2-a^2}| + C.$

56. $\int \dfrac{x^2-a^2}{x}\,\mathrm{d}x = \sqrt{x^2-a^2} - a\arccos\dfrac{a}{|x|} + C.$

57. $\int \dfrac{\sqrt{x^2-a^2}}{x^2}\,\mathrm{d}x = -\dfrac{\sqrt{x^2-a^2}}{x} + \ln|x+\sqrt{x^2-a^2}| + C.$

（八）含有 $\sqrt{a^2-x^2}$ $(a>0)$ 的积分

58. $\int \dfrac{\mathrm{d}x}{\sqrt{a^2-x^2}} = \arcsin\dfrac{x}{a} + C.$

59. $\int \dfrac{\mathrm{d}x}{\sqrt{(a^2-x^2)^3}} = \dfrac{x}{a^2\sqrt{a^2-x^2}} + C.$

60. $\int \dfrac{x}{\sqrt{a^2-x^2}}\,\mathrm{d}x = -\sqrt{a^2-x^2} + C.$

61. $\int \dfrac{x}{\sqrt{(a^2-x^2)^3}}\,\mathrm{d}x = \dfrac{1}{\sqrt{a^2-x^2}} + C.$

62. $\int \dfrac{x^2}{\sqrt{a^2-x^2}}\,\mathrm{d}x = -\dfrac{x}{2}\sqrt{a^2-x^2} + \dfrac{a^2}{2}\arcsin\dfrac{x}{a} + C.$

63. $\int \dfrac{x^2}{\sqrt{(a^2-x^2)^3}}\,\mathrm{d}x = \dfrac{x}{\sqrt{a^2-x^2}} - \arcsin\dfrac{x}{a} + C.$

64. $\int \dfrac{\mathrm{d}x}{x\sqrt{a^2-x^2}} = \dfrac{1}{a}\ln\dfrac{a-\sqrt{a^2-x^2}}{|x|} + C.$

65. $\int \dfrac{\mathrm{d}x}{x^2\sqrt{a^2-x^2}} = -\dfrac{\sqrt{a^2-x^2}}{a^2 x} + C.$

66. $\int \sqrt{a^2-x^2}\,\mathrm{d}x = \dfrac{x}{2}\sqrt{a^2-x^2} + \dfrac{a^2}{2}\arcsin\dfrac{x}{a} + C.$

67. $\int \sqrt{(a^2-x^2)^3}\,\mathrm{d}x = \dfrac{x}{8}(5a^2-2x^2)\sqrt{a^2-x^2} + \dfrac{3}{8}a^4\arcsin\dfrac{x}{4} + C.$

68. $\int x\sqrt{a^2-x^2}\,\mathrm{d}x = -\dfrac{1}{3}\sqrt{(a^2-x^2)^3} + C.$

69. $\int x^2\sqrt{a^2-x^2}\,\mathrm{d}x = \dfrac{x}{8}(2x^2-a^2)\sqrt{a^2-x^2} + \dfrac{a^4}{8}\arcsin\dfrac{x}{a} + C.$

70. $\int \dfrac{\sqrt{a^2-x^2}}{x}\mathrm{d}x = \sqrt{a^2-x^2} + a\ln\dfrac{a-\sqrt{a^2-x^2}}{|x|} + C.$

71. $\int \dfrac{\sqrt{a^2-x^2}}{x^2}\mathrm{d}x = -\dfrac{\sqrt{a^2-x^2}}{x} - \arcsin\dfrac{x}{a} + C.$

(九) 含有 $\sqrt{\pm ax^2+bx+c}\,(a>0)$ 的积分

72. $\int \dfrac{\mathrm{d}x}{\sqrt{ax^2+bx+c}} = \dfrac{1}{\sqrt{a}}\ln|2ax+b+2\sqrt{a}\sqrt{ax^2+bx+c}| + C.$

73. $\int \sqrt{ax^2+bx+c}\,\mathrm{d}x = \dfrac{2ax+b}{4a}\sqrt{ax^2+bx+c} + \dfrac{4ac-b^2}{8\sqrt{a^3}}\ln|2ax+b$
$+ 2\sqrt{a}\sqrt{ax^2+bx+c}| + C.$

74. $\int \dfrac{x}{\sqrt{ax^2+bx+c}}\mathrm{d}x = \dfrac{1}{a}\sqrt{ax^2+bx+c} - \dfrac{b}{2\sqrt{a^3}}\ln|2ax+b$
$+ 2\sqrt{a}\sqrt{ax^2+bx+c}| + C.$

75. $\int \dfrac{\mathrm{d}x}{\sqrt{c+bx-ax^2}} = -\dfrac{1}{\sqrt{a}}\arcsin\dfrac{2ax-b}{\sqrt{b^2+4ac}} + C.$

76. $\int \sqrt{c+bx-ax^2}\,\mathrm{d}x = \dfrac{2ax-b}{4a}\sqrt{c+bx-ax^2}$
$+ \dfrac{b^2+4ac}{8\sqrt{a^3}}\arcsin\dfrac{2ax-b}{\sqrt{b^2+4ac}} + C.$

77. $\int \dfrac{x}{\sqrt{c+bx-ax^2}}\mathrm{d}x = -\dfrac{1}{a}\sqrt{c+bx-ax^2} + \dfrac{b}{2\sqrt{a^3}}\arcsin\dfrac{2ax-b}{\sqrt{b^2+4ac}} + C.$

(十) 含有 $\sqrt{\pm\dfrac{x-a}{x-b}}$ 或 $\sqrt{(x-a)(b-x)}$ 的积分

78. $\int \sqrt{\dfrac{x-a}{x-b}}\,\mathrm{d}x = (x-b)\sqrt{\dfrac{x-a}{x-b}}$
$+ (b-a)\ln(\sqrt{|x-a|} + \sqrt{|x-b|}) + C.$

79. $\int \sqrt{\dfrac{x-a}{b-x}}\,\mathrm{d}x = (x-b)\sqrt{\dfrac{x-a}{b-x}} + (b-a)\arcsin\sqrt{\dfrac{x-a}{b-a}} + C.$

80. $\int \dfrac{\mathrm{d}x}{\sqrt{(x-a)(b-x)}} = 2\arcsin\sqrt{\dfrac{x-a}{b-a}} + C \quad (a<b).$

81. $\int \sqrt{(x-a)(b-x)}\,\mathrm{d}x = \dfrac{2x-a-b}{4}\sqrt{(x-a)(b-x)}$
$+ \dfrac{(b-a)^2}{4}\arcsin\sqrt{\dfrac{x-a}{b-a}} + C \quad (a<b).$

(十一) 含有三角函数的积分

82. $\int \sin x\,\mathrm{d}x = -\cos x + C.$

83. $\int \cos x \, dx = \sin x + C.$

84. $\int \tan x \, dx = -\ln|\cos x| + C.$

85. $\int \cot x \, dx = \ln|\sin x| + C.$

86. $\int \sec x \, dx = \ln\left|\tan\left(\frac{\pi}{4} + \frac{x}{2}\right)\right| + C = \ln|\sec x + \tan x| + C.$

87. $\int \csc x \, dx = \ln\left|\tan\frac{x}{2}\right| + C = \ln|\csc x - \cot x| + C.$

88. $\int \sec^2 x \, dx = \tan x + C.$

89. $\int \csc^2 x \, dx = -\cot x + C.$

90. $\int \sec x \tan x \, dx = \sec x + C.$

91. $\int \csc x \cot x \, dx = -\csc x + C.$

92. $\int \sin^2 x \, dx = \frac{x}{2} - \frac{1}{4}\sin 2x + C.$

93. $\int \cos^2 x \, dx = \frac{x}{2} + \frac{1}{4}\sin 2x + C.$

94. $\int \sin^n x \, dx = -\frac{1}{n}\sin^{n-1} x \cos x + \frac{n-1}{n}\int \sin^{n-2} x \, dx.$

95. $\int \cos^n x \, dx = \frac{1}{n}\cos^{n-1} x \sin x + \frac{n-1}{n}\int \cos^{n-2} x \, dx.$

96. $\int \frac{dx}{\sin^n x} = -\frac{1}{n-1} \cdot \frac{\cos x}{\sin^{n-1} x} + \frac{n-2}{n-1}\int \frac{dx}{\sin^{n-2} x}.$

97. $\int \frac{dx}{\cos^n x} = \frac{1}{n-1} \cdot \frac{\sin x}{\cos^{n-1} x} + \frac{n-2}{n-1}\int \frac{dx}{\cos^{n-2} x}.$

98. $\int \cos^m x \sin^n x \, dx = \frac{1}{n+1}\cos^{m-1} x \sin^{n+1} x + \frac{m-1}{n+1}\int \sin^{n+2} x \cos^{m-2} x \, dx$
$= -\frac{1}{m+1}\cos^{m+1} x \sin^{n-1} x + \frac{n-1}{m+1}\int \sin^{n-2} x \cos^{m+2} x \, dx.$

99. $\int \sin ax \cos bx \, dx = -\frac{1}{2(a+b)}\cos(a+b)x - \frac{1}{2(a-b)}\cos(a-b)x + C.$

100. $\int \sin ax \sin bx \, dx = -\frac{1}{2(a+b)}\sin(a+b)x + \frac{1}{2(a-b)}\sin(a-b)x + C.$

101. $\int \cos ax \cos bx \, dx = \frac{1}{2(a+b)}\sin(a+b)x + \frac{1}{2(a-b)}\sin(a-b)x + C.$

102. $\int \frac{dx}{a + b\sin x} = \frac{2}{\sqrt{a^2 - b^2}}\arctan\frac{a\tan\frac{x}{2} + b}{\sqrt{a^2 - b^2}} + C \quad (a^2 > b^2).$

103. $\int \frac{dx}{a + b\sin x} = \frac{1}{\sqrt{b^2 - a^2}}\ln\left|\frac{a\tan\frac{x}{2} + b - \sqrt{b^2 - a^2}}{a\tan\frac{x}{2} + b + \sqrt{b^2 - a^2}}\right| + C \quad (a^2 < b^2).$

104. $\int \dfrac{\mathrm{d}x}{a+b\cos x} = \dfrac{2}{a+b}\sqrt{\dfrac{a+b}{a-b}}\arctan\left(\sqrt{\dfrac{a-b}{a+b}}\tan\dfrac{x}{2}\right)+C \quad (a^2>b^2).$

105. $\int \dfrac{\mathrm{d}x}{a+b\cos x} = \dfrac{1}{a+b}\sqrt{\dfrac{a+b}{b-a}}\ln\left|\dfrac{\tan\dfrac{x}{2}+\sqrt{\dfrac{a+b}{b-a}}}{\tan\dfrac{x}{2}-\sqrt{\dfrac{a+b}{b-a}}}\right|+C \quad (a^2<b^2).$

106. $\int \dfrac{\mathrm{d}x}{a^2\cos^2 x + b^2\sin^2 x} = \dfrac{1}{ab}\arctan\left(\dfrac{b}{a}\tan x\right)+C.$

107. $\int \dfrac{\mathrm{d}x}{a^2\cos^2 x - b^2\sin^2 x} = \dfrac{1}{2ab}\ln\left|\dfrac{b\tan x+a}{b\tan x-a}\right|+C.$

108. $\int x\sin ax\,\mathrm{d}x = \dfrac{1}{a^2}\sin ax - \dfrac{1}{a}x\cos ax + C.$

109. $\int x^2\sin ax\,\mathrm{d}x = -\dfrac{1}{a}x^2\cos ax + \dfrac{2}{a^2}x\sin ax + \dfrac{2}{a^3}\cos ax + C.$

110. $\int x\cos ax\,\mathrm{d}x = \dfrac{1}{a^2}\cos ax + \dfrac{1}{a}x\sin ax + C.$

111. $\int x^2\cos ax\,\mathrm{d}x = \dfrac{1}{a}x^2\sin ax + \dfrac{2}{a^2}x\cos ax - \dfrac{2}{a^3}\sin ax + C.$

(十二) 含有反三角函数的积分（其中 $a>0$）

112. $\int \arcsin\dfrac{x}{a}\,\mathrm{d}x = x\arcsin\dfrac{x}{a} + \sqrt{a^2-x^2} + C.$

113. $\int x\arcsin\dfrac{x}{a}\,\mathrm{d}x = \left(\dfrac{x^2}{2} - \dfrac{a^2}{4}\right)\arcsin\dfrac{x}{a} + \dfrac{x}{4}\sqrt{a^2-x^2} + C.$

114. $\int x^2\arcsin\dfrac{x}{a}\,\mathrm{d}x = \dfrac{x^2}{3}\arcsin\dfrac{x}{a} + \dfrac{1}{9}(x^2+2a^2)\sqrt{a^2-x^2} + C.$

115. $\int \arccos\dfrac{x}{a}\,\mathrm{d}x = x\arccos\dfrac{x}{a} - \sqrt{a^2-x^2} + C.$

116. $\int x\arccos\dfrac{x}{a}\,\mathrm{d}x = \left(\dfrac{x^2}{2} - \dfrac{a^2}{4}\right)\arccos\dfrac{x}{a} - \dfrac{x}{4}\sqrt{a^2-x^2} + C.$

117. $\int x^2\arccos\dfrac{x}{a}\,\mathrm{d}x = \dfrac{x^3}{3}\arccos\dfrac{x}{a} - \dfrac{1}{9}(x^2+2a^2)\sqrt{a^2-x^2} + C.$

118. $\int \arctan\dfrac{x}{a}\,\mathrm{d}x = x\arctan\dfrac{x}{a} - \dfrac{a}{2}\ln(a^2+x^2) + C.$

119. $\int x\arctan\dfrac{x}{a}\,\mathrm{d}x = \dfrac{1}{2}(a^2+x^2)\arctan\dfrac{x}{a} - \dfrac{a}{2}x + C.$

120. $\int x^2\arctan\dfrac{x}{a}\,\mathrm{d}x = \dfrac{x^3}{3}\arctan\dfrac{x}{a} - \dfrac{a}{6}x^2 + \dfrac{a^3}{6}\ln(a^2+x^2) + C.$

(十三) 含有指数函数的积分

121. $\int a^x\,\mathrm{d}x = \dfrac{1}{\ln a}a^x + C.$

122. $\int e^{ax}\,\mathrm{d}x = \dfrac{1}{a}e^{ax} + C.$

123. $\int x e^{ax} dx = \dfrac{1}{a^2}(ax-1)e^{ax} + C.$

124. $\int x^n e^{ax} dx = \dfrac{1}{a} x^n e^{ax} - \dfrac{n}{a}\int x^{n-1} e^{ax} dx.$

125. $\int x a^x dx = \dfrac{x}{\ln a} a^x - \dfrac{1}{(\ln a)^2} a^x + C.$

126. $\int x^n a^x dx = \dfrac{1}{\ln a} x^n a^x - \dfrac{n}{\ln a}\int x^{n-1} a^x dx + C.$

127. $\int e^{ax} \sin bx\, dx = \dfrac{1}{a^2 + b^2} e^{ax}(a\sin bx - b\cos bx) + C.$

128. $\int e^{ax} \cos bx\, dx = \dfrac{1}{a^2 + b^2} e^{ax}(b\sin bx + a\cos bx) + C.$

129. $\int e^{ax} \sin^n bx\, dx = \dfrac{1}{a^2 + b^2 n^2} e^{ax} \sin^{n-1} bx (a\sin bx - nb\cos bx)$
$\qquad + \dfrac{n(n-1)b^2}{a^2 + b^2 n^2} \int e^{ax} \sin^{n-2} bx\, dx.$

130. $\int e^{ax} \cos^n bx\, dx = \dfrac{1}{a^2 + b^2 n^2} e^{ax} \cos^{n-1} bx (a\cos bx + nb\sin bx)$
$\qquad + \dfrac{n(n-1)b^2}{a^2 + b^2 n^2} \int e^{ax} \cos^{n-2} bx\, dx.$

(十四)含有对数函数的积分

131. $\int \ln x\, dx = x\ln x - x + C.$

132. $\int \dfrac{dx}{x\ln x} = \ln|\ln x| + C.$

133. $\int x^n \ln x\, dx = \dfrac{1}{n+1} x^{n+1}\left(\ln x - \dfrac{1}{n+1}\right) + C.$

134. $\int (\ln x)^n dx = x(\ln x)^n - n\int (\ln x)^{n-1} dx + C.$

135. $\int x^m (\ln x)^n dx = \dfrac{1}{m+1} x^{m+1}(\ln x)^n - \dfrac{n}{m+1}\int x^m (\ln x)^{n-1} dx + C.$

(十五)含有双曲函数的积分

136. $\int \mathrm{sh}x\, dx = \mathrm{ch}x + C.$

137. $\int \mathrm{ch}x\, dx = \mathrm{sh}x + C.$

138. $\int \mathrm{th}x\, dx = \ln\mathrm{ch}x + C.$

139. $\int \mathrm{sh}^2 x\, dx = -\dfrac{x}{2} + \dfrac{1}{4}\mathrm{sh}2x + C.$

140. $\int \mathrm{ch}^2 x\, dx = \dfrac{x}{2} + \dfrac{1}{4}\mathrm{sh}2x + C.$

（十六）定积分

141. $\int_{-\pi}^{\pi} \cos nx \, dx = \int_{-\pi}^{\pi} \sin nx \, dx = 0.$

142. $\int_{-\pi}^{\pi} \cos mx \sin nx \, dx = 0.$

143. $\int_{-\pi}^{\pi} \cos mx \cos nx \, dx = \begin{cases} 0, & m \neq n, \\ \pi, & m = n. \end{cases}$

144. $\int_{-\pi}^{\pi} \sin mx \sin nx \, dx = \begin{cases} 0, & m \neq n, \\ \pi, & m = n. \end{cases}$

145. $\int_{0}^{\pi} \sin mx \sin nx \, dx = \int_{0}^{\pi} \cos mx \cos nx \, dx = \begin{cases} 0, & m \neq n, \\ \dfrac{\pi}{2}, & m = n. \end{cases}$

146. $I_n = \int_{0}^{\frac{\pi}{2}} \sin^n x \, dx = \int_{0}^{\frac{\pi}{2}} \cos^n x \, dx.$

$I_n = \dfrac{n-1}{n} I_{n-2} = \begin{cases} \dfrac{n-1}{n} \cdot \dfrac{n-3}{n-2} \cdot \cdots \cdot \dfrac{4}{5} \cdot \dfrac{2}{3} (n \text{ 为大于 1 的正奇数}), & I_1 = 1, \\ \dfrac{n-1}{n} \cdot \dfrac{n-3}{n-2} \cdot \cdots \cdot \dfrac{3}{4} \cdot \dfrac{1}{2} \cdot \dfrac{\pi}{2} (n \text{ 为正偶数}), & I_0 = \dfrac{\pi}{2}. \end{cases}$

习题答案

习题 1.1

1. $(-\infty, 2]$.
2. $[1, \pi)$.
3. $A: (-\infty, -4] \cup [2, \infty)$, $B: (-2, 1) \cup (1, 4)$.
5. $\sqrt{2}, \sqrt{6}, \sqrt{8}$.

习题 1.2

1. (1) $\{x \mid x \geqslant 2\}$;   (2) $(-\infty, 2) \cup (2, 3)$;   (3) $[-3, -1) \cup (-1, 1) \cup (1, 3]$;
   (4) $(-4, +\infty)$;   (5) $(-\infty, 2]$;   (6) $(-3, 3)$.
2. $[0, 1]\left[\dfrac{3}{2}, \dfrac{5}{2}\right]$.
3. (1) $5t + \dfrac{2}{t^2}$;   (2) $5(t^2 + 1) + \dfrac{2}{(t^2+1)^2}$.
4. $1, 1, 1$；定义域 $(-\infty, +\infty)$，值域 $[0, 1]$.
5. (1) 不同，因对应法则不同 $(\sqrt{x^2} = |x|)$;
   (2) 相同；
   (3) 不同，因对应法则不同 $(g(x) = |\cos x|)$;
   (4) 相同.
6. $(-\infty, +\infty), [-1, 1]$.
7. $f(x) = -4.5x^2 + 1050x + 90000$.
8. $f(x) = \begin{cases} 2x, & x \leqslant 2, \\ 1.5x + 1, & 2 < x \leqslant 4, \\ x + 3, & 4 < x \leqslant 12, \\ 15, & x > 12. \end{cases}$

习题 1.3

1. (1) 增；   (2) 减；   (3) 减.
2. (1) 偶；   (2) 非奇非偶；   (3) 奇.
3. (1) π;   (2) π;   (3) 1.

习题 1.4

1. (1) $y = \dfrac{1-x}{1+x}, x \neq -1$;   (2) $y = \sqrt[3]{10^x}, (-\infty, +\infty)$;

(3) $y = \log_2 \dfrac{x}{1-x}, (0, 1)$;   (4) $y = \begin{cases} x+1, & x < -1, \\ \sqrt{x}, & x \geqslant 0, \end{cases} (-\infty, -1) \cup [0, +\infty)$.

2. $f(\cos x) = 2(1 - \cos^2 x)$.

3. $f(x) = \log_2(x-1)$.

4. (1) $y = \sin u, u = 3x$;   (2) $y = a^u, u = v^2, v = \sin x$;

   (3) $y = \ln u, u = \ln v, v = \ln x$;   (4) $y = x^2 u, u = \cos v, v = e^w, w = \sqrt{x}$.

习题 1.5

1. (1) 是;   (2) 不是;   (3) 是;   (4) 是.

2. (1) $y = \arcsin u, u = \dfrac{1}{x}$;   (2) $y = e^u, u = \arctan v, v = \dfrac{1}{x}$;

   (3) $y = u^2, u = \arccos v, v = \sqrt{x}$;   (4) $y = \sqrt{u}, u = \ln v, v = t^2, t = \tan x$.

3. $\varphi(x) = \arcsin(1 - x^2), [-\sqrt{2}, \sqrt{2}]$.

4. $f\{\varphi[\psi(x)]\} = \arctan \dfrac{1}{\sqrt{x^2 - 1}}, |x| > 1$.

习题 1.6

1. $f(x) = \begin{cases} 0.15x, & 0 < x \leqslant 50, \\ 7.5 + 0.25(x - 50), & x > 50. \end{cases}$

2. $A = \dfrac{4}{3}(3 - x)\sqrt{3x}, 0 \leqslant x \leqslant 3$.

3. $y = 2a\left(x^2 + \dfrac{2V}{x}\right), (0, +\infty), a$ 为水池四周单位面积造价.

4. $y = \begin{cases} 130x, & 0 \leqslant x \leqslant 700, \\ 130 \times 700 + 130 \times 0.9 \times (x - 700), & 700 < x \leqslant 1000. \end{cases}$

5. 分 4 批生产, 每次生产 3000 m, 此时总成本最低, 最低总成本为 384000 元.

总习题 1

1. (1) C;   (2) C;   (3) B;   (4) B;   (5) A;   (6) D.

2. (1) 0 或 ± 1; $(0, 1) \cup (-\infty, -1)$; $(-1, 0) \cup (1, +\infty)$;

   (2) $[-1, 1]$;   (3) 2;   (4) $\dfrac{x-1}{x}, x$;   (5) $\begin{cases} 10x, & x < 0, \\ -6x, & x \geqslant 0. \end{cases}$

3. (1) $y = \ln \sqrt{\dfrac{1+x}{1-x}}, (-1, 1)$;   (2) $y = \dfrac{1 + \arcsin \dfrac{x-1}{2}}{1 - \arcsin \dfrac{x-1}{2}}$.

5. (1) $y = \dfrac{1}{u}, u = \cos v, v = x - 1$;   (2) $y = \ln u, u = \ln v, v = x + 2$;

   (3) $y = \sin u, u = \dfrac{1}{v}, v = x - 1$;   (4) $y = 2^u, u = \arctan v, v = \sqrt{x}$.

6. $Q = 40000 - 1000p$, $R(Q) = 40Q - \dfrac{Q^2}{1000}$.

7. (1) $L(q) = 8q - 7 - q^2$;

   (2) $L(4) = 9$, $\bar{L}(4) = \dfrac{9}{4}$;

   (3) 亏损.

8. $V = \dfrac{R^3 \theta^2}{24\pi^2}\sqrt{4\pi^2 - \theta^2}$, $\theta \in (0, 2\pi)$.

9. (1) 9 天 23 小时；

   (2) 2 天 7.7 小时.

习题 2.1

1. (1) 1；　　(2) 极限不存在；　　(3) 0；　　(4) 0.

2. (1) $\lim\limits_{n\to\infty} x_n = 0$, $N = \left[\dfrac{1}{\varepsilon}\right]$, 当 $\varepsilon = 0.001$ 时, $N = 1000$；

   (2) $\lim\limits_{n\to\infty} x_n = 0$, $N = \left[\dfrac{1}{\varepsilon^2}\right]$, 当 $\varepsilon = 0.0001$ 时, $N = 10^8$.

习题 2.2

1. (1) 0；　　(2) -1；　　(3) 不存在, 因 $f(0^+) \neq f(0^-)$.

2. (1) 错；　(2) 对；　(3) 错；　(4) 错；　(5) 对；　(6) 对.

3. $f(0^+) = f(0^-) = 1$, 所以 $\lim\limits_{x\to 0} f(x) = 1$；$g(0^+) \neq g(0^-)$, 所以 $\lim\limits_{x\to 0} g(x)$ 不存在.

4. $f(0^+) = 0$, $f(0^-) = 1$, 所以 $\lim\limits_{x\to 0} f(x)$ 不存在.

5. (1) $\lim\limits_{x\to 3} \dfrac{x^2 - 9}{x - 3} = 6$；　　(2) $\lim\limits_{x\to\infty} \dfrac{1}{x-3} = 0$；

   (3) ∞；　　(4) 0.

6. $a = -\dfrac{1}{2}$ 时, $\lim\limits_{x\to 1} f(x) = \dfrac{1}{2}$；$a \neq -\dfrac{1}{2}$ 时, 极限 $\lim\limits_{x\to 1} f(x)$ 不存在.

习题 2.3

1. D.

3. 不一定；是.

4. 不能保证. 如, $f(x) = \dfrac{1}{x}$ $(x > 0)$.

习题 2.4

1. (1) 0；　　(2) $\lim\limits_{x\to\infty} f(x) = c$；　　(3) $\lim\limits_{x\to c} f(x) = \infty$；　　(4) 无穷小.

2. (1) C；　　(2) D；　　(3) C,D；　　(4) B,C,D；　　(5) D.

3. 不一定.

4. $x \to 1$ 时, 无穷大；$x \to -1$ 时, 无穷小.

5. 不一定,如 $\lim_{x\to 0}\dfrac{x}{3x}=\dfrac{1}{3}$.

6. (1) $\dfrac{3}{2}$;   (2) ∞;   (3) 0;   (4) $\dfrac{1}{2}$.

习题 2.5

1. (1) $x\to 1$;   (2) $x\to\infty$ 或 $x\to -3$;   (3) $x\to 0$;
   (4) -5;   (5) 3;   (6) 0;
   (7) 0;   (8) 0.

2. (1) $\dfrac{1}{2}$;   (2) $\dfrac{n}{m}$;   (3) -1;   (4) 1;   (5) $4^{31}5^{19}$;
   (6) $\dfrac{1}{2}$;   (7) 2;   (8) $\dfrac{-2}{x^3}$;   (9) $\dfrac{\sqrt{2}}{2}$;   (10) 1;
   (11) $\dfrac{e^2+1}{2}$;   (12) 2.

3. 不能.

4. (1) 对;   (2) 不对.

习题 2.6

1. (1) C;   (2) A;   (3) D;   (4) A;   (5) D.

2. (1) $\dfrac{m}{n}$;   (2) 1;   (3) 2;   (4) 5;   (5) 2;
   (6) e^3;   (7) e^{10};   (8) 0;   (9) e^{-k};   (10) 1.

3. (1) 不正确;   (2) 不正确;   (3) 正确;   (4) 不正确.

4. (1) 提示: $x>0$ 时, $1<\sqrt[n]{1+x}<1+x$; $-1<x<0$ 时, $1+x<\sqrt[n]{1+x}<1$.
   (2) 提示: $x>0$ 时, $\dfrac{1}{x}-1<\left[\dfrac{1}{x}\right]\leqslant\dfrac{1}{x}$.

5. $\dfrac{n^2}{n^2+n\pi}\leqslant n\left(\dfrac{1}{n^2+\pi}+\dfrac{1}{n^2+2\pi}+\cdots+\dfrac{1}{n^2+n\pi}\right)\leqslant\dfrac{n^2}{n^2+\pi}$, 且 $\lim_{n\to\infty}\dfrac{n^2}{n^2+n\pi}=1$, $\lim_{n\to\infty}\dfrac{n^2}{n^2+\pi}=1$,
由夹逼定理可证结论.

6. 设 $x_1=\sqrt{2},\cdots,x_{n+1}=\sqrt{2+x_n}, n=1,2,\cdots$.

① (用归纳法证)

当 $n=1$ 时, $x_1=\sqrt{2}<2$, 假定 $n=k$ 时, $x_k<2$, 则

当 $n=k+1$ 时, $x_{k+1}=\sqrt{2+x_n}<2$, 所以 $x_n<2 (n=1,2,\cdots)$.

② $\{x_n\}$ 单调增加

$x_{n+1}-x_n=\sqrt{2+x_n}-x_n=\dfrac{2+x_n-x_n^2}{\sqrt{2+x_n}+x_n}=-\dfrac{(x_n-2)(x_n+1)}{\sqrt{2+x_n}+x_n}$ 由于 $x_n<2$, 所以 $x_{n+1}-x_n>0$, 由①②, 据极限存在准则知 $\lim_{n\to\infty}x_n$ 存在.

7. 3.

8. 6640 元.

习题 2.7

1. (1) $\dfrac{3}{2}$; (2) $\begin{cases} 0, & m<n, \\ 1, & m=n, \\ \infty, & m>n; \end{cases}$ (3) 2; (4) ∞; (5) 同;

   (6) B.

2. (1) $\dfrac{5}{4}$; (2) $\dfrac{1}{2}$; (3) e^β; (4) 2.

习题 2.8

1. $f(x)$ 在 $(-\infty,-1)$ 与 $(-1,+\infty)$ 内连续, $x=-1$ 为跳跃间断点.

2. (1) 0,0; (2) $\dfrac{1}{e}$; (3) $x=0$, 第二类; (4) $x=0$, 第二类;

   (5) 可去间断点, 无穷间断点.

3. (1) A; (2) B; (3) C; (4) C.

4. (1) $x=-1$ 为第二类间断点;

   (2) $x=\pm\sqrt{2}$ 均为第二类间断点;

   (3) $x=0$ 为第一类断点;

   (4) $x=0,\pm1,\pm2,\cdots$, 均为第一类间断点.

5. $f(x)=x\lim\limits_{n\to\infty}\dfrac{1-x^{2n}}{1+x^{2n}}$, $x=1$ 和 $x=-1$ 为第一类间断点.

6. (1) $a=0, b\neq 1$; (2) $a\neq 1, b=e$.

习题 2.9

1. (1) 0; (2) $-\dfrac{1}{2}\left(\dfrac{1}{e^2}+1\right)$; (3) 1; (4) $x\neq\pm 1$.

2. (1) 0; (2) $\dfrac{1}{4}$; (3) 0; (4) 0.

3. (1) 0; (2) $\dfrac{e^2}{3}$; (3) $\left(1+\dfrac{3}{\pi}\right)^{\frac{\pi}{9}}$; (4) $\sqrt{2}$.

4. $a=e^{-2}-1, f(0)=e^{-2}$.

5. $|f(x)|$、$f^2(x)$ 在 x_0 都连续. 但反之不成立. 如 $f(x)=\begin{cases} -1, & x\geq 0, \\ 1, & x<0 \end{cases}$ 在 $x_0=0$ 处不连续, 但 $|f(x)|$、$f^2(x)$ 在 $x_0=0$ 连续.

6. $x=0$ 为可去间断点, $x=1$ 为跳跃间断点, $x=2n(n=\pm 1,\pm 2,\cdots)$ 为无穷间断点, x 为其他实数时, $f(x)$ 连续.

总习题 2

1. (1) $[-1,3]$; (2) $(-\infty,-\sqrt{e}),(-\sqrt{e},0),(0,\sqrt{e}),(\sqrt{e},+\infty)$;

   (3) 收敛;

(4) -2;　　(5) $f(x_0)$.

2. (1) D;　　　　(2) C;　　　　(3) B,C,D;　　(4) D;
   (5) A,B,C,D;　(6) A,C,D;　　(7) B;　　　　(8) D;
   (9) B;　　　　(10) C.

3. (1) 1;　　(2) 2;　　(3) 0;　　(4) 3;
   (5) 1;　　(6) 2.

4. $0 \leqslant a < 1$ 时,极限为 0; $1 < a$ 时,极限为 1; $a=1$,极限为 $\dfrac{1}{2}$.

5. (1) $\dfrac{1}{2}$;　(2) $\dfrac{\ln a}{2}$;　(3) $p(x)=x^3+2x^2+x$.

7. (1) 1;　(2) $\dfrac{2}{3}$;　(3) $\dfrac{1}{2}$;　(4) 0.

8. (1) -1;　(2) 1;　(3) $\dfrac{\ln 2}{\ln 3}$;　(4) $2e$.

9. (1) 2;　　(2) $\dfrac{1}{2}$;　(3) 1;　(4) e^{-6};
   (5) e^{2a};　(6) e^3;　(7) $\dfrac{1}{4}$;　(8) 0.

10. (1) $f(x)=\begin{cases} 1, & 0<x<1, \\ \dfrac{1}{2}, & x=1, \\ 0, & x>1, \end{cases}$　$x=1$ 为第一类跳跃间断点;

    (2) $x=0, x=k\pi+\dfrac{\pi}{2}$ 为第一类可去间断点; $x=k\pi(k \neq 0)$ 为第二类无穷间断点.

13. (1) 0;　(2) $\dfrac{\ln 3}{\ln 2}$;　(3) 1;　(4) $\sqrt[3]{abc}$;　(5) $\dfrac{1}{1-x}$;
    (6) e.

14. 银行甲一年后的余额 107.23 元,银行乙一年后的余额 107.14 元;甲行投资行为效益好.银行 t 年后的余额 107.23^t 元,银行乙 t 年后的余额 107.14^t 元.

15. 出现芝诺悖论的根本原因在于阿基里斯要想追赶乌龟要跑无穷段距离,由于无穷段,所以感觉永远追不上.实际上这无穷段距离的和却是有限的,所以阿基里斯跑完这段有限距离后,就追上乌龟了; $2a_1$.

16. $\{L_n\}$ 发散, $\{A_n\}$ 的收敛, $\lim\limits_{n \to \infty} A_n = \dfrac{2}{5}\sqrt{3}$.

习题 3.1

1. (1) $f'(a)$;　　(2) 1;　　(3) 污染面积在 t_0 时刻的变化速度;
   (4) $f'(t_0)$;　(5) $4x^2, 2x^2$.

2. 切线方程: $4x+y-4=0$; 法线方程: $4y-x-\dfrac{15}{2}=0$.

3. (1) $\dfrac{7}{6}x^{\frac{1}{6}}$;　(2) $\dfrac{7}{8}x^{-\frac{1}{8}}$;　(3) $6^x \ln 6$;　(4) $-\dfrac{1}{2x\sqrt{x}}$.

4. $a=2, b=-1$.

5. -6.

6. $f'(a)=2ag(a)$.

8. (1) 4g/cm;　　(2) 40g/cm;

　(3) $4x$g/cm(x 为细杆 AB 上任一点 M 到点 A 的距离);

　(4) 40g/cm.

习题 3.2

1. (1) $\dfrac{\sqrt{2}}{4}+\dfrac{\sqrt{2}}{8}\pi$;　　(2) $\dfrac{3}{25},\dfrac{17}{15}$;　　(3) 5;　　(4) $\dfrac{\pi}{4}$.

2. (1) $\dfrac{3}{t}$;

　(2) $\dfrac{\ln x+2}{2\sqrt{x}}$;

　(3) $y'=-2x(\sin x-\sin^2 x)+(1-x^2)(\cos x-\sin 2x)$;

　(4) $\dfrac{1-\sin x-\cos x}{(1-\cos x)^2}$;

　(5) $\sec^2 x$;

　(6) $\dfrac{x\sec x\tan x-\sec x}{x^2}-3\sec x\tan x$;

　(7) $\dfrac{1}{x}-\dfrac{2}{x\ln 10}-\dfrac{3}{x\ln 2}$;

　(8) $\dfrac{-(1+2x)}{(1+x+x^2)^2}$.

3. (1) $3e^{3x}$;　　(2) $\dfrac{2x}{1+x^4}$;　　(3) $\dfrac{e^{\sqrt{2x+1}}}{\sqrt{2x+1}}$;

　(4) $\dfrac{8}{3}x^{\frac{5}{3}}-10x^{\frac{2}{3}}+8x^{-\frac{1}{3}}+2(\ln|x|+1)+\dfrac{8}{3}x^{-\frac{4}{3}}$;

　(5) $\dfrac{x+\cos x}{1-\sin x}$;

　(6) $3e^x(x-2)x^{-3}+\dfrac{13}{27}x^{-\frac{14}{27}}$;

　(7) $\dfrac{1}{\sqrt{x^4-x^2}}$;

　(8) $2\arcsin\dfrac{x}{2}\dfrac{1}{\sqrt{4-x^2}}$;

　(9) $\dfrac{\ln x}{x\sqrt{1+\ln^2 x}}$;

　(10) $n\sin^{n-1}x\cos(n+1)x$.

4. $\dfrac{\sqrt{3}}{6}$.

5. $(0,1)$处,切线方程:$y=-\dfrac{2}{3}x+1$;法线方程:$y=\dfrac{3}{2}x+1$;

   $(-1,0)$处,切线方程:$x=-1$;法线方程:$y=0$.

6. (1) $y'=2xf'(x^2)$;   (2) $y=\sin 2x[f'(\sin^2 x)-f'(\cos^2 x)]$;

   (3) $\dfrac{f(x)f'(x)+g(x)g'(x)}{\sqrt{f^2(x)+g^2(x)}}$.

9. 1.

习题 3.3

1. g.

2. $2\cdot 6!$.

4. (1) $e^{3x}(9x^2+30x+14)$;   (2) $\dfrac{4}{(1+4x^2)^2}$;

   (3) $2\left(\dfrac{1}{x^2}-\csc^2 x\right)$;   (4) $-8\cos 4x$.

5. (1) $\dfrac{4}{e},\dfrac{8}{e}$;   (2) $7200,720$.

6. (1) $3^{n-1}(3x+n)e^{3x}$;   (2) $\dfrac{(n-1)!\,3^n}{2}\left[\dfrac{(-1)^{n-1}}{(2+3x)^n}-\dfrac{1}{(2-3x)^n}\right]$;

   (3) $n!$.

7. (1) $2f'(x^2)+4x^2 f''(x^2)$;   (2) $\dfrac{f''(x)f(x)-[f'(x)]^2}{f^2(x)}$.

8. 提示:因$g''(x)$不一定存在,所以要用定义求$f''(a)$. $f'(a)=0$;$f''(a)=2g(a)$.

习题 3.4

1. $-\dfrac{4}{3}$.

2. $\dfrac{dy}{dx}=\dfrac{1-\sqrt{3}}{1+\sqrt{3}}$.

3. (1) $y'=\dfrac{ay-x^2}{y^2-ax}$;   (2) $y'=\dfrac{y-e^{x+y}}{e^{x+y}-x}$;

   (3) $y'=\dfrac{ye^x-e^y}{xe^y-e^x}$;   (4) $y'=\dfrac{y-x}{y+x}$.

4. (1) 提示:$\ln y=\dfrac{1}{2}\ln(x+2)+4\ln(3-x)-5\ln(x+1)$,

   $y'=\dfrac{\sqrt{x+2}(3-x)^4}{(x+1)^5}\left[\dfrac{1}{2(x+2)}+\dfrac{4}{x-3}-\dfrac{5}{x+1}\right]$;

   (2) $y'=(\sin x)^{\cos x}\left[-\sin x \ln(\sin x)+\dfrac{\cos^2 x}{\sin x}\right]$;

   (3) $y=\dfrac{e^{2x}(x+3)}{\sqrt{(x+5)(x-4)}}\left[2+\dfrac{1}{x+3}-\dfrac{1}{2(x+5)}-\dfrac{1}{2(x-4)}\right]$.

5. (1) $-\dfrac{b^4}{a^2 y^3}$; (2) $\dfrac{3(x^2+y^2)+2xy(1-x-y)-2}{(1-xe^{xy})^3}$.

6. (1) $\dfrac{d^2 y}{dx^2}=\dfrac{t^4-t^2-2}{4t^3}$; (2) $\dfrac{d^2 y}{dx^2}=\dfrac{1}{f''(t)}$.

7. $y-\dfrac{25}{4}=3\left(x-\dfrac{3}{2}\right)$.

8. 切线方程为 $x+y-3=0$；法线方程为 $y=x$.

9. $2+\dfrac{1}{x^2}$.

10. 50km/h；$14\sqrt{5}\text{km/h}$.

习题 3.5

1. (1) $\dfrac{3^x}{\ln 3}+C$; (2) $-\dfrac{1}{\omega}\cos\omega t+C$;

   (3) $\ln(1+x)+C$; (4) $-\dfrac{1}{2}e^{-2x}+C$;

   (5) $2\sqrt{x}+C$; (6) $\dfrac{1}{3}\tan 3x+C$;

   (7) $\dfrac{1}{2}\ln^2 x+C$; (8) $-\sqrt{1-x^2}+C$;

   (9) x^2, e^{2x}; (10) $\dfrac{2\sqrt{2}e^x}{2+e^{4x}}$, $\dfrac{2\sqrt{2}e^{2x}}{2+e^{4x}}$.

2. (1) $\Delta y=0.21$, $dy=0.2$, $\Delta y-dy=0.01$;
   (2) $\Delta y=0.0201$, $dy=0.02$, $\Delta y-dy=0.0001$.

3. (1) $dy=e^x(x+1)dx$;

   (2) $dy=\dfrac{1-\ln x}{x^2}dx$;

   (3) $dy=-\dfrac{\sin\sqrt{x}}{2\sqrt{x}}dx$;

   (4) $dy=\dfrac{5^{\ln\tan x}\ln 5}{\sin x\cos x}dx$;

   (5) $dy=[8x^x(\ln x+1)-12e^{2x}]dx$;

   (6) $dy=\dfrac{1}{2\sqrt{\arcsin x(1-x^2)}}dx$.

4. (1) $dy=\dfrac{dx}{1+\sin y}$; (2) $dy=\dfrac{e^x-y\cos(x+y)}{\sin(x+y)+y\cos(x+y)}dx$.

5. (1) 2.0083; (2) -0.01;

   (3) 0.795.

6. (1) $dy=(3x^2+4x^3\varphi'(x^4))f'(x^3+\varphi(x^4))dx$;

   (2) $dy=[-2f'(1-2x)+3f'(x)\cos f(x)]dx$.

习题 3.6

1. $\dfrac{dv}{dt} = \dfrac{4}{25}\pi \approx 0.503\,(\text{m}^3/\text{s})$; $\dfrac{dA}{dt} = \dfrac{4}{25}\pi \approx 0.503\,(\text{m}^2/\text{s})$.

2. $0.45\,\text{cm}$

3. (1) $\lim\limits_{\Delta T \to 0} \dfrac{\Delta Q}{\Delta T}$; (2) $Q'(T) = a + 2bT$.

4. (1) $C'(Q) = 12 - 0.03Q^2$; (2) $C'(20) = 0$;
   (3) $Q = 20$ 时,$C'(20) = 0$.

5. -1.85,价格 $P = 6$ 元时,价格上涨 1%.需求量将减少 1.85%.

总习题 3

1. (1) D; (2) D; (3) B; (4) B.

2. (1) -6; (2) $-\dfrac{2}{(1+x)^2}$;
   (3) $x, 0.002; x, 0.01309$; (4) $n!\,[f(x)]^{n+1}$;
   (5) 0.

3. (1) $2^{n-1}\sin\left(2x + \dfrac{n-1}{2}\pi\right)$; (2) $f^{(n)}(1) = (-1)^n(n-2)!$ $(n \geqslant 2)$.

4. $a = -1, b = 2$.

5. 4.

6. (1) $(1+x^2)^{\sec x}\left[\tan x \ln(1+x^2) + \dfrac{2x}{1+x^2}\right]\sec x$;
   (2) $\dfrac{x+y}{x-y}$.

7. (1) $\dfrac{\cos x}{|\cos x|}$; (2) $\dfrac{1}{2}\sqrt{x\sin x \sqrt{1-e^x}}\left(\dfrac{1}{x} + \cot x - \dfrac{e^x}{2(1-e^x)}\right)$;
   (3) $\dfrac{dy}{dx} = \dfrac{b\cos t}{-a\sin t}$; (4) $y' = \dfrac{2+t^2}{t\sqrt{1+t^2}}$.

8. 连续.

9. $g'(a)\varphi(a)$.

10. $y = e^{\frac{f'(a)}{f(a)}}$.

11. $-\dfrac{1}{y^3}$.

12. $f(0) = 0, f'(0) = 1, f''(0) = 2$.

13. $2R_0\pi d$.

14. $\dfrac{20}{\sqrt{6}} \approx 8.16\,(\text{km/h})$.

15. (1) $a = g'(0)$; (2) $f'(x) = \begin{cases} \dfrac{x[g'(x)+\sin x] - [g(x) - \cos x]}{x^2}, & x \neq 0, \\ \dfrac{1}{2}(g''(0) + 1), & x = 0. \end{cases}$

16. $f'(t) = (2t+1)e^{2t}$.

习题 4.1

1. (1) A；　　　(2) B；　　　(3) D；　　　(4) A．
2. $a=3, m=1, b=4$．
3. $|x|$．
8. 平均速度 $79.5 > 65$，超速．

习题 4.2

1. (1) 2；　　　(2) $\cos x_0$；　　　(3) $-\dfrac{1}{8}$；　　　(4) 3；

   (5) 1；　　　(6) $\dfrac{m}{n}a^{m-n}$；　　　(7) 1；　　　(8) $\dfrac{\beta^2-\alpha^2}{2}$；

   (9) $\dfrac{1}{2}$；　　　(10) ∞；　　　(11) $\dfrac{2}{\pi}$；　　　(12) 0；

   (13) 0；　　　(14) 1；　　　(15) 1；　　　(16) 1；

   (17) -1；　　　(18) e^{-1}．

2. (1) 存在，不能；　(2) 存在，不能；　(3) 存在，不能．

习题 4.3

1. $f(x) = x^6 - 9x^5 + 30x^4 - 45x^3 + 30x^2 - 9x + 1$．
2. $\mathrm{e}^{\sin x} = 1 + x + \dfrac{x^2}{2!} + o(x^2)$．
3. $\arcsin x = x + \dfrac{x^3}{6} + o(x^4)$．
4. $x\mathrm{e}^x = x + x^2 + \dfrac{x^3}{2!} + \cdots + \dfrac{1}{(n-1)!}x^n + o(x^n)$．
5. (1) 0.1823；　　　(2) 1.648697．
6. (1) $\dfrac{7}{12}$；　　　(2) $\dfrac{1}{2}$．

习题 4.4

1. (1) $(-\infty, -1], [3, +\infty)$ 单调增加，$[-1, 3]$ 单调减少；

   (2) 在 $(-\infty, +\infty)$ 单调递增；

   (3) $(-1, \ln 2), (1, \ln 2)$；

   (4) 拐点 $\left(\dfrac{1}{2}, \mathrm{e}^{\arctan\frac{1}{2}}\right)$，在 $\left(-\infty, \dfrac{1}{2}\right]$ 内是凹的，在 $\left[\dfrac{1}{2}, +\infty\right)$ 内是凸的．

3. 提示：拐点 $(-1, -1)$，$\left(2-\sqrt{3}, \dfrac{1-\sqrt{3}}{4(2-\sqrt{3})}\right)$，$\left(2+\sqrt{3}, \dfrac{1+\sqrt{3}}{4(2+\sqrt{3})}\right)$．

4. $a = -\dfrac{3}{2}, b = \dfrac{9}{2}$．

习题 4.5

1. (1) $x=3$,极小值 -32;$x=-1$,极大值 0;
   (2) $x=1$,极大值 $2-4\ln 2$;
   (3) 最大值 $y(4)=80$,最小值 $y(-1)=-5$;
   (4) e^{-1}.

2. $a=2$,极大值 $f\left(\dfrac{\pi}{3}\right)=\sqrt{3}$.

3. 14.

4. CD 中间,距 C 点 $2km$ 处.

5. 矩形边长分别为 $\sqrt{2}a,\sqrt{2}b$;最大面积为 $2ab$.

6. (1) $x=\dfrac{5}{2}(4-t)$;
   (2) $t=2$.

7. OO_1 为 $2m$ 时,体积最大,最大体积为 $16\sqrt{3}m^3$.

8. 绿地的两边长分别为 $48m$ 和 $18m$ 时,绿地占有的面积最小.

9. 经济的车速是 $57km/h$,这次行车的总费用是 164.4 元.

10. (1) 最大面积为 $\dfrac{L^2}{16}$;
    (2) 圆形面积 $\dfrac{L^2}{4\pi}$,圆形面积比矩形面积大.

11. $v=6$.

12. $a=1,b=-8,c=6$.

习题 4.6

1. (1) $y=1$;   (2) $y=0,x=1$;   (3) $y=1$;   (4) 不是,是.

总习题 4

1. (1) B;   (2) C;   (3) B;   (4) D.

2. (1) -1;   (2) $a^a(\ln a-1)$;   (3) $e^{\frac{2}{\pi}}$;   (4) 1.

6. (1) $\dfrac{1}{\sqrt{2a}}$;   (2) $f(a)-2a$;   (3) $\dfrac{n(n+1)}{2}$.

8. 极大值 $\sqrt{2}$,极小值 $-\sqrt{2}$.

10. $h=4r$.

11. $\dfrac{2}{3}\pi$.

12. (1) $k=1,a=\dfrac{\pi}{4}$;   (2) $k=\dfrac{4}{3}$.

习题 5.1

3. (1) $x+C, x+C$; (2) $\frac{1}{2}x^2+C, \frac{1}{2}x^2+C$;

   (3) $2\sqrt{x}+C, 2\sqrt{x}+C$; (4) $\frac{1}{x}+C, -\frac{1}{x}+C$;

   (5) $\tan x+C, \tan x+C$; (6) $\arcsin x+C, \arcsin x+C$.

4. $y=\ln x+3$.

5. $y=\frac{x^2}{2}+2x-1$.

6. (1) $f(x)=0, c$; (2) $f'(x)=(2+4x^2)e^{x^2}$.

习题 5.2

1. (1) $x+\frac{2}{5}x^{\frac{5}{2}}+C$; (2) $4x^{\frac{1}{2}}+\frac{1}{x}+C$;

   (3) $2e^x-\ln x+C$; (4) $2\arcsin x-3\arctan x+C$;

   (5) $2\sin x+\cot x+C$; (6) $2e^x+\cos x+C$;

   (7) $-\frac{1}{x}-\arctan x+C$; (8) $\tan x-x+C$;

   (9) $2x^{\frac{1}{2}}-\frac{4}{3}x^{\frac{3}{2}}+\frac{2}{5}x^{\frac{5}{2}}+C$; (10) $\frac{1}{2}\tan x+C$;

   (11) $\frac{x^3}{3}-x+\arctan x+C$; (12) $-\cot t-t+C$;

   (13) $\frac{x^2}{2}+4x+C$; (14) e^t-t+C;

   (15) $\frac{80^x}{\ln 80}+C$; (16) $e^{x-3}+C$.

2. $y=x^3+2x-4$.

3. 至少应有 $\frac{4}{3}$ km 长.

习题 5.3

1. (1) $\frac{1}{20}(2x-3)^{10}+C$; (2) $\frac{1}{2}\ln|2x-3|+C$;

   (3) $-\frac{2}{3}(2-3x)^{\frac{1}{2}}+C$; (4) $\frac{1}{2}\cot(3-2x)+C$;

   (5) $\frac{3}{4}(2x-1)^{\frac{2}{3}}+C$; (6) $\arcsin\frac{x}{\sqrt{2}}+C$;

   (7) $\frac{\sqrt{2}}{2}\arctan\frac{x}{\sqrt{2}}+C$; (8) $\frac{1}{2}\ln(x^2+2)+C$;

   (9) $\frac{1}{3}(x^2+3)^{\frac{3}{2}}+C$; (10) $\frac{1}{2}\sin(3+x^2)+C$;

(11) $-(1-x^2)^{\frac{1}{2}}+C$;

(12) $\frac{1}{3}\ln|x^3+4|+C$;

(13) $\frac{2}{9}(x^3+3)^{\frac{3}{2}}+C$;

(14) $\arcsin\frac{x-1}{2}+C$;

(15) $\arctan(x-2)+C$;

(16) $\frac{1}{3}\ln\left|\frac{x-2}{x+1}\right|+C$;

(17) $\frac{1}{4}\ln\left|\frac{x+3}{x-1}\right|+C$;

(18) $-\frac{1}{2}e^{(1-2x)}+C$;

(19) $-\frac{1}{2}e^{-x^2}+C$;

(20) $x-\ln(1+e^x)+C$;

(21) $-\cos(1+e^x)+C$;

(22) $2e^{\sqrt{x}}+C$;

(23) $(\arcsin\sqrt{x})^2+C$;

(24) $\frac{1}{2}\ln^2 x+C$;

(25) $\ln|x|+\ln|\ln x|+C$;

(26) $\frac{\sin^4 x}{4}+C$;

(27) $\frac{1}{2}\tan^2 x+\ln|\cos x|+C$;

(28) $-\cos x+\frac{\cos^3 x}{3}+C$;

(29) $\frac{1}{\cos x}+C$;

(30) $\ln|x-2|+C$.

2. (1) $2\sqrt{x}-2\ln(1+\sqrt{x})+C$;

(2) $\frac{3}{2}x^{\frac{2}{3}}-3x^{\frac{1}{3}}+3\ln|1+x^{\frac{1}{3}}|+C$;

(3) $\frac{1}{2}x^2-\frac{2}{3}x^{\frac{3}{2}}+x+C$;

(4) $1+x-2\sqrt{1+x}+2\ln|1+\sqrt{1+x}|+C$;

(5) $\ln\left|\frac{\sqrt{1+e^x}-1}{\sqrt{1+e^x}+1}\right|+C$;

(6) $\arcsin\dfrac{x-\frac{1}{2}}{\frac{\sqrt{5}}{2}}+C$;

(7) $\ln|(x-2)+\sqrt{(x-2)^2+8}|+C$;

(8) $2\sqrt{x+1}\ln x-4\sqrt{x+1}-2\ln\left|\frac{\sqrt{x+1}-1}{\sqrt{x+1}+1}\right|+C$;

(9) $2\sqrt{x}-4\sqrt[4]{x}+4\ln(\sqrt[4]{x}+1)+C$;

(10) $\arccos\frac{1}{x}+C$;

(11) $x-4\sqrt{x+1}+4\ln(\sqrt{x+1}+1)+C$;

(12) $3\left(\frac{1}{2}\sqrt[3]{(x+2)^2}-\sqrt[3]{x+2}+\ln|1+\sqrt[3]{x+2}|\right)+C$.

习题 5.4

1. (1) $x^2\sin x+2x\cos x-2\sin x+C$;

(2) $\frac{1}{2}x^2\ln x-\frac{x^2}{4}+C$;

(3) $x\arcsin x+(1-x^2)^{\frac{1}{2}}+C$;

(4) $\dfrac{1}{3}x^3\arctan x - \dfrac{x^2}{6} + \dfrac{1}{6}\ln(1+x^2) + C$;

(5) $2\sqrt{x}\arcsin\sqrt{x} + 2\sqrt{1-x} + C$;

(6) $\dfrac{\tan x\sec x - \ln|\sec x + \tan x|}{2} + C$;

(7) $\dfrac{4}{5}\left(-\dfrac{1}{2}\mathrm{e}^{-x}\cos 2x - \dfrac{1}{4}\mathrm{e}^{-x}\sin 2x\right) + C$;

(8) $x\ln^2 x - 2x\ln x + 2x + C$;

(9) $\dfrac{1}{4}x^2 + \dfrac{1}{4}x\sin 2x + \dfrac{1}{8}\cos 2x + C$;

(10) $-2x\cos\sqrt{x} + 4\sqrt{x}\sin\sqrt{x} + 4\cos\sqrt{x} + C$;

(11) $\dfrac{x}{2}\sin(\ln x) + \dfrac{x}{2}\cos(\ln x) + C$;

(12) $\dfrac{1}{2}(x^2-1)\ln\dfrac{1+x}{1-x} + x + C$.

2. $x^2\ln x + x^2 + C$.

3. $\dfrac{x\mathrm{e}^x - 2\mathrm{e}^x}{x} + C$.

总习题 5

1. (1) D;   (2) A;   (3) C;   (4) D;   (5) D.

2. (1) $-\dfrac{1}{1+x^2}$;   (2) $\dfrac{1}{2}F^2(x) + C$;   (3) $\dfrac{1}{x} + C$;   (4) $x\ln x + C$.

3. (1) $\dfrac{1}{2}\ln(x^2+1) + \arctan x + C$;   (2) $\dfrac{1}{12}\ln\left|\dfrac{2+3x}{2-3x}\right| + C$;

(3) $\dfrac{1}{3}\arcsin\dfrac{3x}{2} + C$;   (4) $x\tan\dfrac{x}{2} + \ln(1+\cos x) + C$;

(5) $\ln\dfrac{x}{(\sqrt[6]{x}+1)^6} + C$;   (6) $(\arctan\sqrt{x})^2 + C$;

(7) $\mathrm{e}^{x+\frac{1}{x}} + C$;   (8) $\dfrac{1}{2}\ln\dfrac{x^2+x+1}{x^2+1} + \dfrac{\sqrt{3}}{3}\arctan\dfrac{2x+1}{\sqrt{3}} + C$.

4. $F(x) = \begin{cases} -\dfrac{1}{2}\cos 2x + C, & x<0, \\ C - \dfrac{1}{2}, & x=0, \\ x\ln(2x+1) + \dfrac{1}{2}\ln(2x+1) - x + C - \dfrac{1}{2}, & x>0. \end{cases}$

5. $f(x) = \dfrac{x}{2}[(a+b)\sin(\ln x) + (b-a)\cos(\ln x)] + C$.

6. $x + 2\ln|x-1| + C$.

7. $\begin{cases} A = -\dfrac{1}{2}, \\ B = \dfrac{1}{2}. \end{cases}$

习题 6.1

1. (1) $\lim\limits_{\lambda \to 0} \sum\limits_{i=1}^{n} f(\xi_i) \Delta x_i$，被积函数、积分区间，积分变量，$\int_a^b f(x) dx$；

   (2) 相应曲边梯形的面积的代数和；$\int_a^b dx$；$\int_a^b \sqrt{1-x^2} dx$.

2. (1) 20；　　(2) 4.

3. (1) 1；　　(2) $\dfrac{\pi}{4}$.

习题 6.2

1. (1) $\int_1^2 \ln x \, dx > \int_1^2 (\ln x)^2 dx$；　　(2) $\int_1^2 x^2 dx < \int_1^2 x^3 dx$；

   (3) $\int_0^1 x \, dx > \int_0^1 \ln(1+x) dx$；　　(4) $\int_0^1 e^x dx > \int_0^1 (1+x) dx$.

2. (1) $3 \cdot \sqrt{2} \leqslant \int_1^4 (x^2+1) dx \leqslant 3 \cdot \sqrt{17}$；

   (2) $\pi \leqslant \int_{\frac{\pi}{4}}^{\frac{5}{4}\pi} (1+\sin^2 x) dx \leqslant 2\pi$；

   (3) $\dfrac{\pi}{9} \leqslant \int_{\frac{1}{\sqrt{3}}}^{\sqrt{3}} x \arctan x \, dx \leqslant \dfrac{2\pi}{3}$；

   (4) $\dfrac{1}{2} \leqslant \int_{\frac{\pi}{4}}^{\frac{\pi}{2}} \dfrac{\sin x}{x} dx \leqslant \dfrac{\sqrt{2}}{2}$.

5. 6（提示：利用积分中值定理）.

习题 6.3

1. (1) $2x\sqrt{1+x^4}$；　　(2) $\dfrac{3x^2}{\sqrt{1+x^{12}}} - \dfrac{2x}{\sqrt{1+x^8}}$.

2. $\dfrac{dy}{dx} = -\dfrac{\cos x}{e^y}$.

3. 当 $x=0$ 时，函数 $I(x)$ 有极小值.

4. $\dfrac{8}{3}$.

5. $\dfrac{dy}{dx} = \dfrac{\sin t}{t} \ln t$.

6. (1) $\dfrac{\pi}{4}$；　　(2) 1.

7. (1) $\dfrac{11}{6}$；　　(2) $\dfrac{3}{2} - 2\ln 2$；　　(3) $e^2 - 2e + 1$；　　(4) $2\sqrt{2}$.

8. $\dfrac{5\pi}{3\sqrt{3}}, 0$.

12. 400，最大利润为 $L(400) = 3000$.

习题 6.4

1. (1) $\dfrac{\pi}{2}$; (2) $\dfrac{\pi^3}{324}$; (3) 0; (4) $\dfrac{5\pi}{32}$.

2. (1) 0; (2) ln2; (3) 2; (4) π.

3. (1) 0; (2) $\dfrac{51}{512}$; (3) $2(\sqrt{3}-1)$; (4) $\dfrac{\pi}{6}-\dfrac{\sqrt{3}}{8}$.

4. (1) 1; (2) $4(2\ln 2-1)$; (3) $\dfrac{\pi}{4}-\dfrac{1}{2}$;

  (4) $\dfrac{1}{2}(\operatorname{esin}1-\operatorname{ecos}1+1)$; (5) $\ln(1+\sqrt{2})+1-\sqrt{2}$; (6) 1.

8. 2.

习题 6.5

1. (1) $\dfrac{2}{3}$; (2) 发散; (3) $-\dfrac{1}{6}$; (4) 发散.

2. (1) 1; (2) 4.

3. (1) $2\sqrt{3}$; (2) 发散.

4. $\displaystyle\int_{-\infty}^{x} f(t)\mathrm{d}t = \begin{cases} 0, & -\infty < x \leqslant 0, \\ \dfrac{1}{4}x^2, & 0 < x \leqslant 2, \\ x-1, & 2 < x. \end{cases}$

习题 6.6

1. (a) $\dfrac{9}{2}$; (b) $\dfrac{8}{5}$; (c) $\dfrac{2}{3}\pi$.

2. $b-a$.

3. $\mathrm{e}+\dfrac{1}{\mathrm{e}}-2$.

4. $3\pi a^2$.

5. $1+\dfrac{1}{2}\ln\dfrac{3}{2}$.

6. $\dfrac{2}{3}\pi$.

7. $\dfrac{4}{3}\pi abc$.

8. $\dfrac{1}{4}\pi^2$.

9. $\dfrac{a}{2}[2\pi\sqrt{1+4\pi^2}+\ln(2\pi+\sqrt{1+4\pi^2})]$.

10. $\dfrac{27}{7}kC^{\frac{2}{3}}a^{\frac{7}{3}}$.

11. 3461.85J.
12. 总成本为：6300(元)，平均成本为：21(元).
13. 无限期时的纯收入的贴现值为 30000 万元.

总习题 6

1. (1) 0;   (2) $\dfrac{15}{48}\pi$;   (3) $2x\sin2x^2$;   (4) 0;
   (5) -1;   (6) $-f(-x)$;   (7) 0;   (8) $y=2x$.

3. (1) $8\ln2-5$;   (2) $\dfrac{10}{9}+\dfrac{1}{2}\ln3$;   (3) $1-\dfrac{\pi}{4}$;
   (4) $\dfrac{1}{3}\ln2$;   (5) 2;   (6) 5.

4. (1) $\dfrac{8}{3}$;   (2) $\dfrac{5}{2}$.

5. $\dfrac{\pi^2}{4}$.

6. $\Phi(x)=|x|$ 在实数集 $\mathbb{R}$ 上连续，但不可导.

7. $\ln(1+e)$.

8. $\dfrac{2}{3}$.

10. $V_a=-\dfrac{\pi}{8}(4a^2 e^{-2a}+4a e^{-2a}+2e^{-2a}-2)$, $\lim\limits_{a\to+\infty}V_a=\dfrac{\pi}{4}$.

11. 24π.

12. (1) $V(\xi)=\dfrac{\pi}{2}(1-e^{-2\xi})$, $a=\dfrac{1}{2}\ln2$;
    (2) 切点为 $(1,e^{-1})$，最大面积 $2e^{-1}$.

13. $6a$.

14. 3.96.

15. $x_0=e^{\frac{1}{4}}$.

16. 170000, 170.

参考文献

[1] 同济大学数学系. 高等数学[M]. 6版. 北京:高等教育出版社,2007.
[2] 同济大学应用数学系. 微积分[M]. 2版. 北京:高等教育出版社,2009.
[3] 马知恩,王绵森. 高等数学简明教程[M]. 北京:高等教育出版社,2009.
[4] 张学山,段承后. 高等数学[M]. 北京:高等教育出版社,2012.
[5] 郭治中. 高等数学[M]. 北京:清华大学出版社,2012.
[6] 萧树铁. 一元函数微积分[M]. 北京.高等教育出版社,2002.
[7] 武京君. 高等数学(基础篇)[M]. 北京.中国人民大学出版社,2011.
[8] 张国楚,徐本顺,等. 大学文科数学[M]. 2版. 北京:高等教育出版社,2002.
[9] 周明儒. 文科高等数学[M]. 2版. 北京:高等教育出版社,2009.
[10] 朱健民. 高等数学[M]. 北京:高等教育出版社,2007.
[11] 吴赣昌. 微积分[M]. 4版. 北京:中国人民大学出版社,2011.
[12] 范周田,张汉林. 微积分[M]. 北京:中国人民大学出版社,2013.
[13] 蒋兴国,吴延东. 高等数学(经济类)[M]. 3版. 北京:机械工业出版社,2001.
[14] 顾沛. 数学文化[M]. 北京:高等教育出版社,2008.
[15] 李改杨,罗德斌,吴洁,等. 数学文化赏析[M]. 北京:科学出版社. 2011.
[16] 张奠宙,张荫南. 新概念:用问题驱动的数学教学[J]. 高等数学研究,2004(3):8-11.